普通高等教育数据科学
与大数据技术专业教材

云计算原理

王鹏 ◎编著

中国水利水电出版社
www.waterpub.com.cn
· 北京 ·

内 容 提 要

本书主要介绍云计算原理，帮助读者全面理解云计算相关内容，内容涉及云服务、云应用、云操作系统及数据中心等关键领域。

本书内容分为三大部分：第一部分（第 1～2 章）介绍云计算的背景知识与系统的设计原理，包括云计算的概念与特点、计算机发展史、云计算与其他技术的关系、计算机系统的关键设计原理；第二部分（第 3～4 章）介绍云应用，包括 AWS 云平台的关键服务、云应用的典型案例以及开发云应用的相关技术；第三部分（第 5～7 章）介绍云计算的底层技术，包括云计算操作系统、容器与云原生系统、云安全和数据中心基础设施。

本书适合计算机相关专业的高年级本科生和研究生学习，读者需要具备计算机网络方面的基础知识。本书不仅可作为云计算课程的教材，也可作为云计算应用开发工程师和云计算架构师的参考书。

本书配有习题答案，读者可以从中国水利水电出版社网站（www.waterpub.com.cn）或万水书苑网站（www.wsbookshow.com）免费下载。

图书在版编目（CIP）数据

云计算原理 / 王鹏编著. -- 北京 ：中国水利水电
出版社，2024. 10. --（普通高等教育数据科学与大数据
技术专业教材）. -- ISBN 978-7-5226-2831-8

Ⅰ. TP393.027

中国国家版本馆 CIP 数据核字第 2024LZ5822 号

策划编辑：石永峰　责任编辑：张玉玲　加工编辑：刘　瑜　封面设计：苏　敏

书 名	普通高等教育数据科学与大数据技术专业教材 云计算原理 YUNJISUAN YUANLI
作 者	王鹏　编著
出版发行	中国水利水电出版社 （北京市海淀区玉渊潭南路 1 号 D 座　100038） 网址：www.waterpub.com.cn E-mail：mchannel@263.net（答疑） 　　　　sales@mwr.gov.cn 电话：（010）68545888（营销中心）、82562819（组稿）
经 售	北京科水图书销售有限公司 电话：（010）68545874、63202643 全国各地新华书店和相关出版物销售网点
排 版	北京万水电子信息有限公司
印 刷	三河市德贤弘印务有限公司
规 格	210mm×285mm　16 开本　17.75 印张　454 千字
版 次	2024 年 10 月第 1 版　2024 年 10 月第 1 次印刷
印 数	0001—2000 册
定 价	54.00 元

前　言

云计算技术是目前计算机领域最为核心和备受关注的技术之一，庞大的商业市场驱动着技术不断创新。知名的公有云平台，如亚马逊的 AWS、谷歌的 GCP、微软的 Azure 及中国的阿里云等，都在持续地扩建或改进其数据中心，目的是在竞争激烈的市场中取得优势。大数据、人工智能、物联网和边缘计算等前沿技术都与云计算紧密集成，通过云服务模式向用户交付使用。在应用层面，开发云应用以创造商业价值已经成为业界的共识。云计算技术不仅对信息技术产业产生了重大影响，而且推动了许多传统行业，如电力、交通、制造业和农业，达到了新的发展阶段。总之，云计算堪称计算机前沿技术的集大成者，并对传统产业带来了深刻的变革。

党的二十大报告提出加快发展数字经济，促进数字经济和实体经济深度融合，打造具有国际竞争力的数字产业集群。这为云计算产业的发展提供了政策支持和发展空间。云计算作为数字经济的基石，在推进中国式现代化过程中扮演着至关重要的角色。此外，云计算在提升公共服务水平、优化社会治理体系、增强数据安全与隐私保护等方面也具有重要应用价值。

本书的独特之处体现在以下四个方面。

（1）全：体系完整全面，脉络自上向下。

云计算的内容繁多，本书将云计算的重点主题组织成一个有机整体，自上而下、由表及里讲解，可以帮助读者更好地理解云计算的各个方面，并建立一个全面的知识体系。首先，第 1 章全面概述云计算，探讨了其历史背景及如何与其他技术相结合。其次，第 2 章详细讨论了计算机科学中的关键设计原理，这些原理贯穿于本书的后续章节。随后，第 3 章和第 4 章转向了云计算的应用，从云平台与云应用两个层面展开讨论。最后，本书深入探讨了云计算的底层技术，从云操作系统、云安全及数据中心 3 个方面展开讨论。

（2）新：介绍主流技术，反映前沿进展。

云计算技术发展迅速，相关的概念繁多，令人眼花缭乱。本书在深入探讨的同时，力求广泛覆盖。云计算领域的重要技术和实践在本书中得到了充分展现，如 AWS Lambda、DevOps、SRE、自然冷却、浸没式冷却技术、Docker/Kubernetes 以及 Clos 网络架构等。如果深入研究一项技术是"埋头做事"，那么选择有前途的技术就是"抬头看路"。本书提供了云计算的全局视角，精心筛选有价值的主题和内容，帮助读者理解整个领域的全貌和背景，以便做出明智的学习选择，避免盲目探索。如果希望深入研究云计算的特定主题，本书提供了丰富的链接资源和参考书，这些内容就像是指南针，为深入学习提供指引。

（3）精：荟萃领域精髓，精选案例习题。

"工欲善其事，必先利其器。"本书不同于一般的概述性书籍或特定技术的操作手册，它是一本侧重于原理教学的教材。书中整合了云计算的众多主题和跨学科的核心知识点，其价值不言而喻。通过具体案例的分析，帮助读者理解并掌握云计算的基本原理（"道"），而非仅仅掌握具体的操作技巧（"术"）。理解"道"能够使读者更深入地洞察技术的本质，理解其设计原理和实现逻辑，这比仅仅掌握操作技巧更为深刻和有用。随着云计算技术的快速发展，掌握这些基本原理，读者能够与技术一同成长，勇敢地探索新领域，甚至引领未来的发展。

本书第 2 章汇集了计算机科学中广泛应用的设计原理，内容广泛、案例丰富且富有深度，为学习云计算构建了坚实的理论基础。要充分领略这些知识点的精妙，读者需具备一定的背景知识。如果能够将这些原理应用到其他情境中，灵活运用、触类旁通，那么对云计算的理解将会更加透彻。

尽管本书的内容覆盖广泛，但致力于直观地揭示核心概念，一针见血地展现技术本质，从而消解读者对技术的迷惑和不确定性。"纸上得来终觉浅，绝知此事要躬行。"单靠理论学习是不够的，必须通过不断实践来加深对知识的理解和掌握。因此，习题部分是"试金石"。本书每章都包含一定数量的习题，其中一部分题目设计得相对复杂，强调定性分析和定量计算。

（4）易：内容图文并茂，讲解深入浅出。

尽管"大道至简"是一个普遍的理念，但是以清晰易懂的方式阐明一个抽象的概念或原理是一项颇具挑战性的任务。为了使深奥的知识点变得浅显易懂，本书采用了 3 种策略：隐喻、图解和名言。书中广泛运用隐喻和日常生活中的实例阐述复杂的概念和原理。一旦理解了这些隐喻，读者不仅能够以直观的方式记住它们，还能从中获得乐趣。"一图胜千言。"本书采用了不少图解来清晰地展示相关概念和工作机制，帮助读者迅速理解和掌握核心内容，实现"一目了然"的学习效果。此外，书中穿插了众多名言，不仅是为了传承先贤智者的真知灼见，使之传诸后世，同时增添了阅读的乐趣，希望读者能从中获得启发和感悟。

本书的参考学时为 64 学时，其中实训环节为 16 学时。各章的参考学时分配如下：

第 1 章　导论，6 学时；

第 2 章　设计原理，8 学时；

第 3 章　AWS 云平台，16 学时（含 8 学时的 AWS 云平台使用实训）；

第 4 章　云应用，6 学时；

第 5 章　云计算操作系统，14 学时（含 8 学时的 Docker 与 Kubernetes 基本使用实训）；

第 6 章　云安全，6 学时；

第 7 章　数据中心，8 学时。

本书由我独自撰写，尽管在编写过程中已竭尽全力地避免出现任何错误，但是书中仍然可能会有某些无法避免的错误和不足之处。如果您在阅读过程中发现任何错误或有改进建议，非常欢迎您通过电子邮件与我取得联系，我的电子邮箱：149437858@qq.com。本书并未包含习题答案，如果有需要，请与我联系。

掌握一门技术需要经过"博观而约取，厚积而薄发"的过程。编写一本我期望的高品质教科书，意味着要广泛地查阅资料、深入地学习以及通俗易懂地阐述。如果没有家人无私的支持和协助，仅凭一己之力是无法完成这项艰巨的任务。在此，我想对我的家人表达真挚的感谢。由于本书的撰写耗时较长，我在此十分感谢石永峰副编审的理解、信任和支持。

最后，我衷心感谢您选择本书来学习云计算。"好风凭借力，送我上青云"，希望本书能助您一臂之力，带您快速进入云计算领域，让您的云计算之旅充满愉悦感。"不畏浮云遮望眼，自缘身在最高层"，祝愿您学完本书后有一种"会当凌绝顶，一览众山小"的感受，愿您将会俯视而不是仰视云计算。

王鹏

北京海淀

2024 年 1 月

目　录

第1章　导　　论

本章导读

　　本章从多个视角深入剖析云计算，帮助读者理解云计算的核心特点、商业成功的秘诀及"一切皆服务"的云计算理念。如果孤立地看待云计算，那么可能会"一叶障目，不见泰山"，无法了解其真实的面貌。本章将回顾计算机的发展历程，通过几个关键领域的演变史，讲解云计算的起源和演变，厘清互联网、高性能计算、大数据、云计算、物联网和边缘计算等技术领域之间的关系。此外，本章还会探讨计算机发展史中的普遍规律、大型互联网公司是如何崛起的，进一步拓宽视野。

本章要点

- ◆ 云计算的核心特征。
- ◆ 资源的集中化与规模化。
- ◆ 云计算的服务模型。
- ◆ 云计算的优点与缺点。
- ◆ 大数据、高性能计算、边缘计算与云计算的关系。

If computers of the kind I have advocated become the computers of the future, then computing may someday be organized as a public utility just as the telephone system is a public utility... The computer utility could become the basis of a new and important industry.

如果我提倡的那种计算机成为未来的计算机，那么有朝一日，计算机可能会像公用电话一样被组织起来，就像电话系统是公共设施一样。计算机公共设施可能成为一个新的重要行业的基础。

——约翰·麦卡锡（John McCarthy）

分时（Time-Sharing）概念的提出者，α-β 搜索算法和 Lisp 语言的发明人，

1971 年图灵奖获得者

1.1　简　　介

　　云计算是一个耳熟能详的词汇，但人们可能并没有深入理解它的本质，或者觉得它离我们的生活很远。然而，日常生活中很多习以为常的互联网服务都是基于云计算技术开发的。

　　云存储是一种典型的互联网服务，它允许用户将数据（如文件、图片和视频等）存储

云计算简介

在云端。相对于将数据存储在本地硬盘，云存储有三大优势。首先，用户无需再携带存储设备（如 U 盘或移动硬盘）或笔记本电脑出行，只要有网络，就可以随时随地访问云端数据，这极大提升了数据的便携性。其次，用户可以使用各种终端设备访问数据，实现跨设备访问数据。最后，云数据可以快速分享给他人。2007 年成立的 Dropbox 公司是最早推出在线存储服务的企业。Dropbox 为多设备间文件同步和用户间文件共享提供了一种解决方案。通过 Dropbox 客户端，用户只需将计算机中的文件 / 文件夹拖放到指定目标文件夹，就可以将本地文件 / 文件夹上传到云端。用户不仅可以通过浏览器访问云端上的文件 / 文件夹，还可以将云文件 / 文件夹再下载到另一台计算机上，从而在多设备（如苹果 Mac 计算机、微软 Windows 计算机和智能手机等）间实现数据同步。此外，云文件 / 文件夹可以通过超链接快速分享给他人。目前市场上有许多类似的云存储产品，包括 Google Drive、Microsoft OneDrive、iCloud、Amazon WorkDocs 和百度网盘等。其中，Amazon WorkDocs 支持多人在线协同编辑文件，一个用户在浏览器中编辑文件，另一个用户在浏览器中就能看到该文件的修改。传统的协同方式是用户之间传输文件（如通过电子邮件附件），这非常烦琐，并且一个文件的多个版本容易造成混淆，效率远不如在线方式。

随着互联网的飞速发展，人们的日常生活已经与各种各样的互联网服务密不可分，如搜索、即时通信、在线视频、分享视频和照片、在线打车、地图导航、在线购物和在线订餐等。这些司空见惯的互联网服务，通常采用客户端—服务器模式运行：用户通过浏览器或 App 访问服务器端的服务，前端与后端之间通过 HTTP 协议传输数据。一般来说，大型互联网应用的用户规模可达千万甚至上亿。这些大型互联网应用是如何开发出来的？后端系统采用了怎样的架构和技术？实际上，云计算已经为互联网应用提供了一系列的工具链，极大地简化了应用程序的开发、测试和部署。许多大型互联网应用都托管在云端。亚马逊是目前世界上最大的一家云服务提供商（Cloud Service Provider，CSP），其云平台称为亚马逊 Web 服务（Amazon Web Services，AWS）。下面是 3 个在 AWS 上构建的大型互联网应用。

（1）Netflix：Netflix 是一家美国视频流媒体服务提供商，成立于 1997 年，总部位于美国加利福尼亚州洛杉矶。起初，Netflix 主要是一家在线 DVD 租赁公司，向用户邮寄租赁的 DVD。随着互联网的发展，Netflix 逐渐转型为一家大型的在线视频服务公司。它提供大量的电影、电视剧、纪录片、动画片等视频内容，用户可以通过计算机、手机、平板电脑、智能电视等设备在 Netflix 网站上在线观看。

（2）CodePen：CodePen 是一个于 2012 年推出的在线 Web 前端编辑器，为前端开发人员提供了一个共享代码段和示例的便捷平台。CodePen 每小时能够处理多达 20 万个请求，而其所有的基础设施只由一个团队来开发和维护。

（3）Uber：美国 Uber 公司是一家全球性的打车服务提供商，为用户提供便捷的出行服务。为了处理大量交易数据，Uber 选择了亚马逊的 AWS DynamoDB 云数据库服务。

云计算的应用并不局限于信息技术（Information Technology，IT）领域，传统企业、政府、制造业和城市交通等各行各业都在利用云计算进行数字化转型，例如"互联网 +"的升级改造或完全云端化。可口可乐北美公司就将自动售货机的后台处理放在了云端，当用户购买饮料时，云端会处理交易请求并向用户的手机发送交易通知。自动售货机每月使用云计算处理 3000 万个交易请求，而一年的云计算总成本只需 4490 美元。

无论是国内的阿里巴巴、腾讯、百度，还是国外的亚马逊（Amazon）、谷歌（Google）、微软（Microsoft）、脸书（Facebook）❶和 IBM 等著名 IT 公司，它们都在全球范围内建设了大量的互联网数据中心（Internet Data Center，IDC）。目前，一个超大型数据中心的服务器规模可以达到上百万，这种庞大的计算机系统称为仓储级计算机（Warehouse Scale Computer，WSC）。大型的 Web 应用通常在数据中心内运行。在硬件方面，数据中心内的数万台服务器通过高速网络连接在一起。在软件方面，每台服务器通常运行 Linux 操作系统、系统服务及各种应用程序。这些软硬件基础设施提供了一系列的 IT 资源，包括计算、存储、网络、应用软件、数据分析、数据库和 Web 应用等。云服务提供商将这些资源以服务的形式对外提供，用户（企业或个人）租用这些资源，而不是拥有它们，并且只需按照实际使用量付费（pay-as-you-go）。

计算机领域的基础设施主要包括 IT 设备（如服务器、磁盘阵列、交换机和路由器等）、操作系统和基础软件（如数据库系统、分布式文件系统或消息队列等）。这些基础设施是各种应用程序运行的基础。古人有言："横看成岭侧成峰，远近高低各不同。"云计算的定义因观察角度的不同而有所差异，因此本书不会给出一个标准的定义。狭义上，云计算指数据中心硬 / 软件基础设施，它们向用户提供资源和服务。通常所说的"云"，实际上指数据中心。云计算的核心特征：云服务提供商通过互联网向用户交付 IT 资源和服务，并按照实际使用量收费。更准确地说，这里的用户指租户（Tenant），包括公司、组织机构或个人等，他们按需使用各种云资源。云平台具有多租户（Multi-tenancy）的特点，即多个租户共享同一套软硬件基础设施，这称为资源池（Resource Pool）。通过虚拟化技术，云平台根据租户的需求，动态地分配和回收资源，既保证了租户资源之间的隔离，又通过资源复用（Resource Multiplexing）提高了资源池的利用率。

图 1-1 描绘了用户与云之间的互动。用户通过各种终端设备（如台式计算机、笔记本电脑或手机等）访问云服务，这些服务包括硬件资源（如计算、存储和网络等）和软件资源（如开发环境、数据库查询和数据可视化等）。终端设备通过以太网、Wi-Fi 或移动通信等网络接入互联网，并访问云端的服务。这种模式可以总结为中心的云和外围的终端设备。

图 1-1 云计算示意

---

❶ 2021 年，Facebook 公司改名为 Meta。

1.1.1 本地部署与云部署

根据部署位置，IT 资源可以分为两类：本地部署（On-premise）和云部署。本地部署指用户购买、安装和维护 IT 资源，并完全拥有软硬件基础设施；云部署指用户租用 IT 资源。简而言之，本地和云之间的区别在于硬件和软件的位置。使用本地部署意味着企业将所有 IT 基础设施部署在企业内部，并自行管理和维护；使用云部署意味着 IT 基础设施及维护设施的人员位于异地，IT 基础设施托管在云服务提供商内部。尽管如此，企业仍然可以远程访问并使用 IT 基础设施，只需为实际使用的资源付费。

本小节将从成本的角度，探讨云部署相对于本地部署模式的成本优势，本地部署与云部署的成本比较如图 1-2 所示。

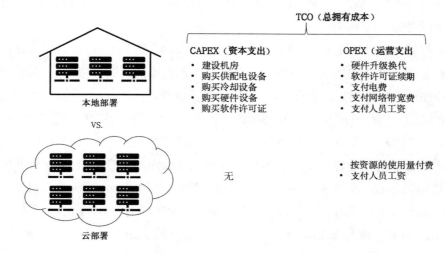

图 1-2 本地部署与云部署的成本比较

在本地部署模式下，前期需要大量的资本支出（Capital Expenditure，CAPEX）。例如，建设机房、购买供配电设备（如变压器、不间断电源等）、购买冷却设备（如空调）、购买硬件设备（如服务器、交换机和路由器等）和购买软件许可证（license）等，这些都是在前期一次性投入的成本。在后期，用户需要维护软硬件基础设施，包括硬件升级换代、软件许可证续期、支付电费、支付网络带宽费及雇佣人员维护软硬件基础设施等，这些持续性的费用会随着时间的推移而不断增加，称为运营支出（Operational Expenditure，OPEX）。

总拥有成本（Total Cost of Ownership，TCO）是 CAPEX 和 OPEX 的总和，用以下公式表示：

$$TCO = CAPEX + OPEX$$

用一个形象的比喻来说明，如果 TCO 是一座冰山，那么 CAPEX 是露出海平面的冰山一角，而 OPEX 是隐藏在海平面下的冰山主体。露出海平面的部分容易被人察觉，但这只是冰山的一小部分，这意味着 CAPEX 只是 TCO 的一部分。隐藏在海平面下的冰山虽然看不见，却占据了冰山的大部分，这意味着 OPEX 在 TCO 中占据了主导地位。

如果将本地部署比作购买房子并完全拥有产权，那么云部署可以比作租房。换言之，使用云部署时，前期的 CAPEX 几乎为零，主要的费用来自后期的 OPEX，并且 OPEX 的费用通常较低。相对于本地部署，使用云部署可以显著降低 TCO。

云部署对本地部署构成了颠覆，以其低廉的价格和优质的服务逐渐取代了它。例如，一个互联网创业公司无需将有限的资金用于购买服务器，而是选择租用云服务提供商的服务器。云服务提供商并不会直接将物理服务器出租给用户，而是在一台物理服务器上通过虚拟机管理软件运行多台虚拟机（Virtual Machine，VM），然后将这些虚拟机出租给用户。这样做的好处是多台虚拟机可以共享一台物理服务器，从而提高物理服务器的使用效率或降低闲置率。用户只需根据虚拟机的运行时间（实际使用量）支付费用，使用多就支付多，使用少就支付少，这种付费模式与家庭用电、水和燃气等完全相同。此外，云服务提供商还会向用户提供服务级别协议（Service Level Agreement，SLA）保障。例如，云服务提供商可能会向用户承诺保证服务器的可用性达到 99.99%，这意味着在一年内，服务器宕机的时间不会超过（100%-99.99%）×365 天 ×24 小时 / 天 =0.0001×8760 小时 =0.876 小时 =52.6 分钟。

1.1.2　集中化与规模化

对云服务提供商而言，云计算意味着需要建设大型数据中心以容纳大量的软硬件资源，主要有以下两个特点。

1. 资源的集中化

云服务提供商将大量的 IT 资源集中放在一个资源池中，然后向多个租户出售这些资源。每个租户都可以根据自身需求，自由创建所需资源，且各租户之间不会相互干扰。这就像一个大蛋糕（资源池）被切成不同大小的块，以满足不同用户的需求。

2. 资源的规模化

云服务提供商需要确保资源池足够大才能实现盈利。资源的规模化是规模经济的一种表现，通过增加产量可以降低单位产品的成本。

对云服务提供商而言，规模经济主要体现在以下几个方面。

（1）大批量采购：通过大批量采购硬件设备，云服务提供商能够从硬件制造商那里获得显著的折扣优惠，进而降低单个硬件设备的成本。

（2）提高资源利用率：在本地部署下，工作负载类型较为单一，这会导致服务器的利用率低下。例如，许多网站在白天会有大量的 HTTP 请求，而到了夜晚几乎没有请求，这导致服务器 CPU 在白天繁忙，夜间却几乎闲置。然而，云计算的多租户特性使应用程序和负载类型多样化。不同类型的负载就像不同形状的积木模块，积木的种类和数量越多，组合成特定形状的可能性就越大。通常，云服务提供商会在一台物理服务器上同时运行不同类型的负载，通过聚合方式提高服务器的利用率。换句话说，在服务器淘汰之前，硬件资源会被尽可能地充分利用，避免闲置。

3. 降低电力成本

在数据中心的运营成本中，电力费用占据了很高的比例。数据中心以机架（Rack）为单位部署服务器，每个机架内装有 20 ～ 40 台服务器。根据功耗密度，机柜可以分为低密度（平均功耗＜ 5kW）、中密度（平均功耗为 5 ～ 10kW）和高密度（平均功耗＞ 10kW）3 类。假设一个中等规模的数据中心有 2000 个机架，每个机架的平均功耗为 5kW，每度电（kW·h）的价格为 0.70 元。所有机架全天候运行，一年的用电量为 2000×5kW×24 小时 / 天 ×365 天 =8.76×10^7 kW·h，一年的电费高达 8.76×10^7 kW·h×0.70 元 /（kW·h）=6132 万元。除服务器耗电外，数据中心还需要使用制冷设备（如空调）给服务器散热，防止服务器过热损坏，而这同样需要消耗大量的电能。因此，为了降低电力成本，数据中心采用了各种先进的节能技术。

4. 降低人力成本

数据中心需要进行大量的运营和维护工作，如安装软件、检查物理基础设施及监控软硬件基础设施等。这些工作通常以自动化方式完成，尽量减少运维人员的数量和工作量，从而严格控制数据中心运维团队的规模。这将人力成本控制在一个合理范围内，不会随着规模的扩大而线性增长。

5. 分摊一次性建设成本

数据中心物理基础设施（如机房建筑、制冷设备和供电设备等）的建设成本很高，扩大规模可以将建设成本分摊到每台设备上。以下通过一个简化模型来解释分摊。假设数据中心的建设成本为 C，每台服务器的购买成本为 S，不考虑服务器的其他附加费用（如电费、网络带宽费和维修等），服务器部署的数量为 N，数据中心的资本投入为 T。那么，四者的关系表示为

$$T = C + S \times N$$

服务器的平均总成本（Average Total Cost，ATC）与服务器数量 N 之间的关系如下：

$$ATC = \frac{T}{N} = \frac{C + S \times N}{N} = \frac{C}{N} + S$$

图 1-3 展示了 ATC 随着服务器数量增加的变化趋势（为了便于理解，假设 C=100 元，S=10 元）。从图 1-3 中可以看出，随着服务器数量的增加，ATC 会持续降低。

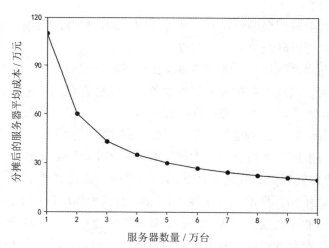

图 1-3　增加服务器数量，平均总成本不断下降

实际情况比上述简化模型复杂得多，但这并不妨碍理解实际情况背后隐含的简单关系：随着规模的扩大，固定成本会分摊到每个产品中，从而使产品的平均总成本逐渐降低。这种分摊模式在 IT 领域得到了广泛应用。例如，谷歌数据中心的一个特点是使用大量的定制专用芯片，而非现成的商业处理器。这背后有多个原因。首先，商业处理器通常包含一些不需要或很少使用的功能部件，谷歌不愿为这些不需要的功能部件支付成本。其次，商业处理器在性能上无法满足特定负载的需求，例如深度学习应用对高密度计算的需求。因此，谷歌设计并大规模生产专用芯片。尽管专用芯片的初始投入成本很高，但通过大规模生产可以将投入成本分摊到每个芯片中。

先来介绍经济学中的两个概念：边际成本（Marginal Cost，MC）和边际效益（Marginal Benefit，MB）。这两个概念都是从增量的角度来考虑成本和效益的。如果把产量看作一维的线段，那么增加的产量相当于在原始线段的基础上再延长一小段，这个增量部分位于线段的边缘（Marginal），这就是边际成本和边际效益所关注的部分。

边际成本表示生产下一个产品所需的成本，而边际效益表示生产下一个产品所能带来的收益。企业会根据边际成本和边际效益的大小关系来决定是否生产下一个产品。当 MC < MB 时，企业会选择生产下一个产品，因为生产下一个产品能带来盈利，盈利额为边际效益减去边际成本；当 MC ≥ MB 时，企业不会生产下一个产品，因为生产下一个产品将导致企业损失，损失额为边际效益减去边际成本。

用一个例子来进一步解释。假设市场上的油价为 5 元 / 升，并且保持不变（边际效益等于市场价格）。一家石油公司在地下浅层开采石油，每开采一升石油需要花费 3 元，即边际成本为 3 元 / 升。由于 MC < MB，每开采一升石油会带来 5-3=2 元的利润，所以石油公司会持续地在地下浅层开采石油。如果地下浅层石油开采完了，石油公司只能在地下深层开采，且成本上升至 6 元 / 升，即边际成本为 6 元 / 升。如果石油公司继续在地下深层开采石油，则每开采一升石油将损失 6-5=1 元。因此，石油公司将停止地下深层石油的开采。在这个例子中，边际效益是固定的，而边际成本在不断增加。

现在来解释平均总成本与边际成本之间的关系：假设横坐标代表产量，ATC(x) 表示产量为 x 时的平均总成本，MC(x) 表示生产第 x 个产品的边际成本。那么，MC(x) 曲线与 ATC(x) 曲线一定在 ATC(x) 曲线的最低点相交，此时的 x 表示产量的有效规模。

本书不提供严格的数学证明，而是给出直观的解释：将边际成本看作学生的考试分数，平均总成本可以类比为学生的平均分。假设前 9 名学生的平均分是 70 分，如果第 10 名学生的分数是 80 分，那么 10 名学生的平均分会高于前 9 名学生的平均分，这就相当于平均总成本增加了。如果第 10 名学生的分数是 60 分，那么 10 名学生的平均分会低于前 9 名学生的平均分，这就相当于平均总成本降低了。如果第 10 名学生的分数是 70 分，那么平均分保持不变，这就相当于平均总成本保持不变。由此可以得出结论：边际成本与平均总成本的交点就是平均总成本由下降转为上升的临界点，也就是平均总成本的最小值点。

通过一组财务数据进一步了解云平台的规模化经济。2018 年，亚马逊的 AWS 业务实现了 257 亿美元的营业额，其利润与北美地区零售业 1410 亿美元的营业额产生的利润相同，均为 70 亿美元。这意味着云计算的利润率已经显著超过了传统的电子商务业务。初期，AWS 只是亚马逊的一个副业，但现在它已经迅速发展成为亚马逊最盈利的业务和最稳定的利润来源。此外，亚马逊 AWS 的营业额甚至超过了同期麦当劳的营业额（210 亿美元）。从商业角度看，云计算是一个高利润率、高产值行业。

作为云用户，我们也会从规模经济中受益。例如，2016 年 AWS S3 存储服务降价了 16% ～ 28%，2017 年部分种类的虚拟机降价了 10% ～ 17%。

1.1.3　云计算生态圈

云计算生态圈由云服务提供商和云租户构成。云服务提供商负责建设数据中心，研发软硬件基础设施，提供功能强大的云平台，以吸引更多租户付费使用云产品。云租户利用云服务开发各种互联网应用，他们关注如何将互联网应用快速投放市场以抢占市场份额，从而创造商业价值。对于广大公众来说，可以享受到高品质甚至免费的互联网应用服务，

业界代表性的云平台

生活因云计算变得更加便捷和舒适。

用一个例子解释云服务提供商与云租户之间的关系，将云服务提供商比作现实生活中的科技园区。科技园区提供各种基础设施服务，如办公场地、水、电、网络、会议、购物、餐饮和娱乐等，以吸引企业入驻。根据自身业务需求，入驻企业会选择不同的服务（例如，租用多少办公室、租赁期限和网络带宽等），并向科技园区支付基础设施使用费。企业无需将资金和精力投入基础设施的建设和维护上，而是集中精力研发产品以实现盈利。在这个生态圈中，科技园区与企业实现互利共赢、可持续发展。

云计算巨大的商业价值吸引了大型互联网公司不断投入研发、持续创新。为了在竞争激烈的市场中保持领先优势甚至垄断地位，云平台必须不断提升性能、降低成本，并提供丰富强大的功能。云计算属于典型的商业市场驱动技术创新模式。因此，云计算几乎融合了计算机软硬件领域最先进、最前沿的成果，包括处理器、分布式存储、节能、虚拟化、互联网、分布式计算、大数据、人工智能（Artificial Intelligence，AI）、深度学习（Deep Learning）、物联网（Internet of Things，IoT）、边缘计算（Edge Computing）、5G、微服务（Microservice）和现代 Web 应用开发等。这些技术相互交织、融合并相互渗透，正在深刻改变着世界。

表 1-1 展示了目前具有代表性的云服务提供商及其云平台。它们在定位、产品线种类、用户数、市场份额、价格、功能特色和技术实现方面存在差异，本书不对此展开讨论。

表 1-1　目前具有代表性的云服务提供商及其云平台

公司	云平台	网址
亚马逊	Amazon Web Services（AWS）	https://aws.amazon.com/
谷歌	Google Cloud Platform（GCP）	—
微软	Microsoft Azure	https://azure.microsoft.com/zh-cn/
IBM	IBM Cloud	https://www.ibm.com/cloud/
VMware	VMware Cloud	https://cloud.vmware.com/
阿里巴巴	阿里云	https://www.alibabacloud.com/zh/
腾讯	腾讯云	https://cloud.tencent.com/
百度	百度智能云	https://cloud.baidu.com/
华为	华为云	https://www.huaweicloud.com/
京东	京东智联云	https://www.jdcloud.com/

1.1.4　云计算的部署模式

根据部署模式，云计算分为以下 3 种类型。

1. 公有云

公有云（Public Cloud）是由云服务提供商负责建设和维护的，用户通过互联网访问公有云的资源，并根据需求付费使用。在这种模式下，用户无需自己投资建设基础设施，即可享受到弹性、可扩展的云计算服务。表 1-1 给出的云平台均是公有云。

公有云的应用场景非常多样化。例如，创业公司利用公有云快速开发原型产品，进行市场概念验证（Proof of Concept，PoC），初期无需购买大量服务器，从而降低了试错成本。

大学或科研机构利用公有云进行临时性的数据分析，商业公司在公有云上开发并部署互联网应用。

公有云的推广面临一些挑战，主要包括数据安全性、可控性、迁移和供应商锁定等问题。在安全性方面，用户担忧存储在云端的数据可能存在泄露或丢失的风险。在可控性方面，如果云平台发生故障，用户无法介入云平台底层基础设施进行故障排查，受限于云服务提供商。在迁移方面，将应用程序迁移到公有云并不容易，因为目前没有一种适用于所有场景的通用方案（one-size-fits-all），需要具体问题具体分析。"抬起并挪动"（lift-and-shift）是一种云计算迁移策略，它将现有的应用程序和数据从本地环境或传统数据中心直接转移到云平台，而无需对应用程序进行大规模重构。这种方法可以降低迁移的复杂性和成本，因为不需要重新设计应用程序架构以适应云环境。在供应商锁定方面，如果将部署在 A 平台上的应用程序迁移到更有吸引力的 B 平台，则难度非常大，用户可能面临供应商锁定的风险。这主要是因为不同云平台的互操作性和跨平台性较差，缺乏统一的行业标准。

2. 私有云

私有云（Private Cloud）是由企业或机构自行建设、管理和使用的云平台，主要服务于内部需求。与公有云相比，私有云在敏感数据的安全性和基础设施的可控性方面具有优势。然而，私有云的运营成本通常较高。目前，私有云平台普遍采用开源的 OpenStack 搭建。

3. 混合云

在 IT 领域，将 A 方案和 B 方案结合形成的 C 方案通常兼具 A、B 方案的优势，从而构建出一个更加平衡的解决方案。混合云（Hybrid Cloud）融合了公有云（如弹性和按需使用等）和私有云（如安全性和可控性等）的优点。遵循"不要把鸡蛋都放在一个篮子里"[1]原则，许多企业同时使用多个公有云平台，即多云（Multi-clouds）部署。这不仅增加了企业基础设施的冗余性，而且在一定程度上降低了供应商锁定的风险。

混合云应用有许多成功的案例。例如，对于企业资源规划（Enterprise Resource Planning，ERP）应用，企业将前端和后端业务模块部署在公有云，而将用户信息模块部署在私有云（本地数据中心），因为用户数据是商业机密，不适合存储在公有云。公有云和私有云之间通过隧道进行连接，以实现可互操作，并对传输的数据进行加密保护。又如，利用云存储的低成本，在云端备份归档数据。这种混合云备份已成为企业数据备份的重要选择。道琼斯公司旗下的 Market Watch 应用运行在本地数据中心，每天从 1000 个数据源向 AWS 数据仓库导入 300 ～ 550 亿条记录，并在 AWS 数据仓库上执行各种海量交易数据分析，如统计报表、可视化和即席（ad hoc）查询等。

1.1.5　优势与劣势并存

云计算作为一种新兴的计算模式，对 IT 行业产生了广泛、深刻且持久的影响。对于大多数企业来说，放弃传统本地部署模式而转向云计算是一个明智的选择。以下是对云计算优势和劣势的分析。

1. 云计算的优势

（1）随时随地的访问：公有云基础架构遍布全球，便于用户将云应用程序迅速部署到

---

[1]　詹姆斯·托宾（James Tobin）提出的观点，因为在投资组合方面的贡献获得 1981 年诺贝尔经济学奖。

各个地区。云平台提供 HTTP API，支持各种终端设备远程访问云服务和资源。

（2）高度弹性：在本地部署模式下，前期需要进行精确的容量规划，以确定业务负载所需的 IT 资源数量。过度的供给会导致资源浪费，而供给不足可能导致无法满足业务需求。由于工作负载会随时间波动，新业务的拓展进一步加剧了资源需求的不确定性，导致计划难以跟上快速变化，因此准确的容量规划变得非常困难。使用云计算则无需提前准备充足的资源，而是在需要时再购买，并能动态地调整 IT 资源的数量。当负载增加时，可以添加 IT 资源以提高处理能力；当负载减少时，可以释放 IT 资源以降低成本。

（3）敏捷性：云平台提供一次性基础设施，用户可以随时创建、更新或销毁基础设施，而且这些操作都可以自动完成，无需人工干预。此外，云平台还提供了各种现成的解决方案，简化了应用程序的开发、部署和管理。这使用户可以将更多的时间和精力投入业务领域，而不是花费在安装和维护基础设施上。相比之下，本地部署模式需要投入大量时间、精力和成本才能掌握专业级的解决方案。

（4）自动升级：云平台会自动对软硬件系统进行升级，例如操作系统内核版本和安全补丁等，用户无需为此类问题操心。

（5）经济性：在本地部署模式下，前期需要大量的资本支出和后期的运营支出。云服务的成本则类似于电费账单，用户只需按照实际使用的资源付费，因此只需承担运营支出。

（6）按需使用：用户自主选择 IT 资源的种类和数量。

（7）从规模经济中受益：云服务提供商通过规模经济降低成本，用户也会随之受益。例如，云平台可能会提供免费的套餐或者不定期的折扣优惠。

2. 云计算的劣势

（1）云服务面临安全风险：将业务数据迁移到云意味着云服务提供商需要承担部分数据安全的责任。然而，云平台的资源由多个租户共享，如果安全漏洞被恶意用户利用，那么数据丢失、泄露或篡改的风险将会增加。因此，用户在选择云平台时，需要评估其潜在的安全风险，并与云服务提供商明确安全漏洞、责任、免责和问责等问题。对于使用混合云的用户，信任边界需要横跨私有云和公有云，理论上它们应该采用相同或兼容的安全架构，但在实际中很难实现。

（2）企业失去对资源的完全控制权：企业将失去对底层基础设施的控制，服务的可用性完全依赖云服务提供商。如果出现意外或宕机，企业可能会面临服务不可用的风险（例如无法访问数据），并可能因此遭受重大损失。有许多原因可能导致数据中心发生故障，并造成大范围的服务中断，甚至丢失用户数据。例如，光纤电缆因施工误操作而被挖断，导致网络中断；公共电网变压器发生故障，而数据中心的配电开关未能成功地从公共电网切换到备用发电机，导致数据中心停电；数据中心的变压器被闪电击中，导致提供的电力下降，无法启动备用发电机。人为误操作或例行维护代码中的错误也可能导致服务器宕机。

（3）企业容易被供应商锁定：目前，云平台缺乏统一的标准，云应用程序依赖云平台的专有技术，与特定云平台高度耦合，这导致了云应用程序的跨平台性和移植性较差。一旦选择了某一个云计算平台，就意味着长期依赖，未来如果需要迁移到其他云平台，则将会付出较大的代价。

（4）企业需要升级改造以满足合规性要求：合规性指企业需确保其运营、决策和业务行为等符合相关法律法规、行业标准或内部规定，这有助于企业避免法律风险和财务损失，维护企业的声誉和品牌价值。采用公有云会涉及各种法律和法规问题。用户的数据和资源可能位于不同国家，而不同国家对数据隐私有不同法律规定。例如，根据英国法律，英国公民的个人数据必须保留在英国境内。此外，政府或行业规定可能要求知道特定数据的存储地点，或者要求向政府公开这些数据。

1.2　一切皆服务

目前，云平台对外提供了 4 种常见的服务：基础设施服务化（Infrastructure as a Service，IaaS）、平台服务化（Platform as a Service，PaaS）、软件服务化（Software as a Service，SaaS）、函数服务化（Function as a Service，FaaS）。云计算的服务化模型如图 1-4 所示。

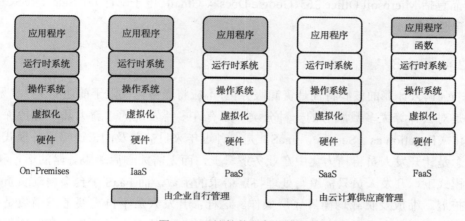

图 1-4　云计算的服务化模型

1.2.1　IaaS

IaaS 对外提供计算、存储和网络等基础资源。用户对这些资源有较高的控制权，可以对资源进行配置和管理。计算资源通常以虚拟机的形式提供，用户可以在虚拟机上自行安装各种软件，具有很高的灵活性。典型的云计算服务有 Amazon EC2（Elastic Compute Cloud，弹性计算云）、Google Compute Engine 和 Microsoft Azure 虚拟机等。存储资源用于存储数据，主要以块级文件系统和对象存储等形式提供。典型的云存储服务包括块级存储 Amazon EBS（Elastic Block Store）、对象存储 Amazon S3（Simple Storage Service）。网络资源通常以虚拟私有云（Virtual Private Cloud，VPC）的形式提供。VPC 是用户在云平台上创建的专用网络，可以配置 IP 地址范围、子网、路由表和网关等，不同用户的 VPC 在逻辑上是完全隔离的。在许多应用场景下，VPC 是必不可少的基础设施。例如，用户将 Web 应用程序部署在 VPC 中，并设置安全策略以控制 VPC 内主机对公网的访问。在云平台上创建 VPC，并通过 VPC 专用网络或虚拟专用网络（Virtual Private Network，VPN）将企业本地数据中心与云平台互连，从而构建混合云。

1.2.2　PaaS

PaaS 是建立在 IaaS 之上的软件抽象层，它对外提供准备就绪的开发与运行平台，简化了云应用的开发和部署。以开发 Web 应用为例，在传统模式下，用户需要安装、配置和管理 Web 服务器、数据库、负载均衡器和防火墙等大量组件。PaaS 为 Web 开发提供了完善的工具链，不仅内置了上述组件，还提供了监控、流量统计和高可用等服务，涵盖了 Web 开发与部署的整个生命周期。虽然使用 PaaS 可以减轻用户的编程负担，但是用户对 PaaS 底层资源的控制权会有所降低。典型的 PaaS 云服务包括 Amazon Elastic Beanstalk 和 Google App Engine（GAE）等。

1.2.3 SaaS

SaaS 对外提供应用软件。用户通过浏览器或客户端应用程序访问云应用，具有即开即用的优点，无需在本地终端设备（如个人计算机、平板电脑或智能手机等）上安装应用软件。此外，云应用程序会自动更新，用户无需担心安全补丁或软件升级问题。典型的 SaaS 产品包括 Microsoft Office 365、Google Docs❶、Gmail（电子邮件）和 Salesforce CRM（客户关系管理）等。

1.2.4 FaaS

本书强调云计算的核心特性是资源服务化，不应将服务化仅限于前述的 3 种常见形式，它们只是对云计算大多数服务的一种分类，还有许多待发现的"新大陆"等待探索。函数服务化（Function as a Service，FaaS）是一种近年来日益普及的云计算服务模式，它的核心理念是让开发人员将精力集中在业务逻辑上，而无需关心后端服务器的运行和维护。在这种模式下，开发人员只需编写处理特定请求的函数，而 FaaS 平台会自动负责函数的部署、扩展、缩放及负载均衡等底层操作。这样，开发人员不再需要考虑函数是在哪台服务器上运行、服务器的数量及服务器的负载等问题，从而大大简化了开发流程并提高了开发效率。

本书将云计算服务模型扩展为一切皆服务化（X as a Service XaaS）。其中的 X=Infrastructure、Platform、Software、Function。

接下来，简要介绍 X=Desktop 服务模式。Amazon WorkSpaces 提供远程桌面服务（Desktop as a Service，DaaS），为远程办公、移动办公和员工自带设备（Bring Your Own Device，BYOD）办公等应用场景提供了一种解决方案。以企业办公场景为例，企业可以选择高度定制化的虚拟桌面，并对桌面环境进行集中式管理（例如配置安全策略和虚拟桌面的镜像升级等）。员工通过多种终端设备访问远程虚拟桌面。

1.3 计算机发展简史

穷则变，变则通，通则久。

——《周易·系辞下》

长江后浪推前浪，浮事新人换旧人。

——〔宋〕刘斧《青琐高议》

本节将在计算机演变史的大背景下，介绍云计算的起源和计算机的演进历程（参考图 1-5），从全局视角介绍云计算。

---

❶ 在线电子文档编辑、电子表格和演示文档，类似于 Microsoft 的 Word、Excel 和 PowerPoint。

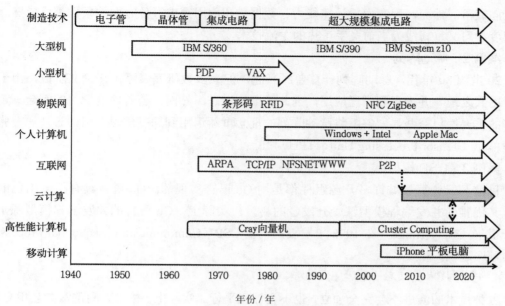

图 1-5 计算机演进历程

　　兴衰更替是历史发展的必然规律。在计算机领域，人们可以看到许多曾经风靡一时的技术和辉煌的公司，而在时间的推移下，有的已经日渐式微，甚至如昙花一现般消失在历史的长河中。然而，新的技术和创业公司也在不断涌现，它们不受传统束缚，迅速崛起并取得重大突破。计算机行业的发展速度极快，新旧更替的步伐从未放缓，短短的十几年就足以让一切发生翻天覆地的变化。更多内容请参考计算机的历史 ❶。

　　纷繁复杂的历史现象背后隐藏着一些基本的规律，可总结为以下几点。

　　1. 需求与创新互相推动

　　重大的发明和创新与现实需求紧密相连，彼此相互促进，共同推动 IT 产业的持续发展。现实需求引导技术不断创新，为重大发明和创新提供了成长的土壤。同时，它们会为行业带来颠覆性的变革，创造新的行业，并衍生出新的应用和需求。

　　2. 技术的发展是此消彼长，不断更替的

　　虽然计算机只有不到百年的历史，但在短暂的历史时间内大量技术经历了兴衰更替。一些曾经的主流技术很快被新兴技术取代，这种更替步伐没有丝毫减缓的迹象。例如，20 世纪 70 年代小型机曾经风靡一时，但随着 20 世纪 80 年代个人计算机（Personal Computer，PC）的兴起，小型机逐渐退出了历史的舞台。目前，云计算正在驱动应用和服务从本地部署模式迁移到云端。

　　3. 古为今用

　　在技术的兴衰更替中，许多思想和技术可能会被暂时遗忘，但在未来的新环境中，这些被遗忘的思想和技术可能会再次焕发生机，完成一次循环。换句话说，现今流行的技术可能是某个古老思想的再现，这个古老思想可能已经被尘封许久，多年来无人问津，如今却重新焕发生机。就像在医学领域，古代的草药和治疗手段经过现代科学的研究，其有效成分被重新认识并用于治疗疾病，在计算机科学领域也有类似的情况发生。

　　案例 1：深度学习

　　20 世纪 80 年代，由于多种原因（如当时的计算能力不足、数据量少），深度学习开

---

❶ https://computerhistory.org/.

始走向衰落。然而，现在由于计算能力、数据量和应用需求等各方面的条件都已成熟，因此深度学习又重新成为当前炙手可热的主流技术。

案例2：脉动阵列

20世纪80年代，脉动阵列计算曾经兴起，但大多数研究仅停留在论文阶段，由于没有"用武之地"并未得到广泛应用，因此逐渐被遗忘。然而，随着深度学习的崛起，矩阵运算的重要性日益凸显。谷歌将脉动阵列的理念重新运用到深度学习专用的芯片——张量处理单元（Tensor Processing Unit，TPU）上。

案例3：CSP模型

目前，云计算领域许多开源组件都是用Go语言实现的。Go语言具有很多出色的特性，其优雅的并发编程模型深受开发者的喜爱。实际上，Go语言的并发编程模型源于托尼·霍尔（Tony Hoare）在1978年发表的一篇CSP（Communication Sequential Processes，通信顺序进程）论文[1]。

4. 多种技术交叉融合衍生出新技术

各种技术的演进不会完全独立，也不会互相平行。实际上，技术之间常常会互相交融，借鉴彼此的优点，弥补自身的不足，不断地发展和变革。用一个形象的比喻来说，每一项技术就像一条河流，它的上游源头来自其他河流的分支（即多种技术的交叉融合孕育出新的技术），而在下游的某个位置，它又会产生新的分支，并汇入其他的河流（即技术之间的再次交叉融合）。例如，云计算就是互联网发展到一定程度后产生的新技术，它的源头还包括其他技术（如虚拟化、分布式计算）。现在，云计算也正在对其他领域（如高性能计算机和物联网等）产生深远影响。

5. 技术的演进具有一定的戏剧性或偶然性

古人有言："有心栽花花不开，无心插柳柳成荫。"历史的走向可能是由偶然事件决定的。

案例1：X86处理器

1975年，英特尔（Intel）开始了iAPX 432项目，目标是设计一个强大的32位处理器，但并未取得成功。1977年，戈登·摩尔（Gordon Moore）不得不启动了一个紧急项目——16位的8086处理器，该处理器在1978年上市。由于时间紧迫，8086处理器的指令集设计仅用了3个星期就完成了。1981年，IBM选择英特尔的8080处理器（8086的衍生版本）作为其个人电脑的处理器。虽然8086指令集是英特尔工程师的"急救章"，存在不少瑕疵和遗憾，但出乎所有人意料的是，PC产业迅速崛起，大量应用软件在PC上涌现，保证软件二进制代码的兼容性变得极其重要。这使8086指令集（即后来的X86指令集）在市场上确立了统治地位。从技术角度看，X86指令集的设计冗余且复杂，不够优雅和高效。然而，由于历史原因，X86处理器在PC市场上扎下了牢固的根基，难以被替代。

案例2：UNIX操作系统

肯尼思·汤普森（Kenneth Thompson）和丹尼斯·里奇（Dennis Ritchie）发明的UNIX操作系统和C语言对计算机产业的发展产生了重大影响，他们因此共同获得了1983年的图灵奖。当年，他们被贝尔实验室派往MIT参与由美国国防部高级研究计划局（Advanced Research Projects Agency，ARPA）资助的MULTICS（MULTiplexed Information and Computing Service，多路复用信息和计算机服务）分时操作系统项目。1969年，由于

---

[1] https://dl.acm.org/doi/10.1145/359576.359585.

研发费用过高且成功率不确定，贝尔实验室决定退出该项目。回到贝尔实验室后，汤普森决定将 MULTICS 项目的部分理念发扬光大，创造一个用户友好的编程环境（可以看作简化版的 MULTICS），并在一台闲置的 PDP-7 小型机上验证了他的想法。贝尔实验室的研究人员布莱恩·柯林汉（Brian Kernighan）戏称这个系统为 UNICS（UNiplexed Information and Computing Service，单路信息与计算服务）。这个名称被保留了下来，后来拼写演变为 UNIX。当时，贝尔实验室的专利部门需要一个文字处理系统用于专利申请，汤普森和里奇接受了这个任务，并获得了一台新的 PDP-11 小型机。他们在 UNIX 的基础上实现了文本格式化程序和文本编辑器。1970 年，UNIX 操作系统首次正式命名并在 PDP-11/20 上运行。当时的 UNIX 操作系统主要使用汇编语言开发，将系统移植到新机器上是一件相当烦琐的工作。汤普森决定使用他自己设计的 B 语言重写 UNIX，但由于 B 语言存在一些缺陷（如缺少结构体），因此这个尝试并未成功。随后，里奇设计了 B 语言的后继者，命名为 C 语言，并编写了一个优秀的 C 语言编译器。1973 年，汤普森和里奇共同用 C 语言重写了 UNIX 操作系统。C 语言的出现恰到好处，正好满足了当时的需要，从此确立了 C 语言在计算机系统编程领域的主导地位。

　　1974 年，里奇和汤普森联合发表了一篇具有里程碑意义的论文，全面展示了 UNIX 操作系统的特点，引起了巨大反响。许多大学和实验室纷纷要求体验 UNIX 操作系统。然而，由于 AT&T（贝尔实验室的母公司）当时作为垄断企业受到监管，不能经营计算机业务，因此禁止将 UNIX 商业化。根据规定，贝尔实验室必须将非电话业务的技术许可给任何提出要求的人。汤普森开始向请求者发送磁带和磁盘。当时，许多美国大学的计算机系使用 PDP-11 计算机，UNIX 自然地填补了 PDP-11 操作系统的空缺。人们开始举办各种关于 UNIX 的会议和讲座，研究其源代码并讨论各种改进，从而促进了 UNIX 的快速发展和演变。1975 年，贝尔实验室发布了首个公开的 UNIX V6 版本。在 UNIX 的发展史上，UNIX V6 具有里程碑式的意义，它几乎具备了现代操作系统的所有概念，包括进程、进程间通信、虚拟内存、文件系统、中断和 I/O 设备管理、系统调用接口和用户访问界面（Shell）等。由于当时互联网尚未诞生，因此该版本没有网络功能。澳大利亚新南威尔士大学的约翰·里昂斯（John Lions）撰写了一本书，书中逐行解释了 UNIX V6 源代码，该书成为那个年代 UNIX 黑客的必读著作，几乎人手一本。当时许多大学也采用这本书作为操作系统的教材。随后，在 UNIX V6 基础上衍生出了大量的 UNIX 改进版分支。在 UNIX 家族中，有两个主要的派系，即 AT&T 官方版的 System V（商业派，不公开代码）和加州大学伯克利分校的 BSD（Berkeley Software Distribution，学术派，鼓励代码分享，最早在 UNIX 中实现了 TCP/IP 协议）。BSD 的一个后续分支演变成了苹果的 OS X（2016 年更名为 Mac OS）操作系统。市场上大量的类 UNIX（Unix-like）分支导致 UNIX 出现了分裂和混乱，使同一个应用程序无法在各种 UNIX 操作系统上运行，即应用程序不具备 UNIX 的跨平台兼容性。后来，大学、产业界与政府等领域的专家共同参与并制定了 POSIX（Portable Operating System，IX 是为了使这个词与 UNIX 的构词相似）标准，使标准函数库编写的应用程序能在任何符合标准的 UNIX 操作系统上运行。

　　1979 年，贝尔实验室推出了 UNIX V7 版本，该版本的许可证限制了在课程中研究其源代码，以保护其潜在的商业利益。例如，AT&T 禁止使用约翰·里昂斯的书进行教学。许多学校为了遵循该规定，只能在操作系统课程中讲解理论（如进程调度算法），而不涉及 UNIX 代码实现。这导致学校偏重理论、轻视实践，学生缺乏实际操作经验，学习沦为"纸上谈兵"。为了改变这种状况，1987 年，荷兰阿姆斯特丹自由大学的安德鲁·特南鲍姆（Andrew Tanenbaum）开发了一个开源的类 UNIX 操作系统，命名为 MINIX（MIni-uNIX），用于教学，希望学生能亲自动手研究操作系统。MINIX 没有使用 AT&T 的任何代码，因此不受许可证限制，可以用于学校教学和个人研究。后来，大量热情的用户向特南鲍姆提出建议，要求增加 MINIX 的功能。但是，特南鲍姆坚持"小即是美"的原则，保持 MINIX 的简洁。

1991 年，赫尔辛基大学学生林纳斯·托瓦兹[1]（Linus Torvalds）借鉴了 MINIX 源代码，开发了 Linux 操作系统，作为类 UNIX 的免费开源版本。在 Linux 发展初期，已经有一个主导地位的竞争者——BSD（自 1977 年起就得到学术界的强有力支持）。然而，由于 AT&T 起诉了加州大学伯克利分校，导致 BSD 的开发陷入停顿。虽然双方最后达成和解，但 BSD 已经遭受了重大影响，因为 BSD 社区的一些关键开发者已经转向支持 Linux。此外，BSD 社区内部的分歧和竞争导致了社区的分裂，从而使 Linux 占据了领先地位。

由于各种历史原因，Linux 操作系统"意外地"超越了商业版的 UNIX 和学术界主导的 BSD，并在服务器操作系统市场占据统治地位。在 Linux 不断壮大的过程中，商业化的 UNIX 发展却并不顺利，经过多次转手后逐渐退出历史舞台。

总之，MINIX 和 Linux 有着截然不同的定位，前者面向教学，简洁明了，功能简单；后者面向实际应用，代码复杂，特性丰富。

1.3.1　计算机的诞生

1939 年，约翰·阿塔纳索夫（John Atanasoff）和其助手克里福德·贝瑞（Clifford Berry）在美国爱荷华州立大学发明了世界上第一台数字计算机 Atanasoff-Berry 计算机（Atanasoff-Berry Computer，ABC），其采用了二进制和布尔逻辑，使用真空管完成数字运算。1946 年，约翰·莫奇利（John Mauchly）和约翰·埃克特（John Eckert）在美国宾夕法尼亚大学建造了世界上第一台通用计算机 ENIAC（Electronic Numerical Integrator And Computer，电子数字积分计算机），其采用真空管和二极管等元件构建。ENIAC 由美国陆军弹道研究实验室使用，主要用来计算火炮的火力表，每秒能执行 5000 次加法或 400 次乘法运算。

1.3.2　计算机制造技术

早期的计算机主要采用真空管制造，这种技术存在体积大、功耗高、速度慢和寿命短等问题。20 世纪 50 年代中期，晶体管的出现改变了这一局面，其体积远小于真空管，迅速取代了真空管技术。随后，20 世纪 60 年代中期，集成电路技术的诞生使大量晶体管能够集成到一块电路板中。技术的进步并未停滞，到了 20 世纪 70 年代中期，微处理器技术应运而生，使大量的晶体管能够集成到一块硅芯片上，这就是超大规模集成电路（Very Large Scale Integration Circuit，VLSI）。此后，芯片的晶体管集成度持续提升，性能也不断增强。这使 IT 产业进入了快速发展阶段，计算机的更新换代也越发频繁。

---

[1] 2014 年计算机先驱奖获得者。

1.3.3　高性能计算机

高性能计算机（High Performance Computer，HPC）又称超级计算机。从 20 世纪 60 年代开始到现在，高性能计算机的发展可粗略划分为两个时期：向量处理（Vector Processing）和集群计算（Cluster Computing）。

向量机技术由"超级计算机之父"西摩·克雷[1]（Seymour Cray）创立。克雷在计算机领域的影响力堪比托马斯·爱迪生（Thomas Edison）。他曾担任控制数据公司（Control Data Corporation，CDC）的计算机总设计师，并在 1964 年研发出全球第一台超级计算机 CDC6600。这款计算机在当时领先了时代几十年，许多现代计算机的关键技术都源于此。当时，克雷创新性地使用氟利昂冷却系统给高密度电子器件散热。离开 CDC 后，他创立了克雷研究公司，专注于超级计算机的研发。1976 年，他研发出了全球第一台基于向量处理的 Cray-1 超级计算机。1965—1994 年，超级计算机领域普遍采用向量技术，其技术特点是共享内存，通过提高主频、处理器内并行（向量处理）、多处理器并行等方法不断提升超级计算机的性能，使用 Fortran 编程语言，并行性主要由硬件完成，减轻了程序员的编程负担。1996 年，克雷研究公司被硅谷公司收购，后来几经转手，在 2000 年又恢复原名。

1995 年，美国航空航天局（National Aeronautics and Space Administration，NASA）的托马斯·斯特林（Thomas Sterling）和唐纳德·贝克（Donald Becker）使用廉价的计算机、局域网、类 UNIX 操作系统和消息传递接口（Message Passing Interface，MPI）搭建高性能计算机，这种架构称为贝奥武夫机群（Beowulf Cluster）。这一创新在高性能计算机的发展史上具有重大意义，因为它首次实现了以自制（Do It Yourself，DIY）方式构建高性能计算机，这在以前是难以想象的。这种方式极大降低了高性能计算的门槛。从此，高性能计算机进入了集群计算时代，通过增加计算节点的数量提升整体计算能力。计算节点之间通过消息传递接口进行数据传输，程序员利用 MPI 库编写并行应用程序，并行性主要由程序员负责。

如今，大部分高性能计算机仍然采用集群架构，通过高速网络将多台独立的计算机相互连接，而在单台计算机内部采用多核处理器与图形处理器（Graphics Processing Unit，GPU）组成的异构结构。

高性能计算机主要应用于模拟核试验、飞行器设计、气候预测、宇宙演变、工程物理、石油勘探等计算密集型的领域。早期的高性能计算机主要由军方或国家实验室等单独购买并使用。高性能计算机追求性能，但造价昂贵，而且更新速度很快，一个机构很难独立购买并维护一套高性能计算机。目前高性能计算机主要部署在超级计算中心，由其负责运营，并向科研机构或大学开放使用。

1.3.4　大型机与小型机

早期大型机（Mainframe）的使用方式相对较为原始。在那个时代，程序员需要将编写的程序代码记录在穿孔卡片[2]上。程序员通过在卡片上打孔来表示二进制代码，从而存储程序指令和数据。完成编程后，程序员会将卡片递交给输入室的操作员，操作员负责将卡

---

[1] 克雷在 1996 年的车祸中不幸去世。
[2] 穿孔卡片是一种硬纸卡片，上面布满了小孔，用于存储数据。

片上的程序在大型机上运行。在程序运行过程中，大型机会读取卡片上的孔洞，解析出存储的二进制代码，并按照程序指令进行计算。当程序执行完毕后，操作员从打印机处取得计算结果后，送至输出室，程序员到输出室领取程序运算结果。这种穿孔卡片与现代高效的编程环境相比，无疑显得非常落后和低效。不过，在那个时代，大型机及穿孔卡片为企业和科研机构提供了宝贵的计算资源，有力推动了计算机技术的发展。

如今，大型机在多个领域仍然得到了广泛应用，如购物中心、连锁超市、航空订票系统、证券交易、保险公司、银行及政府数据统计等。这些领域对计算机的处理能力有极高要求，需要处理大量的交易记录，同时对可靠性和稳定性有严格的要求，不允许出现停机或宕机的情况。通常，大型机会运行专用的操作系统和应用程序，编程语言以 COBOL 为主，而在数据库方面，主要使用 IBM 的 DB2 或甲骨文公司的 Oracle。这种配置保证了大型机的高效运行和数据处理能力。

1964 年，IBM 推出了历史上经典的 System360 大型机，该机器的总设计师是弗雷德里克·布鲁克斯（Frederick Brooks）。System360 首次实现了指令集的兼容性，这意味着编写的程序可以在后续的系列机上运行，而不需要为每一台新计算机重新编写程序。这一创新使兼容机成为后来计算机系统设计的基本原则之一。

20 世纪 60—70 年代，数字设备公司（Digital Equipment Company，DEC）推出了 PDP（Program Data Processing）系列小型机，这种计算机受到了大量企业、学校和科研机构的欢迎。由于 PDP 系列小型机的成功，DEC 成为当时世界第二大计算机公司，与 IBM 齐名。PDP 系列及后来的 VAX（Virtual Address eXtension）等经典小型机的设计主要由戈登·贝尔（Gordon Bell）领导。1987 年，戈登·贝尔设立了以其名字命名的奖项，用于奖励在高性能计算机领域做出贡献的科学家。小型机在计算机历史上具有重大意义，它使非计算机专业人员也能够接触和使用计算机，从而极大提高了生产力。然而，随着个人计算机的兴起，小型机逐渐退出了历史舞台。

服务器（Server）是大型机/小型机的现代形式。取决于具体的语境，服务器不仅指硬件版的计算机，而且指软件版的程序。例如，客户端（如浏览器）与服务器（如 Web 服务器）之间使用 HTTP 协议通信，这里的服务器指提供网络服务的服务器端程序。因此，服务器的概念根据具体应用场景而有所不同。

1.3.5　个人计算机

20 世纪 70 年代末至 80 年代初，苹果公司和 IBM 等企业相继推出了个人计算机，开启了一个全新的市场，这使计算机开始从政府部门走向普通大众。1976 年，史蒂夫·乔布斯（Steve Jobs）和史蒂夫·沃兹尼亚克（Steve Wozniak）创立了苹果公司[1]，推出了 Apple-1 个人计算机。苹果计算机经过多次升级和改进，演变成了现在的 iMac 个人台式计算机。1981 年，IBM 也推出了个人计算机，并迅速成为当时的畅销产品。这些个人计算机的问世，为计算机技术的发展和普及奠定了基础。

早期的个人计算机主要采用微软的 MS-DOS 操作系统，该系统以命令行方式进行操作，因此易用性较差。1995 年，微软推出了 Windows 95 操作系统，该系统采用图形界面进行操作，这使个人计算机逐渐普及。目前，英特尔处理器和 Windows 操作系统几乎成为个

---

[1] 取名 Apple 是因为按照字母排序 Apple 在 Atari 之前，而 Atari 公司是当时电子游戏机和家用计算机的早期拓荒者，即意图领先对手。

人计算机的标准配置。

自 20 世纪 80 年代初个人计算机出现以来，人们就开始寻求更便携的个人计算机。当时，美国的康柏、IBM、苹果及日本的东芝等公司都推出了类似的产品，这些产品逐渐演变成现今的笔记本电脑。随着技术的不断发展，笔记本电脑变得越来越轻便，性能也越来越强大。在笔记本电脑的发展史上，IBM 的 ThinkPad 和苹果的 MacBook 系列都具有里程碑式的意义。

2012 年，英国推出了名为树莓派的卡片式计算机，其尺寸仅相当于一张扑克牌。树莓派采用 ARM 架构的微处理器，使用 SD/MicroSD 卡作为内存和硬盘，运行 Linux 操作系统。

受益于芯片制造技术的持续发展，处理器的性能不断增强，但价格却相对稳定，这使在用户可承受的价格范围内，个人计算机的性能得以持续提升。如今，个人计算机产业已经相当成熟，满足用户的娱乐、办公和上网需求。

1.3.6　互联网

20 世纪 50 年代后期，计算机的价格极为昂贵，并且只能通过批处理方式运行，这意味着计算机一次只能完成一个计算任务，运行效率相当低。此外，大型机通常安置在机房内，这让远程的计算机科学家无法直接使用大型机。他们只能通过手工方式向大型机提交编程任务，这使编程和调试变得非常烦琐和耗时。为了解决这个问题，当时的计算机科学家发明了一种可以连接到远程大型机的打字机终端（Terminal）设备。用户可以在终端上输入程序，然后将其传输到远程大型机上运行。同时，他们提出了分时共享（Time-sharing）的概念，这个概念允许一组用户同时工作。如果一个用户输入大量信息后需要长时间停顿，那么这个用户的暂停时间可以被其他用户填补，从而使多个用户能够同时使用一台昂贵的计算机。

1958 年，美国成立了美国国防部高级研究计划局（Defense Advanced Research Project Agency，DARPA），通过发放项目资助和签约合同等方式，吸引有远见和创意的大学或公司为其工作。在最初几年，DARPA 对自己的使命并不明确。直到 1962 年，利克莱德（Licklider）提出了"星际计算机网络"（Intergalactic Network）的概念，即通过网络将不同地点的分时共享计算机连接起来，实现数据和程序的共享。这个概念与当今的互联网非常类似。同年，利克莱德成为 DARPA 信息处理技术办公室（Information Processing Techniques Office，IPTO）的负责人，进一步提出了建立分时计算机网络的设想，主要目的是共享宝贵的计算机资源。当时在麻省理工学院的劳伦斯·罗伯茨（Lawrence Roberts）与托马斯·迈瑞尔（Thomas Merrill）向 ARPA 提交了一份研究报告，建议用 3 台计算机组成一个网络进行实验，并获得了 ARPA 的批准。1965 年，两人通过低速拨号电话线将马萨诸塞州的计算机连接到加利福尼亚州的计算机。这个实验性网络可以在远程计算机上运行程序并检索数据，证明了分时计算机可以很好地协同工作。然而，这个基于电路交换的电话系统并不适合数据传输。

电路交换是一种通信方式，它需要在数据传输的源端和目的端之间预先建立一条连接路径，然后所有数据都沿着这条路径传输。传输完成后，连接路径会被释放。在这个过程中，数据包就像火车车厢一样，沿着固定的铁路线从一个站点到达下一个站点，并保持严格的顺序。然而，像铁路线一样，预先建立的电路并不总是有火车通过的，这意味着电路交换的带宽利用率并不高。

与电路交换相比，分组交换更适合计算机网络，目前的互联网主要采用分组交换技术。分组交换的基本原理是将传输信息分割成一系列独立发送、固定大小的数据包。每个数据包都携带有目标地址的信息。网络由分布在不同地点的分组交换机和通信线路组成。分组交换机从一条输入线路接收数据包，将其存储并转发到另一条输出线路（连接到下一个分组交换机）。因此，计算机之间无需直接连接，而是通过分组交换机进行连接。形象地理解，一个数据包就像一辆汽车，每辆汽车都可以独立行驶到目的地。高速公路收费站就相当于一台分组交换机，收费站的管理人员会告诉司机需要进入哪一条匝道（通向下一个收费站，逐渐靠近目的地）。如果某条网络路径出现问题，则数据包可以通过其他路径进行转发。当数据包到达目的地后，接收方会按照原来的顺序将其重新组装起来，或者请求发送方重新传输丢失的数据包。

在了解分组交换之后，将其与电路交换进行比较。电路交换在传输数据之前需要通过呼叫预先建立一条连接通道，因此它可以提供一定的服务质量保证，适用于传输稳定的流量，如语音。与此相反，分组交换不需要预先建立通道，它通过存储和转发的方式工作，带宽利用率较高，但是服务质量难以保证，适合传输具有突发性的网络流量，如 HTTP 请求。在计费方面，电路交换通常按照时间和距离进行计费，而分组交换通常根据流量收费。

分组交换的理念最初源于多个独立的研究团队。1961 年，美国科学家莱昂纳德·克莱因洛克（Leonard Kleinrock）在论文中提出了分组交换的想法，并在 1964 年出版了关于网络排队论的书籍，为分组交换网络的理论基础奠定了基础。在同一时期，英国国家物理实验室的唐纳德·戴维斯（Donald Davie）和美国兰德公司的保罗·巴兰（Paul Baran）也独立地提出了分组交换的理念。戴维斯首次创造了分组（Packet）和协议（Protocol）等名词。20 世纪 50 年代后期，美国国防部希望建立一个能够在核战争爆发时仍然生存的"命令—控制"网络。当时，军事通信主要使用层级结构的公共电话网络，本地电话交换局连接着数千部电话，然后将这些本地交换局连接到更高级别的长途交换局。然而，这种电话网络结构的健壮性不足，一旦几个关键的长途交换局被破坏，整个电话网络就会被分割成多个孤岛。为了解决这个问题，美国国防部与兰德公司签订了一份合同。兰德公司的员工巴兰提出了一种数据包交换的方案。美国国防部对这个方案很感兴趣，并邀请 AT&T 公司建造一个原型。然而，作为一家最大的电话公司，AT&T 并不愿意按照一个年轻人的设想来建设电话系统。最终，巴兰的设想未能实现，被扼杀在摇篮中。

1966 年，IPTO 负责人罗伯特·泰勒（Robert Taylor）继承了利克莱德的网络设想，并成功说服了 ARPA 的领导，获得了资助网络研究的经费，从而启动了 ARPANET 项目，并任命罗伯茨为项目经理。1967 年，罗伯茨在 ACM SIGOPS 会议上发现了一篇描述分组交换网络的论文，并了解到英国国家物理实验室在戴维斯的指导下已经实现了一个原型系统，这初步证明了分组交换技术的可行性。因此，罗伯茨决定在 ARPANET 中应用分组交换的思想。为了实现这个目标，罗伯茨成立了一个专门的通信小组，邀请了各领域的专家对 ARPANET 的总体设计和规范提供修改意见，并发布了征集建议书（Request For Proposal，RFP）。其中，一个重要的改进方案是使用接口消息处理机（Interface Message Processor，IMP）。每台主机都配备一台 IMP（一种专用的小型机），主机通过串行通信接口连接到 IMP，主机负责管理程序，而 IMP 充当数据包交换机的角色。IMP 之间通过 56Kbps 的电话线连接起来，形成了 IMP 子网。主机向 IMP 发送报文，然后 IMP 将这些报文拆分成数据包，并独立地向目标节点转发这些数据包。每个数据包必须在完全到达一个节点后才能被再次转发。随后，ARPA 通过招标方式来建立这个子网。BBN 公司承包了 ARPANET 的合同并开始实施工程，当时罗伯特·卡恩（Robert Kahn）正在该公司实习，负责系统的设计，解决差错检测与纠正、通信拥塞等问题。1968 年，利克莱德和泰勒共同发表了一篇论文——《计算机作为通信设备》，他们在论文中预言："几年后，与面对面交流相比，人们将能够通过机器更有效地进行交流。"尽管他们并非是计算机专家，但他们的远见卓识是非凡的。

1969 年，美国西海岸 4 个节点的 4 台计算机成功地联网了，它们分别位于加州大学洛杉矶分校（University of California at Los Angeles，UCLA）、加州大学圣巴巴拉分校（University of California at Santa Barbara，UCSB）、犹他大学（University of Utah，UTAH）和斯坦福研究所（Stanford Research Institute，SRI），现更名为斯坦福国际咨询研究所。当时 ARPANET 的第一条消息是从 UCLA 主机（SDS Sigma 7）向 SRI 主机（SDS 940）发送的 login 命令，SDS Sigma 7 的操作员输入一个字母后，通过长途电话与 SDS 940 的操作员确认是否收到了该字母。遗憾的是只传输了 lo 两个字母后，SDS 940 系统崩溃了。经过调整 SDS 940 的设置后，第二次尝试成功地从 SDS Sigma 7 远程登录到 SDS 940。

1970 年，由斯蒂芬·克罗克（Stephen Crocker）[1]领导的网络工作组成功完成了 ARPANET 主机对主机的通信协议——网络控制协议（Network Control Protocol，NCP）。1971—1972 年，随着 ARPANET 站点完成 NCP 的实施，网络用户开始研发应用程序。这些应用程序包括通过命令行登录远程计算机的 Telnet 协议（现在更常使用的是安全外壳协议）；1971 年，ARPANET 上发出了第一封电子邮件；1973 年，实现了 ARPANET 上的文件传输协议（File Transfer Protocol，FTP）。这些早期案例已经包含了协议分层的思想，即底层为通用数据传输协议，上层为应用层协议。

1972 年，卡恩在 ARPA 的 IPTO 工作期间，组织了一次 ARPANET 的公开演示，首次向公众展示了这种新型网络，引起了广泛关注。同年，他提出了开放式体系结构网络的概念，旨在实现基于分组交换的无线网络，使用户能够通过分组无线网络连接到 ARPANET 分时共享的主机。然而，当时的 NCP 更像是设备驱动程序而非传输协议，它依赖 ARPANET 提供端到端的可靠性。在无线网络中，由于无线电容易受到干扰，因此实现可靠的数据传输非常困难。1973 年，由法国人路易·波赞（Louis Pouzin）领导的 CYCLADES 网络采用了分组交换、分层协议和端到端设计原理，与 ARPANET 的主要区别在于，它通过主机与主机之间发送数据包并提供端到端错误纠正，而不是依赖网络进行可靠的数据传输。1974 年，卡恩与文顿·瑟夫（Vinton Cerf）[2]合作发表了传输控制协议（Transmission Control Protocol，TCP）的论文，借鉴了 CYCLADES 网络的核心思想，解决了不同网络之间如何互连的问题。他们因此共同获得了 2004 年的图灵奖。最初的 TCP 负责管理数据报的传输和路由；到 1978 年，TCP 版本 3 分为 TCP 和 IP 两个协议，这就是现在互联网广泛使用的 TCP/IP 协议。

开放式体系结构网络的要点如下。首先，每个网络都是独立存在的，即自治（Autonomy）。如果要将这些网络连接到互联网，无需改变其内部结构。其次，网络的数据传输采用尽力

---

[1]　斯蒂芬·克罗克是编号为 1 的请求意见稿（Request for Comments，RFC）撰写者。RFC 后来演变为用来记录互联网规范、协议和过程等的标准文件，许多 RFC 文档最终演变成 Internet 的标准。

[2]　文顿·瑟夫当时在斯坦福大学，曾经参与了 NCP 的设计与开发。

而为（Best Effort）的模型，如果数据包丢失，则源端负责重新发送。再者，使用路由器将各个网络连接起来，而路由器是无状态的，即路由器不会保存分组的状态信息。这样的设计使路由器保持简单，即使在崩溃的情况下，也无需处理复杂的问题。最后，整个网络没有全局的集中式控制，而是采用完全分布式的结构。

在 ARPA 工作的卡恩后来成为 IPTO 的负责人，他开始推动 ARPANET 的所有站点使用 TCP/IP 协议。这个决策被认为是加速互联网普及的关键因素之一。1983 年，ARPANET 的所有站点都采用了 TCP/IP 协议，NCP 退出了历史舞台。此后，ARPANET 被划分为两个独立的网络：一个是供军方使用的 MILNET，另一个是满足研究需求的 ARPANET。

20 世纪 70 年代后期，美国国家科学基金会（National Science Foundation，NSF）意识到 ARPANET 对大学研究工作有着巨大的影响力，可以极大地促进数据共享和协作。然而，由于一个大学必须与美国国防部有研究合同才能使用 ARPANET，这导致大部分大学无法加入。1981 年，NSF 资助了计算机科学研究网络（Computer Science Research Network，CSNET），这是一个连接学术用户和 ARPANET 的网络，使 ARPANET 的网络服务（如远程登录、电子邮件和文件传输等）能够普及到更多大学的计算机科学家。CSNET 采用 TCP/IP 协议与 ARPANET 连接，最终将 180 多个机构和成千上万的新用户连接起来，推动了 20 世纪 80 年代全美和全球大学的联网。1990 年，ARPANET 正式退役，CSNET 于 1991 年关闭。

20 世纪 80 年代后期，NSF 决定创建一个 ARPANET 的继任者，向所有大学和研究机构开放。1986 年，NSF 资助建立了一个骨干网，将美国的 6 个超级计算中心连接起来。每台超级计算机都配备了一台微型计算机，这些微型计算机运行 TCP/IP 协议，通过 56Kbps 的租用线路相互连接，形成了第一个 TCP/IP 广域网。随后，NSF 还资助了一些连接到骨干网的区域性网络，允许大学、研究机构和学术团体等用户访问超级计算机，并实现相互通信。最终，形成了由骨干网、区域网和园区网组成的三级网络结构，这些网络统称为 NSFNET。骨干网类似省际高速公路，区域网类似省内高速公路，园区网类似市内公路。NSFNET 通过一条专线连接到 ARPANET。1989 年，世界上多个国家联网到 NSFNET，全球联网的主机数超过 10 万台，全球联网格局基本形成。

NSFNET 的发展非常迅速，规模持续扩大，始终处于超负荷运行状态。为了满足不断增长的需求，NSF 不断投入资金升级网络路由器和链路带宽。然而，NSF 意识到不能无休止地资助网络发展。与此同时，互联网的商业化也萌生。例如，1988 年，芬兰人雅尔科·欧伊卡里宁（Jarkko Oikarinen）发明了互联网中继聊天（Internet Relay Chat，IRC）协议，开启了即时通信聊天的先河。20 世纪 80 年代，电子邮件已经成为普遍的交流工具。由于 NSFNET 是由 NSF 出资建设的，按照法规只能允许政府机构和大学使用该网络，并且限于科学研究和教育等，商业用途被严格禁止。这严重阻碍了互联网发展的趋势——商业化。实际上，在 20 世纪 80 年代末期，第一批互联网服务提供商（Internet Service Provider，ISP）开始向公众提供有限的互联网访问服务，如电子邮件。在经过各种争论和讨论后，1992 年，美国国会解除了 NSFNET 对商业使用的限制，ISP 迎来了爆发式增长。普通大众可以通过 ISP 提供的拨号上网方式接入互联网，接入方式也逐渐多样化，如电话线、有线电视和光纤等。此后，NSFNET 不再是互联网事实上的骨干网和核心节点，互联网由最初政府资助的学术网络演变为由 ISP 共同运营的商业网络，骨干网的路由器也过渡到了商业设备。1995 年，NSF 停止了对 NSFNET 的资助，NSFNET 正式退出了历史舞台。

尽管 ARPANET、CSNET 和 NFSNET 已经成为历史，但它们在互联网起源和演进史上具有里程碑意义。ARPANET 起源于分时共享时代，旨在实现资源共享。在美国军方的资助下，众多人才（包括美国大学的教授、研究生、杰出领导者和工程技术团队等）的集体智慧为互联网的核心设计思想、原理和技术标准等奠定了基础，如分组交换、协议分层、端到端设计原则、TCP/IP 协议和开放式体系结构网络等。CSNET 和 NFSNET 均由 NSF 资助建设。尽管 CSNET 的使用范围局限于学术群体，但它推动了网络在大学和科研机构的普及。NFSNET 则推动了全球网络的互联，并使互联网向全社会开放使用，开启了互联网商业化的大门。

1989 年，在日内瓦欧洲物理粒子中心工作的蒂姆·伯纳斯·李（Tim Berners-Lee）提出了万维网（World Wide Web，WWW）第一版规划书。1990 年，他与罗伯特·卡里奥（Robert Cailliau）共同成功实现了 HTTP 代理与服务器之间的第一次通信。由于开创了 Web 时代，因此蒂姆·伯纳斯·李在 2016 年荣获图灵奖。

1993 年，美国总统威廉·克林顿（William Clinton）推出了"国家信息基础设施"（National Information Infrastructure，NII）计划，全球范围内迎来了网络建设的高潮。互联网创业浪潮兴起，风险投资开始涌入互联网领域，各种网站如雨后春笋般涌现。1994 年，杰夫·贝索斯（Jeff Bezos）创立了亚马逊，其从最初的互联网书店发展成为北美最大的电商平台，同时也是最具代表性的云服务提供商。1998 年，拉里·佩奇（Larry Page）和谢尔盖·布林（Sergey Brin）共同创建了 Google 搜索引擎，现已发展成为互联网科技巨头。1998 年，马化腾在深圳创立了腾讯；1999 年，马云在杭州创建了阿里巴巴；2000 年，李彦宏在北京创立了百度。2004 年，马克·扎克伯格（Mark Zuckerberg）创立了 Facebook。在 2000 年左右，互联网发展经历了一次波折。许多"dot-com"公司❶因为投资者的过高估值，股价迅速上涨，随后市场崩溃。然而，这次互联网泡沫很快过去，互联网进入了快速发展的阶段，涌现出新一代的互联网应用，包括即时通信工具（如 QQ）、P2P（Peer-to-Peer）文件共享、面向年轻人的社交平台 Facebook、Twitter（推特）等。

1.3.7　移动计算

移动计算（Mobile Computing）指智能手机或平板电脑等移动终端设备上的计算。在 21 世纪初，手机在最初通话功能的基础上，逐渐增加了各种新功能，如拍照、GPS 定位和视频播放等。2007 年，苹果公司的乔布斯推出了 iPhone 智能手机，极大地改变了人们的生活方式，手机也开始向"智能"方向不断发展。

平板电脑的尺寸介于笔记本电脑和智能手机之间，采用触摸和手写等方式操作，实现了性能、便携性和操作性之间的平衡。典型的平板电脑包括微软的 Surface 和苹果的 iPad 等。目前，移动计算领域的操作系统主要有谷歌推出的 Android❷、苹果公司的 iOS 和华为的鸿蒙（HarmonyOS）。

1.3.8　物联网

物联网是一个近年来提出的概念，其基本原理是将传感器嵌入各种物理设备（如汽车、交通信号灯和工厂生产线等）、嵌入式设备（如打印机、微波炉、冰箱、洗衣机、汽车电

---

❶ 指使用".com"域名的企业。
❷ 最初由 Android 公司开发，2005 年谷歌收购了 Android 公司。

气设备、电梯和智能手环等）以及移动设备（如手机和平板电脑等）。传感器可以感知外部环境的状态数据，通过无线网络或互联网实现设备间的通信和数据共享。

应用程序对收集到的数据进行处理和分析，从而提取有价值的信息，实现物理世界与数字世界的实时、智能化交互。物联网可以提高行业的自动化水平，提升人们的生活质量，使生活更加便捷和舒适。

可穿戴设备是物联网的一个典型应用领域，例如通过智能手表可以监测身体的血压、心跳和睡眠质量等指标。在智能家居领域，家电中的传感器通过 ZigBee 无线通信协议与智能音箱互连，主人可以通过语音与其进行交互，从而控制家电的开启、房间的温度和湿度等。

自动识别（Automatic IDentification）技术是物联网的核心支撑技术之一，由此产生了诸如条形码（Barcode）、光学字符识别（Optical Character Recognition，OCR）、二维码、无线射频识别及 IC 卡（Integrated Circuit Card）等相关技术。

20 世纪 40 年代，人们创造了条形码技术用于自动识别物品。直到 20 世纪 70 年代，随着条形码识读扫描枪的出现，超市才开始将条形码应用于自动结账。此后，条形码技术广泛应用于物流配送、供应链管理和商品溯源等领域。然而，条形码技术仍存在一些局限：扫描枪一次只能读取一个条形码，同时条形码所包含的信息是固定的。

20 世纪 70 年代，射频识别（Radio Frequency IDentification，RFID）技术的出现解决了条形码技术的问题。RFID 系统由阅读器和标签两部分组成，每个标签都拥有唯一的标识信息。将标签与物品信息绑定后，使用阅读器可以非接触、一次性批量读取标签中的信息，甚至还能对标签中的信息进行更新。目前，RFID 技术已广泛应用于日常生活中的各种 IC 卡，如银行卡、公交卡、门禁卡及高速公路的电子不停车收费（Electronic Toll Collection，ETC）等领域。此外，标签还可以制作成邮票大小的贴纸，贴在被追踪的对象上，如野生动物、书籍或货车等。

RFID 的工作原理如图 1-6 所示。图中左侧的阅读器由 6 个部分组成：电可擦除可编程只读存储器（Electrically Erasable Programmable Read-Only Memory，EEPROM）、控制器（Controller）、发射器（Transmitter）、电源（Power）、接收器（Receiver）和天线线圈（Coil）组成。图 1-6 中右侧的标签主要包括一个天线线圈和一块微芯片，外部用塑料封装起来，通常做成卡片的形状（例如日常使用的门禁卡）。

阅读器以非接触的方式读取标签中的数据，通过交变磁场产生感应电流的原理实现能量和数据的传输，其交互的基本过程如下：阅读器通过发射器发射特定频率的射频信号；当标签进入阅读器的有效工作区域时，部分磁力线穿过标签的天线线圈，通过交变磁场实现耦合；这时，阅读器的发射天线线圈就像变压器的一次线圈，而标签的接收天线线圈相当于变压器的二次线圈，两个线圈形成闭合回路；在电磁感应的作用下，标签的天线线圈中会产生电压，整流后作为微芯片的电源，从而激活微芯片开始工作。微芯片通过控制开关的开启和关闭来向阅读器传输数据。如图 1-6 所示，标签传输的数据为 01101，传输 0 时打开开关，传输 1 时关闭开关。开关的开启 / 关闭可以控制阅读器的发射器能量是否被吸收，阅读器的接收器会读取感应电流的变化，产生一组脉冲调幅信号，再经过解调和解码，阅读器就可以获取微芯片发送的数据。

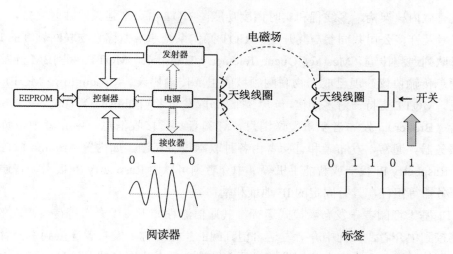

图 1-6　RFID 的工作原理

阅读器产生的交变磁场具有 3 个功能：向标签传输能量、同步标签的时钟及作为标签返回数据的载波。标签一般不配备电源装置，因此被称为无源标签。

通常情况下，阅读器采用高频（13.56MHz，有效距离为 1m）和低频（135kHz，有效距离为 10cm）读取标签数据。若采用超高频（869 ～ 915MHz），则阅读器可以读取远距离标签（有效距离为 10 ～ 15m）。在读取远距离标签时，RFID 利用电磁反向散射耦合原理传输数据，其基本原理如下：阅读器发射射频信号，标签接收能量；标签利用部分接收到的能量驱动发射天线产生另一个电磁场，主动向阅读器发送射频信号，进而在阅读器中产生感应电流（反向散射信号）。通过控制反向散射信号的强弱，标签的微芯片实现向阅读器传输数据。

RFID 非接触式技术不断发展，在 21 世纪初产生了近场通信（Near Field Communication，NFC）技术。如今，NFC 已发展成为国际标准，使支持 NFC 功能的设备（如具备 NFC 功能的手机）之间能够互相连接和通信，其工作频率为 13.56MHz。

在物理实现方面，RFID 和 NFC 都采用电磁感应原理来传输能量和数据。RFID 主要用于读取标签中的数据以识别物品，属于单向数据传输。NFC 的功能更强大，它允许NFC 设备在近距离（不超过 10cm）内进行双向数据传输。NFC 芯片集成了感应式读卡器、感应式标签和点对点功能，并支持主动模式、被动模式和点对点模式 3 种工作模式。

（1）主动模式：NFC 手机可以作为 RFID 阅读器，读取其他标签中的数据，然后由手机中的应用程序处理这些数据。举例来说，用户使用 NFC 手机轻触海报上的标签来读取相关信息，或者轻触办公桌上的标签让手机自动切换到振动模式等。

（2）被动模式：NFC 手机可以作为标签，模拟各种卡片的功能（例如非接触式移动支付、城市交通卡和汽车钥匙等），等待 NFC 识读设备来读取相关数据。

（3）点对点模式：两台 NFC 手机均可主动发出射频场以建立点对点通信，实现双向数据传输，例如在手机之间传输照片。与蓝牙传输相比，NFC 省去了蓝牙配对的过程，因此连接速度更快；但 NFC 的传输速度不如蓝牙。目前，通常先利用 NFC 进行快速配对，接着通过蓝牙或 Wi-Fi 传输数据。

Arduino 是一个开源的嵌入式硬件 / 软件开发平台，其所有细节均公开且免费，允许任何人设计甚至销售 Arduino 系统。RIOT-OS 是一个开源的物联网操作系统，采用 C 语言编写，具有微内核架构、多线程和实时调度功能。RIOT 由一个强大的社区支持，学术界、业余爱好者及许多公司共同参与其开发。RIOT 操作系统通常被称为物联网领域的 Linux。

消息队列遥测传输（Message Queue Telemetry Transport，MQTT）是 IBM 开发的一种轻量级消息传输协议，现已成为物联网领域的主要传输协议。Mosquitto 是 MQTT 协议的开源实现。MQTT 支持一对多通信，包含 3 个部分：发布者（Publisher）、订阅者（Subscriber）和中介者（Broker）。发布者负责发送消息，订阅者负责接收消息，中介者则是负责转发消息的服务器。通常，发布者和订阅者由各种联网设备充当，如内置 Arduino 微控制器的传感器、Raspberry Pi 板卡或智能手机等；中介者则可以由 Raspberry Pi 板卡、普通服务器或云端服务器等担任，具有固定的 IP 地址和端口。

MQTT 基于订阅者—发布者模式运行，其通信流程如下：中介者等待客户端的连接；订阅者连接到中介者，并向中介者发送希望订阅的主题名称；发布者连接到中介者，并发送特定主题的消息；中介者在收到发布者的主题消息后，将消息转发给订阅了该主题的订阅者（可能是一个或多个）。在此过程中，发布者和订阅者都是中介者（服务器）的客户端，它们无需了解彼此的 IP 地址和端口，只需知道中介者的 IP 地址和端口。另外，发布者和订阅者都以自己的速度与中介者进行交互（发送/接收消息），无需考虑彼此之间的速度匹配问题。简言之，中介者实现了发布者和订阅者之间的解耦合。

图 1-7 展示了 MQTT 协议在两个典型应用场景中的使用：一个是接收温度传感器的温度数据，另一个是向灯控传感器发送指令。这两个场景分别设置了两个主题：home/livingroom/temperature（温度）和 home/livingroom/lamp（灯控）。在智能手机接收温度数据的场景中，温度传感器将温度数据发送到中介者的温度主题，由于智能手机订阅了这个主题，所以中介者将接收到的温度数据转发给智能手机。在智能手机远程开灯的场景中，智能手机作为发布者，向中介者发送"开灯"指令，感应灯作为灯控主题的订阅者，接收到中介者的"开灯"消息并执行相应的开灯指令。

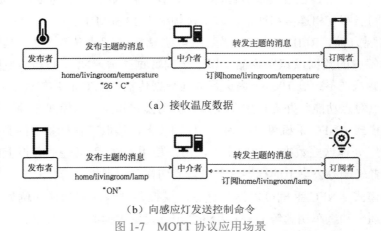

（a）接收温度数据

（b）向感应灯发送控制命令

图 1-7　MQTT 协议应用场景

MQTT 提供了 3 种不同的服务质量：最多传输一次（可能会漏传，速度最快）、最少传输一次（可能重复传输，速度中等）和确保传输一次（一定传输到，速度最慢）。发布者和中介者之间，以及中介者和订阅者之间可以分别设置不同的服务质量（Quality of Service，QoS）等级。

受限应用协议（Constrained Application Protocol，CoAP）是物联网领域另一个流行的通信协议。该协议借鉴了 HTTP 协议，采用客户端—服务器模式，客户端向服务器发送请求并获取响应。通过使用统一资源定位符（Uniform Resource Locator，URL）标识服务器上的资源，客户端（如物联网设备）可以通过 CoAP 的 GET（获取）、POST（创建）、PUT（修改）和 DELETE（删除）API 来操作资源。与 HTTP 的文本协议不同，CoAP 是一个二进制协议，且传输层使用 UDP 而非 TCP。这种设计使 CoAP 具有轻量级和低功耗等特点，非常适合内存容量有限、低功耗的物联网设备。

1.3.9　云计算

1961 年，约翰·麦卡锡（John MacCharty）在美国麻省理工学院成立一百周年的演讲中首次提出了"公用计算"（Utility Computing）的观念，他认为计算可以像电话一样成为公共的基础设施。这种观念与电力的发展历程有很大的相似性。19 世纪 70 年代，当刚刚进入电力时代时，街道和工厂需要自己建立发电机，这种方式成本高且效率低。然而，随着电力需求的增加，人们开始建立专门的发电厂来提供电力服务，街道和工厂不再需要"重新发明轮子"，而是直接使用发电厂的电力，按照实际用电量付费使用。如今，日常生活中的水、燃气和电话等公共设施都是采用这种服务模式。

公用计算的理念虽然具有远见，但在当时由于受到技术条件、商业模式和用户需求等多方面因素的制约，未能变为现实。从 20 世纪 60 年代开始，互联网开始萌芽，ARPA 网络的初衷正是为了共享昂贵的计算机资源。然而，到了 20 世纪 80 年代，随着 PC 产业的兴起，原本昂贵的计算机变得便宜，体积也缩小到可以放在桌面上，因此共享计算资源的需求逐渐失去了市场。在 21 世纪初，网格计算（Grid Computing）兴起，继承了公用计算的理念，基本思想是将地理位置不同的高性能计算机连接起来，形成一个"超级虚拟计算机"。网格计算主要在学术界流行，相关的科研项目主要由政府资助。但由于缺乏明确的商业模式，互联网公司对网格计算并不感兴趣。最终，网格计算在经历了短暂的兴衰后，退出了历史舞台。

1996 年，康柏公司（2002 年被惠普公司收购）的销售主管乔治·法瓦洛罗（George Favaloro）在一份商业计划书中首次提出了"云计算"❶一词，并提出了将软件迁移到 Web 端的设想。2006 年，时任谷歌 CEO 的埃里克·施密特（Eric Schmidt）在一次会议上提出了"云计算"的概念，他提出用户无论使用个人计算机还是手机，都可以随时访问云端的数据服务。他们两人分别是云计算名词和概念的发起者。

美国亚马逊公司是云计算的开拓者，将云计算概念真正付诸实践。2006 年，亚马逊推出了 AWS 云平台，并率先在业界推出了 EC2 计算服务。当时的 EC2 只提供了一种配置：1.7GHz Xeon 处理器，1.75GB 内存，160GB 磁盘和 250Mb/s 网络带宽。此后，AWS 不断推出更多的云服务，推动了云计算的全面发展。由于 AWS 在云计算市场上的成功，因此其他大型互联网公司也开始纷纷效仿和跟进。

2008 年，云计算的概念进入我国。2010 年，云计算在各种新闻媒体上频繁出现，迅速成为一个热门的流行词汇。当时，学术界和产业界对云计算的看法各不相同，甚至有一些质疑的声音。阿里巴巴坚信云计算是未来的发展趋势，因此果断投入资金和人力进行研发。然而，腾讯和百度对云计算的态度显得犹豫不决，甚至有些排斥。

事实证明，云计算并不是"新瓶装旧酒"。如今，各大互联网公司都已建立大型数据中心，积极布局云计算业务，争夺市场份额。目前，包括亚马逊、谷歌、微软和阿里巴巴在

---

❶ https://www.technologyreview.com/s/425970/who-coined-cloud-computing/.

内的云服务提供商已经推出了数百种云服务,覆盖了数据存储、托管 Web 应用、高性能计算、大数据、人工智能和物联网等多个领域,几乎所有计算机领域都有相应的云产品供用户选择。云计算已经成为大势所趋。

大数据与云计算

1.4　大数据与云计算

大数据和云计算都是随着互联网发展到一定阶段而产生的新技术,它们的起源都可追溯到大型互联网公司,如谷歌、亚马逊和 Facebook 等。

本节将从商业模式和核心技术两个方面分析大型互联网公司迅速崛起的共同模式。这两个关键因素相辅相成,缺一不可。一方面,如果没有成功的商业模式,互联网公司将无法拥有充足的资金,从而建立大型数据中心、研发新技术,也就是无法实现持续发展。另一方面,大数据和云计算等核心技术成就了互联网公司,先进的技术能够带来低成本、高品质的互联网产品,从而吸引更多用户使用其产品,并创造商业价值。

1.4.1　商业模式

早期互联网公司如谷歌、亚马逊、阿里巴巴和 Facebook 等,准确捕捉到了各自时代的发展潮流。它们在各自的领域,如搜索引擎、电子商务和社交网络等,成功吸引了风险投资。在初期,这些公司通过提供免费服务吸引用户,同时收集和分析用户数据以优化产品和服务。经过不断改进,这些产品和服务又吸引了更多用户,形成了一个正向的迭代循环。这个循环使用户数量呈现出"滚雪球效应",迅速增长。在不到十年的时间里,这些互联网巨头就积累了亿级的用户基础,并找到了可持续的盈利方式。

目前互联网公司的盈利模式主要包括以下几种。

1.　广告收入

这是早期互联网公司最重要的盈利模式。在网页、搜索结果、社交媒体等平台上展示广告,通过竞价的方式,将广告商的信息与用户搜索的关键词相关联,实现有针对性的广告投放。根据点击量或展示次数向广告商收费。例如,谷歌、百度和 Facebook 等公司通过这种方式盈利。

谷歌和百度等搜索引擎会在搜索结果中展示竞价广告:广告商通过竞价方式购买关键词,当用户搜索这些关键词时,相应的广告就会显示在搜索结果的顶部,广告商则根据广告被单击的次数或被展示的次数支付广告费用。举一个例子来说明竞价广告,假设有一个产品售价为 200 元,生产成本为 100 元,广告预算为 40 元。如果每 40 次广告单击能产生 1 次购买,即转化率为 1/40=2.5%,那么广告商为每次单击支付的最高竞价为 40×2.5% ＝ 1 元。这个竞价是由广告商根据他们对产品销售的预期收益和转化率等因素来决定的。

Facebook 采用基于流量的广告模式:吸引大量用户访问有趣的内容或产品。用户在使用过程中会产生各种数据(如图片、点击行为和日志等)。通过分析这些数据,可以精确地描绘用户画像(如年龄、职业、地理位置和兴趣爱好等信息),从而可以有针对性地向用户投放广告。

广告联盟也是一种广告模式,它实际上是广告主和流量主(如博客主、自媒体和新闻网站等）之间的广告交易平台。广告主提供广告信息（如文字描述、图片和价格等），流量主则在其网站页面的某个位置展示这些广告。当用户单击这些广告时，流量主就会从广告主那里获得一定的佣金。

2. 电商平台

电商平台通过向用户销售商品并从中获得差价利润。典型的案例包括京东、淘宝和天猫等。以京东为例，京东从供应商处采购商品，然后在平台上将其出售给消费者，通过这种方式获取差价利润。这种模式称为 B2C（Business-to-Customer），即企业对消费者的商业模式。

3. 交易佣金

交易佣金是指建立一个卖方和买方之间的交易平台，并从平台的每一笔交易中收取一定比例的佣金。例如，美团为商家和顾客搭建了交易平台，并从商家那里收取佣金。滴滴打车为司机和乘客建立了交易平台，并从司机那里收取佣金。互联网金融服务（如在线支付、贷款、投资等）通过支付业务赚取手续费或利息。

4. 会员订阅增值服务

会员订阅增值服务是指平台提供给用户的基础功能可以免费使用，但高级功能需要用户支付订阅费用。典型的案例包括百度网盘、QQ 会员、WPS 办公软件、在线视频和在线音乐等。以百度网盘为例，用户免费使用一定的存储空间和带宽，但如果需要使用更多的存储空间和更快的上传 / 下载速度，则需要成为付费会员，这就是增值服务。电子游戏中的内购模式与会员订阅模式有相似之处。电子游戏本身是免费的，但在游戏过程中，玩家需要购买虚拟物品、道具等。这种内购模式为玩家提供了更多选择和个性化体验，同时为游戏开发商带来了收益。

5. 收费服务

收费服务是指用户为获取有价值的资源、服务或信息而支付费用。以共享单车为例，假设一辆单车的成本为 1000 元，包括购置、维护、管理等费用。每次骑行收费 1 元，一辆单车一天被使用 4 次，一年内使用了 250 天，因此一辆单车一年的总收入为 $1×4×250=1000$ 元。这样，一年内单车的收入可以覆盖成本。如果一辆车的使用周期是 4 年，前一年可以用来收回成本，之后的 3 年就是净赚，每辆车共计可获利 3000 元。同样，在线地图通过对其 API 收费，在线课程对出售的专业知识收费，也是基于类似的价值交换模式。

1.4.2　技术生态圈

互联网公司、开源社区和学术界（大学和科研机构）构成了一个技术生态圈，如图 1-8 所示，他们之间的关系如下。

1. 互联网公司与开源社区

互联网公司在开源社区中扮演着重要的角色。他们通过捐赠代码、参与项目维护、推动技术革新等多种方式，为开源社区的繁荣和发展做出贡献。例如，Kubernetes 这一广泛使用的云原生操作系统就是由谷歌发起的。同时，互联网公司从开源社区获取技术支持、招募人才等资源，以此来降低研发成本并提升研发效率。在云计算领域，像 KVM、Ceph、OpenStack 这样的开源项目被广泛采用；在数据中心，Hadoop、HDFS 和 Spark 等开源大数据系统也得到了广泛应用。

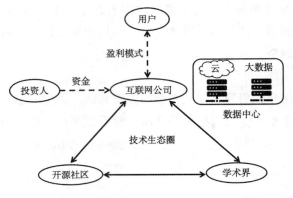

图 1-8 技术生态圈

2. 开源社区与学术界

开源社区与学术界之间也存在紧密的联系。开源社区可以为学术界提供丰富的实践案例、技术资源和创新氛围，有助于学术研究的开展。教授和博士生利用开源项目开展研究，这样他们无需从零开始构建原型系统，可以快速实现并验证他们的研究想法，并将这些成果发表成学术论文。同时，学术界的研究成果能够回馈到开源社区，推动开源技术的持续发展。开源社区不仅为学术界提供了一个展示研究成果和交流学术观点的平台，而且能够采纳学术论文中的技术，并将其进一步完善。例如，大数据处理技术 Spark 的起源可以追溯到美国加州大学伯克利分校，其早期研发团队在之后成立了一个专门的开源社区，致力持续优化和提升这一技术。随着时间的推移，Spark 因其高效的数据处理能力而被广泛采用，成为互联网公司在大数据处理领域常用的技术之一。

3. 互联网公司与学术界

互联网公司与学术界之间建立密切的合作关系，包括开展不定期的学术交流，大学教授学术休假❶时选择去互联网公司任职，共同培养人才以提高人才的综合素质等。一方面，互联网公司可以为学术界提供实际案例和技术需求，促进学术研究方向与产业发展紧密结合。互联网公司会将其部分核心技术以论文的形式对外公开，学术界有机会学习并扩展相关技术。另一方面，学术界的研究成果可以为互联网公司提供技术支持，帮助其在技术创新方面取得突破。另外，大学和互联网公司之间的人才流动也很普遍。例如，2018 年图灵奖的 3 位获奖者：杰弗里·辛顿（Geoffrey Hinton）、杨立昆（Yann LeCun）和约书亚·本吉奥（Yoshua Bengio），他们都是横跨学术界和产业界的深度学习专家。

总之，互联网公司、开源社区和学术界三者关系密切，通过合作和交流等方式共同推动技术的持续进步，实现产业、开源和学术的共赢。

1.4.3 大数据简介

本小节将简要介绍大数据的演进历程。谷歌作为全球知名的搜索引擎，其背后的工作机制引起外界的广泛兴趣。2002 年，道格·卡廷（Doug Cutting）开发了 Nutch 搜索引擎，包括网络爬虫功能，但早期 Nutch 的架构效率不高。转折点出现在 2003 年和 2004 年，谷歌公开了 GFS（Google File System，谷歌文件系统）和 MapReduce 两项核心技术。这两项技术以学术论文的形式发表在计算机操作系统领域的顶级会议上。外界首次理解了谷歌搜

❶ 美国大学的一项制度，允许教授外出学习、休养或旅行一段时间。

索引擎的基本原理。受到这些论文的启发,卡廷使用 Java 语言重写了 GFS 和 MapReduce,并将它们从 Nutch 中分离出来,形成了后来的 Hadoop 项目。2008 年,Hadoop 成为 Apache 软件基金会的一个顶级开源项目,并迅速吸引了互联网公司的极大关注,在全球范围内掀起了学习和应用 Hadoop 的热潮。与此同时,学术界也积极参与到大数据的研究中,带来了新的思想和探索。特别是在 2012 年,美国加州大学伯克利分校的博士生马泰·扎哈里亚(Matei Zaharia)开发了 Spark 系统,由于其卓越的性能和通用性,Spark 迅速取代了 Hadoop MapReduce,成为目前广泛使用的大数据系统。

1.4.4　云端大数据

图 1-9 展示了数据从采集到分析的基本加工流程。为了从数据中提取有价值的见解或答案,数据经过采集、存储、处理和分析这 4 个关键步骤。在每一个环节,AWS 都提供了广泛的工具和服务,供用户根据需求进行选择和利用。这表明大数据处理与云计算服务紧密集成,这种集成也展示了不同领域的技术相互渗透和融合的现象。

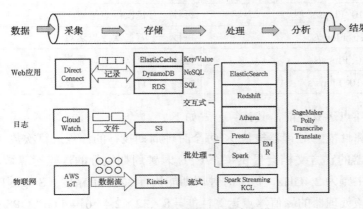

图 1-9　AWS 大数据云服务概览

1.5　高性能计算与云计算

高性能计算与云计算

1.5.1　性能指标

高性能计算机,又称超级计算机,一般位于国家超级计算中心或国家实验室,主要用途是处理一些重大且复杂的科学计算问题。例如,在医学领域,超级计算机用于基因组测序,以帮助识别遗传模式;在能源领域,超级计算机用来分析地质测量数据,以便寻找油气资源。

为了促进高性能计算应用的发展,国际计算机协会(Association for Computing Machinery,ACM)在 1987 年创立了戈登贝尔奖(ACM Gordon Bell Prize),以表彰那些在领域内取得杰出成就的研究团队。这个奖项通常颁发给那些运行在当年排行榜前列的计算机上的大型应用程序项目。中国的科研团队在 2016 年和 2017 年连续两年获得了这一奖项。2016 年,中国科学院软件研究所的杨超博士及其团队,利用"神威·太湖之光"超级计算机成功完成了"千万核可扩展大气动力学全隐式模拟"项目。这一项目能够对全球气候模拟和天气预报进行高精度的模拟。2017 年,清华大学地球系统科学系的付昊桓博士及其团队,同样在"神威·太湖之光"超级计算机上完成了"非线性地震模拟"项目。该项目对唐山大地震的发生过程进行了高分辨率的精确模拟，再次为中国赢得了戈登贝尔奖。

高性能计算机十分依赖处理器的性能。处理器的性能分为峰值性能和实测性能。峰值性能指处理器能够达到的最高性能水平，由处理器的型号决定；实测性能指处理器运行一个应用程序时的实际性能，通常低于峰值性能。衡量处理器性能的一个常用指标是 FLOPS（Floating Point Operations Per Second），即每秒钟处理器能够执行的浮点运算次数。这些浮点运算包括加法和乘法等指令。FLOPS 数值越高，表明处理器的计算能力越强。常见的性能单位及其含义见表 1-2。

表 1-2　常见的性能单位及其含义

性能单位	含义
1K（ilo）FLOPS=10^3Flops/s	每秒一千次浮动运算
1M（ega）FLOPS=10^6Flops/s	每秒一百万次浮动运算
1G（iga）FLOPS=10^9Flops/s	每秒十亿次浮动运算
1T（era）FLOPS=10^{12}Flops/s	每秒一万亿次浮点运算
1P（eta）FLOPS=10^{15}Flops/s	每秒一千万亿次浮点运算
1E（xa）FLOPS=10^{18}Flops/s	每秒一百京次浮点运算
1Z（etta）FLOPS=10^{21}Flops/s	每秒十万百京次浮点运算

处理器峰值浮点运算性能，其计算公式如下：

峰值浮点运算性能 = 处理器核数 × 每个时钟周期执行的浮点运算次数 × 时钟频率

通常，处理器的官方文档会提供每个 CPU 时钟周期执行的浮点运算数。假设一个处理器有 8 个核，主频为 2.4GHz，每个时钟周期能执行 32 个单精度（Single Precision，SP）浮点运算，那么该处理器的峰值浮点运算性能 = 8×32×2.4 =614.4 GFLOPS/s。

实际浮点运算性能取决于具体的应用程序，计算公式如下：

实际浮点运算性能 = 浮点运算的总次数 ÷ 运行时间

Linpack（Linear System Package）是高性能计算领域普遍采用的基准测试程序（Benchmark），它采用高斯消元法来求解 N 元一次稠密线性方程组。每年，TOP500 组织采用 Linpack 基准测试程序对全球范围内的高性能计算机进行性能评测和排名，从而产生著名的 TOP500 榜单。在性能评测时，Linpack 程序会执行总次数固定的浮点运算。通过记录不同高性能计算机完成这些运算所需的时间，可以计算出每台计算机的实际性能。这种性能评估方法确保了不同计算机之间的性能比较是基于统一的基准，从而使排名结果具有一致性和可比性。

高性能计算机是加速科学研究的催化剂。目前，美国、中国和日本是高性能计算机领域的强国。20 世纪 80 年代初，国防科技大学的慈云桂院士领导研制了"银河"亿级高性能计算机。随后，在 20 世纪 90 年代，中国科学院计算技术研究所的李国杰院士主持设计了"曙光"高性能计算机。在同一时期，国家并行计算机工程技术研究中心的金怡濂院士领导研制了"神威"高性能计算机。2008 年，曙光公司研发的"曙光 5000A"高性能计算机在全球排名中位列第十一名。2010 年，国防科技大学的"天河一号"高性能计算机成为当时世界上速度最快的超级计算机。

高性能计算机的性能提升速度很快。根据多年的观察经验，高性能计算机的性能大约每年增加 1 倍。换句话说，这种增长可以近似地用以下关系式来描述：

$$P_{n+1}=2\times P_n$$

其中，P_n 表示第 n 年高性能计算机的性能。这个关系式意味着每过一年，高性能计算机就能在相同的时间内完成前一年计算工作量的 2 倍。然而，这种指数级增长速度可能会受物理极限、技术瓶颈、成本效益等因素的影响，实际情况可能会有所不同。

1.5.2　MPI 并行编程简介

消息传递接口（Message Passing Interface，MPI）是并行计算的标准通信协议和 API，已经成为并行计算的事实标准。MPI 允许不同计算节点上的进程相互发送和接收消息，协同完成复杂的计算任务。OpenMPI 和 MPICH 是两个流行的 MPI 开源库，采用 C 语言实现了 MPI 标准。

下面，通过计算两个向量和的例子来快速预览 MPI 编程。在这个例子中，使用 mpi4py 实现向量和计算，它是 MPI 的 Python 封装，提供了更为简洁和直观的代码编写方式。

首先，简要了解 MPI 程序在高性能计算环境中的运行方式。如图 1-10 所示，高性能计算系统通常由 3 个关键部分组成：文件系统（例如 Lustre 并行文件系统）、高速网络（例如 InfiniBand）及众多的计算节点。这些计算节点又称服务器，它们通过高速网络连接，以便访问文件系统或相互之间进行通信。

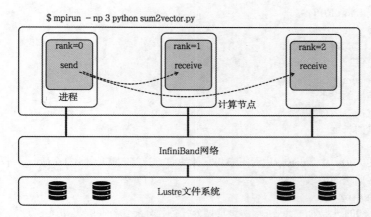

图 1-10　高性能计算机的架构与运行 MPI 程序

在图 1-10 中，使用下面的命令运行 sum2vector.py 程序（求向量和的源代码文件）：

```
$ mpirun -np 3 python sum2vector.py
```

在 MPI 编程中，mpirun 命令是用来启动和运行 MPI 程序的运行环境的。它负责在各个计算节点上执行指定的 MPI 程序。选项 -np 3 表示启动 3 个 sum2vector.py 程序实例，图 1-10 中有 3 个计算节点，每个计算节点运行一个程序实例。

在 MPI 程序中，每个进程都有一个唯一的标识符，称为 rank。这个 rank 值是进程在 MPI 通信中的身份标识，它从 0 开始计数，用于区分不同的进程。在 MPI 中，进程间通过发送和接收消息进行通信，rank 值则用于确定消息的目标和来源。例如，当一个进程想要发送消息到 rank=1 的进程时，它会指定 rank=1 作为消息的目的地。同样，当 rank=1 的进程接收到消息时，它会知道消息来自哪个 rank 的进程。通常将 rank=0 的进程指定为管理者（master），而其他 rank 值的进程作为工作者（worker）。管理者负责全局性的任务，如分配和划分工作负载、指挥工作者及汇总最终结果。工作者则负责执行具体的计算任务。

图 1-11 展示了如何计算向量 A 和向量 B 的和（记为向量 C），向量的长度用 N 表示。

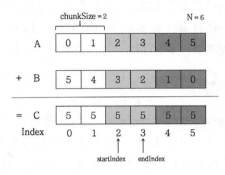

图 1-11　计算两个向量的和

计算的基本思路如下：首先，将向量 A 和向量 B 均匀分割成多个块（chunk），每个块代表一个子向量。然后，将这些子向量分配给多个工作者进程，每个工作者负责计算分配的子向量的和。最后，将所有工作者计算得到的局部和汇总起来，形成最终的向量 C。在图 1-11 中，向量 A 和向量 B 在逻辑上被分割成了 3 块，每块的大小为 2。每个块由两个下标值定义，即起始位置（startIndex）和结束位置（endIndex）。sum2vector.py 文件的源代码如下：

```
from mpi4py import MPI
import numpy
comm = MPI.COMM_WORLD
# 1. 获取当前进程分配的rank值
currentRank = comm.Get_rank()
# 2. 获取通信域的大小
size = comm.Get_size()
# 3. 设置向量的长度
N = 6
# 4. 计算块的大小。由于master进程不参与具体的向量计算，其他size-1个worker进程参与向量
     计算，因此块的数量为size-1
chunkSize = N/(size-1)
# 5. 指定rank=0的进程为master进程，负责划分任务、分配任务并收集结果等工作
if currentRank == 0:
  # 5.1 定义向量aVector = [0,1,2,..., N-1]
  aVector = numpy.arange(0, N, 1, dtype="i")
  # 5.2 定义向量bVector = [N-1,...,2,1,0]
  bVector = numpy.arange(N, 0, -1, dtype="i")
  # 5.3 定义结果向量cVector
  cVector= numpy.empty(N, dypte="i")
  # 5.4 master为每个worker分配一个块并向其发送块数据
  for rank in range(1, size):
    # 块在向量中的索引范围
    startIndex = chunkSize*(rank-1)
    endIndex = chunkSize*rank
    print( "%d:[%d to %d]" %(rank, startIndex, endIndex))
    # 向worker发送分配的块
    dimension = [startIndex, endIndex]
    comm.send(dimension, dest=rank, tag=1)
```

```
        comm.Send(aVector[startIndex:endIndex],dest=rank,tag=2)
        comm.Send(bVector[startIndex:endIndex],dest=rank,tag=2)
    # 5.5 master接收worker返回的计算结果
    for rank in range(1, size):
        startIndex = chunkSize*(rank-1)
        endIndex = chunkSize*rank
        # 从rank号进程接收标签为3的消息，将接收到的消息保存到cVector指定的下标范围内
        comm.Recv(cVector[startIndex:endIndex], source=rank, tag=3)
    # 5.6 master输出最终的计算结果
    print(cVector)
# 6. worker进程
else:
    # 6.1 接收master分配的块
    dimension = comm.recv(source=0, tag=1)
    print("Rank %d: [%d:%d]" %(currentRank, dimension[0], dimension[1]))
    aSubVector = numpy.empty(dimension[1] - dimension[0], dtype='i')
    bSubVector = numpy.empty(dimension[1] - dimension[0], dtype='i')
    comm.Recv(aSubVector, source=0, tag=2)
    comm.Recv(bSubVector, source=0, tag=2)
    # 6.2 worker计算子向量的和
    cSubVector = numpy.add(aSubVector, bSubVector)
    # 6.3 worker将计算结果发给master
    # 将cSubVector变量值作为消息发送给0号进程，并设置消息标签值为3
    comm.Send(cSubVector, dest=0, tag=3)
```

上述代码已经包含了详细的注释，因此不再进行额外的解释。通过上述两个向量求和示例，希望读者能够对 MPI 并行编程有一个初步的认识。

1.5.3 高性能计算应用分类

MPI 是一种并行编程模型，它通过进程间的消息传递来实现数据通信。这种模型的特点是进程间的高度耦合，即进程之间频繁地传递数据。这种紧耦合（Tight Coupling）的特点对硬件性能有很高的性能要求，尤其是在网络通信方面。因此，紧耦合计算通常需要使用高带宽、低延迟的网络技术，如 InfiniBand 网络，以确保数据能够在进程间快速且有效地传输。

许多科学计算领域的应用都表现出紧耦合计算的特征，这意味着它们需要大量的计算资源和网络资源。这些应用包括但不限于计算流体动力学、气候模拟、海浪数值模拟及城市地震灾害模拟等。这些应用通常涉及复杂的物理过程模拟，需要大量的计算资源来处理大量的数据，并且这些数据需要在多个处理器或节点间频繁交换，因此对通信带宽和延迟的要求非常高。

除了紧耦合计算，高性能计算领域还存在着高吞吐量计算（High Throughput Computing，HTC）。这种计算模式的特点如下：一个应用由大量串行的任务组成，每个任务的处理逻辑相似，而且任务之间不需要频繁的消息传递，因此它们之间是松散耦合。例如，HTCondor 作业调度系统不断地将批量任务分配给计算节点。HTC 的典型应用领域包括蒙特卡罗模拟、基因组测序、视频转码、图形渲染和粒子碰撞研究等。从并行性的角度来看，这类计算任务属于易于并行处理，因为任务之间几乎没有依赖关系，可以独立运行。与传统的 HPC 不同，HTC 更关注于每秒完成的任务数量，而不是每秒执行的浮点运算次数这类性能指标。

图 1-12 从进程之间的松散 / 紧耦合和数据量两个维度，对高性能计算的应用负载进行划分。

图 1-12　高性能计算领域的负载分类

1.5.4　云端的高性能计算

高性能计算机通常部署在超级计算中心，由专业的团队管理并向外部用户提供服务。用户提交的作业（如 MPI 程序）会加入一个队列，等待作业调度系统（如 Moab、PBS、LSF 或 SLURM 等）分配计算资源后才能执行。这意味着在同一台高性能计算机上，多个作业需要依次排队等待执行。图 1-13 展示了不同用户的作业在传统超级计算机和云端高性能计算机的运行模式，二者的主要差别在于计算资源是共享还是独占。相对于传统的超级计算机，云端高性能计算机的优势主要体现在以下几方面。

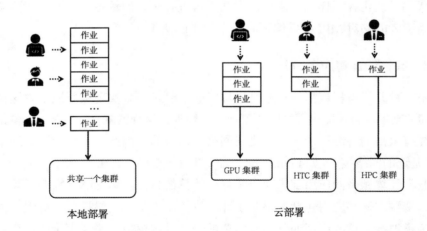

图 1-13　传统超级计算机与云端高性能计算机的作业运行模式比较

1. 适配性

云计算环境提供了多样化的底层架构选项，允许用户根据特定负载需求来选择最合适的计算集群，从而实现架构与应用程序的精确匹配。例如，对于深度学习应用，用户可以构建一个由 GPU 组成的集群；而对于需要高吞吐量的应用，用户可以创建一个高性能计算集群。相比之下，传统的高性能计算机通常提供较为单一的架构类型，无法为不同的应用程序提供定制化的架构适配，因为它们采取了"一刀切"的方法。

2. 伸缩性

在云计算环境中，用户能够迅速部署集群，并根据需要随时对集群的规模进行扩展或缩减。此外，云计算还允许用户灵活地调整硬件配置，例如将处理器从低配版升级到高配版。这种灵活性是传统的高性能计算机所不具备的。

3. 专属性

在云计算平台上，用户能够构建专属的集群，并且可以自由选择操作系统和所需的软件包，享有高度的自主权和控制权。此外，云计算环境下的集群很容易与其他云服务进行整合。在高性能计算机系统中，用户通常面临更多的限制，往往不允许自行安装软件，这限制了用户的自定义能力和系统的整合性。

亚马逊 AWS 已经推出了多种云端高性能计算服务，包括 Elastic Fabric Adapter（EFA，专为 MPI 通信优化）、FSx for Lustre（文件系统）、ParallelCluster（集群管理和调度）等。其在多个领域，如高能物理、天气预报、汽车流体动力学等，已经有了成功的应用案例。例如，美国费米实验室利用 AWS 来分析欧洲核子研究组织的大型强子对撞机（Large Hadron Collider，LHC）产生的数据，以寻找希格斯玻色子。为了处理大量数据，费米实验室能够动态地将处理器核心数量扩展到 58000 个，并将运行时间从 6 周缩短到 10 天。又如，西部数据公司（Western Digital）在 AWS 上构建了一个拥有 100 万个核心的集群，完成了230 万个模拟任务，并将运行时间从原来的 20 天缩短到 8 小时。

总的来说，云计算对传统的高性能计算机产业构成了挑战，同时从侧面凸显了云计算的显著优势。

1.6　边缘计算、雾计算与云计算

边缘计算、雾计算
与云计算

近年来，随着智能家居、智能制造业、智能电网、智能交通系统、智能停车解决方案、远程农业监测、自动驾驶车辆、无人机技术、增强现实（Augmented Reality，AR）、虚拟现实（Virtual Reality，VR）及视频监控等新兴应用的普及，物联网设备的种类和数量都有了显著增长。这些应用不仅涉及传统的计算机、手机和服务器，还包括各种智能设备和传感器。这些应用通常对网络带宽和响应时间有很高的要求，这一需求推动了边缘计算的兴起。边缘计算的发展主要受到以下几个因素的推动。

（1）带宽：面对海量的数据，直接传输到云端进行处理和分析变得不切实际。例如，在广阔的农场中，安装了众多传感器，这些传感器不断收集如温度和湿度等关键监测数据。如果将这些庞大的数据集传输至云端进行处理，那么将会消耗大量的网络带宽，并可能导致网络带宽成本急剧上升。

（2）延迟：实时应用对时间敏感，延迟是至关重要的因素。例如，自动驾驶车辆装备了多种传感器、雷达和摄像头，它们不断产生大量数据。车辆的核心控制系统必须实时处理这些数据，以便迅速做出驾驶决策，如转弯、加速、减速和停车。如果将这种控制系统放在云端，由于网络传输的延迟，将无法满足自动驾驶对时间敏感的实时处理需求。

（3）安全性与隐私性：出于数据安全和隐私性的考虑，某些数据不宜上传至云端进行处理。例如，医院通常会在本地服务器上分析患者的医疗数据，避免将敏感信息发送至云端，以减少数据泄露的风险。同样，智能停车系统需要通过摄像头实时监控停车场中空车位的状况，但由于涉及用户隐私，因此这些监控视频数据不应被上传至云端。

在当前设备高度互联的时代，人们既需要利用云端的强大计算资源，又必须满足应用对于高带宽和低延迟的需求。边缘计算与云计算的结合提供了一种解决方案，它结合了两者的优势。在这种模式下，边缘设备在数据产生的源头附近进行计算处理，而不是将数据发送到远程的云端。这样做可以显著减少网络数据的传输量，并降低响应的延迟。同时，边缘设备可以从云端获得支持，例如使用云端训练好的神经网络模型。以图 1-14 为例，其展示了一个结合边缘计算和云计算的场景，其中摄像头用于在生产线上自动检测不合格的产品（残次品）。首先，在云平台上使用大量服务器和数据预先训练模型（第①步）。然后，将训练好的模型部署到摄像头硬件中，即边缘设备（第②步）。当产品通过摄像头时，边缘设备中的神经网络可以实时检测出不合格品（第③步）。在这个过程中，边缘设备无需将视频数据通过网络发送到云端。由于推理计算是在本地边缘设备上完成的，因此延迟非常低。摄像头只需将关键数据（如不合格品数据）传输到云端（第④步），这样网络传输的数据量就大大减少了。

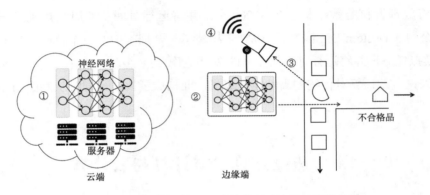

图 1-14　使用边缘计算 + 云计算实现残次品的智能检测

雾计算（Fog Computing）和边缘计算都是针对高带宽和低延迟应用场景提出的计算模式，它们在实现方式上有所不同。以生产线上残次品检测的例子来说，如果摄像头的视频数据发送到工厂内的集中服务器（已安装神经网络模型）进行推理分析，那么这种模式是雾计算。如果摄像头自身的硬件设备内置了神经网络模型，使推理分析能够在摄像头内部完成，那么这就是边缘计算。简而言之，雾计算类似于在本地建立一个较小的数据中心，它负责收集和处理本地产生的数据。边缘计算将处理能力直接集成到联网的智能设备中，使计算更加靠近数据源。

脱离具体应用场景来讨论这两种计算模式的优劣是没有意义的。选择哪种模式取决于应用的具体需求，以及在性能、成本和可靠性等多种因素的限制下，设计出最合适的解决方案。

本 章 小 结

麦卡锡在 20 世纪 70 年代提出了公用计算的愿景，他预见计算能力将像电话服务一样，成为社会的基础设施。这个预言现在已经变为现实，云计算正是这一愿景的实现。亚马逊、谷歌、微软和阿里巴巴等互联网公司已经在云计算上取得了巨大的商业成功，充分证明了云计算的魅力和强大。在接下来的章节中，将深入探讨云计算的技术细节。

拓 展 阅 读

1.《图灵和 ACM 图灵奖（1966—2015）：纪念计算机诞生 70 周年（第 5 版）》（吴鹤龄、崔林，高等教育出版社，2016 年）。

2.《IEEE 计算机先驱奖（1980—2014）：计算机科学与技术中的发明史（第 3 版）》（崔林、吴鹤龄，高等教育出版社，2014 年）。

习　　题

1. 成本与利润。假设一台服务器可以同时运行 A 类虚拟机 10 台，或者同时运行 B 类服务器 12 台，但不能同时运行 A、B 两种类型的虚拟机。运行一台 A 类虚拟机的利润为 100 元 / 月，运行一台 B 类虚拟机的利润为 60 元 / 月。

（1）运行 A 类虚拟机，每个月的利润是多少？

（2）运行 B 类虚拟机，每个月的利润是多少？

（3）这台服务器运行哪类虚拟机带来的利润高？

（4）现在有 50 台服务器，A 类虚拟机的需求数量为 420 台，B 类虚拟机的需求数量为 480 台。从利润最大化的角度，应该如何分配这些服务器？

2. 如果高性能计算机的性能每年增加 1 倍，那么 2030 年高性能计算机的性能是 2020 年性能的多少倍？

3. 下列哪些场景适合使用公有云？哪些场景更适合使用私有云？给出使用私有云的理由。

（1）快速开发一个应用程序，快速推向市场。

（2）完成一个大型的计算任务，前期不需要投入大量资金。

（3）减少企业运维团队的人数与工作量，从而降低运维成本。

（4）开发一个云端图片存储应用，未来会考虑集成图片自动识别服务，从而增强图片存储服务的功能特性。

（5）医院对病人的诊断数据进行分析，研究治疗效果与疾病规律。

4. 分析成本。一个企业在考虑是否将应用程序从本地部署模式迁移到云计算平台，需要对两种模式的成本进行评估。在本地部署模式下，企业需要购买和部署 4 台 Web 服务器和 2 台数据库服务器。数据库的最大容量为 300GB，每月的网络流量为 500GB。本地部署模式的成本包括服务器的购买成本（每台 7500 元）、部署 6 台服务器的人工成本（合计 3000 元）、软件许可证费用（每月 200 元）、服务器维护费用（总计每月 600 元）及人工成本（每月 5000 元）。在云计算模式下，企业首先需要投入 6000 元聘请专业人员评估云平台，并在云端搭建所需的基础架构。在云平台上，每台虚拟机实例的费用为 0.50 元 / 小时，数据库的费用为每月 1.20 元 /GB，网络流量的费用为 0.10 元 /GB。此外，每月的人工成本为 2000 元。回答下面的几个问题。

（1）计算本地部署模式下的 CAPEX 和每月的 OPEX。

（2）计算云计算模式下的 CAPEX 和每月的 OPEX。

（3）如果应用程序的运营时间为 5 年，分别计算本地部署模式与云计算模式下的 TCO。从成本的角度分析，企业是否需要将应用程序迁移到云端？

5．计算的特征。对于高性能计算、物联网、大数据处理和边缘计算，负载具有哪些特征？从下面的描述中选择。

（1）低功耗。

（2）数据吞吐量高。

（3）高带宽、低延迟。

（4）浮点运算量大。

第 2 章　设 计 原 理

本章导读

　　在计算机的发展过程中，众多领域的开拓者和设计师们提炼出了一系列经久不衰的设计原理。这些原理涵盖了计算机的多个方面，如处理器设计、编译技术、操作系统构建、数据库系统、网络通信、算法设计、分布式系统及各类应用软件等，它们不仅经历了时间的考验，而且成为各自领域内的基石。云计算作为现代计算机系统领域的集大成者，对这些设计原理进行全面和系统学习，有助于人们透过技术的表象，深入理解其背后的本质和运行机制。这种理解不仅能够让人们"知其然"，还"知其所以然"，从而洞察到云计算和数据中心背后的秘密。本章将精选部分关键的设计原理进行介绍，在后续章节将阐述这些原理的实际应用案例。

本章要点

◆ 使用抽象控制复杂性。
◆ 计算机系统的各种特性。
◆ 机制与策略分离。
◆ 间接。
◆ 通过冗余提高可靠性。
◆ 性能的评价与优化。
◆ Amdahl 定律与 Little 定律。
◆ 权衡思想。
◆ 区分平衡与不均衡状态。
◆ 瓶颈。
◆ 数量级的估算。

千举万变，其道一也。

——《荀子·儒效》

运用之妙，存乎一心。

——《宋史·岳飞传》

2.1　控制复杂性

There are two ways of constructing a software design. One way is to make it so simple that there are obviously no deficiencies. And the other way is to make it so complicated that there are no obvious deficiencies. The first method is far more difficult.

软件设计有两种方法。一种方法是让它简单到明显没有缺陷。另一种方法是让它复杂到没有明显的缺陷。第一种方法要困难得多。

—— 托尼·霍尔（Tony Hoare）
英国著名计算机科学家，1980 年图灵奖获得者

Simplicity is a great virtue but it requires hard work to achieve it and education to appreciate it. And to make matters worse: complexity sells better.

简单性是一个伟大的优点，但是要做到这一点需要付出艰苦的努力，并且需要对其进行欣赏的教育。更糟糕的是，复杂性更畅销。

—— 艾兹赫尔·戴克斯特拉（Edsger Dijkstra）
荷兰著名的计算机科学家，1972 年图灵奖获得者

对于难以理解的事情，人们通常将其称为复杂。例如，重庆黄桷湾立交桥连接 8 个方向，高达 5 层，共 20 条匝道，堪称重庆主城最复杂的立交桥。在计算机科学中，复杂的系统通常意味着组件数量多、组件之间高度互连、组件之间紧耦合或不规则情况多等。除了难以理解，复杂系统通常比较脆弱，外界的扰动容易导致其瘫痪，或者难以扩展，易"牵一发而动全身"。造成系统复杂的原因有很多，如满足多种需求、追求通用性或追求高利用率等。然而，复杂性并不总是必要的。因此，许多设计和开发原则都强调简化，即 KISS 原则（Keep It Simple, Stupid）。在实际应用中，简单直接的解决方案往往比复杂的解决方案更有效，尤其是在问题规模较小的情况下。例如，在网络通信中，广播是一种简单直接的方法，它可以有效地将信息传递给所有节点。在算法设计方面，暴力搜索（即尝试所有可能的解决方案，而不是使用更高效的算法）在问题规模较小时可能更快速、有效。总之，尽管复杂系统有时是必要的，但在可能的情况下，寻求简单直接的解决方案通常是更明智的选择，因为它们更容易理解和维护，也更不容易出错。

控制复杂性主要有 4 种方法：模块化、抽象化、层次化和分形化。

1. 模块化

模块化的基本思想是将复杂系统分解为更小、更易于管理的部分，即模块。每个模块负责系统的一部分功能，并通过定义良好的接口与其他模块交互。这种分而治之的方法可以提高系统的可维护性、可扩展性和可重用性。

20 世纪 60 年代，计算机产业主要由几家大公司主导，这些公司提供一体化的解决方案，包括处理器、内存、存储、操作系统和应用程序。这种模式被称为单体模式，它的缺点是组件之间高度耦合，难以替换和升级。随着个人计算机产业的兴起，模块化的概念开始得到广泛应用。个人计算机的一个重要特点是软硬件组件的模块化。例如，处理器的 X86 指令集和操作系统的 POSIX 标准接口都是模块化的体现。这些标准接口使不同供应商的组件可以更容易地集成在一起，从而降低了系统集成的复杂性。

在编程语言中，函数概念实际上也体现了模块化的思想。函数是执行特定任务的独立单元，根据输入参数计算相应的输出结果。使用函数，开发者可以将复杂的程序分解为更小的、可重用的部分，从而提高代码的可读性和可维护性。函数的另一个好处是它能够简

化问题的定位和修复。由于函数之间通过定义清晰的接口进行交互，因此大多数问题都可以限制在单个函数内。这使开发者可以更容易地诊断和修复问题，而不会影响系统的其他部分。

总之，模块化是一种有效的系统设计方法，它将复杂系统分解为独立的模块，并定义清晰的接口使模块之间易于集成。这种方法不仅在计算机硬件和操作系统设计中得到了广泛应用，而且在编程语言和软件开发中也是至关重要的概念。

2. 抽象化

抽象化是一种设计原则，它关注于定义和提供功能集合，而不关注这些功能的内部实现细节。抽象化通常以 API、库或框架的形式呈现，它们规定了系统或组件应该提供哪些功能，而不考虑这些功能如何在内部实现，即隐藏了实现的复杂性。

如何实现抽象定义的功能集合涉及许多细节，如划分成多个功能模块、选择合适的算法、优化等。然而，这些内部的实现细节对使用接口的用户来说是不可见或不可察觉的，即对用户是透明（Transparent）的。用户不需要了解接口内部是如何工作的，只需要知道如何使用接口完成任务。

抽象化的好处在于它允许用户在更高的层次上思考问题，从而构建更复杂的系统。通过组合基本组件，可以创建更高级的组件，甚至完整的系统，而无需深入每个组件的内部细节。这种思维方式简化了系统设计和开发过程，从而更快速地构建和维护复杂的软件系统。

举几个例子，解释抽象化如何让复杂的系统对用户变得简单。考虑乘客乘坐出租车的场景，乘客告诉司机"我要去机场"时，他们使用了一个抽象的请求。乘客不需要知道具体的路线、交通规则或何时转弯，因为这些是实现细节。对于司机来说，他的任务是将乘客从当前位置安全且快速地送达机场。司机需要了解交通法规、路线规划和驾驶技巧，但这些都是对乘客透明的。汽车设计师使用发动机、变速器、传动器和转向器等组件来构建汽车，但他们不需要深入了解这些组件的内部工作原理，如发动机的内部构造、增压方式或燃油喷射技术。尽管发动机本身可能包含数千个零部件，但在设计师的眼中，发动机只是一个提供动力的组件，他们只需要知道如何将它与其他组件集成到汽车设计中。当开发者使用编程库或框架时，他们通常不需要了解库内部的代码是如何实现的。例如，开发者使用一个文件库来访问文件，他们只需要知道如何调用库提供的函数来执行读、写和修改等操作，而不需要知道库是如何在底层与物理数据块交互的。对文件库来说，它可能包含了复杂的算法和数据处理逻辑，但这些对使用库的开发者来说是透明的。开发者只需要关注应用程序逻辑，而库负责处理所有与物理数据块交互的细节。

在这些例子中，抽象化使用户（乘客、设计师、开发者）可以专注于他们想要完成的高层次任务，而不必考虑实现细节。总之，抽象化提供一个清晰、定义良好的接口，让用户透明地使用系统，接口隐藏了系统内部的复杂性。

3. 层次化

一个计算机系统的结构是多层次的，就像金字塔一样，从下到上依次是硬件层、操作系统层、库函数层和应用层。每一层都向上一层提供一个简化的接口，同时隐藏自己的具体实现细节。这种结构类似于洋葱，每层都有内、外之分，只有剥开外层才能看到内层，但内层以下的部分是不可见的。

下面通过两个例子来进一步说明这个概念。

案例 1：编译器

编译器是一个复杂而庞大的程序，包含数十万甚至上百万行代码。在逻辑上，编译器的工作流程可分为词法分析、语法分析、语义分析、代码优化和代码生成等几个阶段，下面是这个流程的简化表示。

源代码→（词法分析）→单词流→（语法分析）→抽象语法树→（语义分析）→中间表示→（代码优化）→优化后中间表示→（代码生成）→目标代码。

这个流程如同一个层次化的转换过程，每个阶段有一个抽象层，负责将输入转换为适合下一阶段的格式。源代码经过这些层的转换和处理，最终被编译成目标代码。

案例 2：网络协议分层

互联网协议栈包括物理层、链路层、IP 层、TCP/UDP 层和应用层。这些层次构成一个金字塔结构，每一层都为上层提供服务，并使用下层提供的服务。只要每个层次保持其对外提供的接口不变，那么该层的内部实现就可以进行修改或替换，而不会对上层或下层的功能产生影响。这种分层设计允许各层独立于其他层进行更新和优化。相反，如果协议设计不是分层的，而是一个单一的实体，那么物理层的细节将会与协议紧密耦合。这意味着，如果底层物理网络发生变化，例如硬件或传输介质更新了，那么协议本身也将不得不进行修改，以适应这些变化。这种设计会增加协议的复杂性和维护成本，因为任何底层的变动都需要对协议代码进行重新编写和调试。分层的设计避免了这种复杂性，使各层可以独立演进，从而提高了整个系统的灵活性和可扩展性。

4. 分形化

分形化是一种类似于层次化的组织方式，能够减少模块之间的互连次数。在数学领域，分形指一个几何形状可以被分割成多个局部，每个局部都是整体的一个缩小版本，并且保持与整体相似的形状。这种自相似性是分形的一个关键特征。以西兰花为例，其花簇由许多小分支组成，每个小分支都是整个花簇的一个缩小版，并且具有与整体相似的形状。这种自相似性不仅体现在宏观层面上，也体现在微观层面上。即使将小分支进一步分割成更小的分支，它们在不同尺度上仍然保持相似性。

在计算机科学中，分形化允许系统在不同层次上具有相似的结构和功能，这种层次性和自相似性可以简化系统的设计，有助于保持系统的一致性，减少模块之间的互连次数。例如，Clos 网络是一种多级交换网络，由查尔斯·克洛斯（Charles Clos）在 1953 年提出，最初用于电话交换系统。Clos 网络由多级交换单元组成，允许输入端口和输出端口之间找到无阻塞的通信路径，其每一级都由多个交换单元组成，每个交换单元都有多个输入端口和输出端口。这种设计允许网络在不同的规模和复杂度上保持其结构和功能的自相似性。换句话说，无论在哪个级别上，网络的单元结构都是相似的，都由多个输入端口和输出端口的交换单元组成。这体现了分形化的自相似性特征，在不同的尺度上，结构都能保持一致性。

2.2　系统的特性

下面的术语用于描述计算机系统的不同特性。

1. 耐用性

耐用性（Durability）指系统能够可靠地长期存储数据，不会因为时间过久或系统故障而导致数据丢失或损坏。

耐用性与存储设备的使用寿命密切相关。存储在硬盘或固态硬盘的数据会逐渐降级，因为硬盘的磁极性可能发生变化，而固态硬盘的电荷可能会泄露。这意味着系统需要使用数据备份、数据校验和纠错码等机制，以便在发生降级时可以恢复数据的完整性。此外，磁盘/固态硬盘并非永久耐用，经过长时间的读写操作，可能会发生磨损，对使用寿命造成影响。这意味着系统需要实施相应的设备管理策略，如减少写入次数、负载均衡，以最大程度地延长存储设备的寿命。

2. 持久性

持久性（Persistency）指即使系统发生故障或重启，系统在运行时对数据的任何更改都能够被写入永久存储。例如，应用程序将内存中的配置数据序列化为 JSON 格式，并将其保存到文件系统。这样，即使应用程序关闭并重新启动，用户配置设置也能够被还原。

3. 一致性

一致性（Consistency）指在分布式系统中，一个节点写入数据后，最新的数据不一定立即可用，不同节点的数据只有在一定时间内才达到一致状态。

4. 韧性

韧性（Resiliency）指系统在面对故障或受到攻击时能够快速自我恢复，并持续提供服务的能力。

5. 伸缩性

伸缩性（Scalability）指系统在负载增加时，通过增加资源以维持性能的能力。这一特性关注系统在应对不同规模工作负载时的表现和适应能力。

伸缩性和性能是两个不同的概念，但它们之间存在着密切的联系。想象一列火车，它的速度相当于计算机系统的性能，火车上的车厢数量相当于系统需要处理的负载量。如果火车在增加车厢数量（即增加负载）后，仍能保持原有的速度甚至加速（即性能保持不变或提升），保证性能不降级，那么这列火车的动力系统具有很好的伸缩性。

伸缩性有两种形式：水平扩展（Horizontal Scaling）和垂直扩展（Vertical Scaling）。水平扩展又称为向外扩展（Scale Out），指增加资源的数量来应对负载的增加。例如，在面临更高的访问量时，通过向现有集群添加更多的服务器来提升系统的整体处理能力。垂直扩展又称为向上扩展（Scale Up），指升级单个资源的性能来应对负载的增加。例如，将服务器的 CPU 从 8 核升级到 32 核，或者增加更多的内存和存储空间。

6. 弹性

弹性（Elasticity）在物理世界中指弹簧在外力作用下被压缩或拉伸，并在外力移除后能恢复到原来的状态。类似地，在计算机系统中，弹性指的是系统能够根据负载的变化，灵活地调整资源的增减，从而快速适应并响应负载的波动。

举一个例子，假设一个系统使用自动伸缩器管理 Web 服务器的实例数量。自动伸缩器会定期（如每隔 1 分钟）检查服务器的 HTTP 平均响应时间。根据预设的策略，自动伸缩器会做出以下决策：如果响应时间小于 500 毫秒，则意味着负载较轻，自动伸缩器将减少一个服务器实例；如果响应时间在 500 ～ 800 毫秒之间，表明负载适中，自动伸缩器将增加一个服务器实例以保持性能；如果响应时间大于 800 毫秒，则说明服务器负载较重，自动伸缩器将增加两个服务器实例来分担负载。通过这种方式，自动伸缩器能够根据实际的负载情况自动调整服务器实例的数量，确保服务器的性能始终处于最佳状态，而无需人工干预。

7. 可扩展性

可扩展性（Extensibility）指系统易于扩展和修改，允许添加新功能或扩展插件以适应不断变化的需求，从而增强系统的功能。

8. 安全性

安全性（Security）指系统保护自身免受各种潜在威胁和攻击的能力，确保系统的机密性、完整性和可用性不受影响。安全性关注系统在面对各种安全威胁时的保护能力、抵抗能力和应变能力。例如，系统能防止数据泄露、抵御网络攻击和自动响应安全事件，以维护系统的安全。

9. 可靠性

可靠性（Reliability）指系统或组件持续稳定运行而不发生故障的能力。可靠性通常用平均无故障工作时间（Mean Time Between Failures，MTBF）来衡量，表示系统连续工作而不发生故障的平均时间间隔。例如，高可靠性的服务器能够全年 365 天、每天 24 小时不间断地运行。

10. 可用性

不管一件事情发生的可能性有多小，当重复去做这件事时，事情总会在某一时刻发生。换句话说，只要发生事故的可能性存在，不管可能性多么小，这个事故迟早会发生的。

—— 墨菲法则

Everything fails, all the time.
所有东西都可能坏掉。

—— 沃纳·沃格斯（Werner Vogels）
AWS 首席技术官

可用性（Availability）指系统提供正常服务时间（Uptime）的比例，其公式如下：

$$Availability = \frac{Uptime}{Total\ time}$$

举一个例子，假设系统的 MTBF 为 1000 分钟，平均修复时间（Mean Time To Repair，MTTR）为 15 分钟，那么系统的可用性 =[MTBF/(MTBF+MTTR)]×100%=[1000/(1000+15)]×100%≈98.5%。这意味着在平均情况下，系统大约有 98.5% 的可用时间。

云服务提供商通常会向云租户承诺一定的服务级别协议，这些协议明确了提供商应提供的服务质量标准。例如，云服务提供商可能会承诺其服务具有 99.9% 的高可用性，这通常称为"3 个 9"的可靠性。这里"9"的数量越多，表示服务的可靠性越高，允许的停机时间就越短。一年有 365 天，即 8760 小时。如果一个服务具有 99.99% 的可用性，那么在一年中，该服务最多只能有 8760×(100%-99.99%)=0.876 小时服务中断，即大约有 53 分钟的时间服务处于不可用状态。表 2-1 列出了常见 SLA 允许的服务中断时间。

表 2-1　常见 SLA 允许的服务中断时间

可用性	每年允许的服务中断时间窗口	每天允许的服务中断时间窗口
90%（1 个 9）	36.5 天	2.4 小时
99%（2 个 9）	3.65 天	14.4 分钟
99.9%（3 个 9）	8.76 小时	1.44 分钟
99.99%（4 个 9）	52.56 分钟	8.66 秒
99.999%（5 个 9）	5.26 分钟	864.3 毫秒
99.9999%（6 个 9）	31.5 秒	86.4 毫秒

　　系统和服务的运行依赖众多不同的组件，而每个组件都有其特定的可用性概率。为了解释组件可用性与整个系统级可用性之间的联系，通过下面的例子来说明，如图 2-1 所示。

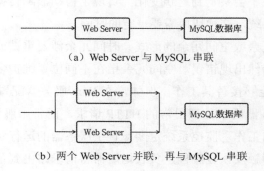

（a）Web Server 与 MySQL 串联

（b）两个 Web Server 并联，再与 MySQL 串联

图 2-1　组件的串联与并联

　　假设一个 Web 服务器的可用性为 0.999，MySQL 数据库服务器可用性为 0.9995。那么，当这两个服务器串联时，整个系统的可用性是两者可用性的乘积，即 0.999×0.9995≈0.9985。

　　假设系统同时运行两个 Web 服务器并配置负载均衡器，如果一个 Web 服务器出现故障，负载均衡器自动将流量切换到另一个正常运行的 Web 服务器。这样，系统的可靠性计算如下：每个 Web 服务器的故障率是 1 减去其可用性，即 1-0.999=0.001。两个 Web 服务器同时发生故障的概率是两者故障率的乘积，即 0.001×0.001=0.000001。因此，采用冗余 Web 服务器的可靠性是 1 减去两个 Web 服务器同时故障的概率，即 1-0.000001=0.999999。再考虑两个并联的 Web 服务器与 MySQL 数据库服务器串联的情况，整个系统的可靠性是 Web 服务器的可靠性乘以数据库服务器的可靠性，即 0.999999×0.9995=0.9994995005。与之前的串联方案相比，并联方案提高了系统的可用性。

　　一个稳定运行的系统或服务器是用户信赖的基础，它直接关系到用户体验和服务质量。只有当系统或服务器能够持续稳定地提供服务时，用户才能切实体验到其易用性和可扩展性等优点。反之，如果系统或服务器经常出现故障，导致服务中断，用户满意度将大打折扣，并可能导致用户流失，使系统的其他优势变得无关紧要。因此，保障系统的高可用性是至关重要的。

　　服务中断可能由多种软件和硬件问题引起，例如应用程序的错误可能导致其崩溃，服务器可能因故宕机，磁盘空间满可能导致数据库无法写入新数据，硬盘故障可能导致数据丢失，交换机出现问题可能造成网络中断，电力系统故障可能导致数据中心停电，等等。故障是无法完全避免的，因为有些故障是意外发生且不可预测的，如通信线路被意外切断或数据中心的供电设备被雷击等。因此，在设计系统时，必须考虑到容错能力，以便在发生故障时能够迅速响应并恢复服务，尽量减少服务中断的时间和数据丢失的可能性。

由于故障无法完全避免，因此实现系统高可用性的关键策略是使用冗余机制，以消除可能导致系统瘫痪的单点故障（Single Point of Failure）。冗余机制使系统能够容忍一定程度的故障而继续运行。例如，汽车通常配备有备用轮胎，以便在任何一个轮胎损坏时能够迅速更换，确保车辆能够继续行驶。

容错系统通常包括一个主系统（Active，活动状态）和一个备用系统（Standby，备用状态）。通过冗余配置，系统能够提供更高的可用性。容错系统可进一步细分为热备份和冷备份两种类型。热备份指主系统的数据实时复制到备用系统，一旦主系统故障，立即切换到备用系统，用户往往不会察觉到这一变化，实现了自动故障转移。冷备份是在主系统发生故障后才启动备用系统，这种切换需要一定的时间。

冗余可以采取时间冗余或空间冗余的形式。时间冗余涉及重试或重做机制，即重复执行同一操作以确认是否仍然出现错误。空间冗余指在不同位置维护多个副本，当一个组件失败时，其他冗余组件能够接替其工作。例如，在 Web 服务器配置中，可以设置主服务器和备用服务器，主服务器用于处理日常的 HTTP 请求，而备用服务器则处于待机状态，随时准备接管主服务器的工作。监控系统定期检查主服务器的运行状态，一旦检测到主服务器出现故障，就会立即触发恢复流程，负载均衡器将请求路由到备用服务器，由备用服务器继续提供服务。

机制与策略分离

2.3　机制与策略分离

机制指底层提供了什么功能，通常表现为一组对外的接口。策略指上层如何使用底层的机制来实现高级的决策。机制与策略分离指通过修改或替换策略来满足变化的需求，而不需要改动底层的机制，从而使系统更加灵活。相反，将机制与策略整合在一起会导致两种负面影响。一方面，这样做会将策略强加给用户，难以满足个性化的需求；另一方面，如果需要调整策略，那么机制本身也要跟着修改。

举一个例子，餐馆的基础设施，如厨房设备、餐桌椅和员工等，构成了向顾客提供餐饮服务的基础机制。提供什么样的菜品，如何搭配菜单，则属于策略层面的问题。通过制定不同的策略，餐馆可以满足不同顾客群体的需求，如提供快餐或特色菜等。下面举几个计算机领域的案例进一步解释。

1.　进程调度

基于优先级的进程调度，允许用户设置进程的优先级。这里，机制指操作系统按照优先级顺序运行进程，而高优先级分配给哪些进程是由策略来决定的。用户可以通过设置优先级参数来灵活调整操作系统的调度行为，以满足特定的性能需求或工作负载要求。例如，一种策略将高优先级分配给 CPU 密集型程序，以确保这些程序能够快速执行。另一种策略可能将高优先级分配给 I/O 密集型程序，以便这些程序能够更频繁地访问 I/O 设备。

2. 防火墙

防火墙底层实现了数据包过滤机制，它用于检查通过的数据包，包括源地址、目的地址、协议类型、端口号等，以确保它们符合预定义的安全规则。在这个机制的基础上，用户可根据实际需求制定不同的安全策略，允许或禁止特定类型的数据包传输、限制特定端口的访问等。例如，一种安全策略允许所有来自内部网络的数据包通过，而阻止所有来自外部网络的流量。通过将机制与策略分离，策略可以根据当前的安全威胁和组织的业务需求进行调整，而不必修改底层的安全机制。

3. 异常处理

编程语言内置了异常处理机制，以便在程序执行过程中出现问题时能够妥善处理。这种机制通常包括捕获异常和响应异常两个部分。例如，在 Java 中，try 块用于包围可能抛出异常的代码，如发送 HTTP 请求。如果在这段代码执行过程中出现了异常，则异常处理机制会将控制权转移到相应的 catch 块，以便执行异常处理代码，如关闭 HTTP 请求或等待一段时间后重试。

这里的策略指在异常发生时应该执行的具体操作，如重试、记录日志、通知用户错误等。这些策略独立于异常检测机制，它们定义了程序在异常情况下应该如何响应，而异常检测机制负责在程序运行过程中监控异常情况并触发相应的处理流程。

4. 控制面与数据面分离

软件定义网络（Software Defined Network，SDN）的核心思想之一是将控制面与数据面进行分离，这实际上是将策略制定与机制执行分开，从而在统一的机制上灵活地应用各种策略。以路由为例，路由控制器应用根据路由信息创建转发表，然后将转发表下发到网络设备，以指导数据包的转发。数据面的网络设备根据转发表中的"目的地—端口"规则执行分组转发操作。

2.4　间　接

All problems in computer science can be solved by another level of indirection, except for the problem of too many layers of indirection.

计算机科学中的所有问题都可以通过间接层来解决，除非这个问题有太多的间接层。

—— 戴维·惠勒霍尔（David Wheeler）

英国著名计算机科学家子程序及其跳转的发明者，1985 年计算机先驱者获得者

间接（Indirection）通常涉及解耦合（Decoupling），它减少了系统中各个组件之间的依赖性，实现了松散耦合而非紧密耦合。举一个例子，两个人分别来自语言不同的国家，无法直接对话，他们通过一名翻译来间接交流。在这种情况下，翻译充当了两人沟通的桥梁，帮助两人克服了语言障碍，实现了彼此之间的解耦。下面通过几个案例进一步解释。

1. 发布者—订阅者模式

前文介绍了 MQTT 协议，它采用"发布者—订阅者"方式工作。在这种方式中，消息的发送者和接收者不直接进行交流，而是通过一个中间代理传递信息，通过一个共同的主题（逻辑标识）建立联系。

2. 映射表

在数据库设计中，学生和课程之间存在着多对多联系，即一名学生可以选择多门课程，而一门课程也可以被多名学生选择。为了存储这种关系，除了需要学生表（如包含字段 student_id、name、age）和课程表（如包含字段 course_id、course_name、credits），还需要一张关联表（如包含字段 student_id、course_id）来维护学生和课程之间的多对多关系。对于任何一个特定的学生（如 student_id 为 123456），无法直接从学生表中得知其所选修的课程，但是通过查询关联表，可以获取该学生所选的所有课程信息。

3. 命名

访问网络资源通常使用逻辑名称而不是直接使用物理地址。这种逻辑名称到物理地址的转换由域名服务（Domain Name Service，DNS）负责，它用于维护域名与 IP 之间的映射关系。当用户访问一个网站时，输入的是网站的域名（逻辑名称），而不是服务器的 IP 地址（物理地址）。浏览器首先查询 DNS 以获取域名对应的 IP 地址，再向该 IP 地址发送 HTTP 请求。

4. 延迟绑定

Python 解释器提供了 PYTHONPATH 环境变量，用于存储模块的搜索路径。当 Python 程序运行时，它会依次在 PYTHONPATH 环境变量指定的目录中查找被导入的模块文件。因此，修改 PYTHONPATH 环境变量，可以动态改变模块的查找路径，而不需要修改程序代码。这种机制允许 Python 程序在运行时通过 PYTHONPATH 引用来动态查找模块路径，实现了代码与模块查找路径之间的延迟绑定，即只有在程序运行时才确定绑定关系。

2.5　性　　能

性能

2.5.1　性能的定义

表 2-2 列出了常见的国际单位前缀及其数值。时间的常见单位包括秒（second）、毫秒（millisecond，$1ms = 10^{-3}s$，m 代表 milli）、微秒（microsecond，$1\mu s = 10^{-6}s$，μ 是希腊字母，表示 micro）、纳秒（nanosecond，$1ns = 10^{-9}s$）和皮秒（picosecond，$1ps=10^{-12}s$）等。举一个例子，处理器在一定的主频下工作，一个 4GHz 的处理器的时钟频率为 $4.0\times10^{9}Hz$，由于时钟周期是时钟频率的倒数，因此，一个 4GHz 处理器的时钟周期为 0.25ns。

表 2-2　常见的国际单位的前缀及其数值

前缀	数值	前缀	数值
Kilo（千）	10^{3}	milli	10^{-3}
Mega（兆）	10^{6}	micro	10^{-6}
Giga（吉）	10^{9}	nano	10^{-9}
Tera（太）	10^{12}	pico	10^{-12}
Peta（拍）	10^{15}	femto	10^{-15}
Exa（艾）	10^{18}	atto	10^{-18}
Zetta（泽）	10^{21}	zepto	10^{-21}
Yotta（尧）	10^{24}	yocto	10^{-24}

性能是一个宽泛的概念，在不同的场景下有不同的含义。通常，性能指标可归结为以下 3 类。

1. 延迟

延迟（Latency）指从输入到输出的时间。例如，它可以表示任务从开始执行到结束的时间，或者从客户端发出请求到接收到服务器响应的时间（又称响应时间）。通常，延迟或响应时间越短越好。例如，当人们点击网络视频时，期望它能立即开始播放，而不是需要等待几秒钟。同样，当人们在搜索引擎中输入关键词时，希望搜索结果能够立刻显示，而不是等待数秒钟才显示。

2. 容量

容量（Capacity）指系统或服务所能提供的资源总量。例如，一个千兆网卡的理论带宽是 1000Mbps（兆比特每秒），这意味着理论上每秒钟可以传输 1000Mbit（兆比特）的数据。然而，由于网络拥塞、硬件限制等因素，实际上很难达到这个理论上限。因此，通常使用吞吐量（Throughput）来衡量单位时间内系统能够实际处理的数据量。吞吐量的单位有许多，具体取决于衡量的对象。例如，一个处理器的吞吐量为 200MIPS（Million Instructions Per Second，每秒百万条指令），表示每秒钟能执行 2 亿条指令。磁盘读操作的吞吐量为 300MB/s，意味着每秒钟能从磁盘读取 300 兆字节的数据。数据库的 QPS（Query Per Second，每秒查询数）为 200，表示每秒钟能处理 200 个查询请求。

3. 利用率

利用率（Utilization）指实际使用的资源占资源总量的百分比。例如，CPU 的利用率是 10%，表示 CPU 90% 的时间处于空闲状态。

2.5.2　相对性能

在不产生歧义的情况下，性能最大化意味着执行时间最小化。因此，将性能定义为执行时间的倒数，即

$$性能 = \frac{1}{执行时间}$$

在比较两个系统的性能时，使用如下的表述方式：

$$\frac{性能A}{性能B} = \frac{执行时间B}{执行时间A} = n$$

系统 A 执行速度是系统 B 执行速度的 n 倍。

例如，一个程序在系统 A 中的执行时间是 10 秒，在系统 B 中的执行时间是 20 秒，那么

$$\frac{性能A}{性能B} = \frac{执行时间B}{执行时间A} = \frac{20}{10} = 2$$

因此，系统 A 的执行速度是系统 B 的 2 倍。

2.5.3　均值

对于 n 个数值，计算其平均数主要有以下 3 种方法。

1. 算术均值

算术均值（Arithmetic Mean，AM）是最常见的平均数计算方法，其计算公式如下：

$$AM = \frac{\sum_{i=1}^{n} x_i}{n}$$

在实际应用中，算术均值的使用不如加权平均数（Weighted Mean，WM）普遍。算术平均数是对一组数值赋予相同的权重，计算所有数值的总和然后除以数值的个数。反之，加权平均数则考虑了每个数值对整体平均数的贡献程度，这种贡献程度通过权重来体现。加权平均数通常更加灵活，因为它允许对不同的数据点分配不同的权重，这在很多情况下更能反映数据的实际重要性或影响力。加权平均数的计算方法如下：

$$WM = \sum_{i=1}^{n} w_i x_i$$

其中，$\sum_{i=1}^{n} w_i = 1$，w_i 表示 x_i 的权重。

加权平均数可进一步分为空间分布的加权平均数和时间分布的加权平均数两类。空间分布的加权平均数考虑空间上各个数值的权重，而时间分布的加权平均数考虑时间上各个时刻数值的权重。

空间分布的加权平均数：考虑一个班级的考试平均分。假设该班级 1/6 学生的成绩为70 分，2/6 学生的成绩为 78 分，3/6 学生的成绩为 85 分。那么，该班级的平均成绩的计算过程如下：

$$该班级的平均成绩 = \frac{1}{6} \times 70 + \frac{2}{6} \times 78 + \frac{3}{6} \times 85 \approx 80 分$$

时间分布的加权平均数：考虑一天的平均气温。假设一天中 1/6 时间的温度为 28℃，2/6 时间的温度为 30℃，3/6 时间的温度为 32℃。那么，这一天的平均气温的计算过程如下：

$$这一天的平均气温 = \frac{1}{6} \times 28 + \frac{2}{6} \times 30 + \frac{3}{6} \times 32 \approx 30.7℃$$

2. 几何均值

对于一组比值数据，通常使用几何平均数（Geometric Mean，GM）而不是算术平均数来表示。这是因为几何平均数能够更好地反映数据的增长或减少趋势。几何平均数（也称几何均值）的计算公式如下：

$$GM = \sqrt[n]{\prod_{i=1}^{n} x_i}$$

以股票投资为例，假设投资者购买了 100 元的股票，第 1、2、3 年的增长比值分别为1.1、1.2 和 1.3，那么 3 年的年平均增长因子如下：

$$年平均增长因子 = \sqrt[3]{1.1 \times 1.2 \times 1.3} \approx 1.1972$$

根据这个年平均增长因子，可以验证以下等式是否成立：

$$100 \times 1.1972 \times 1.1972 \times 1.1972 = 100 \times 1.1 \times 1.2 \times 1.3 = 171.6$$

以中学生成绩为例，假设一名中学生期中考试的语文、数学和英语成绩分别为 66 分、

68 分和 62 分，期末考试语文、数学和英语成绩分别为 84 分、86 分和 88 分。那么，这名中学生的语文、数学和英语成绩的提升比值分别为 84/66=1.27，86/78=1.26 和 88/62=1.42，三门课程的平均提升比值如下：

$$平均提升比值 = \sqrt[3]{1.27 \times 1.26 \times 1.42} = 1.31$$

上述平均提升比值反映了中学生整体的学习成绩提升情况。

在计算机性能评测中，为了全面地考虑多个基准测试程序的结果，通常会采用几何平均法来计算一个综合的性能指标。

标准性能评估组织（Standard Performance Evaluation Corporation，SPEC）是一个权威的第三方应用性能测试组织，它提供了许多不同的基准测试套件（suite），用于评估处理器、云计算、高性能计算、Java 程序和功耗等应用领域的性能。SPEC CPU 2017 是计算机性能评估领域广泛认可的基准测试套件之一，它通过一系列的测试程序来衡量 CPU 的整数和浮点数处理能力。SPECspeed 2017 套件专注于整数运算速度的评估，它包含了一系列精心设计的基准测试程序。例如，gcc 基准测试程序使用 GNU C 编译器来编译一个大型代码库，这个过程会执行大量的整数运算，因此可用来评估处理器的整数编译能力；x263 是一个视频压缩算法的基准测试，它可以执行像素值的变换和编码计算，可用来评估处理器的整数运算性能。

在 SPEC 基准测试中，每个测试程序都会在待评测处理器上运行，并计算出相应的 SPEC Ratio。SPEC Ratio 是一个反映处理器性能的指标，它的计算方法是将参考处理器上的执行时间除以待评测处理器上的执行时间，用来衡量性能的提升。以 gcc 基准测试程序为例，如果待评测处理器上的执行时间是 227 秒，而参考处理器上的执行时间是 8050 秒，那么 gcc 的 SPEC Ratio 等于 8050 秒除以 227 秒，得到的结果是 35.46。这个比值表示待评测处理器的性能是参考处理器的 35.46 倍。

每个基准测试程序都会计算出自己的 SPEC Ratio，然后计算这些比值的几何平均值，作为待评测处理器的最终 SPEC Ratio，它可以用来比较不同处理器的性能。最终 SPEC Ratio 的值越大，表示处理器的性能越强。这种比较方法提供了一个统一的性能评估标准，使不同处理器之间的性能可以被直接比较，而不受测试程序执行时间的影响。

3. 调和均值

对于一组速率数据，通常使用调和均值（Harmonic Mean，HM）来计算平均速率，其计算方法如下：

$$HM = \frac{n}{\sum_{i=1}^{n} \frac{1}{x_i}}$$

举一个例子，假设一名大学生从宿舍到图书馆的步行速度为 1.5 米 / 秒，从图书馆到宿舍原路返回的步行速度为 2 米 / 秒。那么，这名大学生从宿舍到图书馆来回的平均速度 = 2/(1/1.5 + 1/2) = 1.71 米 / 秒。

2.5.4 性价比与性能功耗比

单纯追求处理器的绝对性能并不总是最佳选择。高性能的处理器往往伴随着更高的能耗和成本，这可能导致在性价比或性能功耗比方面不尽如人意。因此，评估计算机的综合效率时，性价比或性能功耗比指标更为重要。

性价比是衡量计算机性能与成本之间关系的指标。一个高性价比的处理器意味着它在提供良好性能的同时，价格相对较低。

性能功耗比是另一个重要的指标，它衡量了处理器在消耗一定能量时能提供的性能。一个高性能功耗比的处理器意味着它在相同的能耗下能提供更好的性能，或者在相同的性能下消耗更少的能量。

在评估系统时，考虑这两个指标可以帮助用户找到既满足性能需求又经济高效的处理器，从而实现更好的整体效率和成本效益。

1. 性价比

性价比指性能与价格之间的比值，用来衡量计算机在单位价格下所提供的性能水平。例如，假设计算机的价格为 5000 元，处理器的速度为 3.5GHz，内存为 32GB，那么其性价比计算如下：

$$性价比 = \frac{3.5\text{GHz} \times 32\text{GB}}{5000\text{元}} = \frac{112\text{GHz·GB}}{5000\text{元}} = 0.0224\text{GHz·GB}/元$$

2. 性能功耗比

性能功耗比指一定时间内的计算量与消耗的能量之间的比值，用来衡量计算机在单位能量消耗下所提供的性能水平。例如，假设一个处理器在一段时间内执行了 3.6×10^8 次浮点运算（FLOPS），并消耗了 1.8×10^6 焦耳（J）的能量，那么其性能功耗比计算如下：

$$性能功耗比 = \frac{3.6 \times 10^8 \text{FLOPS}}{1.8 \times 10^6 \text{J}} = 200\text{FLOPS}/\text{J}$$

为了更形象地理解性能功耗比，可以将计算机的性能与汽车的速度进行类比。计算机的性能(每秒执行的浮点运算次数,以 FLOPS 为单位)相当于汽车的速度(以米/秒为单位)。计算机在一段时间内完成的计算量（以 FLOPS 为单位）则类似于汽车行驶的距离（以米为单位）。计算机消耗的能量（以焦耳为单位）相当于汽车消耗的燃油（以升为单位）。性能功耗比就好比汽车每升燃油能行驶的距离（以米/升为单位）。

计算机的峰值性能可以看作汽车的最高速度。在计算机处于空闲或待机状态时，尽管没有执行计算任务，但它仍然会消耗一定的能量，这类似于汽车在怠速时即使速度为零也会消耗燃油。当计算机执行某个负载时，其实际性能会随着负载的变化而波动，这就像汽车在不同的路况下速度时快时慢。

2.5.5 阿姆达尔定律

为了理解阿姆达尔定律 [1]（Amdahl Law），先通过一个日常生活中的例子来建立一个类比。假设有一个职员，他每天从河东的家出发到河西，再乘坐公交车去公司，整个通勤时间总共需要 60 分钟（包括 10 分钟的船程和 50 分钟的公交时间）。为了减少通勤时间，他考虑了一个新方案:先乘船到河西，然后改乘出租车去公司。假设出租车行程需要 20 分钟，这样，他的通勤时间可以减少到 30 分钟，相比于原来的 60 分钟，通勤时间缩短了一半。然而，无论他如何优化通勤方式，从河东到河西的船程时间是固定的，这是他通勤时间的一个上限，无法通过任何优化方式来减少。从河西到公司乘出租车的时间理论上可以无限

---

[1] 吉恩·阿姆达尔（Gene Amdahl）在 1967 年提出阿姆达尔定律。

接近零。在这个例子中，从河东到河西的船程时间类比于计算机程序中的串行部分，这部分时间是无法通过并行化来缩短的；从河西到公司的出租车时间则类比于计算机程序中可以加速的部分，通过优化这部分，可以减少程序总的运行时间。

这个例子帮助我们理解了阿姆达尔定律的核心概念，即在任何计算任务中，都有一部分工作是串行的，无法通过并行处理来加速，而另一部分工作可以并行化，通过增加计算资源来缩短执行时间。阿姆达尔定律可用来分析在给定的计算任务中，通过并行处理能够达到的性能提升上限。下面给出阿姆达尔定律的公式推导。

假设一个程序由串行部分和可加速部分组成，如图 2-2 所示。在程序改进前，总运行时间为 T_{old}，其中可加速部分的运行时间占 T_{old} 的比例为 f；串行部分的运行时间占 T_{old} 的比例为 $(1-f)$。通过某种优化方法改进程序，使可加速部分的性能提升 k 倍，这意味着可加速部分的运行时间为 fT_{old}/k。串行部分的运行时间 $(1-f)T_{old}$ 保持不变，因为串行部分不能通过并行化来加速。改进后的总运行时间为 T_{new}，那么下面的关系式成立：

$$T_{new} = (1-f)T_{old} + \frac{fT_{old}}{k} = T_{old}\left((1-f) + \frac{f}{k}\right)$$

加速比（speedup，用 s 表示）的定义如下：

$$s = \frac{T_{old}}{T_{new}}$$

可以推导出下面的公式：

$$s = \frac{T_{old}}{T_{old}\left((1-f) + \frac{f}{k}\right)} = \frac{1}{1-f + \frac{f}{k}}$$

上述公式就是著名的阿姆达尔定律。

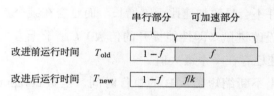

图 2-2　阿姆达尔定律图示

下面举一个例子解释阿姆达尔定律。假设有一个 Python 程序，其代码如下：

```python
def compute():
    a = A()
    b = 0
    for i in range(10):
        b += B(i)
    return a + b
```

函数 compute 包含两个函数 A 和 B。假设函数 A 的执行时间为 20 秒，函数 B 的执行时间为 8 秒。函数 A 执行 1 次，函数 B 执行 10 次。因此，函数 compute 的总执行时间是 A 函数的总执行时间加上 B 函数的总执行时间，即 20 秒 + 10×8 秒 = 100 秒。

现在，有两种优化方案。方案 1 为优化函数 A，将其执行时间缩短到 2 秒；方案 2 为优化函数 B，将其执行时间缩短到 4 秒。分别计算每种方案的加速比，即原始的执行时间与优化后的执行时间的比值。

方案 1：可加速部分（执行 1 次 A 函数的时间为 20 秒）占的时间比例 $f=20/100=0.2$，可加速部分性能提升的倍数 $k=20/2=10$。加速比计算如下：

$$s = \frac{1}{(1-f)+\dfrac{f}{k}} = \frac{1}{(1-0.2)+\dfrac{0.2}{10}} \approx 1.22$$

方案 2：可加速部分（执行 10 次 B 函数的时间为 $10\times8=80$ 秒）占的时间比例 $f=80/100=0.8$，可加速部分性能提升的倍数 $k=8/4=2$。加速比计算如下：

$$s = \frac{1}{(1-f)+\dfrac{f}{k}} = \frac{1}{(1-0.8)+\dfrac{0.8}{2}} \approx 4.17$$

下面进一步分析两种方法的加速比。方案 1 能将函数 A 的执行时间缩短 10 倍，最终的加速比是 1.22。方案 2 将函数 B 的执行时间缩短 2 倍，最终的加速比是 4.17，这远优于方案 1 的加速比。为何改进力度大的方案 1，最终的加速比不如方案 2 呢？原因在于函数 A 占的时间比例小（仅为 20%），而函数 B 占的时间比例高达 80%，优化占比高的部分带来的加速比显著。

根据阿姆达尔定律可得出以下两个推论。

1. 优化常见事件

优化频繁发生的常见事件能显著提高性能，而优化很少发生的罕见事件不会带来明显的性能提升。换句话说，对于不常见的情况，只要确保它们能够被正确执行，无需进一步优化。

2. 性能优化有极限

不断地性能优化并不会导致加速比无限增长，而是会在某个点上达到一个极限值，即所谓的性能瓶颈。假设改进量（即性能提升的倍数）k 趋于无穷大，那么加速比 s 将趋于 $1/(1-f)$，这意味着加速比存在一个最大值。

对于方案 2，如果不断缩短函数 B 的执行时间，函数 compute 的加速比的上限是 $1/[(1-0.8)]=5$。假设使用多线程来加速函数 B，并且使用 k 个线程能使函数 B 的执行时间缩短到原来的 $1/n$。图 2-3 给出两条曲线，一条曲线表示加速比（收益），另一条曲线表示边际收益。收益在这里指加速比的相对变化值，即每次加速比与上一次加速比的增量。

当 n 分别等于 1、2、3 时，函数 compute 的加速比分别为 1.0、1.67、2.14。

当 n 分别等于 1、2、3 时，收益分别为 $1.0-1.0=0$，$1.67-1.0=0.67$，$2.14-1.67=0.47$。其余的收益，以此类推。当 $n=1$ 时，收益为 0，即加速比没有变化；当 n 从 1 增加到 2 时，加速比增加了 0.67；当 n 从 2 增加到 3 时，加速比增加了 0.44。随着线程数的继续增加，收益值将逐渐减小，因为加速比的提升幅度会逐渐变小，直至接近上限值。

图 2-3 展示的是收益递减法则（The Law of Diminishing Returns），这表明当增加资源（如线程数）时，加速比（收益为正数）会逐渐增大。然而，当资源达到某个临界点（图 2-3 中 $n=2$ 时），额外投入的资源所带来的收益会逐渐减少，并最终趋向于 0。在某种情况下，收益甚至可能变为负数，这意味着加速比实际上会下降而不是上升。举一个例子进一步解

释加速比为什么会下降。假设一个大文件被分割成多个块，一个程序使用多个线程读取这些文件的不同块。增加线程数可以提高并发性，从而加快文件的读取速度。但是，如果线程数过多，它们会争夺有限的磁盘 I/O 带宽（这是系统的瓶颈），导致执行效率下降，加速比也随之下降。在现实生活中，收益递减的现象很常见。例如，增加一个团队的人数可以提高产出。但是，当团队人数超过某个临界值时，由于沟通成本增加或协作效率降低等原因，再增加团队人数可能会导致产出下降。

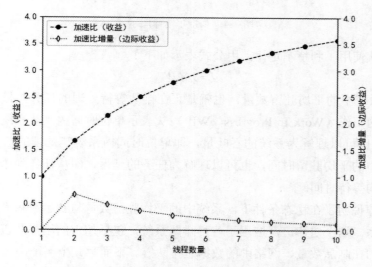

图 2-3　不断增加资源，获得的加速比不断递减

2.5.6　利特尔定律

当对资源的请求数量超过可用资源时，就会发生竞争，这通常表现为请求需要排队等待获取资源。例如，在超市中，收银台的数量（资源）是有限的，顾客（请求）需要排队等候结账。排队理论中的一个基本原理是利特尔定律❶（Little Law）。通过下述例子，可以更好地理解利特尔定律。

假设有一条隧道，目前没有任何车辆。现在有一批车辆在隧道入口处排队，并匀速进入隧道，每秒钟有 2 辆车进入隧道，每辆车通过隧道需要 3 秒钟。以下是隧道内车辆数量随时间变化的过程：

第 1 秒：2 辆车进入隧道，此时隧道内有 2 辆车。

第 2 秒：又有 2 辆车进入隧道，此时隧道内共有 4 辆车。

第 3 秒：再有 2 辆车进入隧道，此时隧道内共有 6 辆车。

第 4 秒：最早进入的 2 辆车离开隧道，同时又有 2 辆车进入隧道，此时隧道内仍有 6 辆车。

此后，每秒钟都会有 2 辆车离开隧道，同时有 2 辆车进入隧道，隧道内的车辆数量一直维持在 6 辆的稳定状态。换句话说，从第 4 秒开始，隧道内车辆数量稳定在 6 辆，不再变化。

这个例子帮助我们直观地理解了车辆在隧道中的流动和排队情况，如图 2-4 所示。

---

❶　约翰·利特尔（John Little）在 1954 年提出利特尔定律。

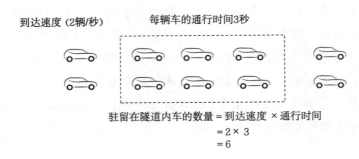

到达速度（2辆/秒）　　　每辆车的通行时间3秒

驻留在隧道内车的数量 = 到达速度 × 通行时间
= 2 × 3
= 6

图 2-4　利特尔定律图示

上述例子就使用了利特尔定律，用公式表示如下：

$$L = \lambda \times W$$

其中，L 表示系统中的平均驻留数量，也就是正在排队等待处理的任务数量，这些任务也称为正在进行的工作（Work In Progress，WIP）；λ 表示单位时间内到达系统的平均任务数量（到达率），也可以理解为系统的吞吐量，即单位时间内系统能处理的任务数量；W 表示任务在系统中的平均驻留时间，也可以理解为任务的延迟，即从任务到达直到任务开始处理所需的平均等待时间。

利特尔定律说明了在稳态条件下，系统中的平均驻留数量与到达率和平均驻留时间之间存在直接关系。这个定律广泛应用于各种排队系统，包括超市的结账队伍、医院的病人等待、生产线的在制品数量、网络中的数据包排队等。下面举几个例子进一步解释。

假设高速公路的收费站每分钟有 20 辆车通过，即每分钟到达收费站的车辆数为 20 辆。如果将等待通行的车辆数控制在 5 辆以内，车辆通过收费站的时间是多少？

根据利特尔定律，L= 等待通行的车辆数 = 5 辆，λ = 车辆的到达速度 = 20 辆 / 分钟。因此，车辆通过收费站的时间 $W = L/\lambda$ =5/20=0.25 分钟。

假设一套房产从开始出售到最终售出平均需要 180 天，市场上待售房产数量大约维持在 25 套，那么一年会卖出多少套房产？

根据利特尔定律，L= 待售房产的数量 =25 套，W= 一套房产在市场上的停留时间 =180 天 = 0.5 年。因此，房产的出售速度 $\lambda = L/W$ =25/0.5=50 套 / 年。

下面再举一个与计算机相关的例子。

假设一个 HTTP 请求的处理时间为 2 毫秒，每秒钟有 3000 个 HTTP 请求，每个 HTTP 请求需要一个线程，那么系统需要多少个线程来处理 HTTP 请求？

根据利特尔定律，λ=HTTP 请求到达速度 = 3000 个 / 秒，W=HTTP 请求处理时间 =2 毫秒。系统容纳的 HTTP 请求数 $L = \lambda \times W$=2 毫秒 ×3000 个 / 秒 =6 个，即系统需要使用 6 个线程。进一步，系统的并发度（Concurrency）与请求吞吐量（Throughput）、请求处理时间（Latency），三者满足下面的关系式：

$$Concurrency = Throughput \times Latency$$

2.5.7　并行性与并发性

并行性（Parallelism）和并发性（Concurrency）是计算机科学中描述程序执行特性的两个术语。虽然这两个概念经常混用，但它们在程序设计和执行层面上有着截然不同的含义。

如果将程序比作一首乐曲，那么串行程序类似于独奏曲，只有一条指令流。它的特点是单一乐器从头到尾依次演奏，每个音符（指令）依次响起，只有前一个音符停止后，下一个音符才开始响起。与此相对，并发程序则类似于交响乐，指挥家指挥着多个乐手（任务）协同工作。这些乐手虽各自演奏不同的部分，但在整体上协同合作，创造出和谐且丰富的音乐效果。在并发程序中，多个任务的指令流就像多条旋律线交织在一起，它们在时间上重叠，某些任务在逻辑上可能会同时进行。例如，浏览器请求一个网页时，可以同时下载音频和图片。这里，两个任务在逻辑上是同时发生的。这种并发性使用户感觉到音频和图片几乎是瞬间同时出现的，从而提升了用户体验。简而言之，并发是从程序设计的角度考虑如何组织多个任务，使它们能够协同工作或逻辑上同时发生。

并行是从程序执行的角度考虑任务是否在物理上同时发生。以浏览器访问网页为例，它包含下载音频和下载图片两个并发任务。在单核 CPU 情况下，这两个任务的指令流可能通过线程上下文切换交替（Interleaving）执行。虽然在宏观上看起来是同时进行的，但在微观上任意时刻只有一个任务在执行，不是真正意义上的并行执行。这是因为单核 CPU 在任何时刻只能执行一个线程的指令。在多核 CPU 情况下，这两个任务的指令流就可以在不同的 CPU 核上同时执行，实现真正的并行处理。

总的来说，并发性关注任务之间的逻辑关系和协同工作，而并行性关注的是在多个处理单元上同时执行任务。

图 2-5 通过一个类比来展示并发性和并行性的概念。设想一个场景，人群正在排队通过地铁的出口闸门。在这里，将每个队伍视为一条指令流。地铁闸门一次只能让一个人通过，这类似于 CPU 核在任何给定时刻只能执行一条指令流。在图 2-5（a）中，如果所有人都在同一个队伍中通过同一个闸门，这就像程序中只有一条指令流在串行执行。在图 2-5（b）中，如果有两个队伍通过同一个闸门，这就像程序中两个任务并发执行。这两个任务的指令流会轮流交替地在同一个 CPU 核上执行，就像队伍中的人轮流通过闸门一样。在图 2-5（c）中，每个队伍都有专用的闸门，两个队伍分别通过各自的闸门，这就像程序被设计成两个并发任务，并且这两个任务的指令流各自独占一个 CPU 核，实现了真正的并行执行。在图 2-5（d）中，如果有三个队伍通过两个闸门，其中两个队伍（队务 1 和队务 2）会轮流通过同一个闸门，这相当于任务 1 和任务 2 的指令流在同一个 CPU 核上交替执行。第三个队伍独占一个闸门，就像任务 3 的指令流独占一个 CPU 核一样，这也体现了并行执行的特点。

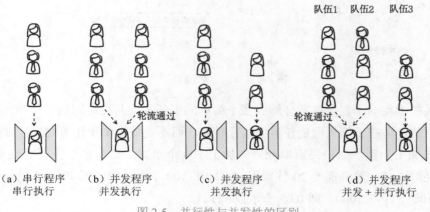

（a）串行程序　　（b）并发程序　　（c）并发程序　　　　（d）并发程序
　　串行执行　　　　并发执行　　　　并发执行　　　　　　并发 + 并行执行

图 2-5　并行性与并发性的区别

实现并发 / 并行有许多方法，主要包括以下几种。

1. 数据并行

数据并行（Data Parallel）指在同一时刻对同一数据集的不同部分执行相同的操作。

数据并行的一个典型例子是计算两个向量的和。假设有两个等长向量 A 和 B，计算它们的和 C。在数据并行中，不是按顺序逐个元素地计算 A 和 B 的和，而是将 A 和 B 的元素分割成多个子集，然后在不同的处理器上并行处理这些子集。例如，如果有两个处理器，可以将 A 和 B 的元素分成两半，每个处理器计算一半的和。这样，每个处理器都在同一时刻对数据集的不同部分执行相同的加法操作。最终，这些子集的和可以被合并起来，得到整个向量 C 的和。数据并行可以显著减少计算的总时间，特别是在处理大量数据时，这是因为多个处理器可以同时工作，而不是单个处理器逐个元素地计算。

2. 流水线

流水线（Pipeline）是一种常见的并行技术，广泛应用于处理器设计、并发程序等领域。

以批量生产水饺的例子来说明流水线的原理，设想一个自动化水饺加工机，如图 2-6 所示，它将每个水饺的生产过程分为 4 个连续的阶段：切剂子、擀皮、包馅和摆放。这些阶段按照顺序排列，形成一条流水线。假设每个阶段都占用一个时钟周期，每个时钟周期为 5 秒，且阶段之间无缝转换，不会产生额外的时间延迟和停顿。这条 4 阶段的流水线可以同时处理 4 个水饺。例如，在第 1 个时钟周期内，第 1 个水饺在切剂子阶段；在第 2 个时钟周期内，第 1 个水饺进入擀皮阶段，同时第 2 个水饺在切剂子阶段；在第 3 个时钟周期内，第 1 个水饺进入包馅阶段，第 2 个水饺进入擀皮阶段，第 3 个水饺在切剂子阶段；在第 4 个时钟周期内，第 1 个水饺进入摆放阶段，第 2 个水饺进入包馅阶段，第 3 个水饺进入擀皮阶段，第 4 个水饺在切剂子阶段；以此类推。

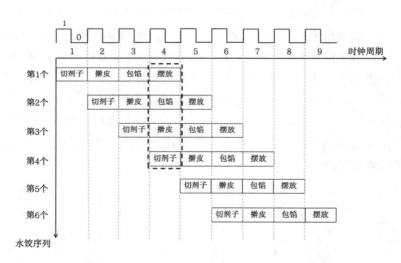

图 2-6　自动化水饺加工机

流水线技术将一个复杂任务分解成多个简单的子任务，并在不同的工作单元上重叠执行子任务，其优势在于缩短批量任务的执行时间，而不是缩短单个任务的处理时间。

以水饺加工为例，如果采用串行方式加工 100 个水饺，每个水饺需要经过 4 个阶段，每个阶段耗时 5 秒，总共需要 20 秒。因此，加工 100 个水饺将需要 100×20 秒 =2000 秒，吞吐量为 100 个除以 2000，即 0.05 个水饺 / 秒。

然而，如果采用流水线技术，情况就大不相同了。在流水线中，经过 20 秒完成第 1 个水饺的加工，接下来每个时钟周期（5 秒）都能完成一个水饺的加工。因此，加工 100 个水饺的总耗时为 20 秒（第 1 个水饺）+（100-1）×5 秒（后续水饺）=515 秒。这样，流水线的吞吐量为 100 个水饺除以 515 秒，约为 0.19 个水饺 / 秒。

通过比较可以看到，采用流水线技术后，吞吐量提高了约 4 倍，与流水线的阶段数（4）大致相等。这说明流水线技术的效率提升与阶段数的增加呈线性关系，每个额外的阶段都能显著提高系统整体的吞吐量。

处理器采用流水线技术来提高指令执行的效率，通过在同一时间内执行多条指令的不同阶段来减少指令执行的总时间。典型地，一条指令需要依次经过 5 个处理阶段：从内存读取指令→指令译码→执行指令 / 计算地址→访问内存数据→执行结果写回寄存器。

尽管每条指令需要按顺序经过这 5 个阶段，但是流水线允许同时执行不同指令的不同阶段，从而提高了处理器的指令吞吐量。例如，假设处理器采用 5 阶段流水线，每个时钟周期为 2 纳秒，并且每个时钟周期能够完成一条指令的执行。那么，每秒钟有 1 秒 /2 纳秒 =0.5×10^9 个时钟周期，每秒钟执行的指令条数 =0.5×10^9 时钟周期 / 秒 ×1 条指令 / 时钟周期 = 500×10^6 条指令 / 秒 = 500MIPS。

在流水线式包水饺中，假设每个阶段的执行时间相同。然而，在实际情况中，可能会有某个阶段比其他阶段耗时更长。如图 2-7（a）所示，如果包馅阶段耗时 15 秒，而其他阶段耗时均为 5 秒，那么每个水饺的完成时间将是 30 秒（5 秒 ×3 个阶段 + 15 秒的包馅阶段）。这会导致包馅阶段不断累积饺子皮，因为包馅阶段的速度比其他阶段慢。此外，整个水饺的吞吐量也会下降：第 1 个水饺需要 30 秒完成加工，此后每隔 15 秒完成一个水饺的加工。

采用交替执行可以进一步提高吞吐量，如图 2-7（b）所示，基本思路是将瓶颈阶段复制多个实例，使多个实例并行工作。图 2-7（b）中，包馅阶段使用了 3 个实例，用不同的灰度颜色表示。将待包馅的水饺按顺序轮流分配给这 3 个实例，保证每个实例都持续工作，没有空闲时间。第 1 个水饺分配给实例 1，第 2 个水饺分配给实例 2，第 3 个水饺分配给实例 3，然后循环。使用"流水线 + 瓶颈阶段交替执行"，经过 30 秒完成第 1 个水饺的加工，接下来每隔 5 秒就能完成一个水饺的加工，吞吐量是原来的 3 倍。

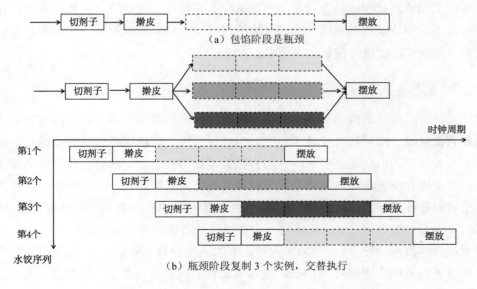

图 2-7　通过交替执行隐藏延迟

许多硬件设备使用上述交替执行原理来提高吞吐量。例如,GPU 利用大量线程的交替执行掩盖读取内存阶段的延迟。继续用包饺子来做类比,将内存的读取类比为包馅阶段,其延迟较大。然而,通过同时启动多个线程读取内存(相当于启动多个包馅实例),可以隐藏线程的内存访问时间(从摆放阶段看来,包馅阶段只需要 1 个时钟周期)。实际上,每个水饺包馅阶段仍然需要花费 3 个时钟周期,但是通过交替执行提高了整体的吞吐量。

3. 重叠执行计算和 I/O

提升性能的另一种技术是重叠执行计算和 I/O(Overlapping Computation and I/O)。这里的计算指 CPU 执行运算任务,I/O 涉及磁盘读写文件或网络收发数据。下面通过具体例子来进一步说明。

假设本地磁盘上存有大量的图片,需要先进行类型转换,再上传到云端。最直接的方法是先转换所有图片,再将它们上传。但这种方法效率低下,因为在转换阶段,CPU 忙碌而网络接口闲置,在上传阶段,网络接口忙碌而 CPU 空闲。为了使 CPU 和网络接口尽可能同时忙碌,需要将计算和 I/O 重叠执行:一个任务负责转换图片,它用于读取原始图片并将转换后的图片输出到队列;另一个任务负责上传图片,它用于从队列中取出图片并上传到云端,直到队列为空。这两个任务并发运行,使 CPU 和网络接口都能保持高利用率,从而显著减少程序的整体执行时间。这种技术也被称为延迟隐藏(Latency Hiding),因为它通过并发执行隐藏了 I/O 操作的延迟。

2.5.8 批量化

批量化(Batching)将多个小请求合成为一个大请求,使数据传输更为高效。以上传图片为例,在单张上传的模式下,每上传一张图片要经历建立连接、传输数据和关闭连接这一系列步骤,若需上传大量图片,如 1000 张,则要重复这些步骤 1000 次,导致性能开销巨大。相比之下,批量上传模式将多张图片的数据汇总在一起,先建立一个连接,然后一次性传输多张图片,最后关闭连接。这样,原本需要重复多次的开销,现在只需进行一次,极大减少了资源消耗和时间耗费。

在磁盘性能优化中,经常采用延迟写入技术,其基本思想是推迟处理当前请求,期待后续的写请求能够连续到达,并且与当前待执行的写操作合并处理。例如,推迟执行当前的写操作,下一个请求也是对同一个磁盘块的写操作。如果后续的写请求到来,那么可以取消之前的写操作,仅执行最新的写请求。

2.5.9 局部性与缓存

程序在执行时往往表现出一种内存访问模式,即它们倾向于在短时间内重复访问特定的代码和数据区域。这种趋势反映了程序的局部性原理,即进程在它的虚拟地址空间内的活动并不是无规律的,而是会在一段时间内频繁地访问几个特定的页面。具体来说,时间局部性指一个内存位置在不久的将来很可能被再次访问,例如在一个循环中反复执行的代码段。空间局部性指一个内存位置被访问之后,其附近的内存位置也会很快被访问。例如,数组在内存中是连续存储的,因此遍历一个数组时处理器访问连续的地址。

随着半导体技术的进步,处理器和内存之间的速度差异不断扩大。为了弥补这一差距,现代处理器普遍采用高速缓存 ❶(Cache)技术来加快处理器对内存的访问速度。高速缓存的

---

❶ 来自法语 cacher,意思是隐藏,发音是 cash。

工作原理如下：当处理器需要读取内存数据时，它会首先检查高速缓存中是否有该数据，如果有，则处理器直接从高速缓存中读取数据；如果没有，则处理器先将数据从内存复制到高速缓存中，再从高速缓存中读取数据。这种方式利用了程序的局部性原理，即数据块往往会被多次访问。如果处理器频繁访问的数据大部分都能在高速缓存中找到，那么可以显著减少平均访问时间，从而提高整体性能。

下面分析高速缓存的平均访问时间。假设处理器在高速缓存中成功找到所需内存数据的概率为 h，称为命中率。处理器访问高速缓存所需的时间记为 T_c。当处理器在高速缓存中没有找到数据时，即发生缺失，这种情况的概率为 $1-h$，称为缺失率。在发生缺失时，处理器不仅需要花费时间 T_c 来访问高速缓存，还需要额外花费时间 T_m 从内存中获取缺失的数据。处理器访问内存数据的平均访问时间记为 T_{avg}，那么下面的关系式成立：

$$T_{avg} = h \times T_c + (1-h)(T_c + T_m) = T_c + (1-h)T_m$$

当 $h \to 1$ 时，意味着处理器几乎每次访问内存都能在高速缓存中找到所需数据，因此平均访问时间接近于单独访问高速缓存的时间 T_c。反之，当 $h \to 0$ 时，处理器每次访问内存都需要直接访问内存，导致平均访问时间接近于访问高速缓存的时间 T_c 加上访问内存的时间 T_m。由此可见，高速缓存要奏效依赖高命中率。

存储器层次利用局部性原理来优化数据访问，其基本思想是速度快、容量小、单位价格高的存储器位于上层，速度慢、容量大、单位价格低的存储器位于下层。数据只能在相邻的两层之间复制，上一层是其下一层的缓存。从上层到下层，速度越来越慢，容量越来越大，单位价格越来越低，访问的频率越来越低。通过这种方式，将多层存储器组合起来，形成一个既具有相对快速访问速度，又拥有大容量且价格合理的存储系统，从而在整体上平衡了速度、容量和成本。

广泛地讲，缓存存储昂贵计算的结果，以便稍后可以再次使用它，而无需重新计算。这种方法在计算机的许多领域得到了广泛应用。

1. TLB

地址转换后援缓冲器（Translation Lookaside Buffer，TLB）是 CPU 内的高速缓存，用来缓存最近使用的虚拟地址与物理地址之间的映射关系，加速 CPU 从虚拟内存访问物理内存的速度。当 CPU 访问内存数据时，它先在 TLB 中查找虚拟地址，看是否已经缓存了对应的物理地址。如果找到了，那么 CPU 就直接访问虚拟地址对应的物理地址，而不需要再进行复杂的地址转换，这样就大大提高了访问速度；如果没有找到，那么 CPU 就需要访问页表（Page Table）来获取物理地址，并将其缓存到 TLB 中，以便下一次访问时能够快速定位。

2. 浏览器缓存

为了加快网页数据的访问速度，网络浏览器会缓存 HTTP 响应。当用户首次向服务器请求某个页面时，服务器返回的数据会在 HTTP 头部信息中附带一个过期时间戳。当用户再次访问相同页面时，浏览器会首先检查本地缓存中是否已经存储了该数据，并且检查这个数据是否未超过设定的有效期。如果条件满足，那么浏览器就会直接从本地缓存中提取数据展示给用户，而不是重新从服务器下载。

3. CDN

内容分发网络（Content Delivery Network，CDN）广泛用于加快图片、视频等静态资源的分发速度。当用户通过 CDN 请求这些资源时，CDN 首先在其分布式缓存中搜索所请求的资源。如果该资源不在 CDN 的分布式缓存中，则 CDN 会先从源服务器中获取资源，再将资源存储在边缘服务器。当其他用户请求相同资源时，CDN 直接从其分布式缓存中传送资源，避免从源服务器中重复获取资源。

4. Redis

Redis 常被用作一个缓存系统。在处理 HTTP 请求时，如果服务端点经常接收到带有相同参数的请求，则可以利用 Redis 存储这些请求的响应，从而减少对数据库的重复查询。以下是一个使用 Redis 进行缓存的示例代码。

```
if redis_cache.contains(query):
    return redis_cache.get(query)
else:
    result = backend_database.query(query)
    redis.cache.put(query, result)
    return result
```

缓存经常与预测和预取技术相结合。这些技术的基本思想是基于数据的访问模式来预测下一次可能被访问的数据，并提前将这些数据从磁盘加载到高速缓存中。这样做的目的是减少未来数据请求的响应时间。

2.5.10 数据本地性

数据本地性（Data Locality）的核心概念是尽量不要移动数据，而是让计算尽可能在数据附近执行。这是因为通过网络传输数据会消耗大量的带宽资源，并且会产生较大的延迟，而从内存或本地磁盘直接读取数据能够实现极快的速度。在大数据处理系统中，这一原理被广泛采用以提升系统的整体性能。

2.6 权 衡

权衡

今以君之下驷与彼之上驷，取君上驷与彼中驷，取君中驷与彼下驷。

——〔西汉〕司马迁《史记·田忌赛马》

每个问题都有解决方法，每个解决方法都有问题。针对一个问题，可以设计出多种解决方案，但每种方案都可能会有一些不足之处，找到一个完美无缺的解决方案是非常困难的。就像俗话说的"顾此失彼"或"按下葫芦浮起瓢"，一种解决方案可能会解决某些问题，但也会引发新的问题。例如，提升处理器的时钟频率可以增强其性能，但这样做会增加功耗，因此在获得更高性能的同时要承受更大的功耗。在操作系统进程调度方面，公平性意味着每个进程应获得等量的 CPU 时间，而实时性要求实时进程能够获得更多的 CPU 时间。公平性和实时性往往难以同时满足，一个调度算法如果保证了公平性，那么可能会牺牲实时性，反之亦然。

如果盲目地接受某种解决方案，可能会陷入一种思维定势，认为系统就应该按照这种设计来构建，从而忽视了解决方案背后所涉及的权衡取舍。人们不仅要理解解决方案的工作原理，还要认识到其背后的权衡和取舍。在计算机科学中，权衡的设计理念指在构建系统或算法时，设计者必须在多个相互竞争的目标之间找到一个平衡点，以实现整体最佳性能或满足特定的要求。接下来，将深入探讨权衡的多种体现。

2.6.1　取舍

鱼，我所欲也，熊掌亦我所欲也；二者不可得兼，舍鱼而取熊掌者也。

——《孟子·鱼子上》

有所取必有所舍，有所禁必有所宽。

——〔宋〕苏轼《策别第十》

两利相权取其重，两害相权取其轻。

——古代谚语

在处理相互矛盾的目标时，一种常见的策略是优先提升一个目标（取），同时对另一个目标（舍）的要求适当放宽，确保其在可接受的范围内即可。简单来说，接受优点的同时也要容忍缺点。决定强化或弱化哪些目标取决于具体的应用场景，没有一成不变的方法。以下通过多个案例来进一步阐述这个观点。

1.　公平与效率

公平与效率之间的权衡是许多社会和经济决策中经常面临的挑战。追求效率意味着优先考虑资源的最佳利用，这可能导致资源的分配不均匀，增加社会的不平等，特别是对于那些边缘群体或资源匮乏者来说。公平意味着更加均衡地分配资源和机会，但这可能对经济效率产生一定的抑制作用。在不同的场景下，权衡取舍的侧重点也不一样。在解决大多数人的温饱问题时，可能会优先考虑效率，同时兼顾公平。然而，在解决贫富差距过大问题时，公平可能会被置于效率之前。

2.　性能与价格的搭配组合

为了满足不同消费层次的需求，一款手机会推出多个型号，供高、中、低端市场的消费者挑选。这些不同版本的手机在价格和性能上有所区分，通常性能较高的版本，价格也相对较高，而性能较低的版本，价格较为亲民。消费者可以根据自己的预算和对性能的需求来决定购买哪个版本的手机，从而在价格和性能之间做出权衡。

3.　加密算法

在设计加密算法时，需要在安全性、速度和资源利用等方面进行权衡。较强的加密算法可提供更高的安全性，但会消耗更多的计算资源，运行时间长。较弱的加密算法则相反，提供的安全性较弱，但消耗的计算资源少，运行时间短。因此，设计者需要根据实际应用场景和需求，在安全性和性能之间做出平衡，选择适合的加密算法。

4.　MINIX 操作系统

MINIX 操作系统的内核采用消息传递的设计方案，这种设计有其优点和缺点。优点在于它提供了一个简洁、优雅且统一的抽象层，使内核的功能更加专注，从而提高了系统的可靠性和稳定性；缺点则在于用户进程与系统服务之间的频繁消息传递会带来性能开销。在工业、航空和军事等关键领域，性能虽然重要，但可靠性更为关键。为了确保系统的可靠性，这些领域更倾向于使用微内核架构，即使这意味着需要容忍一定程度上的性能损失。

5.　面向领域的处理器

理想的处理器应具备高性能、低成本和低功耗等特性，但在现实中，这些特性往往难以同时满足。不同的应用场景会决定哪些特性应当被优先考虑，以及哪些可以适当妥协。例如，在服务器领域，对应用程序性能的需求通常是最重要的，因此可能会接受较高的功耗作为提升性能的"副作用"；在移动计算领域，由于对电池续航的重视，处理器的低功耗成为最主要的优化目标，性能方面可能会做出一定的牺牲以实现更长的电池使用时间。

6. TCP 与 UDP

TCP/IP 协议栈提供 TCP 和 UDP 两种协议。TCP 面向连接，提供可靠的数据传输，但是建立和拆除连接复杂，网络延迟比较大。UDP 面向无连接，不保证数据传输的可靠性，但是速度快。HTTP 协议要求消息按顺序到达并且传输可靠，因此使用 TCP 协议实现。对于基于 IP 的语音传输（Voice over IP，VoIP），又称 IP 电话，其数据包的延迟远比丢失了几个数据包重要，因此使用 UDP 协议实现。

7. CAP 定理

CAP 定理（CAP Theorem），又称布鲁尔定理（Brewer's Theorem），指一个分布式计算系统不可能同时满足一致性（Consistency）、可用性（Availability）和分区容错性（Partition tolerance）。一致性指系统的所有节点都具有一致的数据视图，这意味着在一个节点上成功写入新数据后，所有客户端无论连接到哪个节点都能读取到最新的数据。可用性指系统随时响应用户请求的能力，即使某些数据不是最新的，系统也要给出一个有效的响应。分区容错性要求即使部分节点之间发生通信故障（如网络延迟或中断），系统仍然能够继续运行。

CAP 定理是分布式系统设计中一个重要的理论，它涉及一致性、可用性和分区容错性 3 个方面的权衡。当系统面临网络分区时，需要在一致性和可用性之间做出选择，舍弃其中一个，不能同时满足两者。如果系统倾向于保持一致性，那么在解决网络分区之前，可能会出现系统不可用的情况，如果系统倾向于保证可用性，那么系统可能会允许数据的更新，这可能会导致数据的一致性受到破坏。以社交网络上的评论功能为例，当发生网络分区时，如果平台优先保证可用性，那么两个用户对同一帖子发表评论时，另一个用户可能暂时无法看到，直到网络分区问题解决；如果平台优先保证一致性，那么在网络分区问题解决之前，用户可能无法使用评论功能。对于社交网络来说，优先保证可用性是可以接受的，尽管这可能会让用户在某些时候看到略有不同的数据视图。

在现实世界中，事物的复杂性往往超越了简单的二元对立，即不是纯黑或纯白而是存在着大量的灰色地带。对于分布式系统而言，设计者必须精心权衡一致性和可用性，而不仅仅是选择两个极端情况：完全的一致性意味着系统可能无法使用，而完全的可用性可能意味着系统的一致性受损。以银行 ATM 为例，在系统出现网络分区时，一种设计是允许用户查询账户余额，但不允许进行存款和取款操作，以保障系统的一致性；另一种可能的设计是在网络分区期间允许用户进行小额取款，这会增加系统的部分可用性，但会牺牲一定程度的一致性，因为小额取款会导致账户余额不一致。尽管损失了一定的一致性，但这种不一致性风险在可接受范围内。这种设计充分考虑了实际操作的灵活性和用户需求，体现了在复杂现实世界中寻找平衡的艺术。

2.6.2 折中

不偏之谓中，不易之谓庸；中者，天下之正道，庸者，天下之定理。

中庸者，不偏不倚，无过不及，而平常之理，乃天命所当然。

——《中庸》

中者，不偏不倚，无过不及之名。庸，平常也。

——〔南宋〕朱熹《中庸章句》

在处理相互矛盾的目标时，另一种方法是寻求多个目标之间的中间地带，即不是完全满足所有目标，而是每个目标都进行一定的妥协，以便在多个目标之间达成一种平衡。这种折中策略可以用"尺有所短，寸有所长，取长补短，相得益彰"来形容，意味着在不同的目标之间，通过相互补充和妥协，实现整体的优化。以下通过多个案例来进一步阐述这个观点。

（1）球员的身体素质与比赛经验：随着篮球运动员年龄的增加，他们的身体素质会逐渐下滑，然而他们的比赛经验会持续增加。在身体素质的下降趋势与比赛经验的上升趋势相交的年龄段（如 28 ～ 32 岁），身体素质和比赛经验达到了最佳的平衡状态，这个时期通常是运动员职业生涯的巅峰阶段。

（2）电梯的公平性与效率：从公平性的角度出发，电梯应当优先响应最早发出请求的楼层。然而，从效率的角度出发，电梯在接下来的行程中应该前往距离最近的楼层，以最小化移动距离。在实际中，电梯通常持续朝一个方向移动，直到该方向不再有新的请求，然后改变方向。这种算法在公平性和效率之间寻求了一种折中，它同时兼顾了两者的需求，但并未实现绝对的公平或效率。

（3）CPU 利用率与进程响应时间：在轮转式（Round-robin）进程调度中，调度器管理一个可调度进程的队列。每次调度时，从队列头部选择一个进程，并允许它在一个设定的时间片内运行。如果进程在时间片用尽之前完成或阻塞，CPU 将立即进行进程切换。如果进程在时间片结束时仍在运行，CPU 将强制结束当前进程，执行位于队列中的下一个进程。在任何一种情况下，调度器都会将已经使用过时间片的进程移至队列尾部，然后继续从队列头部选取下一个进程进行调度。假设进程切换的时间开销为 1 毫秒，若时间片设定为 4 毫秒，则 CPU 有 20% 的时间被用于进程切换，这会导致效率低下。另外，若时间片设置为 200 毫秒，那么队列尾部的进程可能需要等待较长时间才能获得 CPU 时间，这会导致响应时间过长。因此，将时间片设定在 20 ～ 50 毫秒是一个合理的折中，兼顾了 CPU 利用率与进程的响应时间。

（4）带宽与延迟：在网络通信中，带宽和延迟是两个相互关联且常常需要权衡的关键性能指标。带宽指网络在单位时间内可以传输的数据量，通常以比特每秒（bps）来衡量。延迟指数据从源头传输到目的地所需的时间，包括传播延迟、处理延迟、排队延迟和传输延迟等。在理想情况下，希望网络既有高带宽，又能提供低延迟，但实际上这往往难以兼得。当网络中的流量较大时，为了避免网络拥塞，会适当降低数据的发送速率；当网络中的流量较小时，可以适当提高数据的发送速率，以提高网络带宽的利用率。通过动态调整在带宽和延迟之间寻找一个平衡点。

当面对一个问题时，如果存在两种基本解决方案，每种方案都有其优点和缺点，那么创造性地结合这两种基本方案可以产生一个新的混合解决方案。这种混合解决方案能够克服原有方案的不足，同时保留它们的优点，实现多方面的平衡。以下是一些与混合相关的例子。

（1）油电混合动力车：燃油车依赖燃烧汽油产生动力，其优势在于续航能力强、加油站分布广泛、加油速度快。然而，其使用成本较高、对环境造成污染，且驾驶体验相对较差（如噪音大、动力输出不平滑）。新能源车则使用电池作为能源，具有环保、使用成本低、驾驶体验好等特点，但其续航能力相对较弱，且公共充电桩数量有限，充电速度较慢。油电混合动力车则结合了发动机和电动机两种动力源，既保留了燃油车的优点，又改善了其部分缺点，同时具备了新能源车的一些优点，如较低的油耗、较小的噪音等。

（2）高速缓存、磁盘和内存组成的存储系统：存储器具有这样的特点：处理器内部的高速缓存容量小，访问速度快，但是单位价格高；磁盘容量大，单位价格低，但是访问速度慢；内存则在这两者之间，既有较大的存储容量、较快的访问速度，又有相对合理的单位价格。通过将这 3 种存储介质有效结合，可以构建一个既具有较大的存储容量、较快的访问速度，又保持较低成本的存储系统，从而在存储容量、访问速度和单位价格上实现了一种平衡。

（3）混合负载：CPU 密集型任务，如图片格式转换，主要消耗 CPU 资源进行计算；I/O 密集型任务，如从网络下载文件，大部分时间花费在等待 I/O 操作完成上。在一个系统中，如果同时运行 CPU 密集型和 I/O 密集型任务，那么 CPU 和 I/O 设备将会得到均衡使用，两者都处于忙碌状态。如果系统仅运行 CPU 密集型任务，CPU 将会非常忙碌，而磁盘或网络可能处于未被充分利用的状态。相反，如果系统仅运行 I/O 密集型任务，磁盘或网络将会非常忙碌，而 CPU 的利用率会相对较低。通过将不同类型的任务负载组合在一起，可以实现资源利用的均衡化，避免了资源部分繁忙而另一部分闲置的情况。

（4）RISC 与 CISC：处理器设计中有两种主要的指令集架构：精简指令集计算机（Reduced Instruction Set Computer，RISC）和复杂指令集计算机（Complex Instruction Set Computer，CISC）。英特尔的 X86 处理器家族属于 CISC 架构。由于历史原因，这种架构支持大量已有软件，并通过向后兼容性确保已有软件能够在未来继续运行，因此在市场上占据了主导地位。RISC 架构处理器起源于美国大学的研究项目，比 CISC 架构出现得晚。RISC 架构在技术上摒弃了 CISC 架构的兼容性负担，采用更加简洁和清晰的设计，因此在性能上通常优于 CISC 架构。目前，英特尔的 X86 处理器实际上是一种 CISC 和 RISC 的混合体：常用的简单指令通过 RISC 方式执行，而不常用的复杂指令仍然以 CISC 方式处理。这种混合架构虽然在速度上不如纯粹的 RISC 架构快，但它仍然保持了向后兼容的特性。

（5）浏览器的 JavaScript 与 WebAssembly：JavaScript 是一种脚本语言，广泛用于 Web 页面的交互功能。虽然现代浏览器内置的 JavaScript 引擎，如 Chrome 的 V8，通过即时编译（Just-In-Time，JIT）技术显著提升了 Web 应用的性能，但作为一门解释型语言，JavaScript 的性能通常无法与编译型语言相匹敌。近年来，WebAssembly（WASM）已经成为万维网联盟（World Wide Web Consortium，W3C）的标准，允许编译型语言在浏览器中运行。WASM 允许开发者将 C/C++、Go、Rust 等编译型语言编写的代码编译为 .wasm 文件，然后在浏览器中高效执行。结合 JavaScript 和 WebAssembly 可以显著提升 3D 游戏、3D 地图和虚拟现实等应用的性能。这种混合使用解释型和编译型代码的方式，不仅保留了 JavaScript 的灵活性，还获得了编译型语言的性能优势，实现了两种代码类型的有机结合。

2.6.3　牺牲一样，换取另一样

丢卒保车

——象棋术语

李代桃僵

——三十六计之一

断尾求生

——古代成语

象棋术语"丢卒保车"体现了一种牺牲局部以保全整体的策略思想。在计算机科学中，这种思想意味着两种常见的资源交换方式：一种是用空间换取时间，即通过增加存储空间的使用减少处理时间；另一种是用时间换取空间，即通过增加处理时间减少存储空间的需求。

用空间换取时间的基本思想是将数据存储在查找表（Lookup Table）中，通过直接查询而非计算来获取结果，以下是一些相关案例。

（1）月份的天数：为了确定一年中 12 个月的天数，通常有两种方法：一种方法是使用 if 或 case 语句来检查每个月份并返回对应的天数，但这种方法的代码可能会显得比较烦琐；另一种更高效的方法是利用一张月份表，其中每个月份对应的天数已经预先设定好，通过将月份作为索引直接查询表中数据来获取结果，代码如下所示。

```
daysPerMonth = [31, 28, 31, 30, 31, 30, 31, 31, 30, 31, 30, 31]
```

通过使用数组 daysPerMonth，可以快速得到每个月份的天数。

（2）倒排索引：倒排索引的工作原理类似于书籍的目录索引。当人们阅读一本书时，通常会先查看目录，找到感兴趣的章节标题，并直接根据页码跳转到相应页面，这种查找方式比逐页浏览要高效得多。然而，这种高效的查找效率是有代价的，如目录需要额外的印刷纸张（倒排索引需要占用一定的存储空间）。

（3）动态规划：动态规划（Dynamic Programming）是一种常用的算法设计方法，其基本思想是将一个大问题分解为多个相似的小问题，而大问题的解又可以由小问题的解组成。为了加快大问题解的计算速度，首先求解并保存这些小问题的解（以避免重复计算），然后利用这些小问题的解来组合出原问题的解。

例如，斐波那契数列的数学定义如下：

$$fib(n) = \begin{cases} 0, & n = 0 \\ 1, & n = 1 \\ fib(n-1) + fib(n-2), & n > 1 \end{cases}$$

如果使用递归方式求解，则存在大量的重复计算。以 $fib(5)$ 为例，计算步骤如下：

$fib(5)$
$= fib(4) + fib(3)$
$= [fib(3) + fib(2)] + [fib(2) + fib(1)]$
$= \{[fib(2) + fib(1)] + [fib(1) + fib(0)]\} + \{[fib(1) + fib(0)] + fib(1)\}$
$= \{\{[fib(1) + fib(0)] + fib(1)\} + [fib(1) + fib(0)]\} + \{[fib(1) + fib(0)] + fib(1)\}$

显然，在计算 $fib(5)$ 时，$fib(2)$ 会被计算三次，这就涉及重复计算的问题。为了克服这个问题，可以先计算出子问题的结果并将其存储起来，当后续需要这些子问题的结果时，可以通过查询存储的结果来获取，而不是重新计算。下面是一个斐波那契数列的 Python

实现，它从较小的输入值开始，逐步使用循环来计算出较大的结果。

```
def fib(n):
  if n == 0:
    return 0
  if n == 1:
    return 1
  result = [0]*(n+1)
  result[0] = 0
  result[1] = 1
  for i in range(2,n+1):
    result[i] = result[i-1] + result[i-2]
  return result[n]
```

最后，通过以下两个案例来解释用时间换取空间。

（1）传输压缩数据：在 HTTP 协议中，为了减少网络传输的数据量并加快网页加载速度，服务器会使用 gzip 算法对 HTML、CSS、JavaScript 等文件进行压缩。然而，这种服务器端的压缩和浏览器端的解压缩过程会带来一定的性能开销。

（2）传输代码而不是数据：PostScript 是一种用于描述图形的编程语言，并且许多打印机可以集成 PostScript 解释器。对于那些内存或带宽有限的打印机，它们通过接收体积较小的 PostScript 程序并执行这些程序来绘制图像，而不是直接接收体积较大的图像数据。

2.6.4　适可而止

过犹不及。

——《论语·先进》

前进一寸，后退一尺。

—— 古代谚语

在追求性能提升的过程中，应当把握分寸，避免过度。我们固然追求更高的性能，但当性能已经达到一个合理的水平时，为了追求最后的微小性能提升而投入的努力和复杂性可能并不划算。要牢记一个原则：足够好就够了，不要过度追求。例如，如果一个算法已经使 CPU 的利用率达到了 90%，那么再花费大量精力去开发一个只能将利用率提升到 93% 的算法，往往是不划算的。因为这样的复杂算法可能包含难以理解的代码，不仅容易引入错误，而且不如简洁明了的代码容易维护和理解。因此，这种性能的改进通常不值得去做，其收益与投入不成比例，得不偿失，即收益递减规律。

在许多场景中，人们并不追求精确的结果，一个近似的解决方案就足够满足需求。例如，假设一个程序执行了 1010 条指令，其中 5% 的指令访问内存，每次访问内存耗时 100 纳秒，并且内存访问是程序性能的瓶颈。做一个粗略的估算，程序访问内存的次数是 1010×0.05，程序的总运行时间大约是 $1010 \times 0.05 \times 100 \times 10{-}9$ 秒 = 50 秒。

2.7　平衡与不均衡

平衡与不均衡

1. 平衡状态 —— 帕累托最优

在寻找平衡状态时，帕累托最优（Pareto Optimum）提供了一个重要的参考思路。

19 世纪，意大利经济学家和社会学家维尔弗雷多·帕累托（Vilfredo Pareto）深入研究社会人群资源分配，提出了帕累托改进和帕累托最优等概念。帕累托改进涉及资源分配，指社会总体福利仍有改进空间，可以在不损害任何人福利的情况下提高一部分人的福利，从而提高整体福利。帕累托最优表示再也没有帕累托改进的余地，要提高一个人的福利，就必须降低其他人的福利。广义来说，帕累托改进指至少在一个指标上有提升，同时没有其他指标下降。然而，帕累托改进并不会一直持续下去，因为在持续改进的过程中，会达到一种状态，进一步改进将导致一部分指标上升，而另一部分指标下降，这个临界状态即为帕累托最优。

举个例子，考虑篮球训练对心脏、肺和膝关节的影响。随着训练强度从低到中再到高的变化，对这三个器官的影响程度不同。低强度锻炼对心脏、肺和膝关节都有益。中强度锻炼使这些器官更加健康，这类似于帕累托改进，使三个指标都得到了提升。然而，高强度锻炼虽然对心脏和肺依然有益，但可能对膝关节有害，这类似于改进过程中两个指标提高了，但一个指标下降了。在达到帕累托最优后，继续改进会使一部分指标上升，同时另一部分指标会下降，这种改进称为卡尔多—希克斯改进。在经济社会，这意味着一部分人获益而另一部分人受损，即一部分人利益的提高是建立在其他人利益受损的基础上，但得失相抵后总体利益可能有所提高。用更形象的说法，一部分人盈利，另一部分人亏损，只要盈利大于亏损，总体仍然是盈利的。

2. 分布不均匀现象——帕累托法则

帕累托法则，也称为 80/20 法则，源于帕累托的观察。他注意到在花园里，20% 的豌豆荚产出了 80% 的豌豆，而这一现象在自然界、经济和社会等领域也得到了验证。这个法则可概括为 20% 的输入通常会贡献 80% 的输出，而其余 80% 的输入只贡献 20% 的输出。例如，20% 的产品占据了销售总额的 80%，20% 的用户贡献了公司收入的 80%，20% 的视频贡献了总体的 80% 播放量，等等。这种 80/20 法则在计算机领域也广泛适用。例如，20% 的 bug 导致了 80% 的错误和崩溃；20% 的指令占用了 80% 的运行时间；网络带宽中 20% 的流量（传输大数据，对带宽要求高但对延迟不敏感，称为大象流）占用了 80% 的网络带宽，而其余 80% 的流量（传输小数据，对带宽要求低但对延迟敏感，称为老鼠流）只占用 20% 的网络带宽。

在实际情况中，80/20 的划分并不是一成不变的，因为帕累托法则只是一种大致的观察规律，而非精确的自然法则。在许多情形下，确切的比例数据可能存在差异，可能是 99/1 或 70/30 等。这些比例的和可能并不总是等于 100，因为它们是输入和输出两种不同事物的度量。例如，1% 的编辑贡献了维基百科 77% 的内容，1.4% 的树种占据了亚马逊地区 50% 的树木，2% 的搜索关键词占据了整体搜索流量的 96%。

尽管不同情形下的确切比例可能有所不同，但总体趋势依然存在，即输入与输出、原因与结果之间存在不均衡关系。这种不均衡关系表现为一种不均匀分布的现象，即极少数的关键因素贡献了主要结果，而其他大部分因素虽然占据数量上的多数，却只对次要结果有贡献。80/20 法则正是对这一不平衡关系的粗略概括。例如，在投入和产出的关系中，大约 80% 的投入与 20% 的产出存在某种程度的关联，尽管这可能与直觉或常规思维相悖，但却是实际存在的。在团队中，人们希望每个人都能对产出做出相等的贡献，然而在实际情况中，大多数事物都不是理想的 1:1，每个投入单位（如努力、时间或劳动力）贡献的产出量并不完全相同。

在实际应用中，帕累托法则意味着要将精力集中在最重要的事物上，而不是对所有的事情都给予同等的关注，因为少数关键因素通常会对结果产生主导影响。这种思维方式在时间管理和资源分配上都有广泛应用。例如，如果聚焦解决最关键的 20% 问题，往往能够达到 80% 的成果。这与"事半功倍"的理念一致，即通过专注于关键任务，可以在付出相对较小的努力下取得更大的效果。

在计算机科学中，帕累托法则有着广泛的应用。在性能优化方面，找出执行最频繁或计算最密集的 20% 部分，并针对这些部分进行优化，通常能带来性能上的明显提升。在处理网络流量时，需要识别"大象流"（数据量大，但请求次数少的流量）和"老鼠流"（数据量小，但请求次数多的流量），并采取针对性的优化策略而不是一概而论。换句话说，对这两类流量应区别对待而不是一视同仁。对于大象流，因为数据量大，所以优化重点在于提供足够的带宽以保证数据的高吞吐量；对于老鼠流，由于请求频繁，所以优化重点在于减少延迟，保证快速响应。

2.8 瓶 颈

瓶颈

在计算机系统设计中，考虑瓶颈至关重要。

1. 伸缩受多种因素限制

在计算机系统中，系统或组件的伸缩受到多种因素的限制，可能会遇到瓶颈。举一个例子，考虑车在道路上的行驶速度，假设车速受两个因素的限制：道路设计标准和车辆自身设计的最大速度。假设道路设计标准按等级划分，每个等级最多支持 5 米 / 秒的行驶速度。若一条道路的设计标准等级为 6.4，那么该道路可支持的最大行驶速度为 6.4×5=32 米 / 秒，超过这个速度会导致车辆失控。此外，假设一辆车设计的最大速度为 200 千米 / 小时（≈56 米 / 秒）。车辆的实际最大行驶速度受道路设计标准和车辆自身设计的最大速度因素的双重约束。根据上述两个约束条件，可以使用以下关系式表示车辆的实际最大速度。

$$车辆的实际最大速度 = min(道路设计标准等级 \times 5, 56)$$

类似地，程序的最大性能受两个主要因素的制约：存储器峰值带宽和处理器峰值性能。存储器峰值带宽表示每秒钟能读取或写入内存的最大字节数，单位为 GB/s。程序从内存中读取数据并执行运算的效率用计算密度来衡量，指读取每个字节所完成的平均浮点运算次数，单位为 FLOP/byte。处理器峰值性能是指在没有任何限制（如存储器带宽或其他硬件限制）的情况下，处理器每秒能够执行的最大浮点运算次数，单位为 GFLOP/s。

Roofline（屋顶线）模型是由加州大学伯克利分校的研究人员提出，为程序性能分析和优化提供一种简洁而直观的方式。该模型将复杂的性能因素简化为一个二维图，横轴表示计算密度，纵轴表示性能，如图 2-8 所示。计算密度指程序执行的计算量（通常以浮点运算次数表示）与数据传输量（通常以字节表示）之比。性能指程序的计算速度，通常以每秒执行的浮点运算次数为单位。Roofline 图包含两条"屋顶线"：

（1）内存带宽限制线：由内存带宽决定的性能上限。如果程序的计算密度较低，性能通常会受内存带宽的限制。

（2）计算能力限制线：由处理器的峰值浮点运算决定的性能上限。如果程序的计算密度较高，性能通常会受处理器计算能力的限制。

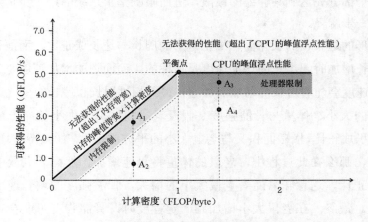

图 2-8　计算密度与实际的最大性能之间的关系

应用 Roofline 模型的步骤如下：

（1）收集数据：通过性能分析工具测量程序的计算密度和实际性能。

（2）绘制图表：在 Roofline 图上标出内存带宽限制线和计算能力限制线。

（3）找出瓶颈：将程序的实际性能点绘制在图表上，开发者可以看出程序是受哪种资源（内存带宽或计算能力）的限制。

（4）优化程序：根据瓶颈类型，采取相应的优化措施，比如优化内存访问模式、并行化计算等。

参考图 2-8，横轴表示计算密度，纵轴表示可获得的性能。图中的斜实线表示内存带宽限制线，水平实线表示处理器的峰值浮点性能限制线。这两条"屋顶线"代表了性能上限，类似于建筑物的屋顶是无法逾越的天花板。

程序在处理器上运行可获得的最大性能（单位：GFLOP/s）可以用下面的关系式来描述：

$$实际的最大性能 = min(\ 存储器峰值带宽 \times 计算密度,\ 处理器峰值性能\ )$$

程序的实际性能点应当尽可能接近或位于 Roofline 线上。如果性能点位于 Roofline 线附近，则表示程序已经充分利用了内存带宽或处理器的计算能力，并受硬件性能上限的限制。图 2-8 中点 A_1 和 A_3 分别靠近对角线和水平线，表示它们的性能分别受内存带宽和处理器浮点峰值性能的限制。如果性能点远离 Roofline 线，如图 2-8 中的 A_2 和 A_4，则表明程序存在优化的潜力。通过提高计算密度或者改善内存访问模式，可以使程序的实际性能更接近 Roofline 线。

斜线和水平线的交叉点（图 2-8 的平衡点）位置也提供了关键信息。如果交叉点偏向右侧，即斜线的斜率小，意味着许多程序的性能先触碰到内存带宽的屋顶线，内存成为系统的性能瓶颈。反之，如果交叉点偏向左侧，即斜线的斜率大，意味着许多程序的性能先触碰到处理器峰值性能的屋顶线，处理器成为系统的性能瓶颈。

总而言之，Roofline 模型强调系统中各个组件的性能应该相互匹配。当系统中的某个组件的性能过高而其他组件无法跟上，或者某个组件的性能过低时，都可能导致整个系统的性能受限。

2. 非比例伸缩

在系统扩展或收缩的过程中，各组成部分往往不会等比例伸缩。对系统中某个部分进行调整时，其他部分会根据各自不同的比例进行相应的伸缩。随着系统规模的不断变化，可能会出现某个部分先达到其伸缩的极限，进而限制整个系统的进一步扩展或收缩。下面举 3 个例子进一步解释。

（1）正方形的边长、周长与面积：正方形的周长与边长成正比，而面积与边长的平方成正比。当边长增加时，周长的增加速度是线性的，而面积的增加速度是二次的。这意味着面积的变化速度会随着边长的增加而加速，最终超过周长和边长的变化速度。

（2）老鼠的大小、体重与骨骼强度：假设老鼠的体重与大小的立方成正比，骨骼强度与其横截面积成正比，横截面积又与老鼠大小的平方成正比。如果持续增大老鼠的大小，直至大象尺寸，那么在此过程中，老鼠的体重将迅速增加，然而，老鼠的骨骼强度只与大小的平方成正比，这意味着随着老鼠大小的增大，骨骼强度的增长速度将无法跟上体重的增长速度。最终，在老鼠大小增加到一定程度时，骨骼强度可能会首先达到其承受能力的极限，不足以支撑其不断增长的体重。

（3）儿童的年龄、身高与体重：假设一名儿童随着年龄的增长，身高和体重都在逐渐增长，而家中有一扇高度和宽度固定的门，门的高度和宽度视为极限。如果儿童的身高和体重匀称增长，那么随着时间的推移，他可以轻松地通过门，因为门的高度和宽度都足够容纳他。在这种情况下，门不会成为通行的瓶颈。如果儿童的体重正常增长，但身高增长得过快，变得瘦高，那么即使门的宽度足够，但由于身高过高，他不得不低头通过，门的高度成为限制因素。如果儿童的身高正常增长，但是体重增长得过快，变得矮胖，那么即使门的高度足够，但由于体重过大，他可能也无法通过，门的宽度成为通行的瓶颈。

在系统设计和扩展中，必须谨慎考虑非比例伸缩规律，以免瓶颈限制整个系统的性能。举例来说，提高处理器的时钟频率可以提高其性能，但这种提升受物理定律的限制。电子信号在真空中的传输速度接近光速，大约是 30 厘米 / 纳秒，而在铜导线中的传播速度大约是 20 厘米 / 纳秒。以 10GHz 的时钟频率为例，这意味着每个时钟周期的时间是 10^{-10} 秒。在这种情况下，信号在一个时钟周期内传播的距离不会超过 2 厘米。如果将时钟频率提高到 100GHz，每个时钟周期的时间将缩短到 10^{-11} 秒，导致信号在一个周期内的传播距离减少到不超过 2 毫米。随着时钟频率的提高，处理器必须变得更加小型化或微型化，以适应信号传播距离的缩短。当处理器的尺寸缩小到一定程度时，提高时钟频率会导致功耗急剧上升。一旦超出散热系统的降温能力，处理器会因为过热而损坏。因此，尽管理论上提高时钟频率能带来性能的提升，但实际的功耗限制了人们不能无限制地提高时钟频率，这一限制称为功耗墙（Power Wall）。目前，大部分处理器的时钟频率不超过 4GHz，进一步提高时钟频率需要更先进的技术和散热解决方案。

3. 收益递减

收益递减规律在计算机系统和处理器设计领域有着广泛的应用。当在某一方面投入更多资源、复杂度或努力来提高性能时，最初可能会看到显著的收益，然而，随着投入的增加，收益会逐渐减小，一旦超过某个临界点，收益将会十分有限或微乎其微。

处理器的性能（每秒钟执行的指令数）大约每两年翻一倍，内存容量同样每两年翻一倍，但内存的访问延迟增长速度较慢，大约每两年增加 1.1 倍。这意味着随着时间的推移，处理器与内存之间的性能差距逐渐扩大，导致处理器浪费大量的时钟周期等待内存数据，这一现象称为内存墙（Memory Wall）。为了弥补处理器与内存之间的性能差距，在处理器和内存之间增加了一个高速缓存。程序局部性原理是高速缓存中有效工作的基础。根据程序的空间局部性和时间局部性，将经常访问的数据存储在高速缓存能够减少内存的平均访问延迟。然而，高速缓存也存在一些限制和问题。首先，增加缓存容量通常会显著提高性能，因为可以缓存更多的数据。但超过一定阈值后，更大容量的高速缓存带来的性能收益会迅速降低，因为程序中的局部性已经被充分利用。其次，增加高速缓存容量，功耗也会相应提高。最后，制造更大容量的芯片也会增加成本。这是因为硅晶片上存在各种制造过程中的缺陷，如微管和错位等。虽然增加芯片的面积可以提供更多的晶体管，但原有缺陷的影响范围扩大了，更多的缺陷被集成到最终产品中，导致芯片性能下降甚至完全失效。

为了提升处理器的性能，处理器设计主要使用两种技术：高速缓存和指令级并行（Instruction Level Parallelism，ILP）。这两种技术都在硬件层面实现，对程序员是透明的。高速缓存通过减少处理器访问内存的次数来提高数据访问速度，指令级并行则在单一时钟周期内同时执行多条指令。ILP 主要包括以下几种经典技术。

（1）指令流水线：重叠执行多条指令。

（2）超标量：设置多个单元（如算术逻辑单元），允许某些指令并行地使用这些单元。

（3）乱序执行：对没有依赖关系的指令重新排序，以便更高效地执行指令。

（4）预测执行：主要包括控制流预测和分支预测。

自 20 世纪 80 年代，上述经典技术显著提高了 ILP，使单个处理器的性能每年提升大约 52%。然而，在提高 ILP 的同时，处理器的内部结构变得越来越复杂，这也导致成本、空间、功耗和散热等问题逐渐升级。一旦达到某个临界点，继续提高 ILP 并不会显著提高处理器的性能，而增加处理器的复杂性会导致成本、空间、功耗和散热等问题加剧。因此，ILP 也遇到了发展瓶颈，称为 ILP 墙。近年来，计算机体系结构的研究越来越关注其他方向，如并行计算、异构计算、新型存储技术、量子计算等，以寻找新的途径来突破性能瓶颈。

2.9　估　　算

在计算机系统设计中，估算是一个关键过程，它涉及对容量、带宽、存储量、计算量等方面数量级的评估。准确的估算有助于避免系统过度或不足设计，确保系统在实际运行中表现良好，并且能够适应未来的增长和变化。以下通过一些具体的例子来说明估算。

假设一个 Web 服务的请求量为 10^6 QPS（Quest Per Second，每秒请求数），每台服务器的处理能力大约为 10^4 QPS，那么需要 $10^6/10^4=100$ 台服务器才能处理这些 Web 请求。

互联网服务的使用率不是均匀的，而是存在高峰与低谷，峰值流量比平均流量高出数倍。例如，地图服务在通勤时间段的流量比其他时间段的平均流量高出数倍，在线打车服务周末的请求量比工作日的请求量高出数倍。假设一个图片分享服务有 4 亿注册用户，每天活跃用户数（Daily Active Users，DAU）占 30%，其中 20% 的活跃用户会发布图片，一个人平均发布 5 张图片，峰值流量是平均流量的 2 倍。那么，峰值流量 $=4×30\%×20\%×5×2/86400$。许多情况下并不需要精确计算，只需估算出最终的数量级即可。那么，1 天 $=24×60×60=86400$ 秒 $≈10^5$。峰值流量 $≈4×10^8×30×10^{-2}×20×10^{-2}×5×2/10^5=2400$ QPS。

假设一个互联网服务每天处理 150M 条消息，其中 10% 的消息包含一张图片，图片平均大小为 100KB，存储每条消息的副本数为 3，并且消息会保存 5 年，估算消息占用的存储空间 $=150×10\%×100×400×5×3≈$ 9PB。

码流，也称为数据率（Data Rate），指视频文件在单位时间内使用的带宽，通常以 Kb/s 或 Mb/s 为单位。在相同分辨率的情况下，视频文件的码流越大，表示单位时间内的取样率越高，视频的画面质量就越高。已知播出码率和并发数（同时播放视频的数量），所需的网络总带宽用下面的公式计算：

$$所需的网络总带宽 = 码流 × 并发数$$

存储一个视频流，使用的存储量用下面的公式计算：

$$存储量 = 码流 × 播放时长 /8$$

举一个例子，假设一个视频文件的大小为 120MB，播放时长为 20 分钟，那么该文件对应的码流为 $120×8×1024/(20×60)=7.5×1024$ Kbit/s$≈7.5$Mbps。如果网络带宽为 100Mbps，那么支持的并发数为 100 Mbps/7.5Mbps $≈ 13.3$，即可支持 13 个人同时在线观看该视频。假设一个视频的播出码率为 2Mbps，1 小时所需的存储量为 $2/8×3600=900$MB，接近 1GB。据此估算，1000 小时的视频资源大约需要 1TB 的存储量。

本 章 小 结

本章深入探讨了计算机系统的设计原理，并通过实际案例说明这些原理的应用。掌握这些基本原理能够提升分析问题的能力，能够透过现象看到问题的本质，而不是仅仅停留在表面。在接下来的章节中，将不断回顾并运用本章所讲述的这些原理。

拓 展 阅 读

1. 《UNIX 编程艺术》（Eric S.Raymond，电子工业出版社，2012 年）。

2. 《计算机组成与设计——硬件 / 软件接口（第 5 版）》（戴维·A. 帕特森、约翰·L. 亨尼斯，机械工业出版社，2020 年）。

3. 《计算机体系结构——量化研究方法原书（第 6 版）》（约翰·L. 亨尼斯、戴维·A. 帕特森，机械工业出版社，2019 年）。

4. 《深入理解计算机系统（第 3 版）》（兰德尔 E. 布莱恩特、大卫 R. 奥哈拉伦，机械工业出版社，2016 年）。

5. 《现代操作系统（第 4 版）》（安德鲁 S. 坦尼鲍姆、赫伯特·博斯，机械工业出版社，2017 年）。

6. 《计算机系统设计原理》（杰罗姆 H. 萨特泽、卡肖克 M. 弗兰斯），清华大学出版社，2012 年。

7．Hints for Computer System Desing（巴特勒·兰普森，1983 年）和 Hints and Principles for Computer System Design（巴特勒·兰普森，2020 年）。

习　题

1．计算机的常见设计原理包括使用抽象简化设计、加速经常性事件、通过数据并行提高性能、通过流水线提高性能、通过缓存加快访问速度、通过冗余提高可靠性等。请分析下列场景与哪个计算机设计原理匹配。

（1）制造汽车的组装生产线。

（2）飞机配备两台发动机。

（3）电视遥控器。

（4）沐浴的多孔喷头。

（5）在上班单位附近购买住房。

（6）在交通拥堵路线建设快速通行的高架桥。

2．系统的常见特性包括高可用、弹性、向上扩展和耐用性等，下列场景体现了系统的哪个特性？

（1）在云平台上，当用户上传数据集后，系统会自动激活最多 20 个虚拟机实例来处理这些数据。一旦数据处理完成，系统将只维持 1 个虚拟机实例的运行状态，而关闭其余的虚拟机实例，以此来降低运营成本。

（2）为了提高 MySQL 数据库的查询性能，工程师使用性能更高的固态硬盘替换现有的硬盘。

（3）GitHub 推出了北极代码仓库项目，这是一个旨在保存开源项目历史记录的计划。2020 年，GitHub 对网站上的开源项目进行了快照存档，将 21TB 的源代码以快速响应码（Quick Respobse-Code，QR）的形式存储在胶片中。这些胶片被安置在北极圈内的斯瓦尔巴群岛上的一个废弃煤矿中，预计能够在那里安全保存长达 1000 年。此外，GitHub 还采用激光技术在石英玻璃上刻蚀部分源代码，石英玻璃作为一种非常耐用的材料，能够保证数据保存的时间可长达数万年。

（4）一个网站部署了多个 Web 服务器实例，并通过负载均衡器将入站的 HTTP 流量分配到这些服务器实例上。当负载均衡器监测到某个 Web 服务器实例出现故障时，它会自动采取措施，停止将新的流量发送到该服务器实例，以防止进一步的请求失败。

3．阿姆达尔定律。如果对一个程序的局部进行加速，可加速部分占改进后总时间的40%，可加速部分提升为原来的 10 倍。

（1）加速比是多少？

（2）可加速部分占改进前的时间比例是多少？

4．利特尔定律。假设一个并发程序，使用 10 个相互独立的线程处理查询请求，每个线程处理查询请求的时间是 0.02 秒，该并发程序的查询吞吐量是多少？

5．平均性能。假设一个混合负载包括应用程序 A、B 和 C，在系统 1 的运行时间比例分别为 60%、30% 和 10%。3 个应用程序 A、B 和 C 在系统 1 和系统 2 上的运行时间见表 2-3。

表 2-3　应用程序在系统上的运行时间

负载	系统 1/ 秒	系统 2/ 秒
A	10	8
B	12	6
C	15	12

（1）将系统 1 的性能作为基准，系统 2 的性能是多少？

（2）将混合负载在系统 1 的执行时间作为基准，混合负载在系统 2 的执行时间是多少？

（3）相对于系统 1，混合负载在系统 2 的加速比是多少？

6. 估算。假设一个在线视频网站拥有 20000 部电影，每部电影的时长是 90 分钟，码流为 2200kbps，有 400000 位用户同时在线观看电影，估算下面的数值。

（1）存储总容量。

（2）网络总带宽。

第3章 AWS 云平台

本章导读

AWS 是亚马逊公司推出的一个公共云服务平台，它在市场上拥有广泛的产品线、较高的市场份额和较大的规模。因此，AWS 成为公共云平台的典范，提供了包括计算、存储、数据库、网络、分析、机器学习、人工智能、安全和管理等多种云服务。本章将介绍一些典型的 AWS 云服务，通过具体的案例帮助读者迅速理解云服务及其工作机制。

本章要点

- ◆ EC2 的价格模型。
- ◆ EBS 快照的创建、删除与恢复。
- ◆ EBS 的令牌桶模型。
- ◆ S3 的对象存储。
- ◆ VPC。
- ◆ AWS Lambda 与无服务器计算，包括概念、特点与价格模型。

What I hear, I forget; What I see, I remember; What I do, I understand.
听到的会忘记，见到的会记住，亲自做过才会真正理解。

—— 谚语

知之愈明，则行之愈笃；行之愈笃，则知之愈益明。

——〔南宋〕朱熹《朱子语类》

The best way to predict the future is to invent it.
预测未来的最好方式是去创造它。

—— 艾伦·凯（Alan Kay）

发明了 SmallTalk 面向对象语言和第一个具有图形用户界面的 Alto 个人计算机，
2003 年图灵奖获得者

3.1 背　景

AWS 云服务概览

1994 年，杰夫·贝索斯（Jeff Bezos）创立了亚马逊公司，其总部设在美国华盛顿州的西雅图。公司以世界上流量最大的河流——亚马孙河的名字命名，寓意着公司充满活力，并拥有无限的发展潜力，就像地球上生物多样性最丰富的亚马孙河一样。最初，亚马逊的业务是在线销售书籍。1995 年，亚马逊网站正式上线。从 2000 年开始，亚马逊的品牌标志中增加了一个从字母 a 微笑着指向字母 z 的箭头，象征着公司提供的产品种类繁多，涵盖从 a 到 z 的所有商品。

在 21 世纪初的互联网泡沫破裂后，尽管许多互联网商业公司倒闭，但亚马逊作为电子商务领域的佼佼者之一，不仅生存了下来，还证明了其商业模式的强大价值。它与其他互联网巨头，如谷歌、奈飞（Netflix）和贝宝（PayPal）一起，发展成为互联网行业的领军企业。目前，亚马逊不仅是全球最大的电子商务公司之一，还与谷歌、苹果、微软和脸书并列为美国信息技术行业的五大公司。

为何一家靠互联网零售起家的公司，又开始涉足云计算并成为目前云计算的领先者？下面介绍其转变历程。

AWS 的起源可以追溯到 2000 年，当时亚马逊作为一家电子商务公司，计划推出一项名为 Merchant.com 的服务，旨在帮助第三方商家，如 Target 或 Marks & Spencer 等大型百货公司在亚马逊的电子商务平台上建立自己的在线商店。然而，这项服务的开发很快就变得复杂和混乱，亚马逊意识到为外部合作伙伴提供一个开发平台比他们预期的要复杂得多，他们还没有准备好应对这种需求。面对这一挑战，亚马逊做出了一个关键决定：将应用程序去耦合，以应用程序接口（Application Program Interface，API）方式构建应用程序。这一转变使开发过程更加模块化和灵活。同时，亚马逊面临着一个普遍的问题：项目团队在建立数据库、计算或存储组件时需要花费大量时间，这不仅严重拖慢了开发进度，而且基础设施（如数据仓库）的成本高昂，并难以管理和维护。每个开发团队都在为每个项目独立构建相同的基础设施，缺乏对资源的重复利用。这一系列挑战让亚马逊意识到，外部合作伙伴迫切需要一个可访问、可扩展且可靠的基础架构，以便他们能够专注于自己的业务，而不被基础设施的复杂性所困扰。这种需求促使亚马逊开始构想一个能够向外部合作伙伴提供其内部基础设施服务的产品。

亚马逊审视其核心能力，认识到除了提供广泛的商品选择和高效的物流服务，公司在运营基础设施服务方面具有显著优势。这些服务包括计算、存储和数据库等，它们是亚马逊零售业务能够快速扩展和经济高效运行的关键。由于亚马逊零售业务的利润率相对较低，因此公司必须在数据中心运营中寻求极致的效率和成本控制。随着亚马逊业务的迅猛增长，内部平台的一些部分开始出现耦合过紧的问题，这影响了系统的灵活性和可管理性。为了解决这个问题，亚马逊开始探索如何通过 API 来抽象和分离应用程序与基础设施之间的联系，从而简化管理并提高效率。这种做法不仅能够为亚马逊自身的业务发展提供支持，还能为外部合作伙伴提供一套开发的解决方案，帮助他们建立和扩展自己的在线业务。这就是 AWS 云服务的雏形。

亚马逊公司意识到内部基础设施服务化所带来的商业潜力后，做出了一个战略性的决策：将这项技术向外延伸，服务于更广泛的客户群体。2004 年，AWS 推出了首个云计算产品——简单队列服务（Simple Queue Service，SQS），它为开发者提供了一种可靠且可扩展的托管队列服务，以便于分离应用程序的组件。随后，在 2006 年，AWS 进一步扩大了其云计算产品组合，正式向公众推出了简单存储服务（Simple Storage Service，S3）和弹性计算云（EC2）。S3 是一个对象存储服务，为用户提供了存储和检索数据的服务，而 EC2 允许用户使用虚拟机实例运行自己的应用程序。在最初推出时，EC2 仅提供一种配置：配备 1.7GHz Xeon 处理器、1.75GB 内存、160GB 存储及 250Mb/s 网络带宽的实例。

这些创新服务的推出标志着云计算行业的一个重要转折点，开发者和企业按需获取计算资源，而不必自行投资建设和管理物理硬件设施，这开启了按使用量付费的计算新时代。

这些 AWS 推出的云服务对个人和企业都产生了极大的吸引力，开发者迅速涌向这些服务。2007 年，有超过 18 万开发者注册使用 AWS，这个数字超出了亚马逊的预期。到了 2010 年，Amazon.com 整个网站都转移到了 AWS 上运行。2012 年，AWS 举办了首届 re:Invent 大会，这是一个专注于介绍 AWS 新产品和技术交流的盛会。在每年 re:Invent 大会上 AWS 都会推出新的云产品和服务，至今 AWS 已经提供了超过 200 种云服务，这些服务覆盖托管网站、应用开发、数据存储、大数据处理及人工智能等多个领域，服务种类广泛。许多由 AWS 首次推出的服务后来都成为了行业典范，其他云服务提供商纷纷效仿。在推动云计算技术发展的过程中，AWS 起到了不可或缺的领导作用。

经过十多年的发展，AWS 已经在 IT 领域引发了一场革命，使任何组织、企业或个人都能够利用公共基础设施来开发应用程序，从而快速推动了一个价值数万亿美元的全球云计算商业市场的形成。这一成就超出了许多人的预期。在 AWS 最初推出时，很少有人能够预见它会以如此快的速度增长，并成为云计算领域的一个"巨无霸"。

AWS 的发展历程清晰地展示了在现实需求的强烈推动下，通过不断地探索和大胆尝试，最终取得了成功。它的形成过程更像是"摸着石头过河"，而不是"谋定而后动"。一旦开始稳步发展并迅速壮大，巨大的商业利益驱使公司持续创新，以维护其在市场上的领先地位。随着其他竞争者进入这个充满吸引力的商业领域，他们之间的竞争不仅推动了技术的进步，还带来了成本的降低，最终使用户受益。

本章将介绍 5 个 AWS 云服务，见表 3-1。理解了相关概念及其工作原理后，对于其他的云平台（如 GCP、Azure 和阿里云等）能触类旁通。

表 3-1　AWS 部分云服务

云产品	英文全称	用途
EC2	Elastic Compute Cloud	虚拟机计算服务
EBS	Elastic Block Store	持久化的块级存储
S3	Simple Storage Service	持久化的对象存储
VPC	Virtual Private Cloud	云端的虚拟网络服务
AWS Lambda	N/A ❶	无服务器计算

亚马逊在全球多个地理位置建立了众多数据中心，这些数据中心构成了 AWS 的各个区域（Region）。这些区域位于北美洲的美国，亚洲的东京、新加坡和中国，欧洲的巴黎等地。目前，AWS 运营着 20 个区域，每个区域至少包含两个可用区（Availability Zone，

---

❶ N/A 表示 Not Applicable，不适用。

AZ）。这些可用区位于各自区域的独立位置，相隔足够远以确保在物理上彼此隔离。通常，一个可用区由多个数据中心组成，这样即使某个可用区遭遇故障，如电力或网络中断，也不会对其他可用区的正常运行产生影响。各个可用区通过私有的高速广域网连接，确保了不同可用区之间的资源和数据能够高效地互联互通。

一个 AWS 区域内部署多个可用区，这样做的主要目的是确保服务的高可用性。例如，将业务部署在两个不同的可用区中，那么即使其中一个可用区遭遇故障，另一个可用区仍然可以继续提供服务，从而保证业务的连续性。此外，可用区能够为周边用户提供高带宽和低延迟的网络连接服务。图 3-1 展示了这些概念及它们与云服务之间的关系。

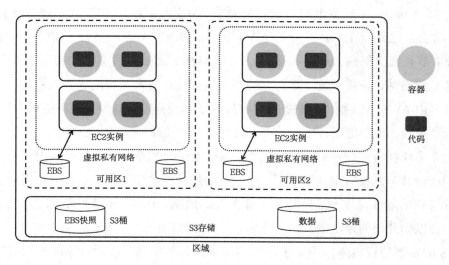

图 3-1　AWS 云服务之间的关系

用户可以使用 3 种方式来管理和使用 AWS 云资源：Web 管理控制台、命令行接口（Command Line Interface，CLI）和软件开发工具包（Software Development Kit，SDK）。

对于刚开始接触 AWS 的新手来说，推荐从 AWS 管理控制台开始学习，因为基于 Web 的图形界面更加直观且易于操作。AWS CLI 是一个基于 Python 开发的工具，它允许用户通过命令行来管理 AWS 资源和服务。如果用户想编写程序访问 AWS 资源和服务，那么需要学习并使用 AWS SDK。AWS 提供了多种编程语言的 SDK 版本，包括 Python、Java 和 Go 等，其中 boto3 是 Python 版本的 AWS SDK，非常适合初学者学习使用。本书主要使用 AWS CLI 和 AWS SDK 这两种工具来探讨相关案例。

使用 AWS 前，需要先注册一个 AWS 账户，并且需要绑定一张信用卡来验证账户并用于支付可能产生的服务费用。注册 AWS 账户的详细步骤可直接访问 AWS 官方网站或搜索在线教程，本书不再对此进行详细说明。

让我们来熟悉 AWS 的管理界面。图 3-2 展示了 AWS 提供的各种云服务的入口页面。当登录 AWS 账户后，单击左上角的"服务"选项，可以查看按类别组织的 AWS 云服务列表。例如，在"计算"类别下，有 EC2、Lambda、Batch、Elastic Beanstalk 等服务，单击任何一个服务都会进入该服务的专属管理控制台。接下来，将逐一了解和学习 AWS 的主要云服务，包括 EC2、EBS、S3、VPC 和 AWS Lambda。

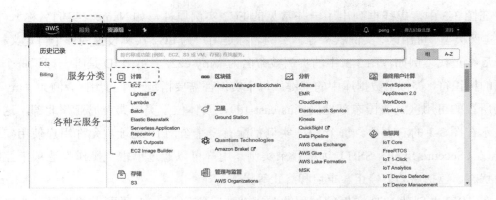

图 3-2　AWS 服务的入口页面

3.2　EC2

EC2 的基本用法

3.2.1　简介

EC2 是一个基于虚拟机的计算服务，它具有如下优势。

（1）节省人力：使用 EC2 虚拟机无需安装实体服务器或操作系统，从而减少了人力投入。

（2）降低风险：与物理服务器相比，EC2 虚拟机在遇到故障时可以快速重启，减少了因硬件或软件问题导致的停机风险。

（3）降低成本：物理服务器涉及固定成本和运营成本，而 EC2 主要是按使用量付费，总体成本较低。

（4）可伸缩性：EC2 允许根据业务需求灵活增减虚拟机数量，以优化成本。与物理服务器相比，其无需进行提前规划，且能更快适应需求变化。

（5）快速部署：传统物理服务器的部署需要数周或数月时间，而 EC2 可以在几分钟内快速部署大量虚拟机，加快了上线速度。

图 3-3 展示了 AWS EC2 的控制面板。在界面的左侧，有一个导航栏，其中列出了与 EC2 相关的各项主要功能，如实例类型、启动模板和 Spot 请求等。在中央的主要操作区域，AWS 以表格形式展示了 EC2 实例的列表，其中包括一个处于运行状态（running）的 EC2 实例。

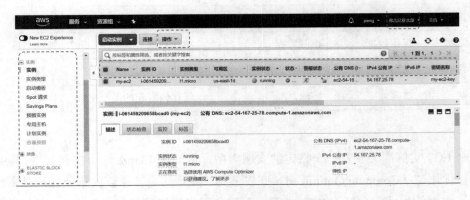

图 3-3　AWS EC2 的控制面板

在图 3-3 中，虚线框列出了一些常见的 EC2 实例属性，如 Name（实例名称）、实例 ID、实例类型、可用区、实例状态等。实例名称是用户为 EC2 实例设置的一个自定义标签，便于后续查找。例如，图 3-3 中的实例被命名为"my-ec2"。实例 ID 是唯一标识每个 EC2 实例的标识符，类似于数据库中的主键。每个实例都需要指定一个可用区，例如"my-ec2"实例所在的可用区是美国东部地区（us-east-1d），具体位于美国弗吉尼亚州北部，这一信息显示在图 3-3 的右上角。每个 EC2 实例都配有一个公网 IP 地址，允许用户使用安全外壳协议（Seccure Shell，SSH）远程登录实例。用户可以通过单击"操作"选项来控制实例的状态，包括启动、停止、重启和终止等操作。

在 AWS 上创建 EC2 实例的过程非常直观，只需遵循 Web 界面上的指引，通过鼠标单击即可轻松完成。本书不提供详细的 Web 界面操作步骤，而是介绍一些关键的基本概念。

1. 亚马逊机器镜像

亚马逊机器镜像（Amazon Machine Image，AMI）是一种用于创建虚拟机的预制模板，它包含了操作系统、预配置设置、开发工具库及应用程序等。AMI 可以看作虚拟机选择操作系统。AWS 提供了广泛的 AMI 选项，涵盖了多种 Linux 发行版（如 Red Hat、Ubuntu 和 SUSE 等）及 Windows Server 系列。除了 AWS 官方提供的 AMI，用户还可以选择创建自己的 AMI 或使用第三方社区提供的 AMI。

在面向对象编程中，一个类可以实例化多个对象。同样地，一个 AMI 可以启动多个 EC2 实例。用户可以对这些实例执行各种操作，如重启或终止。EC2 实例在不同状态之间有细微的差别，这些差别在表 3-2 中有所描述。停止和终止这两个状态可能引起混淆。为了帮助区分，可以将停止实例类比为在数据库中将实例的状态字段更新为"stopped"，这意味着实例仍然存在，只是不再运行。终止实例则类似于从数据库中删除实例的记录，这时实例所占用的资源会被回收。从费用角度来看，停止实例不会产生额外的实例费用，但实例使用的其他资源（如弹性 IP 地址或 EBS 卷）可能会继续产生费用，因为这些资源并没有被释放。

表 3-2 不同状态下 EC2 实例的区别

特征	重启	停止 / 启动	休眠	终止
实例运行位置	同一主机	通常会移动到新主机	通常会移动到新主机	无
私有 IP 地址	保留	保留	保留	无
弹性 IP 地址	保留	保留	保留	取消关联
实例存储卷	保留数据	擦除数据	擦除数据	擦除数据
根设备卷	保留	保留	保留	删除
内存数据	擦除	擦除	保存到根卷的某个文件	擦除

2. 实例类型

每个 EC2 实例都关联着一个特定的实例类型。例如，C4.large 这个实例类型，其中"C"代表计算优化型（Compute Optimized）家族；"4"表示这是该家族的第 4 代产品；"large"则指明了实例的尺寸，包括 CPU、内存、存储和网络等资源的量。C4.large 实例类型相当于拥有 2 个 vCPU ❶、3.75GB 内存和 500Mbps EBS 带宽的硬件配置。类似地，C4.xlarge 实例类型拥有 4 个 vCPU、7.5GB 内存和 750Mbps EBS 带宽，C4.2xlarge 则提供 8 个 vCPU、15GB 内存和 1000Mbps EBS 带宽。简而言之，"2xlarge"实例类型的资源量是"xlarge"实例类型的两倍，"4xlarge"实例类型的资源量是"2xlarge"实例类型的两倍，以此类推。

目前，EC2 实例类型已经多达上百种，用户可根据应用负载特征从中选择适配的实例类型。一般而言，计算优化型（C 系列）的处理器性能高，适合科学计算类负载。内存化型（R/X 系列）的单位 GB 的内存价格低，适合关系数据库、NoSQL 数据库等高吞吐、低延迟的负载。存储优化型（I/D 系列）适合大数据处理类负载，满足对存储容量的需求。通用型（M/T 系列）具有均衡的计算、内存和网络资源。加速计算型（G/P/F 系列）支持 GPU 计算或 FPGA（Field Programmable Gate Array，现场可编程门阵列）计算，适合深度学习和图像处理等负载。

3.2.2　使用 AWS CLI 管理 EC2 实例

AWS CLI 工具提供了一系列的命令，用于管理 EC2 实例的整个生命周期，包括启动、查询、停止和终止等操作。以下是一些操作示例，可以帮助读者了解其基本用法。要获取 EC2 实例操作的完整命令列表，请查阅 AWS 官方文档。

```
# 1. 启动一个t2.micro类型实例
$ aws ec2 run-instances --image-id ami-xxxx --count 1 --instance-type t2.micro --key-name
    MyKeyPair --security-group-ids sg-xxxxx --subnet-id subnet-xxxx

# 2. 查询t2.micro类型实例的详细信息
$ aws ec2 describe-instances --filters "Name=instance-type,Values=t2.micro"

# 3. 终止一个实例
$ aws ec2 terminate-instances --instance-ids i-xxxx
```

3.2.3　定价

对于 EC2 计算服务，AWS 提供了以下 3 种付费模式供用户选择。

1. 按需付费

按需付费模式是指用户根据需要随时启动或停止 EC2 实例，AWS 根据 EC2 实例的实际运行时间收取费用。不同的实例类型有不同的价格，即使是相同类型的实例，在不同地区的价格也可能不同。例如，在中国宁夏区域，t3.2xlarge 实例的价格是 1.5335 元 / 小时，而在中国北京区域，同样的实例类型价格则是 2.1031 元 / 小时。需要注意的是，EC2 实例的价格可能会随时进行调整（如降价），因此本书中提供的价格信息仅供参考。

按需模式非常适合那些需要临时增加计算资源的场景。例如，科研人员可能需要启动大量 EC2 实例来执行一个复杂的计算任务，一旦计算完成，就可以关闭这些实例，只需根据这些实例实际的使用时间来支付费用。

---

❶ Virtual CPU（虚拟 CPU），每个虚拟 CPU 相当于一个物理处理器核心。

2. 预留付费

预留付费模式是指用户承诺在一定的合同期限内（如 1 年或 3 年）使用特定类型和数量的 EC2 实例。无论这些预留的实例是否真的被使用，用户都需要按照约定支付费用。用户可以选择预付一定比例的费用或一次性支付全部费用。一次性支付通常能够获得较大的折扣优惠。采用预留付费模式时，用户需要预测实例的使用量，并且不像按需付费模式那样可以随时根据需求增减实例，因此灵活性较低。但是，预留付费模式的成本相对较低。

预留付费模式适合那些负载稳定且需要长期使用计算资源的场景，如数据库服务。一个形象的比喻是，按需付费模式就像住酒店，按入住的天数计费，价格较高；预留付费模式则像是租房，虽然平均费用较低，但要求长期租住，否则房屋闲置会浪费资源。

3. 竞价

在市场经济体系中，商品的价格会根据供应量与需求量的关系发生变化。当商品供应过剩时，价格往往会下降；当供应不足时，商品变得更加稀缺，价格往往会上升。在云计算领域，AWS 为了利用其数据中心中未被使用的实例资源，推出了竞价实例（Spot Instance）服务。这些竞价实例的价格会根据市场中实例的供应情况和需求动态调整，但具体的调整机制对用户是不透明的，AWS 并未公开其价格调整的详细信息。

用户在使用竞价实例时需要了解其运作规则，如图 3-4 所示，用户为竞价实例设定一个出价，即用户愿意支付的最高价格。如果用户的出价高于当前市场价，AWS 允许用户使用竞价实例，但是按照市场价而非用户的出价来计费。如果市场价超过用户的出价，AWS 会向用户发出警告，例如告知竞价实例将在两分钟后被终止并回收，这时用户可采取相应措施（如保存数据或关闭应用程序）以防止因为实例回收导致数据丢失或业务中断。最终，AWS 根据竞价实例的实际使用时间向用户收费。

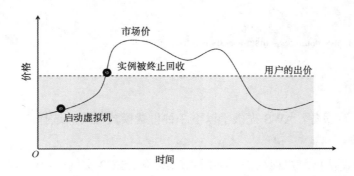

图 3-4　在竞价模式下，用户的出价与市场价差异带来的影响

竞价付费模式的一个显著优势是成本较低，有时甚至能比按需付费模式节省高达 90% 的费用。然而，其主要缺点是竞价实例可能会被中途回收。因此，用户需要根据自身的业务需求和特点，衡量竞价付费模式的成本效益和潜在风险，选择合理的付费模式。例如，对于提供不间断服务的数据库应用程序，竞价实例可能不是最佳选择。相反，对于那些短暂的任务，尤其是那些运行时间短且需要大量实例的场景，竞价实例可能是一个值得考虑的选项。

按需、预留和竞价是 3 种不同的付费模式，它们各自具有不同的优势和局限性，适用于不同的使用场景。按需付费模式的价格相对较高，但其灵活性极佳，允许用户根据需要随时申请和使用实例，而不需要像预留付费模式那样承诺长期使用一定数量的实例。然而，按需实例的可靠性较低，特别是在资源紧张的情况下，如数据中心满负荷运作时，用户可能无法成功创建按需实例。相比之下，预留付费模式则提供了更高的可靠性，因为用户已经提前预留了资源，所以不会受到资源紧张的影响。表 3-3 概括了这 3 种付费模式的关键区别。

表 3-3　EC2 3 种付费模式（对比）

特征	按需	预留	竞价
价格	高	中	低
灵活性	高	低	中
可靠性	中	高	低

在选择 EC2 的付费模式时，没有一种通用的最佳方案，而是需要根据具体的工作负载特性来决定。用户需要在价格、灵活性和可靠性这 3 个关键因素之间进行权衡。例如，对于在 100 台实例上运行数小时的大型 MPI 程序，选择按需付费模式更为合适。一方面因为按需付费模式提供了较高的可靠性，这对于 MPI 程序这种任务间通信紧密、高度耦合的应用来说是一个重要的考虑因素。另一方面，对于在 EC2 实例上运行的 Hadoop MapReduce 程序，竞价付费模式可能是一个更经济的选择，因为 MapReduce 任务相对独立且耦合度较低，即使竞价实例被回收，对整个作业的影响也较小，因此使用竞价付费模式可以获得成本效益。

用户可以将按需、预留和竞价这 3 种付费模式结合起来，以便利用它们各自的优点。例如，一个网站的日常访问量稳定，但偶尔会有促销活动导致流量激增，可以采用以下策略：平时使用预留实例来处理日常流量，从而以低成本保证资源的稳定供应；在促销活动期间，根据需要临时购买按需实例来应对流量高峰。在资源紧张的特殊情况下，例如数据中心无法提供按需实例时，预留实例可以确保网站能够维持基本运行。通过这种组合策略，网站可以在保证服务质量和响应能力的同时，实现成本的最优化。

3.3　EBS

EBS 的基本用法

3.3.1　简介

1. 基本用法

AWS 为 EC2 实例提供了两种不同的卷存储选项：实例存储和弹性块存储（Elastic Block Store，EBS）。在概念上，卷（Volume）设备可看作一个由固定大小的数据块（例如 512 字节）组成的巨大存储数组，用于存放数据。

实例存储是一种临时存储解决方案，它仅在 EC2 实例运行时有效。这意味着，一旦 EC2 实例关闭或其底层的硬盘出现故障，实例存储中的数据就会被清除或丢失，并且在重新启动该实例时无法访问之前的数据。通常，EC2 实例的根卷（Root Volume）默认使用实例存储。

EBS 是一种持久化的块级存储服务。EC2 实例写入 EBS 卷的数据是永久性的，即使

EC2 实例被关闭，EBS 卷中的数据也不会丢失，可以在实例重新启动后继续访问。

在概念上，用户可以将 EBS 看作 EC2 实例的硬盘●。一个新创建的 EBS 卷就像是一个未初始化的块设备，用户需要对其进行分区、格式化（安装文件系统）并挂载（Mount）到特定的 EC2 实例上才能进行数据存储和访问。与物理硬盘类似，EBS 卷可以从 EC2 实例上卸载（Unmount）。一个 EC2 实例能够同时挂载多个 EBS 卷，但每个 EBS 卷只能挂载到一个 EC2 实例上，不能同时挂载到多个 EC2 实例上，如图 3-5 中的①所示。用户可以删除不再需要的 EBS 卷以释放资源。

2. 可用性与耐用性

EBS 卷提供了高可用性和一定程度的耐用性。目前，EBS 服务的可用性高达 99.999%，这意味着它非常可靠，但在极少数情况下，例如 EBS 服务器、网络或存储设备出现故障时，EBS 服务可能会暂时无法使用。即便 EBS 服务整体可用，这并不保证 EBS 卷中的数据绝对不会丢失。EBS 卷的年平均故障率（Annual Failure Rate，AFR）介于 0.1% ～ 0.2% 之间，这意味着 1000 个卷中，平均每年会有 1 ～ 2 个卷因存储故障而导致数据无法恢复或永久丢失。

3. 快照功能

快照（Snapshot）是 EBS 卷的一种备份方式，它能够保存卷在特定时间点的状态。通过创建快照，用户可以确保数据的安全，以防原始 EBS 卷中的数据丢失或损坏。如果原始数据不复存在，则可以利用快照恢复 EBS 卷到先前的状态，从而实现数据恢复。

快照存储在 AWS S3 桶中，由于 S3 服务是区域级的，因此 EBS 快照的用途非常多，举例如下。

（1）对 EBS 卷的数据进行备份和还原：例如，对可用区 A 的 EBS 卷创建一个快照，然后使用快照在可用区 B 中创建一个新的 EBS 卷，如图 3-5 中的②所示。

（2）创建完全相同的开发 / 测试环境：例如，使用快照创建一个用户自定义的 AMI，再使用自制的 AMI 创建多个 EC2 实例，如图 3-5 中的③所示。

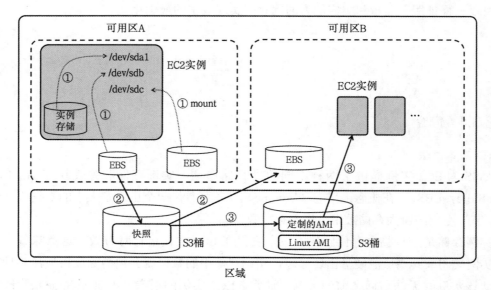

图 3-5　EBS 的典型用途（挂载与快照）

● EBS 卷并不是一个物理硬盘，EBS 卷的数据块分布在多个物理机上，以保证高可用性和耐用性。

（3）在不同区域之间迁移数据：将快照从一个 S3 区域复制到另一个 S3 区域（跨区域使用），或者在不同的账户之间共享。

4. 安全性

EBS 卷支持加密和解密，从而保护敏感数据，它提供了以下两种主要的加密方式。

（1）加密新的 EBS 卷：当用户在创建 EBS 卷时勾选了"加密"复选框，并且将该卷附加到特定的 EC2 实例上，所有数据——卷中的静态内容、动态产生的数据、该加密卷的所有快照，以及由这些快照衍生出的任何新卷都将自动进行加密，确保了数据的安全性。

（2）加密现有的 EBS 卷：对现有的 EBS 卷进行加密，操作步骤如下：首先，停止相关的 EC2 实例；接着，创建该卷的快照；然后，复制这个快照，并在复制过程中选择加密快照的选项，使用加密的快照创建一个新的 EBS 卷，这个新卷会自动加密；之后，将原始的 EBS 卷从 EC2 实例上卸载，并将新的加密 EBS 卷挂载到 EC2 实例上；最后，重新启动 EC2 实例，这样就可以在实例运行时对数据进行加密保护。

3.3.2　使用 AWS CLI 操作 EBS 卷与快照

在了解了 EBS 卷的基本概念后，下面使用 AWS CLI 执行 4 个常见的 EBS 卷操作。这些操作包括：创建一个新的 EBS 卷、将 EBS 卷挂载到 EC2 实例上、为 EBS 卷创建快照及使用快照来创建一个新的 EBS 卷。

```
# 1. 创建卷，类型为gp2，容量为80GB，可用区为us-east-1a
$ aws ec2 create-volume --volume-type gp2 --size 80 --availability-zone us-east-1a

# 2. 将卷（id为vol-abcd1234）挂载到实例（id为ins-abcd1234）上，设备名为/dev/sdf
$ aws ec2 attach-volume --volume-id vol-abcd1234 --instance-id ins-abcd1234 --device /dev/sdf

# 查看块设备的容量
$ lsblk
# 创建文件系统
$ mkfs /dev/sdf
# 将卷挂载到指定的目录（这里假设为/data）
$ mount /dev/sdf /data

# 3. 创建EBS卷（id为vol-1234abcd）的快照
$ aws ec2 create-snapshot --volume-id vol-1234abcd --description "my-root-snap"

# 4. 将一个快照（id为snap-1234abcd）恢复成gp2类型的EBS卷，容量大小为200GB。使用快照
    创建新的EBS卷，相当于从快照中恢复数据
$ aws ec2 create-volume --size 200 --availability-zone us-east-1a
--volume-type gp2 --snapshot-id  snap-1234abcd
```

EBS 卷允许用户在创建之后调整其配置，包括扩大存储容量、更改卷类型及调整 IOPS（每秒输入 / 输出操作次数）的性能等级。以下是修改 EBS 卷配置的示例。

```
# 1. 创建卷的快照，假设卷的id为 vol-xxxx
$ aws ec2 create-snapshot --volume-id vol-xxxx --description "data before resize"

# 2. 将卷修改为io1类型，容量为5TB，IOPS为32,000
$ aws ec2 modify-volume --volume-id vol-xxxx  --volume-type io1
--size 5000 --iops 32000
```

```
# 3. 监控转换过程
$ aws ec2 describe-volumes-modifications --volume-id vol-xxxx

# 4.文件系统识别扩容后的卷
# 4.1 确定文件系统类型
$ sudo file -s /dev/xvd*
# 4.2 比较块设备大小与文件系统的磁盘使用
$ lsblk
$ df -h
# 4.3 扩展文件系统（针对ext文件系统）
$ sudo resize2fs device_name
```

3.3.3　EBS 快照的工作原理

快照是用于数据备份和恢复的一种常见方法。在逻辑上，EBS 快照会存储 EBS 卷上的所有数据块（即全量备份），但实际上它并不需要在物理上存储所有的数据块。相反，EBS 快照只存储自上一次快照以来发生变化的数据块，即增量（Incremental）数据块。换句话说，快照记录了从上一次快照到当前所有被修改过的数据块。

图 3-6 展示了创建快照的工作原理。假设用户创建了一个新 EBS 卷，并在 t_1 时刻创建了快照 S_1。随后，向该创建卷中写入了新的数据块 (1,2,3)，并在 t_2 时刻创建了快照 S_2。之后，用户删除了数据块 (1,2)，并添加了新的数据块 (4,5,6)，在 t_3 时刻创建了快照 S_3。最后，用户删除了数据块 (4,5) 并修改了数据块 (6)，在 t_4 时刻创建了快照 S_4。

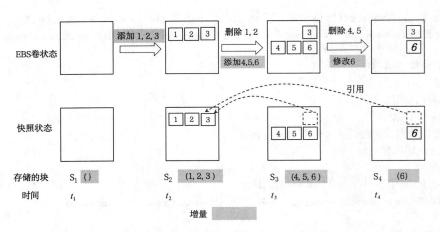

图 3-6　创建快照的工作原理

每个 EBS 卷都配备了一个位图（Bitmap），这个位图用来跟踪自上一次快照以来哪些数据块发生了变化。当创建快照时，这些变化的数据块（即增量部分）会被复制到新的快照中。在 t_1 时刻，由于卷中还没有任何数据块，因此增量为 0，快照 S_1 不需要复制任何数据块。到了 t_2 时刻，卷中的数据块变为 (1,2,3)，与快照 S_1 相比，这 3 个数据块都发生了变化，因此它们被复制到快照 S_2 中。到了 t_3 时刻，卷中的数据块变为 (3,4,5,6)，与快照 S_2 相比，变化的数据块为 (4,5,6)，这些块被复制到快照 S_3 中，而相同的数据块 3 则创建了引用。t_4 时刻卷中的数据块变为 (3,6)，与快照 S_3 相比，只有数据块 6 发生了变化，因此它被复制到快照 S_4 中，相同的数据块 (3) 则再次创建了引用。

图 3-7 展示了当删除快照的工作原理。这个过程不仅涉及删除快照 S_2 中独有的数据

块 (1,2)，还包括将快照 S_2 与其他快照共享的数据块 (2) 转移到下一个快照中。

全量备份和增量备份各有其优势和不足。与全量备份相比，增量备份仅记录自上一次备份以来发生变化的数据块，因此备份过程更快。这种备份方式避免了数据块的重复，减少了数据冗余，从而节省了存储空间。由于 AWS 的计费是基于快照中数据块的容量，而不是整个 EBS 卷的容量，因此增量备份有助于降低存储费用。当删除不再需要的快照时，可以进一步减少存储成本，并且删除时，AWS 会自动进行数据整合。然而，增量备份在数据恢复时可能会较慢，因为所有快照都是相互关联的，恢复某个快照的数据需要依次访问所有相关的快照。

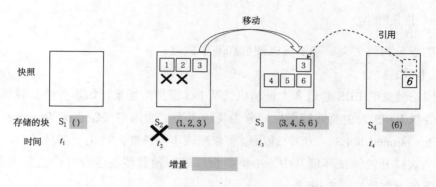

图 3-7 删除快照的工作原理

3.3.4 存储的性能指标

EBS 有多种类型供用户选择。不同类型的 EBS 卷在每秒输入 / 输出操作次数（Input/Output Operations Per Second，IOPS）、吞吐量和延迟等指标上有明显的差别。下面通过高速公路收费站的例子来讲解 EBS 的性能指标。

想象一个高速公路收费站有两个方向的车流：南行（读操作）和北行（写操作）。每种类型的车辆——轿车、SUV 和大型客车代表不同大小的 I/O 操作，车辆内乘客的数量相当于每个 I/O 操作的数据量。

（1）IOPS：相当于每分钟内通过收费站的车辆总数。不管车辆大小，只要它们通过收费站，就被计入 IOPS。较高的 IOPS 意味着每秒处理更多的 I/O 操作。

（2）吞吐量：相当于每分钟内通过收费站的总乘客数。如果多数车辆是大型客车，即有许多数据量大的 I/O 操作，那么吞吐量会很高，因为它们可以一次性读取或写入更多的数据。

（3）延迟：相当于车辆通过收费站所需的时间。轿车、SUV 和大型客车通过收费站所需的时间不同，例如轿车所需时间最少，SUV 次之，而大型客车耗时最多。对于磁盘 I/O 来说，延迟指从发出 I/O 请求到完成该操作所需的时间。

当南行车辆种类混杂，且随机到达时，意味着应用程序发出随机且大小不一的读操作，这会导致单位时间内通过收费站的总乘客数较少，即磁盘的吞吐量会很小。相反，如果南行车辆主要是大型客车，则表示应用程序发出了大量顺序的读操作，磁盘的吞吐量会很大。如果南行车辆主要是轿车，则像是持续的小数据量读操作，可能会造成频繁的 I/O 操作，导致 IOPS 值较高。当车流量突然增加时，收费站可能会出现排队现象，这就像磁盘 I/O 遭遇尖峰,大量的 I/O 请求需要排队等待处理,这可能会导致 IOPS 值和吞吐量下降,同时延迟增加。

如果只有一种类型的车辆通过高速公路收费站,那么可推导出下面的关系式:

每秒钟通行的乘客总数 = 每秒钟通行的车辆总数 × 车辆的满载乘客人数

类似地,吞吐量(Throughtput)可以通过以下公式计算:

$$Throughput = IOPS \times IOSize$$

其中,吞吐量的单位是字节每秒;IOPS 表示每秒执行的 IO 操作次数;IOSize 表示每次 IO 操作的字节数,单位是字节。

3.3.5　性能模型

EBS 的卷分为两大类:基于固态硬盘和基于磁盘。

1. 基于固态硬盘

基于固态硬盘的 EBS 卷适合大量随机读写 I/O 操作的场景,如事务性负载和大型数据库。此类卷以 IOPS 为主要性能指标,分为两种类型:通用型(General Purpose,gp2)和预置型(Provisioned IOPS,io1)。通用型卷兼顾成本与性能,适用于多种场合,如操作系统启动盘,软件开发测试环境及中、小型数据库等。预置型卷适合对性能要求高的场景,如生产环境和大型数据库应用。

2. 基于磁盘

基于磁盘的 EBS 针对大型顺序负载(如大数据处理)进行了优化,支持大量的顺序读写 I/O 操作。此类卷以吞吐量指标来衡量,细分为两种型号:吞吐量优化型(Throughput Optimized,st1)和冷磁盘型(cold HDD,sc1)。吞吐量优化型卷适合大存储量、大吞吐量的应用场景(如大数据处理),最大吞吐量为 500MB/s。冷磁盘型卷的最大吞吐量为 250MB/s,适合以低成本存储数据(如日志和备份等)的应用场景。

表 3-4 提供了 4 种 EBS 卷的性能指标对比,其中基准(baseline)和突发(burst)性能是本小节重点讨论的内容。

表 3-4　EBS 卷的性能指标对比

存储类型	型号	IOPS	Throughput	Latency	Capacity
SSD	gp2	基准:100 ～ 16000 突发:3000	≤ 250MB/s	几毫秒	1GB ～ 16TB
	io1	基准:100 ～ 64000	≤ 1000MB/s	几毫秒	4GB ～ 16TB
HDD	st1	N/A	基准:40 ～ 500MB/s 突发:250 ～ 500MB/s	N/A	500GB ～ 16TB
	sc1	N/A	基准:12 ～ 192MB/s 突发:80 ～ 250MB/s	N/A	500GB ～ 16TB

在创建预置型卷时,用户需预先指定卷的 IOPS 值,这个值必须在一个取值范围内,如下所示:

$$100 \leqslant IOPS \leqslant max(50 \times capacity, 64000), \quad 4 \leqslant capacity \leqslant 16384$$

其中,*capacity* 表示卷的容量大小(单位为 GB);50 表示每 GB 容量最多可获得 50 个 IOPS;64000 是 EBS 服务所支持的最大 IOPS 值。

通用型卷的 IOPS 值是卷容量大小的函数，如下所示：

$$IOPS = \begin{cases} max(3 \times capacity, 100), 3000] \text{区间内的值,} & 1 \leqslant capacity \leqslant 1000 \\ min(3 \times capacipy, 16000), & 1000 < capacity \leqslant 16384 \end{cases}$$

其中，capacity 表示卷的容量大小（单位为 GB）；3 表示每 GB 容量可获得 3 个 IOPS；3000 是 IOPS 的上限值，100 是 EBS 服务所支持的最小 IOPS 值；16000 是 EBS 服务所支持的最大 IOPS 值。上述计算公式比较抽象，图 3-8 直观地展示了此公式的含义。

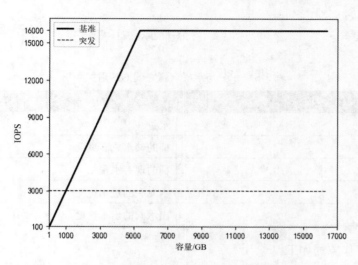

图 3-8   IOPS 与容量之间的关系

图 3-8 有两条性能曲线：基准线和突发线。基准性能是容量大小的 3 倍，这是 EBS SLA 承诺的底线值。为了应对突发请求，通用型卷支持以突发模式运行，IOPS 的上限值为 3000。具体分析如下：

（1）当 $1 \leqslant capacity \leqslant 1000$ 时：EBS 允许 IOPS 值在 [$3 \times capacity$，3000] 的区间范围内波动。例如，一个存储卷的 $capacity = 300GB$，那么该卷至少可获得 900 IOPS。在遇到突发的高 I/O 请求时，存储卷的峰值性能可以临时提升到 3000IOPS。

（2）当 $1000 < capacity < 5334$ 时：IOPS 值为基准值即 $3 \times capacity$。

（3）当 $capacity \geqslant 5334$ 时：IOPS 值为 EBS 所支持的最大值 16000。

在第（2）种和第（3）种情况下，存储卷的基准性能值超过了突发性能的上限值。这意味着在这种情况下，存储卷的 IOPS 性能不会受到突发性能上限值的限制。换句话说，通用型卷能够持续提供稳定的基准 IOPS 性能，这类似于预置型卷，它们都有一个相对稳定的 IOPS 性能水平。

在第（1）种情况下，通用型卷虽然能以 3000IOPS 的突发性能运行，但这种高性能状态并不是无限制的。EBS 使用了一种限速机制，可确保存储卷在短期内可以超越基准性能值，但在长期内，存储卷的平均 IOPS 仍然受到基准性能值的约束。这种限速机制是基于令牌桶模型实现的，如图 3-9 所示。

为了简化理解，将令牌视为积分，其中每个积分等同于 1 个 IOPS。表 3-5 提供了积分（离散值）与水桶容量（连续值）之间的映射关系。

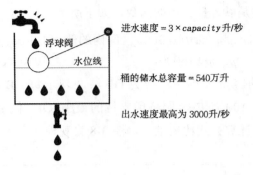

图 3-9　令牌桶的示意图

表 3-5　积分与水桶容量之间的映射关系

抽象概念	物理世界
积分	水量
积分余额的上限	桶的储水总容量
当前的积分余额	桶的现有水量
积分的补充速度	水龙头的进水速度
积分的消耗速度	出水阀的出水速度

令牌桶的工作方式如下。

每个 EBS 卷在创建时都会获得 540 万个积分作为初始余额，这些积分相当于一个水桶的初始水量。当 EBS 卷的积分减少时，它会以一定的速度补充积分，就像水桶的水位下降时，浮球阀会随之下降，打开水龙头以一定的速度向桶中加水。然而，无论积分如何补充，一个 EBS 卷的积分总数上限是 540 万个，这就像水桶的水位上升到最高点时，浮球阀会关闭水龙头，此时桶中的水量达到 540 万升的容量限制。

当 EBS 卷的积分余额大于 0 时，积分的消耗速度可以达到最高 3000 积分 / 秒，这对应于突发模式下 IOPS 的最大限额。这就像水桶中有水时，水桶的出水速度可以达到最快 3000 升 / 秒。当积分余额耗尽为 0 时，积分的消耗速度会降低到 $3\times capacity$ 积分 / 秒（基准值），这类似于水桶中没有水时，出水速度与进水速度相等。

在令牌桶模型中，当水桶中有水（即积分余额大于 0）时，水桶的出水速度（即积分的消耗速度）可以超过进水速度（即积分的补充速度），这表明 EBS 卷的 IOPS 可以超过其基准值。然而，当水桶中无水（即积分余额为 0）时，出水速度（积分的消耗速度）与进水速度（积分补充的速度）相等，这意味着 EBS 卷的 IOPS 被限制在其基准值。通过适当设置参数，可以在一定时间段内允许出水速度超过进水速度。但是，从长远来看，出水速度最终会与进水速度持平。现在，需要探讨这个"短期"具体是多长。

假设 EBS 卷以 3000IOPS 的速度持续运行了 t 秒，那么在时间 t 结束时，积分余额将会耗尽。从出水阀的角度来看，时间从 0 ～ t 的总进水量必须等于总出水量。因此，可以建立以下等式来表示这个关系：

$$3\times capacity\times t + 5400000 = 3000\times t$$

解得，$t = 5400000/[(3000-3\times capacity)]$。

图 3-10 展示了卷容量与突发持续时间之间的关系，表明随着卷容量的增加，突发持

续时间也会相应增加，但这种增加并不是线性的。例如，当卷容量约为 500GB 时，它能够以 3000IOPS 的速度持续运行大约 1 小时。当卷容量提升到 950GB 时，持续运行的时间可以延长到 10 小时。如果按照卷容量计算使用成本，那么 950GB 卷相比 500GB 卷具有更高的性价比，因为尽管 950GB 卷的价格大约是 500GB 卷的 2 倍，但其突发持续时间却是 500GB 卷的 10 倍。

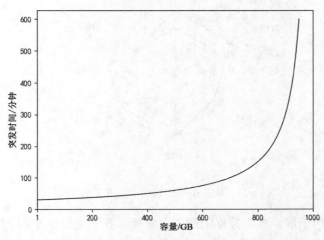

图 3-10　卷的容量与突发持续时间之间的关系

对于某些数据库应用，如果其负载特征是在白天有大量的 I/O 请求，而在夜间的 I/O 请求很少，那么使用 950GB 的卷可以在白天持续以突发模式运行，而在夜间负载较轻时，卷的积分可以得到补充，这样第二天又可以继续使用。这种使用模式可以最大化卷的性能，同时能够有效利用资源，从而提高整体的经济效益。

令牌桶模型是一种广泛应用的限速策略，它不仅适用于通用型卷的 IOPS 限制，还可以扩展到其他多种场景，如 CPU 利用率、磁盘吞吐量及 HTTP 请求的处理速率（例如，一个令牌代表处理一个 HTTP 请求）。该模型的核心在于令牌的生成和消耗速度。假设令牌桶的容量为 C，令牌的填充速度（进水速度）为 in，令牌的最大消耗速度（出水速度）为 out，那么在突发模式下（即以最大消耗速度 out 运行时），桶内的令牌会在时间 T 后被耗尽。这个时间 T 就是桶内令牌被完全消耗的时间，也就是突发模式能够持续的时间。那么，下面的关系式成立：

$$T = \frac{C}{\text{out} - \text{in}}$$

3.3.6　云存储服务的选择

EBS 卷按照容量来收费。例如，通用型卷的收费标准是 0.10 美元 /GB。预置型卷的收费标准是 0.125 美元 /GB，除此之外，还需要为 IOPS 性能支付额外费用，收费标准是 0.065 美元 /IOPS。无论哪种类型的 EBS 卷，快照的存储费用都是 0.05 美元 /GB。需要提醒的是，上述价格是每月的费用标准，而实际价格可能会有所变动，因此在做出购买决策前，应参考官方的最新价格信息。

在选择云存储服务时，通常需要考虑多个关键性能指标，如 IOPS、吞吐量、延迟、容量、可用性及价格等。由于云存储服务种类繁多，且各项指标参差不齐，因此决定哪一种云存储服务最适合自己并非易事，这需要根据具体的使用场景和需求来定。

为了直观地比较不同的云存储服务，可以采用雷达图（也称为蜘蛛图）展示每个服务的性能指标，从而帮助用户做出更加合适的选择。雷达图能够在一个二维平面上展示多个维度的性能指标，使不同云存储服务之间的优劣一目了然，如图 3-11 所示。

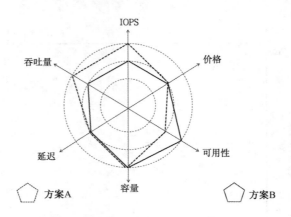

图 3-11   使用雷达图比较不同方案的优劣

雷达图是一种用于展示多维数据的图表，它能够在一个二维平面上表示多个维度的信息，类似于数据库中的表格，其中每个字段代表一个维度。在雷达图中，每个维度都对应一个坐标轴，通常情况下，这些坐标轴上的值越大表示性能越好。然而，对于某些维度，如延迟和价格，却希望其值越小越好。为了在雷达图中统一表示，这些维度通常会取其倒数或其他转换值，以便在图中表现为值越大越好。

在雷达图中，每个多维数据集会被映射成一个不规则的多边形。如果有两个备选方案A 和 B，它们将在雷达图中分别表示为两个多边形。如果方案 A 的多边形能够完全包围方案 B 的多边形，这表明在所有考虑的指标维度上，方案 A 都优于方案 B。然而，在实际情况下，两个方案的多边形往往不会完全包围，而是部分相交，这意味着一个方案在某些指标上表现较好，而在其他指标上不如另一个方案。通过雷达图，可以直观地比较两个方案的性能，并帮助用户做出更加明智的决策。

回顾第 2 章的权衡思想，由于技术上的限制和成本考虑，云存储服务往往会在某些性能方面进行优化，而同时在其他方面设定限制。用户需要根据自己的应用负载特性来做出选择。

价格是选择云存储服务时考虑的一个关键因素。虽然一些云存储服务可能在性能上非常出色，但由于价格过高，因此可能会被用户放弃。相反，那些性能适中但价格合理的云存储服务往往更受欢迎。因此，单纯比较价格的绝对值并不总是有意义的，甚至可能导致错误的选择。

例如，如果一个 500GB 硬盘的价格是 500 元，而一个 1TB 硬盘的价格是 800 元，如果用户仅仅基于价格做出选择，那么他们可能会选择 500GB 的硬盘。然而，从性价比的角度来看，500GB 硬盘并不是一个理性的选择，因为其性价比是 500GB/500 元 =1GB/ 元，而 1TB 硬盘的性价比是 1000GB/800 元 =1.25GB/ 元。

再考虑另一种情况，如果制造商降低了一款千兆以太网卡的价格，用户可能会因为低价而购买。这实际上提高了该网卡的性价比，因为性能没有变化，而价格下降了。

综上所述，性价比是做出明智选择的关键因素，它考虑了性能和价格的比值，帮助用户在云存储服务的多个性能指标和价格之间做出明智选择。

S3 的基本用法

3.4　S3

S3 是一种可扩展的对象（Object）存储服务，对象可以看作文件，它通过唯一的路径名（称为对象键或 key）进行访问，而对象的数据对应于文件的内容。

桶（Bucket）在 S3 中扮演着存储对象的容器角色，类似于文件系统中的目录。一个桶可以包含任意数量的 S3 对象，就像一个目录可以包含多个文件一样。每个桶的名称在 AWS 全局范围内必须是唯一的，这意味着不同账户的桶不能有相同的名称。在一个桶内部，每个对象的名称也必须是独一无二的，以便于区分和访问，且对象名称的长度不能超过 1024 字节。除了对象数据本身，S3 对象还可以包含一组元数据，这些元数据由键值对组成，用于提供对象的额外信息。元数据分为系统元数据和用户元数据两种。系统元数据由 S3 自动生成，包括对象的创建时间、大小、MD5 哈希值等信息。用户元数据则允许用户自定义，例如为对象设置标签以方便管理。

每个 S3 对象通过唯一的 URL 进行访问，这个 URL 遵循特定的格式，并且可以通过 HTTP 协议进行访问。URL 的一般格式如下。

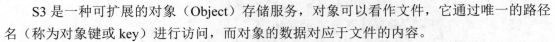
https://s3.amazonaws.com/bucket-name/path/to/object-name

其中，bucket-name 是用户为其 S3 桶指定的名称；/path/to/object-name 是对象的名称。尽管 S3 桶本身不支持传统的文件系统层次结构，但用户可以通过在对象名称中包含路径来模拟这种结构，从而在逻辑上以分层的方式来组织对象。

这种模拟目录层次的做法带来了几个好处。首先，用户通过 AWS S3 管理控制台以文件夹的形式查看和管理对象，易于查找对象。其次，S3 工具允许用户删除特定目录下的所有对象。最后，通过给对象名称添加不同的前缀来模拟不同的目录，使对象看起来像是存储在不同的目录下，这有助于区分和组织不同类型的数据。

以下是 S3 的一些关键功能。

（1）存储桶：S3 中的数据存储在桶中，每个桶都有唯一的名称。用户可以创建、删除或列出存储桶。

（2）对象：数据在 S3 中以对象的形式存储，每个对象都有唯一的键。S3 对象可以存储各种类型的数据，如文本、应用程序、图片和视频等。每个对象存储最多 5TB 数据。

（3）访问控制：S3 提供了细粒度的访问控制，可以设置哪些用户或用户组可以访问或修改特定的存储桶或对象。

（4）版本控制：S3 可以存储对象的多个版本，每次对象被修改时，都会生成一个新的版本。

（5）生命周期管理：S3 允许设置对象的过期时间，自动删除过期的对象或将其移动到另一个存储桶中。

（6）跨区域复制：将对象从源存储桶复制到目标存储桶，实现数据的冗余和备份。

（7）数据加密：S3 提供了服务器端加密和客户端加密，保护数据在传输和存储过程中的安全。

（8）集成与兼容性：S3 与 AWS 的其他服务（如 EC2、Lambda 等）紧密集成，支持各种数据传输协议和工具。

S3 提供了丰富的 HTTP 接口,用于管理存储桶和对象。以下是一些常用的 HTTP 方法。

(1) GET:检索存储桶中的对象或对象的元数据。

(2) POST:上传新的对象或数据到存储桶。

(3) PUT:上传或更新存储桶中的对象。

(4) DELETE:删除存储桶中的对象或整个存储桶。

(5) HEAD:获取存储桶或对象的元数据。

以下是使用 Python 的 boto3 库来操作 S3 存储桶和对象的示例代码。

```python
import boto3
# 创建S3客户端
s3 = boto3.client('s3',
            region_name='us-west-2',
            aws_access_key_id='YOUR_ACCESS_KEY_ID',
            aws_secret_access_key='YOUR_SECRET_ACCESS_KEY')
# 创建存储桶
response = s3.create_bucket(Bucket='my-bucket')
# 上传对象
s3.put_object(Bucket='my-bucket', Key='my-object.txt', Body='Hello, World!')
# 获取对象
response = s3.get_object(Bucket='my-bucket', Key='my-object.txt')
print(response['Body'].read())
# 删除对象
s3.delete_object(Bucket='my-bucket', Key='my-object.txt')
```

S3 作为一种对象存储服务,特别适合于"一次写入,多次读取"(Write Once, Read Many,WORM)的使用场景。这种模式指数据存储一次,然后多次检索而不频繁修改。以下是一些适合 S3 的典型应用场景。

(1) 静态网站托管:S3 常用于存储静态网站资源,如 HTML、CSS 和 JavaScript 文件。这些文件一旦上传到 S3,就可以被用户多次下载,而不需要频繁更新。

(2) 备份和归档:S3 用于存储重要数据的备份副本,以便在原始数据丢失或损坏时进行恢复。归档数据通常不需要频繁访问,但需要确保长期保存。

(3) 内容分发:S3 用于分发视频、音频和其他大型文件。这些文件上传到 S3 后,供全球用户多次下载,而不需要重复上传。

(4) 大数据分析:在数据湖架构中,S3 用于存储海量的原始数据。这些数据只可能被写入一次,但会被数据科学家和分析人员多次读取以进行各种分析。

(5) 灾难恢复:S3 作为灾难恢复的数据存储中心,存储关键业务数据的副本。在发生灾难时,可以从 S3 中恢复数据。

相比之下,S3 不适合频繁读写操作的场景,如操作系统或数据库应用,因为这些场景通常需要快速且频繁地访问存储系统,而 S3 是针对大容量、高可靠性和低成本的存储解决方案。

3.5 VPC

VPC 的基本用法

VPC 是一项网络服务,它允许用户在 AWS 云中创建一个私有且可配置的网络环境。这个环境在逻辑上与其他网络隔离,用户在 VPC 中启动 AWS 资源,如 Amazon EC2 实例。

通过 AWS VPC，用户能自由地配置自己的虚拟网络，包括定义 IP 地址范围、建立子网、设置路由表及网关等。需要注意的是，VPC 是和特定的地理区域相关联的，每个 VPC 只能存在于一个区域内，并且不会跨越多个区域。每个区域都有其 VPC 数量的限制。VPC 的主要用途如下。

（1）托管应用程序：在 VPC 中安全地托管对外部网络不可见的应用程序。

（2）数据存储和处理：VPC 用于存储和处理敏感数据，同时确保数据安全。

（3）混合云部署：VPC 通过 VPN 与企业的本地网络连接，实现混合云部署。

（4）隔离开发环境：为不同的项目或团队创建隔离的 VPC 环境，以避免相互干扰。

为了深入理解 VPC，首先需要掌握 IP 地址的基础知识。IP 地址是由 4 个 8 位的字节构成的，总共 32 位。在描述 IP 地址的范围时，通常采用无类别域间路由（Classless Inter Domain Routing，CIDR）的表示法。例如，10.0.0.0/16 指前 16 位用于网络标识，而剩下的 16 位用于标识该网络内的主机。根据这个表示法，该网络的理论 IP 地址范围为 10.0.0.0 ～ 10.0.255.255，共有 2^{16}，即 65536 个不同的 IP 地址。然而，这么多的 IP 地址通常会被进一步细分为子网（Subnet）。例如，从 10.0.0.0/16 网络可以划分出两个子网：10.0.0.0/24 和 10.0.1.0/24。子网 10.0.0.0/24 包含 256 个 IP 地址，范围为 10.0.0.0 ～ 10.0.0.255。同样，子网 10.0.1.0/24 也有 256 个 IP 地址，范围为 10.0.1.0 ～ 10.0.1.255。在实际应用中，有些 IP 地址是不会分配给用户的。例如，AWS 会保留 CIDR 地址范围内的一些特定 IP 地址，如前 4 个和最后 1 个地址。

AWS VPC 遵循 RFC 1918 的标准，提供了特定的 IP 地址范围，如保留 10.0.0.0/16、172.16.0.0/16 和 192.168.0.0/16。这些 IP 地址是专门为内部网络使用而保留的，不会在公共互联网上路由。

图 3-12 给出了 VPC 的示意图。首先，用户在 AWS 中创建了一个虚拟网络，这个网络被划分为两个子网，用户分别为它们指定了名称：public-1 和 private-2。用户在 public-1 子网和 private-2 子网中部署了 EC2 实例。

当用户创建一个 VPC 时，AWS 会自动为其提供一张默认的路由表。VPC 的主路由负责处理 VPC 内部及 VPC 与外部网络之间的通信。每个子网都附带一张默认的路由表，用于配置该子网的路由规则。VPC 主路由表包含了一条规则，允许 VPC 内的所有子网相互通信。例如，public-1 和 private-2 这两个子网各自的路由表中都包含了一条路由规则，内容如下：

目的地址（destination）：10.0.0.0/16。

目标（target）：local。

这条路由规则的意思如下：发往 10.0.0.0/16 这个子网范围内（目的地 IP 地址在 10.0.0.0 ～ 10.0.255.255 范围内）的数据包，在本地 VPC 内部进行路由，不需要转发到其他的网关。这意味着，public-1 子网的 EC2 实例可以与 private-2 子网的 EC2 实例通信，因为 private-2 子网的 EC2 实例的 IP 地址位于 10.0.0.0/16 范围内。同样，private-2 子网的 EC2 实例也可以与 public-1 子网的 EC2 实例通信。默认情况下，VPC 内的子网之间是互通的，不需要任何额外的路由配置。

在典型的部署场景中，子网内部署的 EC2 实例可以与互联网进行通信。例如，如果 public-1 子网中部署了提供网络服务的 Web 服务器，那么可以创建一个互联网网关（Internet Gateway，IGW）并将其关联到 public-1 子网，从而实现 public-1 子网与互联网之间的通信。IGW 是 AWS 提供的一个高可用服务,它负责执行网络地址转换(Network Address Translation,NAT)功能,将私有 IP 地址转换为公有 IP 地址,以便于内网资源能够与外网通信。

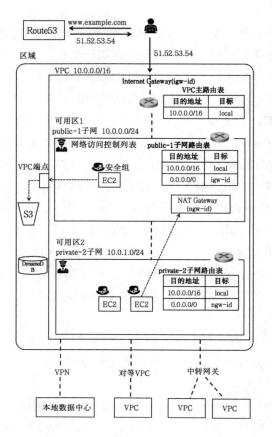

图 3-12　AWS VPC 的示意图

当数据包的目的地 IP 地址不在 10.0.0.0/16 范围内时,它将匹配第 2 条规则,内容如下:

目的地址(destination):0.0.0.0/0。

目标(target):igw-id。

这条路由规则的意思是发往所有 IP 地址(0.0.0.0/0)的数据包,将被发送到互联网网关(igw 指互联网网关的 id)。

简而言之,如果数据包的目的地不在 10.0.0.0/16 范围内,那么它将被发送到 IGW,由 IGW 负责将数据包转发到互联网上相应的目的地。

由于 public-1 子网关联了 IGW,它能够与互联网进行双向通信,因此称为公共子网。相比之下,private-2 子网没有关联 IGW,因此无法直接通过互联网进行通信,外部用户无法直接访问 private-2 子网中的资源,这使 private-2 子网成为一个私有子网。通常,为了安全考虑,Web 服务器等面向公众的服务会部署在公共子网中,而数据库和后台处理服务会部署在私有子网中,这种部署模式被广泛采用,以增强安全性。

尽管 private-2 子网中的 EC2 实例不能直接访问互联网,但它们可能仍然需要访问互联网资源,例如,为了下载操作系统安全补丁或更新数据库软件。为了实现这种单向的互联网访问,可以在 public-1 子网中创建一个 NAT 网关,并在 private-2 子网的路由表中添加一条路由规则,指向这个 NAT 网关。这样,private-2 子网中的 EC2 实例就可以通过

NAT 网关访问互联网，下载所需的更新包，然后在本地进行更新。这种配置确保了私有子网的实例能够安全地获取互联网上的资源，同时避免了直接暴露在互联网上。

出于安全考虑，对于进入和离开 VPC 的数据包需要进行仔细的过滤，确保只有符合既定安全规则的请求才允许通过。例如，对于提供服务的 EC2 实例，需要确定哪些网络协议和端口是允许开放的。AWS VPC 提供了两种不同级别的防火墙机制来实现这一点。

（1）网络访问控制列表（Network Access Control Lists，NACL）：子网级的安全守护者。一个子网可以关联一张 NACL，该 NACL 包含了一系列安全规则来过滤流入和流出子网的流量，从而控制哪些流量可以到达子网内的资源（如 EC2 实例）。

（2）安全组（Security Groups，SG）：实例级的安全守护者，用于过滤流入和流出 EC2 实例的流量。当 EC2 实例与一个或多个安全组关联后，AWS 会在流量到达或离开 EC2 实例之前检查这些安全组中所有的安全规则，从而控制哪些流量可以与 EC2 实例交互。

NACL 和 SG 为 AWS 云资源提供了两层保护措施。在流量到达或离开云资源之前，它不仅需要通过子网级别的安全检查，还需要通过实例级别的安全检查。

安全规则通常包括流量的移动方向（流入或流出）、使用的网络协议（如 TCP、UDP 或 ICMP）、通信端口及通信对象。流入表示从外部网络到服务器的方向；流出表示从服务器到外部网络的方向。如果规则中的流量方向是流入，那么通信对象就是发送方；反之则是接收方。指定通信对象的常用方法是指定 IP 地址范围。换句话说，通过设定一个 IP 地址范围来明确界定哪些网络地址允许或禁止与服务器进行通信。

例如，SG 组中的一条允许流入的规则可能如下所示。

类型（type）：http。

端口（port）：80。

源（source）：0.0.0.0/0。

这条规则意味着任何源 IP 地址（0.0.0.0/0，即所有 IP 地址）的流量都可以使用 HTTP 协议访问 80 端口。换句话说，对于 80 端口的 HTTP 流量，SG 将不进行源 IP 地址的过滤，允许所有外部 IP 地址的 HTTP 请求到达与该安全组关联的 EC2 实例。

网络访问控制列表支持允许和拒绝规则，其默认行为是允许所有流量，除非明确设置了拒绝规则。这意味着，如果用户部署了一张 NACL，并且没有为其指定任何规则，那么所有的网络流量都将被允许通过。如果用户想要阻止某些流量，则需要逐步添加拒绝规则。

相反，SG 只支持允许规则，其默认行为是拒绝所有流量，除非明确设置了允许规则。这意味着，当用户创建一个 SG 时，如果没有为其指定任何规则，那么所有的网络流量都将被阻止。如果用户想要允许某些流量通过，需要逐步添加允许规则。

NACL 的安全规则是无状态的，这意味着它不会保存有关先前发送或接收的流量信息。例如，如果 NACL 允许 HTTP 请求流向子网，也需要设置返回流量的允许规则。这是因为 NACL 会分别检查进出两个方向的流量，即使这些流量属于同一个网络连接。

相比之下，SG 的规则是有状态的，这意味着它会保存有关先前发送或接收的流量信息。例如，如果 SG 允许 HTTP 请求流入 EC2 实例，那么它会自动允许 HTTP 响应流量从 EC2 实例流出，无需单独设置返回流量的允许规则，也不受任何出站 SG 规则的影响。这种有状态的规则类似于学生或老师进出校园，进入校园需要检查证件，只有持学生证的学生或工作证的老师才能进入校园，而离开校园几乎不做任何检查。对于 SG 的行为，进入 EC2 实例的流量（进入校园）需要进行严格的检查，只有符合规则的流量（持有效证件的学生或老师）才能被允许通过 ❶，而对于流出 EC2 实例的流量（离开校园）默认情况下不需要再进行检查，即自动允许 ❷。

AWS 提供了多种网络服务以适应不同的网络需求。例如，VPN 服务允许用户在本地数据中心和云端的 VPC 之间建立一个安全通道，使两者可以互相通信。VPC Peering 服务则允许两个 VPC 进行直接的一对一通信。Transit Gateway 服务（中转网关）能够实现多个 VPC 之间的互相通信。此外，VPC Endpoint 服务（端点服务）允许 EC2 实例能够直接访问同一区域内的公共 AWS 服务（如 S3），无需通过互联网访问同一区域内的公共 AWS 服务。

3.6 AWS Lambda

3.6.1 简介

2014 年，亚马逊在其年度云计算技术盛会 re:Invent 上推出了名为 AWS Lambda 的服务，开始推广无服务器计算（Serverless Computation）这一新兴概念。紧随其后，谷歌和微软也分别推出了 Google Cloud Functions 和 Microsoft Azure Functions，加入这场无服务器计算的市场争夺战。

无服务器计算是一种云计算模式。在这种模式下，开发者只需关注自己的代码和应用逻辑，云平台负责管理服务器和基础设施，为应用程序提供运行环境、自动扩展和缩减资源及管理应用程序的运行，极大简化了应用程序的开发和部署。

应用程序的运行环境经历了从物理机到虚拟机，再到容器，最后到函数的演进过程。物理机是最传统的运行环境，它提供了完整的硬件资源，但管理和维护起来相对复杂。虚拟机通过软件模拟硬件，提供了更灵活的运行环境，但仍然有一定的资源开销和管理难度。容器服务化（Container as a Service, CaaS）允许开发者在容器中打包他们的应用，使应用程序在更轻量级的运行环境中运行，云平台负责管理容器的生命周期。容器共享主机的内核，不需要额外的操作系统，因此启动更快，资源占用更少。更进一步，开发者将应用程序拆分成一系列函数，每个函数执行特定的任务，云平台在需要时调用这些函数，从而实现按需执行代码，开发者无需管理服务器。

下面通过贴切的类比，来更好地理解云计算和服务模型的演进。将服务器比作洗衣机，计算任务或处理请求则相当于脏衣服。传统的本地部署模式就像用户自购洗衣机来处理脏衣服。如果脏衣服多或洗衣机容量有限，那么用户可能需要更多时间来处理，或者购买更多洗衣机以提升处理能力，类似于购买更多服务器。脏衣服往往集中在某些时段洗涤，导致洗衣机其余时间闲置，类似于服务器在低负载时闲置的情况。美国的公共洗衣房提供了大量洗衣机和烘干机，用户根据使用时长支付费用。这种租用模式比自购洗衣机方便，用户无需购买、维护洗衣机，类似于云服务的租用。尽管如此，用户仍需处理一些杂务，如分类脏衣服和洗涤剂用量等，这类似于管理云基础设施的底层细节。美国还有一项一体化服务，提供洗衣、烘干和折叠等服务，服务员上门取脏衣服、送回干净整齐的衣服，用户按件数付费。这种服务让用户完全摆脱洗衣过程，专注于更有价值的事务，代表了洗衣服

---

❶ 采取"性恶"的立场，严格检查从外网进入内网的流量，只允许经过严格认证和授权的流量通过。

❷ 采取"性善"的立场，默认放行从内网到外网的流量，只在特定情况下设置限制。

务的高端形态。这类似于开发者从基础设施管理中解放出来，专注于更核心、更有创造性的任务。

　　AWS Lambda 提供了基于事件触发的编程抽象，例如向 S3 存储桶中添加了一个对象会产生 S3 对象 Put 事件。当事件源产生事件后，AWS Lambda 会自动调用开发者编写的 Lambda 函数来处理该事件。一个 Lambda 函数可以用不同的编程语言实现，AWS Lambda 为常见的编程语言（如 Python、Java、Node.js 和 Go 语言等）均提供了相应 SDK。

　　每个 Lambda 函数在独立的容器中运行。Lambda 函数在被第一次调用时会经历一个"冷启动"过程。在这个过程中，AWS Lambda 会为该函数创建一个新实例。具体来说，它会加载 Lambda 函数的源代码到容器中，进行必要的初始化工作，如启动解释器、加载依赖库等，然后执行 Lambda 函数代码。由于涉及代码的加载和初始化，冷启动通常会导致较高的延迟。Lambda 函数执行完毕并返回响应后，容器并不会立即被终止，而是保持运行状态，等待处理下一个事件。当 Lambda 函数再次被调用时，由于容器和初始化过程已经在之前完成，因此它可以更快地执行，这个过程称为"热启动"。热启动的延迟通常远低于冷启动，因为它避免了重新创建容器和初始化代码的开销。图 3-13 展示了 Lambda 函数在冷启动和热启动状态下的时间差异，可以明显看出，热启动能明显缩短运行时间。

　　当 Lambda 函数处于热启动状态时，不需要重新加载代码和初始化环境，可更快地执行。然而，AWS Lambda 会在一段时间后终止这些容器，这将导致 Lambda 函数实例的即逝性。也就是说，Lambda 函数内部的状态和变量值会随着容器的终止而丢失。由于无状态计算有助于实现水平扩展。因此，开发者编写 Lambda 函数时应尽量保持无状态，避免保存任何内部状态，从而使 Lambda 函数容易实现水平扩展。如果 Lambda 函数确实需要访问状态数据，那么建议将这些状态数据存储在函数外部，如数据库或其他云存储服务中。这样，即使 Lambda 函数的实例终止了，状态数据仍然可以被保留和访问，从而实现状态的持久化。

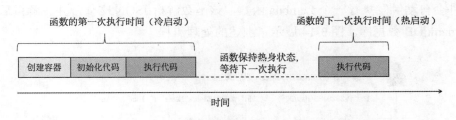

图 3-13　Lambda 函数的冷启动与热启动

　　当一个 Lambda 函数实例正在处理一个事件时，如果有新的事件到达，AWS Lambda 会为这些新事件创建新的 Lambda 函数实例。如果事件量继续增加，AWS Lambda 会将新事件分配给现有的实例，并在必要时创建更多的实例来处理这些事件。这意味着多个 Lambda 函数实例可以被同时运行，以便并发地处理多个事件。通过设置函数的并发度参数，可定义在同一时间内同时处理事件的最大实例数。AWS Lambda 会根据实际负载自动调整实例的数量，在负载增加时增加实例数量，反之减少实例数量，无需用户手动管理服务器或运行环境。然而，如果事件请求的数量超过了函数的并发度，AWS Lambda 会实施限流机制，这可能导致一些事件无法立即得到处理。在这种情况下，客户端会收到错误响应。客户端通常会使用重试策略，即在一段时间后再次发送请求，希望届时能够处理该事件。

　　AWS Lambda 对函数的运行时间设置了时间限制。如果一个 Lambda 函数的运行时间超过了时间限制，AWS Lambda 会自动终止该函数的运行。同样地，Lambda 函数在运行时使用的内存量也会受到限制，如果 Lambda 函数使用的内存超过了设定的最大值，那么它也会被 AWS Lambda 终止。目前，Lambda 函数可使用的最大内存量是 3GB。

Lambda 函数的执行过程与火车站售票窗口的工作机制相似。在这个比喻中，每位旅客代表一个事件或请求，售票员售票代表 Lambda 函数的执行代码，而售票窗口是 Lambda 函数的执行环境。

当售票员进入售票窗口并开始工作时，他们需要一系列的准备工作，如启动计算机并登录售票系统，这个过程类似于 Lambda 函数的冷启动，需要一些时间才能开始处理请求。一旦准备工作完成，售票员可开始快速地为旅客售票，这类似于 Lambda 函数的热启动，此时函数的执行速度较快。对于旅客的购票请求，售票员执行的操作流程包括询问车次和时间，查询售票系统并出票，以及结账并交票。类似地，Lambda 函数的执行过程可能包括读取请求参数、访问数据库并返回请求的响应。售票员在售票窗口为多位旅客服务，这类似于 Lambda 函数执行环境的重用。售票的状态数据，如剩余票数和购票车次等，存储在售票系统的数据库中，每位售票员可以查询和更新这些数据，而不需要个人记录。类似地，Lambda 函数设计为无状态的，状态数据存储在外部数据库中，通过访问外部的数据库来获取当前的状态数据。售票员会连续工作一段时间，处理大量旅客的购票请求，然后到点下班休息。这类似于 Lambda 函数的执行时间有限制，如果超时，则函数会被终止。最后，火车站会根据购票旅客的数量动态地增加或减少售票窗口，这类似于 AWS Lambda 根据请求数量自动水平扩展 Lambda 函数。

3.6.2　入门案例

AWS Lambda 的基本用法

假设使用 AWS Lambda 完成这样的任务：当用户上传一个 JSON 文件到 S3 存储桶后，上传事件会自动触发执行一个 Lambda 函数，该函数解析 JSON 文件，并将解析后的数据导入 DynamoDB 数据库。图 3-14 展示了上述的处理流程。

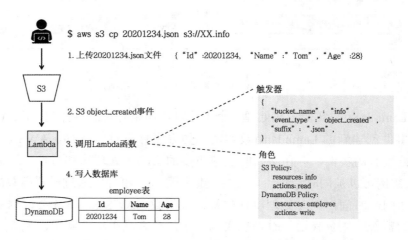

图 3-14　使用 AWS Lambda 将 S3 数据导入到 DynamoDB

这个示例使用 3 种云服务：S3 存储、AWS Lambda 计算和 DynamoDB 数据库。DynamoDB 是一种 NoSQL 数据库，可将其视为一个数据库存储系统。

实现这个示例需要先设置 AWS 的环境。首先，用户在 S3 中创建一个名为info的存储桶。

接着，在 DynamoDB 数据库中创建一张名为 employees 的表。然后，创建一个名为 s3-to-dynamodb 的 Lambda 函数，并对该函数进行配置，包括设置事件触发器和角色。事件触发器负责将 S3 存储桶 info 中的 object_created 事件与 Lambda 函数 s3-to-dynamodb 相关联。角色用来定义 Lambda 函数对 AWS 资源的访问权限。具体来说，s3-to-dynamodb 函数需要 info 存储桶的读权限、employees 表的写操作权限。所有这些配置工作及 Lambda 函数的代码编写都可以通过 AWS Web 管理控制台完成。以下是 s3-to-dynamodb 函数的 Python 实现。

```python
# 初始化代码
import boto3
import json
s3 = boto3.client('s3')
dynamodb = boto3.resource('dynamodb')
def lambda_handler(event, context):
# 读取上传的JSON文件
bucket = event['Records'][0]['s3']['bucket']['name']
jsonFileName = event['Records'][0]['s3']['object']['key']
jsonObject = s3.get_object(Bucket=bucket, key=jsonFileName)
jsonFileReader = jsonObject['Body'].read()
jsonDict = json.loads(jsonFileReader)
# 将JSON文件内容写入dynamodb数据库，表名为employees
table = dynamodb.Table('employees')
table.put_item(Item=jsonDict)
return 'insert a record from s3 to dynamodb'
```

当 S3 上传事件产生后，AWS Lambda 会自动调用源代码文件中的 lambda_handler 函数。在执行 lambda_handler 函数时，AWS Lambda 会提供两个参数：event 和 context。event 参数包含触发事件和相关请求参数，context 参数包含 Lambda 函数的运行时信息，如函数名称、版本和内存限制等。在 s3-to-dynamodb 函数中，event 对象会携带 S3 文件上传事件的相关信息。

当 s3-to-dynamodb 函数首次被调用时，会先执行一些初始化工作。这包括导入必要的模块（如 boto3 用于 AWS 服务交互，json 用于处理 JSON 数据），并在函数外部创建一些全局变量。这些全局变量包括对 S3 和 DynamoDB 的引用。完成初始化工作后，AWS Lambda 会执行 lambda_handler 函数。首先从传入的 event 参数中提取存储桶的名称及上传的文件名；接着，通过文件名读取 S3 存储桶中的文件内容；然后，解析读取的内容，并将其转换为一个名为 jsonDict 的 JSON 对象；最后，这个 JSON 对象会被插入名为 employees 的数据库表。

在随后的调用中，Lambda 函数会直接跳到 lambda_handler 函数处执行，这意味着每次调用都会使用首次初始化时创建的全局对象，如全局变量和数据库连接。这种机制允许 Lambda 函数在被多次调用之间保持状态。然而，如果 Lambda 函数的容器被终止并回收，那么所有在初始化过程中创建的状态数据都会丢失。

3.6.3 商业案例

目前，AWS Lambda 正在引领无服务器计算的热潮。下面介绍 3 个具有代表性的商业应用案例。

1. Netflix

Netflix 是美国领先的互联网视频流媒体服务提供商，用户订阅后可以在线观看丰富的电视节目和电影。在 Netflix 的服务架构中，AWS Lambda 扮演着至关重要的角色。内容发布者每天会向 Netflix 上传大量的视频，这些视频一旦存储到 S3 存储桶中，就会触发 Lambda 函数的执行。大量的 Lambda 函数协同工作，它们将视频文件切割成数分钟的片段，接着将这些片段编码成多种不同的视频流格式。最终，这些并行处理产生的视频流会根据特定的规则进行聚合和部署。此外，Netflix 还利用 AWS Lambda 进行数据备份。由于每天有海量的文件可能发生变更，所以 Lambda 函数会负责检查这些文件的有效性和完整性，以决定是否需要进行备份。

2. 可口可乐

北美可口可乐公司的自动售货机利用 AWS Lambda 处理交易请求，其数据处理流程大致如下：自动售货机接收用户的投币或刷卡操作，随后向支付网关发送交易请求；支付网关通过 HTTP REST 请求与 API Gateway 进行通信，后者激活 Lambda 函数来处理交易；交易处理完成后，Lambda 函数负责向用户的手机发送通知。在此之前，可口可乐公司使用 EC2 实例处理交易请求，费用为 12864 美元 / 年。转向 AWS Lambda 后，公司的成本大幅降低至 4490 美元 / 年（减少了 65%），并且系统每天至少处理一百万个交易请求。

3. CodePen

CodePen 是一个在线平台，允许用户编写、测试、预览和分享 Web 前端代码。该平台提供 3 个代码编辑区域，分别用于 HTML、CSS 和 JavaScript，以及一个实时预览窗口。CodePen 内置了多种预处理器，包括 CSS 预处理器（如 LESS、SCSS 和 Sass）和 JavaScript 预处理器（如 TypeScript、Babel 和 CoffeeScript），供用户选择使用。用户创建的代码片段（称为 Pen）可以分享给其他用户。

最初，CodePen 使用 Ruby On Rails 框架开发了两个独立的应用程序，一个用于主网站，另一个用于预处理器。随后，CodePen 转向使用 AWS Lambda，并将预处理器部分用 Lambda 函数实现。这部分由一个路由函数和多个预处理器函数组成。路由函数负责接收来自 API Gateway 的请求，并根据请求参数（如预处理器的类型和版本等）调用相应的预处理器函数。每个预处理器函数专门处理一种特定的代码类型。添加新的预处理器函数非常简单，只需添加新的函数即可。自从迁移到 AWS Lambda 后，CodePen 平台的运营成本和开发周期显著降低，同时运维团队人员数量也大幅缩减。

3.6.4　定价

AWS Lambda 的计费模式基于函数的调用频率和执行时长。当函数被调用时，费用就开始产生，每次调用都被视为一个请求，未调用的函数不会产生费用。除了按调用次数收费，函数的执行时间也是计费的一部分，计时从函数启动到完成执行或返回结果为止，以 100ms 为计时单位。函数的执行时间会向上取整到最接近的 100ms 的倍数。例如，如果一个函数执行了 256ms，那么 AWS Lambda 会将其计为 300ms。同理，如果函数执行了 40ms，则 AWS Lambda 会计为 100ms。因此，优化那些执行时间少于 100ms 的函数并不会节省成本。

下面通过一个例子来解释 AWS Lambda 收费的计算方式。

假设用户执行了 3 个函数，函数 1 使用 128MB 内存，一个月内调用了 25M 次请求

（1M 指 10^6，百万），每次执行时间为 0.2s。函数 2 使用 448MB 内存，一个月内调用 5M 次，每次执行时间为 490ms。函数 3 使用 1024MB 内存，一个月内调用 2.5M 次，每次执行时间为 1s。计算使用量的计费价格为 0.00001667 \$/GB•s（1GB 内存使用 1 秒钟的费用为 0.00001667 美元），请求的计费价格为 0.20 \$/M（1 百万次请求的费用为 0.20 美元）。AWS Lambda 提供了免费套餐，每月可免费使用 1M 次请求和 400000 GB•s 的计算使用量。

总费用计算过程如下：

函数 1 的总执行时间 = 25M × 0.2s = 5M s

函数 2 的总执行时间 = 5M × 0.5s = 2.5M s（490ms 入到 500ms）

函数 3 的总执行时间 = 2.5M × 1s = 2.5M s

将总计算时间归一化为 GB•s 单位

函数 1 的计算使用量 = 5M s × (128/1024)GB = 625000 GB•s

函数 2 的计算使用量 = 2.5M s × (448/1024)GB = 1093750 GB•s

函数 3 的计算使用量 = 2.5M s × (1024/1024)GB = 2500000 GB•s

一个月的总计算量 = 625000 + 1093750 + 2500000 = 4218750 GB•s

一个月的收费计算量 = 一个月的总计算量 – 免费套餐的使用量

　　　　　　　　 = 4218750 GB•s – 400000 GB•s

　　　　　　　　 = 3818750 GB•s

一个月的计算费用 = 3818750 GB•s × 0.00001667\$/GB•s = 63.66 美元

一个月的计费请求量 = 一个月的总请求量 – 免费套餐的使用量

　　　　　　　　 = (25M + 5M + 2.5M) – 1M

　　　　　　　　 = 31.5M

一个月的请求费用 = 31.5M × 0.2 \$/M = 6.30 美元

一个月的总费用 = 计算费用 + 请求费用 = 63.66 + 6.30 = 69.96 美元

AWS Lambda 按照内存量分配等比例的 CPU 计算能力。这意味着 CPU 的计算能力会随着内存量的增加而线性增长。例如，如果一个 Lambda 函数配置了 512MB 的内存，而另一个配置了 1024MB，那么后者将拥有前者两倍的 CPU 处理能力。

假设一个函数的内存配置为 128MB，平均执行时间为 180ms，并且向上取整到 200ms 来计算费用。如果将内存配置增加到 256MB，那么 CPU 的计算能力也会翻倍。但这并不意味着函数的执行时间会减半到 90ms，因为函数的执行时间可能受到 I/O 操作的限制，而 I/O 等待时间通常无法通过增加 CPU 的计算能力来缩短。

如果函数在 256MB 内存配置下的执行时间缩短到 90ms，AWS Lambda 会将其向上取整到 100ms 来计算费用。在这种情况下，尽管内存量翻倍，但是执行时间减半，因此总的计算量保持不变，即总成本也不会变化，而性能却提升了一倍。

然而，如果函数在 256MB 内存配置下的执行时间只降低到 120ms，AWS Lambda 会将其向上取整到 200ms 来计算费用。与 128MB 配置相比，内存量翻倍，但计费的执行时间没有变化，导致总计算量是原来的两倍。

Lambda 函数通常与其他 AWS 服务一起使用，这些服务可能会产生额外的费用。例如，当 Lambda 函数读取或写入 S3 存储桶时，会根据读 / 写请求的数量产生相应的费用。这些额外费用会根据应用程序的具体需求和资源使用情况而变化，在此不详细讨论这些费用的计算方式。

3.6.5　优缺点

AWS Lambda 的主要优点主要体现在以下几个方面。

（1）零运维：云平台负责管理和维护服务器，使开发者无需关注运维任务，这包括服务器的网络配置、操作系统的版本管理、升级、优化和补丁应用，以及软件包的安装等工作。这样，对运维团队的需求就大大减少了。

（2）负载均衡：AWS Lambda 会自动将调用请求分发到容器上，并确保在多台服务器之间实现负载均衡。

（3）自动伸缩：通常情况下，Lambda 函数是无状态的，并且它们之间相互独立，这种设计使函数可以独立伸缩。随着请求量的增加，可以通过增加 Lambda 函数实例的数量来应对更多的请求。当请求量减少时，AWS Lambda 会相应减少 Lambda 函数实例的数量，以此来节约服务器资源。在没有请求的情况下，Lambda 函数不会被执行，因此不会消耗 CPU 资源或占用存储空间。

（4）故障处理：AWS Lambda 监控服务器的健康状态，并将请求路由到运行正常的服务器而不是有故障的服务器。

（5）低成本：与 EC2 虚拟机按租用时间计费不同，AWS Lambda 的计费模式是基于实际资源使用量的。当 Lambda 函数被调用执行时，AWS Lambda 会根据函数的调用次数、执行时长及所消耗的资源量来收费，只有在资源被实际使用时才会产生费用。

（6）支持多语言：Lambda 函数允许使用多种编程语言编写，包括 Python、Java、Node.js、C# 和 Go 等。

（7）敏捷开发：与传统的开发模式相比，无服务器应用程序的代码量更少，开发周期更短，从而加快了开发速度。

AWS Lambda 的缺点主要体现在以下几个方面。

（1）对底层基础设施的控制性弱：AWS Lambda 自动管理底层基础设施，减轻了开发者在部署和维护方面的负担，同时意味着开发者对基础架构的控制程度相对较低，这可能会让 Lambda 函数的调试变得更为复杂。针对这种情况，AWS 提供了一些工具以辅助开发者进行问题排查。例如，开发者可以在 Lambda 函数内添加日志记录代码，并利用 AWS CloudWatch 服务来存储和分析日志数据。此外，AWS X-Ray 工具能够追踪用户请求在应用程序中的处理路径和耗时，从而提高应用程序的可追踪性。这些工具可能帮助用户识别性能问题或错误的根本原因，并支持有效的故障排除流程。

（2）Lambda 函数是无状态的：无状态函数存在局限性。在这些函数中，应用程序的状态数据不是存储在函数实例内部的，而是存储在外部的存储系统中。这意味着在处理每个事件时，状态数据需要通过网络在函数实例和存储系统之间进行传输，这种往返传输会带来网络延迟及性能下降的问题。

（3）Lambda 函数的生命周期短，资源使用量有限制：Lambda 函数的执行受超时时间的限制，函数可运行的最长时间超过时限时，将被强制停止。目前，Lambda 函数的默认超时时间设置是 3 秒，而最长的超时时间可以达到 300 秒。AWS Lambda 还会根据函数所需的内存量来分配相应的 CPU 和网络资源，但函数可使用的最大内存量限制在 3008MB。因此，Lambda 函数适合处理那些执行时间和资源消耗可以预测的任务。对于那些需要长时间运行或占用大量内存的计算任务（如 MPI 并行计算程序）及需要高带宽和低延迟的应用（如视频会议系统），使用 Lambda 函数可能不是最佳选择，因为这些应用往往需要持续运行并维护全局状态。

本 章 小 结

AWS 是云服务领域的"大观园"，包含了广泛的服务和功能。由于篇幅限制，本章只介绍了 AWS 的一些关键云服务，包括基本使用方法、工作原理及定价策略，并简要展示如何利用这些云服务来开发云应用程序。

拓 展 阅 读

1.《Amazon Web Services 云计算实战（第 2 版）》（迈克尔·威蒂格、安德烈亚斯·威蒂格，人民邮电出版社，2023 年）。

2. AWS re:Invent 官网（https://reinvent.awsevents.com/）。

习　　题

1. 考虑负载特性，在成本与可靠性之间进行平衡。假设某气象局正在考虑将其业务转移到 AWS 云服务平台，AWS 提供了按需、预留和竞价 3 种不同的付费模式。针对以下应用场景，请选择最合适的付费模式，并解释选择该模式的原因。

（1）每天的例行天气预报。

（2）夏季突然来了一场台风，需要准确预测台风的演变。

（3）研究北半球地区的气候演变，需要数星期的大量模拟计算。

2. 竞价模型。用户 A 和 B 使用同一种竞价实例，用户 A 设置的出价等于该竞价实例类型的按需价格（即最高价），用户 B 根据当前市场的价格水平出价（即最低价）。针对这一情况，请回答以下两个问题。

（1）哪个用户的竞价实例被终止回收的风险高？

（2）用户 A 和 B 均使用了相同数量和时长的竞价实例，并且均没有遇到被终止回收的情况，那么用户 A 和用户 B 的费用是否相等？如果不相等，谁的费用高？

3. EBS 快照的工作原理。假设有一个空的 EBS 卷，用户在时间点 t_1、t_2 和 t_3 分别执行了以下操作：在 t_1 时刻，添加了 3 个块 A、B 和 C，并随后创建了快照 S_1，这些新添加的块被标记为 $S_1(A,B,C)$；在 t_2 时刻，修改了块 C，并创建了快照 S_2；在 t_3 时刻，又添加了两个新块 D 和 E，并创建了快照 S_3。针对这些操作，请回答以下问题。

（1）快照 S_2 和 S_3 中保存了哪些块？

（2）删除快照 S_1 后，快照 S_2 中保存了哪些块？

（3）接着删除快照 S_2，快照 S_3 中保存了哪些块？

4. 存储系统的性能指标。假设一个容量为 capacity 的通用型卷，其吞吐量（单位为 MB/s）满足下面的约束关系：$throughput=max(250, 3 \times capacity \times IO\ Size)$，其中，IO Size = 256KB，计算要达到吞吐量的上限 250MB/s 时，卷的容量至少是多大？

5．配置和使用 VPC 需要部署并管理一系列关键的网络组件，包括路由表、NACL、SG、NAT 网关、互联网网关、VPN、VPC Peering、VPC Endpoint。下面的场景需使用哪个网络组件？

（1）设置 EC2 实例的安全规则。

（2）设置子网的安全规则。

（3）本地数据中心与 VPC 的互联。

（4）允许 EC2 实例单向访问互联网，而用户无法通过互联网直接访问 EC2 实例。

（5）允许 EC2 实例直接访问本区域内的 S3 服务。

（6）配置子网的路由规则。

（7）两个 VPC 之间相互通信。

6．采用令牌桶模型对虚拟机 CPU 的使用进行速率限制。设定虚拟机开始时拥有 60 个积分，积分上限为 576 个，并且每小时可以增加 24 个积分。基准性能为 40%，表示 1 分钟内 CPU 的利用率为 40%，相应地，每分钟消耗 0.4 个积分。在突发模式中，CPU 的使用率可以达到 90%。针对这些条件，请回答以下问题。

（1）在给定的初始条件下，则突发模式可以持续多久？

（2）如果增加初始积分的数量，突发模式的持续时间会变长还是变短？

（3）如果当前积分余额为 0，且在没有 CPU 负载的情况下，则需要等待多久才能积攒到 120 个积分？

（4）如果当前积分余额为 0，且在没有 CPU 负载的情况下，则需要等待多久才能积攒足够的积分，以支持突发模式持续运行 2 小时？

（5）假设初始积分为 576 个，突发模式的持续时间是多少？

（6）如果当前积分余额为 0，则需要等待多久才能重新积攒到 576 个积分？

（7）根据问题（5）和问题（6）中的计算结果，计算突发模式持续时间占总运行时间的比例。

（8）将问题（7）的计算过程进行推广。如果初始积分和最高积分均为 C，补充积分的速度为 in，消费积分的最大速度为 out，计算突发模式持续时间占总运行时间的比例。

（9）根据问题（8）中的推导结果，分析调整哪些参数可以增加突发模式的时间占比。

（10）AWS 冷磁盘型卷使用令牌桶机制对吞吐量限速。卷的容量范围（单位：TB）为 $0.5 \leqslant capacity \leqslant 16$，每 TB 保证 12MB/s 的基准吞吐量。在突发模式下，吞吐量为 $max(80 \times capacity, 250)$。两者的关系如图 3-15 所示。如何选择容量，以便在 250MB/s 的吞吐量下，卷能够拥有最大的时间占比？

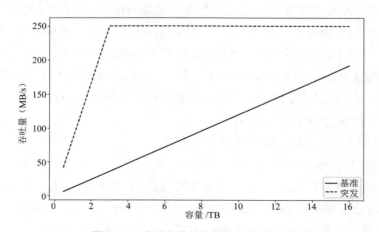

图 3-15　冷磁盘卷的容量与吞吐量关系

7．实现令牌桶算法。参考下面的 Python 代码，在横线上编写 refill 函数。

```python
import datetime
import time
class TokenBucket:
    def __init__(self, numMaxTokens, refillRate):
        self.numMaxTokens = numMaxTokens
        self.numCurTokens = numMaxTokens
        self.refillRate = refillRate
        self.lastRefillTime = time.time()
    def allowRequest(self,numConsumeTokens):
        self.refill()
        if self.numCurTokens > numConsumeTokens:
            self.numCurTokens -= numConsumeTokens
            return True
        return False
    def refill(self):
        _____

# 使用示例
numMaxTokens = 10
refillRate = 5
numConsumeTokens = 8
tokenBucket = TokenBucket(numMaxTokens, refillRate)
for i in range(10):
    time.sleep(1)
    now = datetime.datetime.now()
    print("at" ,now, "Allowed =", tokenBucket.allowRequest(numConsumeTokens))
```

8．选择具有成本效益的云存储。假设用户需要存储 500GB 的数据，并希望通过 125MB/s 的吞吐量来处理 I/O 大小为 32KB 的文件。现有两种 EBS 卷类型可以选择：通用型（gp2）和预置型（io1）。这两种类型的 EBS 卷都不受吞吐量限制。通用型卷每 GB 提供 3 个 IOPS，其计费方式为 0.1$/GB·Month。预置型卷的容量计费方式为 0.125$/GB·Month，而 IOPS 的计费方式为 0.065$/IOPS·Month。请回答以下问题。

（1）卷的 IOPS 值应达到多少才能满足应用的需求？

（2）使用通用型卷需要多大的容量？

（3）使用通用型卷的月租费用是多少？

（4）使用预置型卷需要多大的容量？

（5）使用预置型卷的月租费用是多少？

（6）通用型卷和预置型卷的性价比分别是多少？

9．AWS Lambda 无服务器计算。请指出以下哪些应用场景不适合使用 AWS Lambda，并阐述原因。

（1）将上传的 JPG 格式图片转换为 PNG 格式图片。

（2）对大量日志文件执行提取、转换和加载（Extract Transform Load，ETL）处理，每个日志文件约 10MB 大小。

（3）使用 Lambda 函数创建一个适配器，用于接收 HTTP 请求并根据请求参数发送电子邮件。

（4）开发一个文件下载器，其下载文件的平均耗时为 600 秒。

（5）长时间运行的数据仓库系统。

（6）智能摄像头能够自动识别监控区域的异常情况，并将异常情况的短视频发送给用户。

（7）飞机订票系统，采用异步工作流，支持乘客进行订票、付款、退票和退款等操作。

（8）在线网络游戏。

（9）视频编 / 解码应用，涉及复杂的数学运算、压缩、编码和解码等，需要使用专用的硬件加速卡来减少处理时间。

10．AWS Lambda 无服务器计算。请指出以下哪些任务是由 AWS Lambda 本身提供的，哪些任务需要用户自行实现。

（1）部署和配置服务器。

（2）对服务器进行安全更新和维护。

（3）安装并定期更新服务器的 SSL/TLS 证书。

（4）自动化部署应用程序。

（5）配置日志和性能监控，以便监测应用程序的运行状况。

（6）编写应用程序的代码。

（7）配置应用程序的访问策略和资源需求。

11．AWS Lambda 无服务器计算。假设一个 Lambda 函数处理请求的平均耗时为 3 秒，每秒大约接收 3000 个请求，该 Lambda 函数的并发度是多少？

第 4 章 云 应 用

本章将探讨云应用开发的相关内容。首先，为了展示如何利用多种 AWS 云服务打造出功能强大的云应用，会分析 3 个代表性的云应用及其架构。接着，将深入讨论与云应用开发密切相关的主题：微服务架构、使用代码快速部署基础设施、通过持续集成与持续部署实现快速发布、开发与运维的协同（DevOps）、网站可靠性工程（SRE）、利用混沌工程提前发现并解决云应用的潜在问题，以及如何有效控制云服务的成本（FinOps）。这些主题覆盖了云应用开发的不同方面，可以帮助读者全面了解云应用开发的全貌。

- ◆ 微服务。
- ◆ 基础设施代码化。
- ◆ 持续集成与持续部署。
- ◆ DevOps 与 SRE。
- ◆ 混沌工程。
- ◆ 云成本分析。

History doesn't repeat itself, but it often rhymes.

历史不会重演，但常常惊人的类似。

—— 马克·吐温（Mark Twain）《赤道环游记》

三十年河东，三十年河西。

——谚语

4.1 典型案例

大型的云应用

计算技术不断发展和演变，以满足现实需求，并创造新的服务模式。在 20 世纪 60 年代的大型机时代，计算机资源稀缺且昂贵，用户通过终端连接到中央大型机，采用集中式资源共享模式，满足了当时的需求。然而，20 世纪 80 年代，随着个人计算机的普及，计算机成本大幅下降，使个人拥有计算机成为可能，集中式资源共享模式逐渐失去了市场。进入 2010 年，云计算技术兴起，它提供了弹性、可扩展的计算资源，用户可以按需使用，成本效益高，因此吸引了大量用户将应用和服务部署在云端，"上云"成为趋势。这种技术演进呈现出螺旋上升的态势，每一次的变革都是在之前基础上进行提升和改进，而非简单的循环重复。

本节将通过 3 个具有代表性的云应用案例，帮助读者理解如何使用 AWS 云服务构建大型云应用，以及云平台如何促进不同技术的融合。由于篇幅限制，本节不会提供云应用开发的详细步骤。

4.1.1　大数据分析——Netflix

大数据存储和分析系统通常部署在专门配置的集群上，底层存储系统普遍采用 Hadoop 分布式文件系统（Hadoop Distributed File System，HDFS），数据处理框架选择 Spark 或 Flink。大数据技术和云计算已经紧密结合在一起。2009 年，AWS 推出了 Elastic MapReduce（EMR）服务，该服务集成了大数据生态系统中几乎所有的关键组件，包括 Hadoop、Spark、Flink、Presto 和 HBase 等，以满足各种数据分析的需求。使用 EMR，用户可以一键完成许多烦琐的任务，例如安装 Hadoop、安装 Spark、配置和升级集群等。

在早期的大数据系统中，存储和计算是紧密耦合的，这种架构通过数据本地性来提升性能，即计算任务尽量在 HDFS 数据块所在的节点上运行，而不是通过网络远程访问数据，因为远程传输数据会消耗宝贵的网络带宽。然而，随着网络带宽的增长，I/O 不再是大数据处理的瓶颈，同时计算和存储分离所带来的弹性和成本效益逐渐成为显著的优势。EMR 的一个显著特点是它支持计算和存储的分离，允许计算资源和存储资源按需弹性扩展，它支持使用 S3 而不是 HDFS 作为存储系统。目前，大数据处理引擎，包括 MapReduce、Spark、Flink 和 Presto 等，都支持访问 S3 存储。

Netflix 是一家在线流媒体服务提供商，其平台吸引了全球数亿用户，用户可以通过各类电子设备观看视频内容。Netflix 在线视频平台会追踪并记录用户的互动行为，包括用户观看的视频、暂停播放及切换到下一个视频等操作。Netflix 通过收集、存储和分析这些数据，能够了解用户的观看习惯和喜好，进而更准确地进行决策，例如提供个性化的视频推荐和优化业务运营。

图 4-1 展示了 Netflix 在 AWS 上构建的大规模数据存储与分析平台。

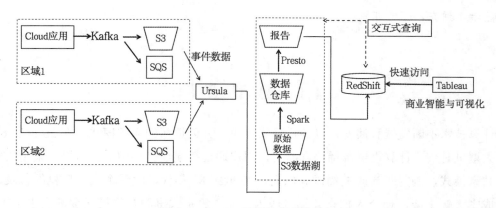

图 4-1　Netflix 的大数据系统架构

Netflix 大数据系统采用数据湖架构，使用 S3 作为数据湖的存储解决方案。数据湖是一个存储系统，它以原始格式存储各种类型的数据，包括文本、图片、音频、视频、日志文件和数据库记录等，而无需在存储之前对数据进行格式化或处理。数据湖具有以下特征。

（1）多格式数据存储：数据湖能够存储各种格式的数据，包括结构化数据（如数据库表格）、半结构化数据（如日志文件、CSV 文件、JSON 文件和 HTML 文件）和非结构化数据（如视频、音频和图片）。

（2）存储原始数据：数据湖中的数据通常是原始数据，即数据在存储时保持其原始格式，不做任何处理。这保证了数据的完整性和真实性。

（3）伸缩性：作为一种集中式存储系统，数据湖具备良好的伸缩性，能够根据数据量的增长动态地扩展其存储容量，以适应不断增长的数据需求。

（4）灵活性：数据湖允许组织能够根据需要访问和分析数据，而不需要预先定义数据的模式或结构。

（5）成本效益：数据湖可以降低海量数据的存储成本。

（6）安全性：数据湖可以提供多层次的安全措施，包括数据加密、访问控制和审计日志，防止数据被非法访问或泄露。

（7）计算和存储解耦合：数据湖支持多种计算引擎、数据分析工具和查询语言，如 SQL 查询、大数据分析、机器学习和数据挖掘，以便用户从不同角度分析数据。

（8）元数据管理：数据湖通常包括元数据管理功能，用于描述存储在数据湖中的数据，包括数据来源、格式、结构和访问历史等信息。

（9）互操作性：数据湖可以与现有的数据仓库和智能工具配合使用，支持数据的互操作性和集成。

（10）支持多种工作负载：数据湖能够支持各种工作负载，包括实时分析和批处理等。

下面简要描述数据在图 4-1 所示架构中的流转过程。

全球不同地区的用户通过云应用观看视频，源源不断地产生点击行为数据。这些数据首先被记录并传输至 Kafka 消息队列中，分别归类到不同的主题。随后，系统将 Kafka 消息队列中的数据存储到相应区域内的 S3 存储桶中。Ursula 服务负责将分布在不同 S3 存储桶中的文件汇总到一个集中的 S3 数据湖中，实现数据的接入。从数据的产生到进入 S3 数据湖，整个过程仅需数分钟。接着，使用大数据处理工具（如 Spark）对数据湖中的原始数据进行转换处理，并将其导入数据仓库。在数据仓库中，对数据进行归一化和汇总分析，生成各种报表数据。最终，部分报表数据会被加载到快速访问层，如 AWS RedShift 数据仓库、Elasticsearch 或 Druid 等，以便商业智能（Business Intelligence，BI）工具（如 Tableau）和交互式查询工具（如 Presto）能够快速访问和分析这些数据。

目前，许多企业或机构不再自行构建复杂且成本高昂的大数据基础设施，而是转向使用云平台来接入和管理他们的数据，并在云上直接进行数据分析。美国金融业监管局（The Finahcial Industry Regulatory Authority，FINRA）就是一个典型的例子。FINRA 每天需处理 750 亿个事件，约 20PB 的数据。整个数据接入与分析的基本流程如下：首先，使用 EMR 服务接入这些数据，并将其导入 S3 数据湖；然后，使用 EMR 和 RedShift 等工具执行各种查询和分析任务，包括交互式查询、预定义报告和监控分析等。通过使用 AWS 云服务，FINRA 每年能够节省 1000 ～ 2000 万美元的费用，这表明云端的大数据服务并不一定等同于高成本。

4.1.2 人工智能——图片识别

人工智能是目前科技界的一个热点领域，并已经成为人们日常生活中不可或缺的一部分。例如，当在网上购物时，电商平台能快速地向用户推荐相似的商品。目前，提到人工智能实际上是指深度学习，这是人工智能众多分支中的一种。

得益于强大的计算资源和大量的数据，深度学习自 2012 年以来逐渐崭露头角，在聊天机器人、自然语言处理、人脸识别和语音识别等领域取得了显著的成就。在医疗领域，利用深度学习技术的一些疾病诊断已经能够达到甚至超过专业医生的水平。智能手机上的语音识别和分析技术已经非常成熟，语音助手应用广泛。如今，人们也都习惯了基于人脸识别技术的"刷脸"付款。这些人工智能应用极大地方便了工作、生活和学习。

目前，AWS 提供了多种人工智能服务，包括 AWS Lex（聊天机器人）、AWS Rekognition（基于深度学习的图片和视频分析）、AWS Transcribe（语音转换成文本）、AWS Translate（语言翻译）、AWS Polly（文本转换成语音）、AWS SageMaker（构建、训练和模型部署机器学习模型）等。

下面以一个云端图片识别服务（以下简称为云识别）为例，说明如何利用云平台开发人工智能应用。云识别允许用户提交一个网页链接，系统将自动对链接中的图片进行内容识别。假设用户提交的链接指向了一张计算机图片，识别结果以 JSON 格式呈现，包含了识别出的物体类别及其相应的概率。在这个特定案例中，假设服务返回的 JSON 结果为 {"computer":0.9, "pad":0.1}，意味着系统判断该图片为计算机的概率为 90%，而判断为平板电脑的概率为 10%。云端图片识别服务的架构如图 4-2 所示。

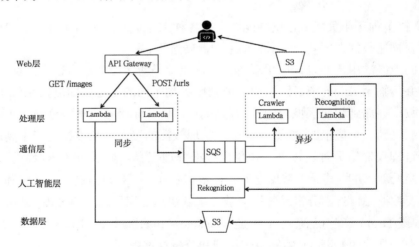

图 4-2　云端图片识别服务的架构

云识别的架构分为 5 层，每层都有其特定功能。

（1）Web 层：使用 S3 服务存储网站的静态资源，包括 JavaScript/HTML/CSS 等代码。用户通过云识别提交一个 URL 请求，希望分析该 URL 中的图片，API Gateway 会将这个请求定向到特定的 Lambda 函数进行处理。之后，当用户希望获取图片分析的结果时，API Gateway 会将图片请求路由到另一个 Lambda 函数，这个函数负责展示图片的识别结果。

（2）处理层：包含了同步和异步两种 Lambda 函数。同步 Lambda 函数直接响应 API Gateway 接收到的 HTTP 请求，处理用户的请求。异步 Lambda 函数则由 SQS 消息触发，处理不需要立即响应的任务。

（3）通信层：SQS 在这一层中充当中间件的角色，负责在同步和异步 Lambda 函数之间传递消息。同步 Lambda 函数（作为消息的生产者）将任务发布到 SQS 队列中，而异步 Lambda 函数（作为消息的消费者）从队列中提取任务执行。这种设计使 Lambda 函数之间解耦合，每个函数可以被独立扩展和缩放。

（4）人工智能层：使用 AWS Rekognition 服务识别存储在 S3 中的图片，并返回识别结果。

（5）数据层：使用 S3 存储待识别的图片及识别后的结果。

以下是云识别交互过程的详细描述：用户通过云识别应用提交了一个 URL，浏览器向服务端点 /urls 发送 HTTP 请求，以分析该 URL 中的图片内容。API Gateway 接收请求后触发相应的 Lambda 函数进行处理。Lambda 函数被触发后，首先生成一个下载任务，这个任务包含了待分析的 URL；接着，把这个任务发送到 SQS 中的 crawlImage 队列，这是一个专门用于处理网页爬取任务的队列。当 crawlImage 队列收到新消息时，它会自动触发 Crawler 函数。Crawler 函数从消息中获取需要下载的 URL，开始下载该 URL 指向的网页内容。在下载完成后，它会解析网页中的图片 URL，并将这些图片下载到 S3 中，每个文件以图片的 URL 作为 key 进行存储。图片下载完成后，Crawler 函数会创建一个包含图片 URL 的消息，并将其发送到 SQS 中的 recogImage 队列，这是一个用于处理图片识别任务的队列。当 recogImage 队列收到新消息时，它会触发 Recognition 函数。Recognition 函数从消息中解析出 S3 对象的 key（即图片的 URL），然后使用 Recognition API 对图片内容进行分析和识别，将识别结果写入 S3。当浏览器向服务端点 /images 发送 HTTP 请求，希望获取图片的识别结果时，API Gateway 接收请求后触发相应的 Lambda 函数。Lambda 函数从 S3 存储桶中读取图片的识别结果，然后将 JSON 格式的 HTTP 响应返回给浏览器。浏览器接收到 HTTP 响应后，解析出图片的识别结果，并将其展示给用户。以上即为从请求发送到结果展示的整个流程。

4.1.3　大型 Web 应用——在线视频

目前，在线视频网站因其便捷的视频上传、流媒体观看和用户评论等特性而广受欢迎。在本小节中，将使用多种 AWS 云服务来构建一个在线视频平台，以此为例来分析这类大型 Web 应用的典型架构，如图 4-3 所示。

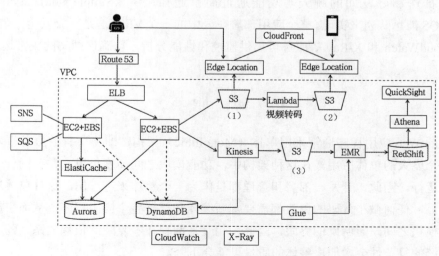

图 4-3　在线视频应用的架构

用户在访问在线视频网站时，首先会通过 Route 53 DNS 服务将网站的域名解析为弹性负载均称衡（Elastic Load Balancing，ELB）负载均衡器的 IP 地址。ELB 负责将接收到的 HTTP 请求分发至一系列后端的 Web 服务器，以实现流量的负载均衡。这些 Web 服务器由大量的 EC2 实例组成，这些实例使用 EBS 提供持久化存储，可通过水平扩展以处理高流量。

在线视频网站的应用程序状态数据，如用户资料和好友关系，存储在两种不同类型的数据库中：Aurora（一种关系数据库）和 DynamoDB（一种 NoSQL 数据库）。为了加快对关系数据库 Aurora 的查询速度，系统采用 ElastiCache 缓存服务，它用于缓存频繁访问的数据集。这样，通过减少对 Aurora 关系数据库的直接查询，可以显著提高网站的整体响应速度。

用户上传的视频文件首先暂放在 Web 服务器的本地存储中，然后会被上传到 S3 存储桶中［图 4-3（1）］。由于不同类型的移动设备支持不同的视频格式，因此上传到 S3 的视频文件会激活一个视频转码 Lambda 函数，该函数负责将视频文件从原始格式转换为适合移动设备观看的另一种格式，完成转换后的视频文件会存储在另一个 S3 存储桶中［图 4-3（2）］。

由于热门视频的点击率极高，因此，如果大量用户直接访问 S3 存储桶［图 4-3（1）］中的视频，那么 S3 存储桶可能会成为网站的性能瓶颈。为了解决这个问题，系统采用 CloudFront 与 Edge Location 构建 CDN 来缓存热门视频。这样，当用户观看热门视频时，视频内容会从位于用户邻近地区的 CDN 缓存中直接加载，无需访问 S3。这种方法对用户是透明的，能够有效减少视频加载时间，从而提升用户的观看体验。

分析用户的点击行为可用来实现精准营销，例如精准的广告投放。平台会记录并跟踪用户的每一次点击，这些点击数据最初记录在 EC2 实例的本地日志文件中。随后，这些数据会被定期传输到 Kinesis 消息队列，再进一步导入 S3 数据湖［图 4-3（3）］。接下来，网站使用 EMR 大数据处理引擎对 S3 数据湖的原始数据进行清洗和转换，处理后的数据集被加载到 RedShift 数据仓库中。同时，Glue ETL 工具会定期从 NoSQL 数据库提取实时数据，这些数据经过转换后也会被导入 EMR 做进一步处理。网站使用 Athena SQL 查询工具对数据仓库中的数据进行多维度的查询和分析，并将分析结果输出到 S3。

短信推送和好友间的聊天等功能通过简单通知服务（Simple Notification Service，SNS）和 SQS 消息队列来实现。整个应用部署在云中的一个 VPC，这是一个安全的隔离区域。同时，CloudWatch 和 X-Ray 等服务可提供监控和性能分析，以确保网站的正常运行。

4.2　微　服　务

微服务案例

早期的 Web 应用程序通常采用单体（Monolithic）架构，即将所有的服务端功能模块打包成一个庞大的单体应用。在这种架构中，功能模块之间高度集成，并在同一个操作系统进程中运行。因此，开发、部署和管理都是作为一个整体来进行的。这种单体应用的缺点十分明显，任何微小代码的更改都需要重新编译和部署整个应用程序，从而引起连锁反应。由于模块之间缺乏明确的界限，因此，相互之间存在着复杂的依赖关系，随着时间的推移，系统的复杂性会增加，整体的质量可能会下降。

单体应用的运行通常要求服务器拥有足够的资源。为了处理不断增长的负载，可以通过增加 CPU 或内存等资源来进行垂直扩展，或者通过复制整个单体应用进行水平扩展。然而，在许多情况下，水平扩展可能需要对应用程序进行重大修改，甚至不可行。例如，关系数据库通常很难实现水平扩展。如果单体应用的某个部分无法扩展，那么整个应用就无法扩展。

为了应对这种复杂性，一个有效的解决方案是将系统分解为多个划分明确的子功能。微服务（Microservice）架构正是这样一种模式，它将应用程序分解为小型、松散耦合的服务集合。例如，电子商务平台的购物车、账单、用户资料、推送通知等都可以设计成单独的微服务。每个服务都实现特定的功能，包含自己的数据模型并通过 API 进行相互通信。这些服务可以独立开发、部署、扩展和维护，从而提高了系统的可扩展性和可维护性。微服务的特点包括以下几个。

1. 高内聚、低耦合

每个服务都应恪守单一职责原则（Single Responsibility Principle），即专注于执行一项职能，并将其做到极致。每个服务通过一组定义明确的接口与外界交互，并确保这些接口的稳定性。服务之间通过定义明确的接口进行相互通信，这些通信接口包括远程过程调用、事件流或代理等。这样的架构设计使每个服务都更加易于理解、维护和部署。

2. 高度自治

在技术栈的选择上，单体应用通常使用单一的技术栈，这使未来应用新技术变得困难。微服务架构则提供了更大的技术灵活性，工程师可以根据服务的具体需求选择最合适的编程语言和工具，不受现有系统技术栈的限制。此外，微服务之间通过网络通信协议进行交互，这些协议与具体编程语言无关，进一步增强了系统的灵活性和可扩展性。

3. 弹性伸缩

当单体应用需要添加新功能或特性时，必须对整个应用进行重新打包、编译、测试和部署。相反，微服务各自运行在独立的进程中，可以独立地进行部署和扩展。当对某个微服务进行修改或升级时，不会对其他微服务产生影响，这有助于保持开发的敏捷性。

4. 故障隔离

在单体应用中，一个功能模块的故障有可能对整个应用程序的稳定性造成影响。相反，微服务可以独立部署，由于每个服务的功能单一，因此其易于管理且影响范围小。一个服务的故障通常不会直接影响其他下游服务的运行。

在软件系统的设计过程中，应根据每个应用的具体需求和上下文环境，进行深入和客观地分析，权衡各种技术方案的利弊，采取一种开放和灵活的态度，不应当固守某一种特定的架构或技术。

以当前流行的微服务架构为例，尽管微服务架构拥有众多优势，但并不是所有情况都适合采用微服务。微服务确实解决了一些问题，但同时带来了一些新的复杂性，如服务间的通信问题和数据一致性的维护。事实上，对于某些类型的应用，传统的单体架构可能更为合适。如果不加区分地采用分布式微服务架构，则可能会引入不必要的复杂性和额外的成本。微服务架构对于大型团队特别有益，因为它允许团队独立运作，每个微服务都由专门的团队负责维护、部署和扩展，这样的独立团队能够迅速响应变化，并且能够控制故障的影响范围。然而，采用微服务架构需要投入成本、时间和技术积累，这对于小型初创公司来说可能不太合适。如果业务和团队规模迅速增长，那么微服务架构对于团队来说将变得更加有意义，此时过渡到微服务也会更加顺畅。同样，在云计算广泛应用的今天，将应用迁移到云端并不一定是最优的选择。有些应用可能因为成本考虑,更适合从云端迁移回本地环境。

简而言之,系统架构需要随着业务的发展和变化而不断调整和优化。业务的架构设计应当量身定制,以满足特定的业务需求,即系统架构应当与特定的业务和技术需求保持一致,而不是让业务流程去适应现成的系统架构。最理想的系统架构是能够准确满足业务需求的设计,而不是盲目模仿其他高科技公司的架构。盲目追求技术趋势可能会导致过度优化,从而忽视了业务实际的需求。热门的技术趋势并不总是适用于所有情况,它们可能对某些公司有效,但可能对另一些公司无效。

4.3　基础设施代码化

配置服务器是一项重复性、枯燥乏味、耗时且容易出错的任务。在传统的方式中,管理员需要逐一登录到每台服务器上,手动修改配置文件或安装软件。这样的过程不仅单调且耗时,更重要的是,由于人的操作失误,经常会导致服务器之间的配置出现差异,称为配置漂移——服务器的实际配置与预期配置不符。随着时间的推移,这些小错误会在服务器上累积,每台服务器都会因此变得独特,如雪花一般,因而称为雪花服务器。例如,如果一台服务器的 PATH 环境变量与其他服务器不同,将导致某一应用程序在该服务器上可能无法正常运行,在其他服务器上却能正常运行。又如,如果服务器的 /proc/sys/fs/file-max 配置不一样,则可能会导致同一个应用程序在不同服务器上能够打开的最大文件句柄数不同。由于手动配置既效率低下又容易出错,因此开发一种自动化的服务器配置方法变得尤为关键。

在早期,运维人员通常编写一些临时性的脚本完成系统配置。例如,Shell 脚本首先使用 yum 命令下载软件包,然后使用 tar 命令解压,最后执行安装过程。然而,Shell 脚本存在许多缺点,尤其是在管理大量服务器时,其效率低下、代码冗长且难以维护等问题尤为突出。

后来,开源社区推出了多种配置管理工具,如 Ansible、Puppet、Chef 和 SaltStack 等。以 Ansible 为例,用户编写一个 YAML 格式的文件(称为 Playbook),Ansible 执行 Playbook 来自动化地完成各种任务,如应用程序的部署、系统配置和安装软件包等。配置管理工具极大地减轻了运维人员的工作负担,许多原本烦琐且重复的任务现在以自动化方式完成。

在开发云应用时,同样面临配置自动化的挑战。以一个基本的云 Web 应用为例,首先,运维人员需要创建一系列云资源,如 API Gateway、S3 存储、Lambda 函数和 DynamoDB 数据库等,这些资源共同构成了云应用的基础架构。接着,开发人员会编写应用程序的代码,并进行必要的测试。最后,开发人员会将经过测试的代码和数据部署到之前创建的云资源上,以便运行应用程序。

我们来看资源创建这一步。在 AWS Web 控制台,用户通过单击创建、修改或删除资源,如创建 S3 存储桶或关闭 EC2 实例等。然而,这种手动操作方式存在诸多缺点:耗时、易出错、不具备可复用性(每次创建相同的资源,需要进行重复性的体力工作),自动化程度也非常低。另外,如果在云平台上创建多种多样的资源,手动操作会变得极其困难,很容易导致"雪花效应",即由于资源创建过程中的微小差异而导致配置不一致。

是否存在一种自动化、可复用的方式来管理基础设施呢？答案是肯定的，基础设施代码化（Infrastructure as Code，IaC）正是为了解决这个问题而诞生的。IaC 的核心思想是使用代码来定义和管理基础设施中的各种资源及其相互依赖关系，IaC 工具根据代码执行资源的全生命周期管理，包括创建、更新和销毁。表 4-1 给出了目前常见的 IaC 工具。

表 4-1 常见的 IaC 工具

工具	描述
EBS	YAML/JSON 格式文件
AWS CDK	Python/Java 等编程语言
Terraform	特定领域编程语言，声明式
Pulumi	Python/Go 等编程语言

CloudFormation 是 AWS 提供的一种 IaC 服务，用户通过编写 JSON 或 YAML 格式的模板文件来定义云基础设施的配置，类似于一个构建云环境的蓝图。这些模板文件采用声明式语法，描述了所需资源的属性和关系。CloudFormation 根据这些模板自动执行资源的创建、更新或删除操作。

以启动一个 EC2 实例为例，用户创建了一个名为 MyStack.json 的 stack 文件，该文件包含了定义 EC2 实例所需的相关信息。这个 JSON 文件以声明方式描述 EC2 实例的属性，如实例类型、AMI ID、安全组和启动脚本等。CloudFormatio 根据 stack 文件的定义创建 EC2 实例，而不需要用户进行任何手动操作或编写额外的脚本。MyStack.json 文件的内容如下。

```json
{
    "AWSTemplateFormatVersion" : "2010-09-09",
    "Description" : "A simple stack that launches an instance.",
    "Resources" : {
        "Ec2Instance" : {
            "Type" : "AWS::EC2::Instance",
            "Properties" : {
                "InstanceType": "t2.micro",
                "ImageId" : "ami-43a15f3e"
            }
        }
    }
}
```

```
# 创建stack，创建EC2实例
$ aws cloudformation create-stack --template-body file://MyStack.json \
 --stack-name example-stack

#修改MyStack.json文件，向已经创建的EC2实例添加标签
#在"InstanceType": "t2.micro"行下，添加如下内容
"Tags": [ {"Key": "foo", "Value": "bar"}],

# 然后更新stack
$ aws cloudformation update-stack --template-body file:// MyStack.json \
--stack-name example-stack
```

```
# 删除stack，终止EC2实例
$ aws cloudformation delete-stack --stack-name example-stack
```

Terraform 是一个跨平台或平台无关（cloud-agnostic）的基础设施编排工具，它使用 HCL 格式文件描述各种云平台（如 AWS、GCP 和 Microsoft Azure）的资源，并通过调用云平台的 API 管理基础架构。目前，Terraform 已经演变成一个通用的资源管理工具，许多供应商使用 Terraform SDK 开发资源管理的插件，以便用户管理其内部资源。这些供应商不限于公有云平台，还包括其他服务，例如使用 GitHub 提供的插件来管理代码仓库、分支和团队成员等资源。

在学习和使用 IaC 工具时，理解声明式与过程式描述的区别至关重要。下面通过一个例子来解释这两种描述方式的不同。假设一个用户已经拥有 3 个 EC2 实例，现在希望增加到 5 个。

（1）声明式描述：用户编写一段声明式代码，直接声明基础设施的最终状态应该是 5 个 EC2 实例。当运行这段代码时，IaC 引擎会自动执行以下操作：首先，查询云平台以获取当前基础设施的状态；然后，将当前基础设施的状态与声明的期望状态进行比较，发现需要增加 2 个 EC2 实例；最后，仅对缺失的 2 个 EC2 实例进行操作，通过云平台的 API 创建这些实例，从而使基础设施达到用户的预期状态。这种"增量式"更新是 IaC 工具广泛采用的策略。

（2）过程式描述：用户编写的代码会包含更多的逻辑步骤，例如，首先检查当前 EC2 实例的数量，然后计算出需要增加的数量，最后执行创建操作。与声明式描述相比，过程式描述要求用户更明确地编码资源的创建、删除或修改过程，这可能会导致代码更加复杂和烦琐。

4.4　持续集成与持续部署

持续集成（Continuous Integration，CI）和持续部署（Continuous Deployment，CD）是现代软件开发中的两个关键概念，它们旨在提高软件交付的速度和可靠性。CI 是一种开发实践，对代码进行自动化测试，并将通过测试的代码合并到主分支，确保代码的每次变更都不会破坏现有的功能。CI 的目标是快速发现和解决集成过程中的问题，从而保持代码库的稳定性。CD 是 CI 的自然延伸，将经过测试和验证的代码快速部署到生产环境，确保软件的快速迭代和部署。CD 的目标是使软件的发布过程自动化、快速且可靠，从而实现更频繁的部署和更短的反馈循环。简而言之，CI 关注代码质量和稳定性，而 CD 关注交付速度和流程自动化。两者共同工作，构成了一个高效的软件开发和交付流程。

在构建云应用时，持续集成和持续部署（CI/CD）是不可或缺的步骤。CI/CD 流水线通常包括以下几个主要阶段：代码提交、构建、测试、部署和监控。AWS 提供了完善的工具链支持上述 5 个阶段，包括 CodeCommit、CodeBuild、第三方工具、CloudDeploy 和 CloudWatch/X-Ray 等，如图 4-4 所示。AWS CodePipeline 是一种持续集成和持续交付服务，包括代码管理、构建、测试和部署等环节。

开发者向源代码管理仓库提交代码后，会触发构建过程。在这个过程中，构建工具从源代码管理仓库提取代码，然后执行静态代码检测与单元测试，并生成构件（如编译后的可执行程序、创建的容器镜像等）。这些构件可用于后续的测试和部署。构建成功后，应用程序会被部署到测试环境。在这里，系统会执行一系列的自动化测试用例，以确保应用程序的质量和性能。这些测试可能包括以下几个。

（1）用户界面测试（UI Testing）：例如，使用 Selenium 或 Playwright 等测试工具模拟用户与 Web 应用程序的交互，验证用户界面是否按预期工作。

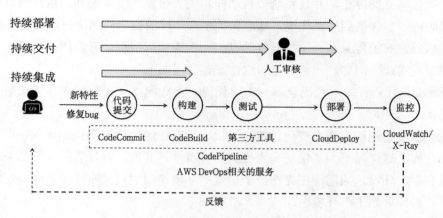

图 4-4　持续集成与持续部署 / 交付的示意图

（2）系统集成测试（System Integration Testing，SIT）：例如，测试 HTTP RESTful API 及它所依赖的多个微服务是否能够正确地协同工作。

（3）负载测试（Load Testing）：评估系统在特定负载下的性能，确保应用程序在高流量下仍能稳定运行。

（4）渗透测试（Penetration Testing）：通过模拟恶意攻击来寻找系统的潜在安全漏洞，以加强系统的安全性。

（5）用户验收测试（User Acceptance Testing，UAT）：让最终用户测试应用程序，确保应用程序满足用户的需求和预期。

这些测试帮助确保应用程序在推向生产环境之前，具备所需的功能、性能和安全性。

在应用程序完成所有测试且测试结果满意之后，它会被部署到生产环境，也就是实际用户将使用的环境。根据不同的开发流程和需求，应用程序的部署流程通常涉及以下几个环境。

（1）开发环境（Development Environment）：在这个环境中，开发工程师编写和修改代码，并使用模拟数据进行测试。

（2）测试环境（Testing Environment）：质量保证（Quality Assurance，QA）工程师在这个环境中执行测试，发现应用程序中的错误或缺陷。

（3）预发布环境（Staging Environment）：这个环境是生产环境的一个模拟，用于进行最后的验收测试。在这里，QA 工程师或部分用户会对应用程序进行全面测试和最后验收，以确保它准备好进入生产环境。

（4）生产环境（Production Environment）：这是最终用户实际使用应用程序的环境。

每个环境都有其特定的目的和配置，确保应用程序在部署到下一个环境之前已通过适当的测试和验证。

在应用程序部署到生产环境后，监控工具会跟踪应用程序的运行状况，以便工程师及时发现任何异常或问题。一旦发现错误，工程师会进行修复，并将修改后的代码或新增功能的代码提交到代码仓库中。随后，这些更改会触发新一轮的软件发布周期。这个过程——代码提交、构建、测试、部署、监控构成了一个完整的循环，不断地重复进行，以确保软件的质量。

在自动化流水线操作中，一旦在某个阶段出现了问题（例如编译错误或测试未通过），流水线的执行将立即停止，并且系统会自动向相关人员发送错误通知。这样可以防止带有缺陷的代码进一步传播到生产环境，从而保护生产环境的稳定性和用户的使用体验。

上述软件发布流程只是一个指导性的框架。根据实际情况，开发团队可灵活调整其发布策略和工程实践。例如，一种可能的软件发布流程如下：

单元测试 / 代码评审→代码仓库→构建代码→集成测试→在预发布环境部署→在生产环境部署。

上述软件发布流程有两点变化。首先，代码只有在通过单元测试和代码评审之后才能进入代码仓库，这样做是为了保证仓库代码的高质量。其次，将部署拆分为两个阶段：预发布环境和生产环境。应用程序先在一个与生产环境相似的预发布环境中做最后测试，通过测试后，再部署到生产环境中。

持续集成包括代码与构建两个阶段。注意区分持续交付（Continuous Delivery，CD）与持续部署，两者的主要区别在于应用程序部署的自动化程度。持续交付指通过测试的代码，只有在经过人工审核和批准后才能部署到生产环境。相反，持续部署指代码经过构建和自动化测试后，直接自动部署到生产环境，无需人工干预。

目前主要有 3 种部署策略可供选择，包括滚动部署、蓝绿部署和金丝雀部署等。

1. 滚动部署

滚动部署（Rolling Deployment）是一种逐步替换现有系统实例的更新策略。例如，如果有 10 台 Web 服务器，首先更新其中的一台，并通过负载均衡器将 10% 的用户请求分配到这台的服务器上。在确认更新后的服务器运行稳定且没有问题后，再更新下一台服务器，并将同样比例的请求流量导向到新服务器。这个过程一直持续到所有服务器都更新完毕。如果新代码存在缺陷，由于滚动部署是逐步进行的，因此只会影响部分用户，而不是全部用户。通过滚动部署，新旧版本的服务器可以同时运行，共同处理用户的请求流量。

2. 蓝绿部署

蓝绿部署（Blue/Green Deployment）使用两个完全相同的生产环境，分别命名为蓝色环境和绿色环境。蓝色环境负责处理实际的用户流量，而绿色环境用于部署和测试新的软件版本。当绿色环境中的新版本通过测试后，用户流量会从蓝色环境切换到绿色环境。如果在绿色环境中遇到问题，则迅速将流量切换回蓝色环境（代码回滚到最近的稳定版本），实现零停机部署。一旦新版本在绿色环境中稳定运行，下一次的部署就会在蓝色环境上进行。与滚动部署不同，蓝绿部署在任何给定时间点只运行一个应用程序版本，但它需要两套完全相同的生产系统，因此资源消耗是滚动部署的两倍。

3. 金丝雀部署

金丝雀部署（Canary Deployment）是一种分阶段的部署策略，灵感来源于 19 世纪欧洲矿工使用金丝雀检测矿井中是否存在有毒气体。在软件部署中，金丝雀部署首先让新版本处理一小部分用户请求，以此来检验新版本的性能和稳定性。如果新版本表现正常，没有发现任何问题，那么会逐渐增加新版本的用户流量，直到完全切换到新版本。

这种部署方式确保了在全面推出新版本之前，能够通过实际用户的反馈来验证新版本的安全性。

CI/CD 的核心理念是通过自动化和流程优化来提高软件交付的效率和可靠性，其目标包括以下几个。

（1）提高部署频率：通过自动化的构建和测试流程，使代码更频繁地部署到生产环境，从而加快迭代速度和响应市场变化的能力。

（2）缩短故障恢复时间：当部署过程中出现问题时，CI/CD 的自动化回滚机制可以减少服务中断的时间。

（3）降低部署失败率：通过持续集成、测试和验证，确保部署到生产环境中的代码质量，减少由于代码缺陷导致的部署失败。

上述 3 个目标也是评估 CI/CD 实施效果的关键性能指标（Key Performance Indicator，KPI），它们帮助团队衡量软件交付流程的改进程度和运营效率。

4.5　DevOps

DevOps 实践

在软件产品的生命周期中，开发人员（Developer）和运维人员（Operator）扮演着至关重要的角色，他们各自负责不同的技术方面，共同确保软件产品的成功。

开发人员了解业务需求，掌握数据结构、算法及前 / 后端开发技术，负责编写代码、开发新功能并测试代码。为了提高工作效率，开发团队通常实行敏捷开发方法，以快速迭代的方式不断推陈出新。他们将经过测试的软件打包，然后将其交付给运维团队进行部署。

运维人员的任务是确保软件在生产环境中稳定运行。部署一个应用程序，对运维人员来说意味着要做大量的工作，如流量检查和安全性检查等，以防代码中的缺陷引起生产环境的不稳定或存在安全风险。在软件部署后，运维人员如同消防员一样随时待命，准备应对可能出现的故障或事故，并确保服务能够迅速恢复。由于他们往往不直接参与产品开发，并且可能无法访问源代码，这给故障排查带来了挑战。为了跟踪和解决问题，运维人员会创建工单或问题追踪，但这也可能导致与开发团队之间的沟通效率不高。

由此可见，开发人员追求敏捷性，以快速响应业务需求的变化；运维人员则更注重稳定性，并不希望频繁部署应用程序，从而尽量减少生产环境的不确定性。两者之间的协同合作和有效沟通对于软件产品的成功至关重要。

在企业环境中，运维团队的职责不仅限于部署应用程序，他们还需要处理一系列其他关键任务。这些任务包括管理资产、配置交换机和布线、上架服务器、部署操作系统、更新内核补丁、设置运行环境、执行安全管理和加固措施、进行系统性能优化、规划容量、执行数据备份和恢复操作，以及制订和演练应急计划等。

简而言之，在传统的软件开发模式中，开发人员和运维人员属于两个独立的团队，他们通常只有在应用部署出现问题时才会进行沟通。这种模式导致两者之间的潜在利益存在冲突，沟通有障碍。为了解决这一问题，DevOps（Development 与 Operations 的合称）运动应运而生，旨在打破两者之间的隔阂，消除孤岛（Cross-silo），推动开发与运维的整合，让开发团队和运维团队像硬币的两面一样，紧密相连，互相依存。通过跨部门的协作，模糊两者之间的界限。

简而言之，DevOps 包括以下 3 个方面内容。

（1）文化理念：DevOps 鼓励团队成员采用敏捷的开发方法，在软件开发生命周期的各个阶段，包括开发、测试及部署，团队成员共同拥有代码、共同承担责任。这意味着每个成员都要对自己编写的代码负责，一旦生产环境出现故障，收到报警后，团队成员需要迅速协作解决问题，以恢复服务的正常运行。

（2）工程实践：DevOps 采用一系列现代的工程实践，包括微服务架构、持续集成、持续交付/部署、监控与日志记录、报警机制、源代码管理、代码静态分析、统一的编码风格、全面的代码测试、代码打包及采用增量式代码修改等。

（3）工具：实施 DevOps 会使用多种工具，例如，Git 用于源代码管理，Jenkins 用于持续集成等。这些工具可以帮助团队更高效地实践 DevOps 原则。

下面介绍亚马逊的 DevOps 文化与实践。亚马逊的购物网站自 2001 年起，逐步从单一的应用程序转变为微服务架构，这一转变在 2009 年完成。目前，亚马逊内部拥有数千个专注于微服务的团队。公司还实施了著名的"两个披萨团队"原则，即团队规模控制在 10 人左右，这样两个披萨就足以满足整个团队的用餐需求。每个团队成员负责一个有意义且具有挑战性的项目方向。亚马逊相信，在规模较小的团队中，成员最为活跃，冲突最少，沟通成本也最低。以下是亚马逊 DevOps 最佳实践的简要概述。

（1）采用持续集成与持续交付：开发人员频繁提交代码，每次提交会自动触发构建流程。构建成功后，应用会被自动部署到测试环境中进行测试。从代码提交到测试部署的整个流程都是自动化的。在亚马逊，所有的应用程序、基础设施和文档都通过代码进行管理，只有经过代码仓库管理的项目才能部署到生产环境。服务或软件只在经过彻底测试后，才会被部署到生产环境中。

（2）推行代码评审：实施代码评审是确保代码质量的关键措施，这有助于确保代码的整洁性、可读性及功能的正确实现。代码需要经过风格检查，保持统一的代码风格有利于未来的维护、修改和扩展等。

（3）自动回滚：当系统发生故障时，自动回滚功能可以迅速地将服务恢复到故障前的状态，以最小化中断时间。随后，利用日志记录和监控工具来追踪和诊断产生故障或错误的原因。

（4）持续监控生产环境：通过仪表板实时查看生产环境的运行状态，及时识别潜在的问题，并制定运行异常时的应对预案。

4.6   SRE

SRE 实践

从 2004 年开始，谷歌的本杰明·特雷诺（Benjamin Treynor）为了维护谷歌内部庞大的分布式系统，带领团队不断地观察和探索，逐步总结并发展出一套指导原则和工程实践。这些原则和方法用来构建和运行高可用的分布式系统，后来演变成了网站可靠性工程（Site Reliability Engineering，SRE）。在谷歌，SRE 工程师负责部署应用程序、配置环境、监控系统、优化性能、规划容量，以及制定伸缩性和可靠性解决方案。

SRE 的核心思想包括以下 5 个方面内容。

1. 消除孤岛

消除孤岛让开发人员与运维人员在一起办公，协同工作，共享代码、共同承担产品可靠性的责任。

2. 故障是常态

随着系统规模和复杂性的提升，故障是不可避免的。因此，软件架构和工程实践应充分考虑如何应对故障，做最好的设计、最坏的准备。例如，部署新版本的应用程序要有预案，如果发生了故障，能自动回滚到之前的稳定版本。又如，先备份再迁移数据库，这样即使迁移过程中发生故障，也不会导致数据丢失。

SRE 不追求构建一个 100% 可靠的系统，因为这样的系统其构建成本极高，而且难以实现。相反，SRE 将故障作为一种常见情况，而不是异常情况。

服务故障可能会导致不同程度的影响，这些影响称为"事故"。例如，付款服务的中断可能会导致用户暂时无法进行交易。如果磁盘故障导致数据丢失，那么大量用户会受到严重影响。当发生事故时，通常会启动事先准备好的应急预案，以尽快恢复服务并解决事故，而不是先去分析事故产生的原因、谁应当为事故担责。

建立无责的文化，事故的相关人员不用担心受到惩罚或担责。这种文化鼓励团队成员之间不互相指责，而是共同合作得到问题。在事故发生后，虽然服务可能已经恢复，但这并不意味着应用程序中的潜在问题得到解决。因此，通常会举行一个事后分析会议，其目的是真诚讨论交流，而不是让某人担责。在会议中，工程师深入分析事故产生的因果链条，找出事故产生的原因，应采取哪些措施来缓解或补救，应采取哪些措施来防止该事故再次发生，并总结成文档、规范或代码改进方案等。简而言之，从事故中学习，不断成长。

错误预算是一种管理机制，它有助于缓解开发团队和运维团队之间的紧张关系。这个概念类似于银行账户中的余额，应用程序的可靠性决定了这个"账户"的盈亏。当应用程序出现故障时，相当于从账户中扣除了一部分余额；应用程序的稳定运行则相当于向账户中存入了资金。

拥有较高的错误预算（即账户余额充足）时，团队可以更加自信地推进新功能或新特性的发布。这就像银行账户中有足够的余额，可以支持更多的支出。相反，如果错误预算急剧下降（即账户余额不足），则需要更加关注系统的可靠性，并可能需要暂停新产品的发布，以便累积更多的错误预算，确保有足够的"资金"来应对未来可能出现的故障。这样，当错误预算恢复到一个安全水平时，团队可以再次考虑发布新产品。

以一个简化的例子来说明错误预算的概念。假设有一个查询服务，它每年需要处理 1000 万个查询请求，并且它承诺要达到 99.9% 的服务级别协议（SLA）。这意味着它允许的错误率是 0.1%。根据这个承诺，每年允许的最大错误请求量是 1000 万 ×0.1%，即 10000 个请求。如果这个查询服务在某段时间内出现了中断，但只要在服务恢复期间将错误请求的数量限制在 10000 个以内，那么服务就仍然符合其 SLA 目标。

错误预算为团队提供了一个量化的指标，用来衡量在保持服务质量的同时，可以承受多少故障或错误。这种机制首先激励团队成员共同商定一个实际可行的 SLA 目标，因为过高的 SLA 目标如果没有实际能力去实现，那就失去了意义。其次，它鼓励开发团队保持敏捷和高效的开发节奏，但同时要求他们将错误控制在预算范围内。当开发团队发布新产品时，他们必须意识到新功能可能包含导致服务中断的缺陷，这是他们需要承担的风险。开发团队可以消耗错误预算来应对这些风险。如果产品表现良好，错误很少，那么开发团队可以自由地随时发布新产品。然而，如果累积的错误数量接近或达到错误预算的上限，SRE 团队会通知开发团队暂停新产品的发布，直到错误数量减少到安全范围内。这样，错误预算有助于弥合开发团队和 SRE 团队之间的分歧，平衡了新功能的推出与服务的稳定性和安全性。最后，错误预算制度要求开发团队和 SRE 团队都承担起可靠性的责任。因为一旦发生基础设施故障，就会消耗掉宝贵的错误预算，这就要求两个团队都要努力确保系统的可靠性，以避免预算被耗尽。

3. 修改是增量式且可逆的

每次小范围地修改代码，而非大规模修改。这样做不仅便于代码审查，而且有利于使用自动回滚功能快速恢复服务，从而使代码的修改更安全。

可靠性是系统的基本属性。生活中，人们会对汽车进行各种保养（如检查胎压、更换机油、更换刹车片等），而不是等汽车发生故障了（如发动机喷油器阻塞）才去维护。同样地，常态化维护可以保证系统的可靠性。

4. 使用工具实现自动化

避免 SRE 团队承担低价值、重复性的琐事，如手动执行命令行任务、手动部署和手动构建镜像等。这些工作既耗时又枯燥乏味，可以通过自动化工具来高效完成，从而释放 SRE 工程师的时间，让他们专注于更有意义、创造性的任务，如编写自动化部署脚本、设计高可靠的架构等。

5. 监控与报警

监控是增强系统透明度和可观测性的关键手段，为数据驱动决策提供有力支持。通常，基础设施和应用程序的性能指标和重要事件均应被监控和收集。

避免使用人工不断检查仪表板以识别潜在的异常，而应该依赖自动化的报警系统。当系统达到了用户设定的特定条件或发生故障时，自动化报警机制会立即通知相关人员，以便他们能够迅速采取行动。例如，如果用户设定了一个规则——当 CPU 的利用率超过 70% 时发送警报。如果 CPU 的利用率在一段时间内持续超过这个阈值，那么系统就会自动通知用户。然而，如果阈值设置得太高，则可能会导致服务已经出现问题，但用户没有及时收到通知；反之，如果阈值设置得太低，则可能会导致频繁的假警报，这会使运维人员对警报产生疲劳，导致真正紧急的情况被忽视。因此，合理设置阈值对于避免出现假警报至关重要，这需要根据具体的业务需求、系统负载和丰富的经验来决定。

为了分析一个服务的健康状况（可用性），谷歌通常会收集以下 4 类关键指标。

（1）流量：例如每秒的请求数、每秒的查询数。

（2）错误数：监控不仅要关注错误总数，还要考虑错误率，单纯的错误数量并不能完全反映问题的严重性。例如，如果错误总数达到 100 个，这看起来可能很多，但如果这些错误发生在 1000 万个请求中，那么错误率实际上是 0.01%，这表明系统的可靠性还是相当高的。

（3）延迟：使用百分位数来分析延迟的分布。假设要分析 200 个请求的延迟时间分布，将这 200 个时间值按从小到大的顺序排列。如果排在第 80 位的请求延迟为 1.2 秒，则意味着有 40% 的请求（80/200=40%）延迟时间不超过 1.2 秒，即 40 分位数为 1.2 秒。同样，如果排在第 198 位的请求延迟为 1.4 秒，则表示 99% 的请求（198/200=99%）延迟时间不超过 1.4 秒，即 99 分位数为 1.4 秒。通过这两个百分位数，可以知道 99%-40%=59% 的请求延迟时间集中在 [1.2,1.4] 区间。

（4）饱和度：如果 CPU 核的利用率达到 95%，通常认为 CPU 快达到性能极限（饱和度高），此时处理能力可能很快就会达到饱和状态，存在过载风险。使用饱和度指标有助于掌握当前容量的使用程度，这样运维人员就可以根据实际需求动态地扩展资源以满足更多的请求，或者在资源即将耗尽之前，通过丢弃部分请求以防止系统发生故障或崩溃。

SRE 是谷歌在维护大型分布式系统可靠性方面积累的宝贵经验，它的许多核心理念和工程实践值得学习和借鉴。然而，我们不应将 SRE 视为金科玉律，因为 SRE 中的一些具体实践或指导原则可能并不完全适合某些团队。正确对待 SRE 的态度应当是因地制宜、量体裁衣、取其精华为我所用。同时，SRE 不会一成不变，而是在不断发展和演变。

4.7　混沌工程

What does not kill me, makes me stronger.

打不倒我的必使我强大

　　　　　　　　　　　　　　—— 尼采（Nietzsche）

　　　　　　　　　　　　　　德国著名的哲学家

2015 年 9 月 20 日，AWS 遭遇了一次重大的服务中断，这对许多依赖 AWS 服务的公司造成了严重的业务影响。然而，尽管 AWS 的基础设施出现了故障，Netflix 却能够迅速地恢复其服务，几乎不受这次中断的影响。这一情况挑战了人们的常规认知，也让人们好奇：一个完全依赖 AWS 基础设施的在线视频流媒体服务，如何在 AWS 的基础设施问题尚未解决的情况下，依旧能够正常运行？

自 2010 年起，Netflix 开始采用实验性的方法来提升系统的稳定性，并将这些方法应用于工程实践，逐步发展成混沌工程的理念。2012 年，Netflix 将 Chaos Monkey 对外开源，这是首个被广泛使用的混沌工程实验工具。Netflix 的工程师使用 Chaos Monkey 随机地停止生产环境中的虚拟机实例和容器，以此来迅速验证服务的健壮性、弹性扩展能力及对突发故障的应对能力。

混沌工程是一种通过有计划的实验来提高系统稳定性和可靠性的方法。它人为地向系统注入故障，以此检验系统的响应和恢复能力，从而提前发现并及时修复系统潜在的弱点和缺陷，防患于未然，确保生产性系统的稳定运行。一个能从故障中快速恢复正常运行的系统，通常认为它具备足够的韧性和自愈能力。混沌工程的特性如下。

（1）主动性：混沌工程不是等待故障发生，而是主动去引入故障，以此来检测系统的反应。

（2）系统性：混沌工程不仅是关注单一组件或服务，而是从整个系统的角度出发，确保各部分协同工作。

（3）实验性：混沌工程通过实验来模拟各种可能的故障场景，而非理论分析。

（4）迭代性：混沌工程是一个持续的过程，通过不断地实验和改进来提高系统的稳定性。

（5）全栈性：混沌工程涉及从基础设施到应用层的各个层面，确保所有层次都能承受故障。

混沌工程通过"有目的地搞破坏"来发现系统潜在的弱点。这种方法涉及设计并执行一系列实验，以便了解系统对各种故障和异常情况的适应和恢复能力，从而提升对系统稳定性和可靠性的信心。典型的混沌实验通常包含 5 个主要阶段，如图 4-5 所示。

图 4-6 展示了一个设计，用于确保 Web 站点的高可用。该架构由 3 个位于不同可用区的 EC2 实例组成。这些 EC2 实例被配置为一个自动伸缩组，以保持实例数量恒定为 3 个。

ELB 负责监控这些实例的健康状态，并在检测到任何一个实例发生故障时，将流量重新定向到其他健康的实例。同时，ELB 会触发新实例的启动，以维持 Web 站点有 3 个运行实例。为了验证这个高可用性方案的有效性，提出了两个假设情况。假设 1 指可用区 1 的 EC2 实例宕机，Web 站点仍然能保证高可用，如图 4-7 所示。假设 2 指可用区 3 的 EC2 实例宕机，Web 站点仍然能保证高可用，如图 4-8 所示。这些假设需要通过实验确认。

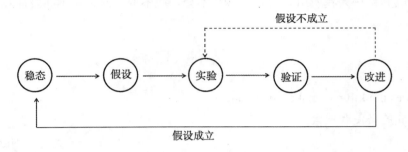

图 4-5　混沌实验的 5 个阶段

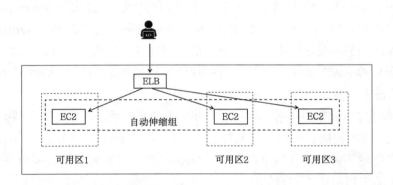

图 4-6　高可用 EC2 方案

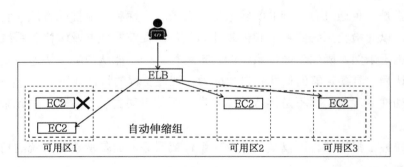

图 4-7　假设 1：一个 EC2 实例宕机，不会影响 Web 服务的高可用

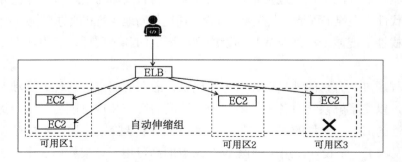

图 4-8　假设 2：一个可用区中断，不会影响 Web 服务的高可用

下面进一步解释混沌实验的 5 个阶段。

1. 定义系统的稳定状态

稳定状态指系统能够持续地向用户提供服务。为了衡量这一点，需要设定一些监控指标。例如，在一个系统中如果用户请求的平均响应时间不超过 1 秒，那么它就处于稳定状态。这类与业务直接相关的指标比监控系统资源的指标（如 CPU 利用率不超过 80%），更能精确地指示系统是否运行稳定。

2. 建立假设

假设发生了一种故障，但是系统不受故障的影响，或者能从故障中快速地恢复正常运行。例如，假设数据库的一个实例出现了故障，数据库服务仍然可以正常运转。又如，假设使用的系统资源接近极限，用户的请求依然能够获得及时响应，保持在可接受的性能水平内。

3. 注入故障做实验

在实际环境中，为了测试系统的稳定性和恢复能力，可以通过故意引发故障来进行实验。在这个过程中，可以选择手动或自动化的方式来注入故障。通常，自动化方式比手动方式更高效。

4. 验证假设

为了评估药物的效果，通常会对实验组（服用药物的患者）和对照组（未服用药物的患者）的指标进行对比。同样地，在测试系统的稳定性时，需要确认注入的故障是否对系统的可用性产生了影响。如果故障并未影响系统的可用性，那么会继续进行下一轮的测试，即提出新的假设并进行验证。然而，如果故障确实导致了系统可用性的下降，那么就需要针对这些弱点对系统进行改进和加固，再次进行测试，以不断确保系统能够抵御此类故障。

实施全面的监控，确保在故障发生时能够及时发现并响应。使用监控工具对系统进行实时跟踪，从而判断监控指标是否偏离了正常的稳定范围，并评估偏离的严重程度。例如，如果一个数据库实例发生故障，导致超过 1000 个请求的平均响应时间超过了 10 秒，这明显超出了系统稳定状态的标准（不超过 1 秒），表明系统稳定性的假设不成立，即系统存在脆弱点，需要加强和改进。此外，如果数据库实例宕机，但超过 1000 个请求的平均响应时间仅为 1.05 秒，这个微小的性能偏差仍在可接受范围内，因此系统的稳定性假设是成立的，对系统的稳定性有了更大的信心。

在实验过程中，需要收集一系列数据，包括故障的发生时间、故障的报警时间、系统从故障中恢复的时间、故障扩散的速度及受影响的用户数量等。这些数据是分析系统韧性和故障响应能力的关键指标。实验结束后，对收集的这些数据进行详细分析，以了解故障的具体情况，包括故障的性质、是否出现了预期之外的问题、对用户和业务的影响程度及故障发生的原因等。此外，还需要从故障中总结经验教训，并制定故障发生后的应对策略和改进措施。

5. 改进

每次实验后都要进行复盘，根据系统的表现进行必要的优化和调整。如果实验结果支持假设，那么就验证了系统在遭遇故障时的可靠性，这会增加我们对系统的信任。相反，如果假设被证明是错误的，这意味着需要识别并解决存在的问题，或者改进预案，例如改善数据库的高可用性方案，以消除系统潜在的缺陷。同时，实验中发现的任何其他问题，如系统性能的异常或需要优化的瓶颈，都会指导我们进行更深层次的梳理和改进，以便对系统进行持续的优化和增强。

混沌工程需遵循一些最佳实践，主要包括以下几点。

（1）渐进式实验：该实际指从小的故障开始，逐渐增加实验的复杂度和强度。理想情况下，希望直接在生产环境中实施混沌工程。然而，这样做可能会引发故障，对生产环境造成重大甚至致命的影响。因此，作为折中的选择，通常先在受控的环境（如测试环境或预发布环境）中重放真实流量，以模拟实际生产环境中的情况。在初期的小规模实验中建立起信心之后，可以逐步扩大实验的范围。

混沌工程实验应当避免盲目地随机注入故障。正确的做法是先对系统可能遭遇的故障（如磁盘空间不足、进程故障、服务器断电或网络故障等）进行详尽分析，并评估这些故障发生的可能性和造成的影响。然后，根据故障的发生概率和影响程度，对它们进行优先级排序，并分阶段、有序地进行实验。例如，优先排查发生概率高且影响大的故障。对于那些发生概率低且影响小的故障，虽然排查的优先级较低，但它们仍有一定的价值，尤其是在混沌工程的初期阶段，可以作为实践操作的对象。总之，混沌工程实验应从影响较小的故障（如单个 CPU 过载）开始，逐步扩展到影响较大的故障（如区域服务中断），以此促进系统的持续改进和演化。

（2）安全第一：在开展混沌工程实验之前，应当预先设置一个紧急停止机制。在实验进行时，如果自动监控系统检测到业务关键指标偏离了正常范围（即达到了预定的风险阈值），则可以立即激活这个紧急停止机制来结束实验，从而快速止损，防止情况恶化。此外，也可以制订一个回滚计划，确保出现问题时，系统能够迅速恢复到正常运作状态。

在混沌工程实验中，控制故障影响的范围至关重要，这个范围形象地被称为"爆炸半径"。实验设计时需确保故障仅影响一小部分用户（例如 1% 的用户）、特定功能（例如仅聊天功能受损，其他功能正常）或特定区域（例如仅某个省份的服务中断，其他省份的服务正常）。爆炸半径小意味着影响有限，风险较低，但可能发现的问题较少，实验的真实性可能不高，因此价值可能有限。反之，爆炸半径大则影响广泛，能发现更多问题，实验的真实性较高，因此价值可能更大。实验设计时需要在风险与暴露的问题之间寻求平衡。

（3）故障多样化：根据不同的业务场景注入多种多样的故障，确保系统能够应对多样化的故障，如模拟网络丢包、NTP 时钟不同步、DNS 故障、网络中断、磁盘损坏、CPU 过载、服务器崩溃、容器崩溃、数据库崩溃、负载均衡失效、数据库连接数超限、依赖服务超时、配置错误、心跳异常和消息包损坏等故障。举一个简单的故障注入例子——CPU 利用率 100% 的故障。实验者首先编写一个无限循环的程序，运行这个程序后，使用 top 命令观察到 CPU 利用率接近 100%，这表明实验成功地模拟了 CPU 满载的情况。停止该程序后，再次使用 top 命令观察到 CPU 利用率恢复到正常水平，这意味着 CPU 满载的故障演练已经完成。

（4）文化和教育：建立一种持续学习和改进的文化，鼓励团队在安全的环境下尝试新的想法和技术。在开展混沌工程实验之前，必须确保在团队内部进行充分的沟通，向相关人员通报实验的计划和细节。这包括明确实验的目的、预定的时间表、预计的持续时间及可能产生的影响。这样的沟通有助于培养团队对混沌工程的认同感和接受度，从而建立一种支持混沌工程实验的文化氛围。

混沌工程需要团队成员的广泛关注和参与。系统架构师可以通过混沌实验检验系统架构的容错性。对于 DevOps 团队来说，混沌工程有助于验证故障检测、定位和恢复流程的有效性，进而优化故障响应的效率。测试团队可以利用混沌工程提前发现系统的潜在缺陷。产品团队则可以通过混沌工程来增强系统的稳定性，进而改善用户的使用体验。对企业而言，实施混沌工程需要建立一个自动化的实验平台，以最大程度地自动化混沌实验的各个流程。利用自动化工具管理和执行故障注入。通过定期的混沌实验来不断提升系统的稳定性和可靠性，进而提高产品的整体质量。

总而言之，混沌工程是提升现代复杂系统稳定性的重要实践，它通过不断地实验和优化，帮助组织建立起更加健壮和可靠的系统。

4.8 云成本分析与 FinOps

云计算的显著优点之一是它的成本效益，这也是企业将 IT 基础设施转移到云端的主要推动因素之一。在传统的 IT 企业环境中，当开发部门采购新的硬件或服务时，他们会提出需求，然后由财务部门进行审批，这种流程适用于成本固定和可预测的情况。然而，当企业转向云计算时，情况就变得复杂了。开发部门需要租用不同的云服务，而这些服务通常有不同的计费模型，导致云成本变得动态且难以预测。此外，云平台中可能存在一些隐藏的费用，如果企业没有及时注意到并取消这些不需要的服务，那么就会产生额外的、不必要的云服务费用。例如，AWS 的弹性 IP 地址是一个静态的 IPv4 地址，如果企业申请了弹性 IP 地址但并没有将其分配给 EC2 实例，那么也需要支付费用。

总之，如果没有一套有效的指导原则和工程实践来管理云资源的使用，可能会导致云支出变得模糊不清，甚至失控。因此，企业需要采取适当的措施来确保他们能够清楚地了解和管理云成本。

FinOps（Financial Operations）专注于云成本管理和优化，它提倡一系列的指导原则和工程实践，帮助企业更有效地控制和管理其在云平台上的支出。以下是 FinOps 的一些核心要点。

（1）跨部门协作：同一个组织的不同职能部门（如开发、运维、产品和财务部门等）需要协同合作，共同努力优化云成本。

（2）成本透明化：确保所有的云服务费用都是可见的，没有任何隐藏的成本。这包括理解不同云服务的计费模型和任何可能的额外费用。

（3）成本责任制：明确各个团队或项目对云成本的责任，确保每个团队都知道他们的活动如何影响整体的云支出。

（4）优化资源使用：通过定期审查和调整云资源的使用，确保资源得到有效利用，减少浪费，并关闭未使用的资源。

（5）监控开支：类似于对应用程序的实时监控，对云服务的开支进行实时跟踪，确保成本的流向透明且可追溯。对开支异常进行识别和报警，避免不当开支积少成多最后导致成本失控。及时识别那些未被使用的隐性收费服务，并通知相关人员以便采取措施，避免不必要的经济损失。

（6）预算管理：开发团队应具有云成本意识，在设计云应用架构时将成本作为重要考虑因素之一，在预算范围内合理使用云资源，以避免超支。

（7）成本分析和报告：定期进行成本分析，以识别节省成本的机会，并向管理层提供有关云支出的报告。

（8）流程自动化：自动化云资源的部署、管理和监控过程，以提高效率并减少人为错误。

（9）持续改进：云成本优化是一个不断迭代的过程，不断寻求改进云成本管理的方法，包括采用新的技术和最佳实践。

通过遵循这些指导原则和工程实践，企业可以更有效地控制云成本，避免不必要的支出，并确保他们的云投资能够带来最大的价值。

本 章 小 结

本章讨论了构建大型云应用涉及的一系列主题，包括云端应用案例、基础设施代码化、持续集成与持续部署、DevOps、SRE、混沌工程、云成本分析与 FinOps。本章涵盖面非常广，重点在于拓宽读者的视野。

拓 展 阅 读

1．《云计算架构设计模式》（艾利克斯·洪木尔、约翰·夏普、拉力·布拉德等，华中科技大学出版社，2017 年）。

2．《云原生模式》（科妮莉亚·戴维斯，电子工业出版社，2020 年）。

3．《Google SRE 工作手册》（贝特尼、尼尔、戴维等，中国电力出版社，2020 年）。

习 题

1．对于传统的手工操作方式，IaC 对软件交付过程带来了诸多优势。请从自动化、可重复、安全性、复用性等方面讨论 IaC 的优势。

2．回答下面关于 CI/CD 的问题。

（1）持续集成与持续部署有何区别？

（2）持续交付与持续部署有何区别？

（3）目前开源社区提供了哪些工具用于源代码管理、构建、测试、部署和监控？

3．下面哪个选项描述了 DevOps 的特点？（　　　）

    A．开发与运维融为一体　　　　　　　B．提倡共享的文化

    C．自动化与测量　　　　　　　　　　D．上述 3 项

4．DevOps 在以下哪两个因素之间取得平衡？（　　　）

    A．发布频率　　B．代码质量　　　　C．系统的可靠性　　D．系统的伸缩性

5．关于 SRE，下面哪些说法是正确的？（　　　）

    A．SRE 追求 100% 可靠的系统。

    B．生产系统发生了故障，先解决故障恢复被中断的服务，再事后分析原因。

    C．可用性目标定得越高越好。

    D．SRE 提倡人工定时监控数据，及时发现异常。

6．回答下面关于 SRE 的问题。

（1）使用错误预算，有利于团队在哪两个因素之间做权衡？

（2）性能监控工具获取的指标，主要归结为哪 4 类？

7. 关于混沌工程，下面哪些说法是正确的？（　　　）

（1）混沌工程漫无目的地破坏系统。

（2）混沌工程是用来找出代码中的 Bug。

（3）混沌工程可建立系统抵御故障的信心。

（4）控制爆炸半径，可降低混沌实验实施的风险。

（5）混沌工程是找出系统的漏洞，尽早修复漏洞，避免真实故障的发生。

（6）混沌工程只能在生产环境中使用。

（7）混沌工程只适合大型互联网公司使用，不适合中小型互联网公司使用。

（8）混沌工程推荐尽可能靠近生产环境做实验，这样实验更真实。

8. 回答下面关于混沌工程的问题？

（1）采用哪些工程实践或指导原则，可降低混沌工程在生产环境实施的风险

（2）测试与混沌工程有什么区别？

9. 假设一个 EC2 实例的价格为 0.50 美元 / 小时，弹性 IP 地址的价格为 0.01 美元 / 小时。从 EC2 向外界传输数据的价格为 0.12 美元 /GB，从外界传入 EC2 实例的费用忽略不计。如果每月平均传输 800GB 数据，并且每月按 30 天计算，那么 EC2 实例每月的成本是多少？

10. 有两种云集群方案可供选择。方案一的集群使用 10 个按需 EC2 实例，这些实例的作业运行时间为 14 小时，每个实例每小时的费用为 1.0 美元。方案二的集群在 10 个按需实例的基础上，再增加 10 个 Spot 实例，形成一个包含不同类型实例的混合集群。在这个混合集群中，作业的运行时间减少到 7 小时。Spot 实例的价格是 0.5 美元 / 小时。哪种方案的成本更低？

11. 假设一个物联网计量设备，它每分钟向云后台发送功耗数据。云后台处理功耗数据，每次需要 1 秒的计算时间和 1GB 的内存。用户分析这些数据有两个方案：Lambda 和 t2.micro。Lambda 函数的内存限制为 1GB，免费套餐是 400000 秒的执行时间。如果 Lambda 函数的执行时间超过了免费套餐，那么超出部分按照 0.00001667$/GB•S 的价格进行计费。t2.micro 实例的计费是 0.0116 美元 / 小时。

（1）采用 Lambda 函数的成本是多少？

（2）采用 t2.micro 实例的成本是多少？

（3）哪种方案的成本更低？

（4）如果功耗数据是每秒钟发送一次，哪种方案的成本更低？

（5）对于长时间运行的应用，是否适合采用 Lambda 函数？

12. 假设 Lambda 函数的计费包括请求数量和执行时间两部分。请求数量的计费标准是 0.20$/M（100 万个请求花费 0.20 美元），执行时间的计费标准是 0.0000166667$/GB•S。分别计算下列两种情况的费用。

（1）假设 Lambda 函数使用 1.5GB 内存，每次调用花费 10s，每天处理 10000 张图片。

（2）假设 Lambda 函数使用 512MB 内存，每次调用不超过 100ms，每秒钟平均处理 10 个请求且可以扩展到每秒 100 个。

13. 用户使用 AWS 存储数据。一个月的前 10 天存储了 50GB 数据，剩下的 21 天存储了 100GB 数据。数据集复制到 AWS 存储的计费标准是 0.04$/GB，数据存储的计费标准是 0.300$/GB•month，用户一个月内的总成本是多少？

14. 假设用户的加速器应用部署在北美地区，持续运行 30 天，共传输了 10TB 数据。其中，60% 流量是从加速器应用传输到终端用户（带外流量），40% 流量是从用户传输到加速器应用（带内流量）。在带外流量中，5TB 流量传输到欧洲地区的内容分发点，1TB 流量传输到亚太地区的内容分发点。从北美地区到欧洲地区的流量计费标准是 0.015 美元 /GB，从北美地区到亚太地区的流量计费标准是 0.035 美元 /GB。加速器应用的计费标准为 0.025 美元 / 小时。不考虑带内流量的成本，上述场景的总成本是多少？

第 5 章 云计算操作系统

本章导读

本章将讨论云计算操作系统的相关内容，揭示云服务背后的关键技术与设计原理。凭借庞大的物理基础设施、深厚的运营技术及丰富的经验，云服务提供商几乎将一切资源作为服务对外提供，计算、存储、网络甚至数据中心等都变成了软件定义，这背后离不开虚拟化技术。容器与 Kubernetes 对操作系统做进一步抽象，使应用程序的运行几乎不需要考虑底层的操作系统，推动云计算进入了云原生的时代。本章将重点讨论虚拟化与云原生两个重要主题。

本章要点

- ◆ 虚拟化。
- ◆ 网络虚拟化。
- ◆ 存储系统的架构。
- ◆ OpenStack。
- ◆ Docker 容器。
- ◆ Kubernetes 云原生操作系统。
- ◆ 云原生。

UNIX is basically a simple operating system, but you have to be a genius to understand the simplicity.

UNIX 基本上是一个简单的操作系统，但您必须是一个天才才能理解它的简单性。

—— 丹尼斯·里奇（Dennis Ritchie）

C 语言发明者，1983 年与肯·汤普逊共同获得图灵奖

5.1 LOKI

云计算操作系统通过构建一个软件抽象层，管理下层基础设施层的软硬件资源，为上层的用户提供云服务 API，供其访问和使用。

在开放与开源的大时代背景下，云计算在演变过程中必然会诞生开源的云计算操作系统。相对于私有且商业化的云计算操作系统，如亚马逊 AWS、谷歌 GCP、微软 Azure 及阿里云操作系统等，开源云计算操作系统为学术机构、企业和社区人员等提供开源且免费的替代品。经过多年的演变，开源云计算操作系统的组件可以浓缩为 LOKI，L 代表

Linux，O 代表 OpenStack，K 代表 Kubernetes，I 代表 Infrastructure。其中，Linux、Open-Stack 和 Kubernetes 均是目前极为活跃的开源项目，生态系统规模庞大且繁荣，分别在单机操作系统、云计算基础设施和云原生领域处于核心地位。早期的 Web 应用程序主要采用 Linux+Apache+MySQL+PHP/Python 的技术栈，简称为 LAMP。尽管这套技术栈组合目前看来已经陈旧，但它为开发人员提供了具体可操作的技术蓝图。与 LAMP 类似，LOKI 有助于企业选择经过验证且成功的技术组合，从而快速构建云计算平台。

本节将重点讨论 Linux 操作系统。云计算操作系统依赖传统的服务器（单机）操作系统。目前，在服务器上广泛使用的操作系统包括开源的 Linux 和闭源的 Windows。

诞生于 1991 年的 Linux 是一款强大且流行的开源操作系统。经过不断演变，它可以在各种硬件上运行。操作系统方面的创新如果能集成到 Linux 内核，则会加速技术的普及与应用。反过来，用户广泛使用 Linux 内核集成的新功能与新技术，又会进一步强化 Linux 在操作系统领域的核心地位。例如，KVM 虚拟化技术进入了 Linux 内核，借助 Linux 操作系统的广泛应用快速普及，淘汰了曾经辉煌一时的 Xen 虚拟化技术。流行的 Docker 容器技术依赖 Linux 内核提供的特性，使容器进程以隔离方式运行。Linux 内核提供的 eBPF 技术，正在孵化出大量的创新。本章后续都会讨论这些技术。

Linux 内核（kernel）是基于 GNU GPL（General Public License，通用公共许可证）发布的，因此任何人都可以运行、研究、修改和重新分发源代码，甚至出售修改后的代码副本。Linux 内核由林纳斯·托瓦兹（Linus Torvalds）负责维护。2007 年，托瓦兹和其他技术领袖共同发起 Linux 基金会，致力于推动开源软件生态系统的发展。Linux 基金会是一个有经验、有资源、有专业知识的开源组织，为许多重要的开源项目提供托管服务，涉及操作系统（如 Linux 内核）、区块链（如 Hyperledger 项目）、云原生（Cloud Native）计算、安全和开发工具等。

Linux 发行版将 Linux 内核、图形用户界面、GNU 工具、软件包 / 库及应用软件等集成在一起，组成一个可安装且完整的操作系统产品。目前，Linux 已经发展成许多不同风格的发行版，有些发行版针对桌面环境，有些发行版针对服务器。Linux 发行版分为社区版和企业版两种类型。社区 Linux 发行版是免费且开源的，主要由开源社区来提供支持和维护。企业（或商业）Linux 发行版需要从供应商采购。社区 Linux 发行版与企业 Linux 发行版之间的主要区别在于由谁来主导发展方向。社区 Linux 发行版的方向由社区贡献者确定，他们会从各种开源方案中选择并维护软件包。企业 Linux 发行版的方向由供应商根据客户的需求来确定。相对于社区 Linux 发行版，企业 Linux 版的稳定性和安全性更高，并且企业会提供更长的生命周期技术支持与服务（如补丁和升级）。表 5-1 列出了常见的 Linux 发行版。

表 5-1　常见的 Linux 发行版

社区版	企业版
Fedora、CentOS Stream	Red Hat 公司的 RHEL（Red Hat Enterprise Linux）
Debian	Canonical 公司的 Ubuntu
OpenEuler（欧拉）	华为公司的 EulerOS

Fedora 项目是 Red Hat（红帽）企业的社区 Linux 发行版，红帽是该项目的主要赞助商，

同时大量的独立开发者也参与其中。新功能与特性在 Fedora 中经过广泛的测试与验证后，红帽再将其集成到红帽企业 Linux 版本（RHEL）。换句话说，Fedora 是 RHEL 的新技术实验场。红帽的商业模式并不是靠出售软件本身盈利，而是靠提供软件的订阅服务盈利，包括技术支持、安全更新、认证和培训等。这些服务对于企业级用户来说是非常有价值的，因为它们可以保证软件的稳定性、安全性和可靠性，以及与其他软件和硬件的兼容性。根据 GPL 协议，RHEL 的源代码是公开的，任何人都可以基于它来构建和分发自己的 Linux 发行版，而不需要支付给红帽任何费用。CentOS（Community Enterprise Operating System，社区版的企业操作系统）是 CentOS 社区根据 RHEL 的源代码重新编译的版本，与 REHL 非常相似，相当于 RHEL 的免费克隆版本。红帽公司也参与 CentOS 社区，但对 CentOS 发行版不提供技术支持。CentOS 凭借其开源、免费和稳定的特性深受市场喜爱。它们之间的上下游关系为 Fedora → RHEL → CentOS。2020 年，红帽和 CentOS 社区将 CentOS 转变为 CentOS Stream，一个位于 Fedora 和 RHEL 之间的滚动更新发行版，作为 RHEL 的上游开发平台。现在，它们之间的上下游关系为 Fedora → CentOS Stream → RHEL，这意味着 CentOS 将不再是 RHEL 的克隆版，而是 RHEL 的预览版。随着 CentOS 的定位转变，其他发行版（如 Rocky Linux 和 AlmaLinux 等）的目标是成为 CentOS 的替代品，试图填补 CentOS 项目留下的空白，作为 RHEL 的下游进行构建和再发布，兼具"免费"和"稳定性"。

Debian 是一个著名的社区类 Linux 发行版（不归任何公司所有），也是大量 Linux 发行版的基础。在诸多基于 Debian 构建的发行版中，Ubuntu 是最著名的一个，由英国的 Canonical（科能）公司发布并提供商业支持。Ubuntu 一词译为乌班图，来自非洲南部，指乐于分享。

华为公司推出了两个操作系统，开源版的 OpenEuler（欧拉）和商业版的 EulerOS。

5.2　虚　拟　化

混世魔王闪过，拿起那板大的钢刀，望悟空劈头就砍。悟空急撤身，他砍了一个空。悟空见他凶猛，即使身外身法，拔一把毫毛，丢在口中嚼碎，望空喷去，叫一声："变！"即变作三二百个小猴，周围攒簇。原来人得仙体，出神变化无方。

—— 〔明〕吴承恩《西游记》

虚拟化是云计算的使能技术。人们熟悉的虚拟机就是典型的虚拟化技术，在一台物理服务器上同时运行多个客户操作系统（Guest Operating System）实例，这些客户操作系统一方面相互隔离，另一方面共享相同的硬件资源。每个客户操作系统都认为自己拥有独立的硬件资源，但实际上这些硬件资源是共享的。

下面简要介绍虚拟化技术的演变史。

20 世纪 60 年代就诞生了虚拟化技术。当时 IBM 大型机的用户采用极为古老的批处理方式提交作业，这种方式的效率非常低下，浪费昂贵的计算能力。当时的解决方法是采用传统的批处理操作系统，使其具有交互性，以便多个用户进入系统，但这会使操作系统本身变得极其复杂。IBM 的工程师提出了一种新颖的方法，为每个用户提供一个虚拟机，其操作系统不必很复杂，因为它只需要支持一个用户。1964 年，IBM 在其 System 360 大型机的 CP-40 操作系统上实现了虚拟机功能，CP-40 很快就被后来的 CP-67 取代。CP-67 是

IBM 虚拟机管理程序的第二个版本，实现了虚拟机之间的内存共享，同时为每个用户提供独立的虚拟内存空间。

20 世纪 70 年代，IBM 的工程师创造了 Hypervisor（虚拟机管理器）一词。Hypervisor 是一种硬件级别的虚拟化技术，它在同一台物理机上运行多个虚拟机，每个虚拟机都有自己的虚拟硬件资源（CPU、内存和存储等）并运行独立的操作系统。这样多个操作系统实例隔离在各自的虚拟机中，彼此之间互不干扰，同时又运行在同一台物理机上。

虽然在 20 世纪 60 至 70 年代，大型机对虚拟化有明显的需求。但是，20 世纪 80 年代个人计算机的兴起及 20 世纪 90 年代互联网的兴起，廉价的 X86 计算机及各种客户端与服务器的应用，带来了分布式计算，计算资源的获取变得简单且便宜。大型机在新兴的服务器市场中逐渐失去了竞争力，在新的计算平台上构建虚拟机的想法也被暂时抛弃，虚拟化技术进入了寒冬。

随着 20 世纪 90 年代互联网的兴起，企业需部署和管理大量的服务器以托管网络服务（如 Web 服务、电子邮件服务和文件共享等），这些大量的服务器称为服务器集群（Server Farm）。服务器集群通常由成百上千台服务器组成，占用大量物理空间，消耗大量电力，造成空间和电力资源的浪费，而且维护服务器集群的成本高。随着 CPU 性能的持续提升，服务器的 CPU 利用率开始变低，如何充分利用这些闲置的计算能力变得重要起来了。如果能在共享的服务器之上整合应用负载，那么就可以提高资源利用率、节省空间、减少电力消耗及减少物理布线。这些需求促使虚拟化又变得极为重要，因为虚拟化技术可以将多个隔离的虚拟机整合在一台服务器上运行，从而提高服务器的资源利用率。虚拟化技术度过寒冬后迎来春天。

宽泛地讲，虚拟化技术的演变过程可分为两个阶段：虚拟机与容器。早期的虚拟化主要使用虚拟机，现在的虚拟化更多使用容器。

1999 年，美国 VMware 公司推出了首款基于 X86 处理器的虚拟化产品，在没有任何处理器硬件辅助支持的情况下实现虚拟化。其他实现方式也如雨后春笋般涌现，如微软的 Hyper-V 和 Oracle 的 VirtualBox。

2003 年，剑桥大学的伊恩·普拉特（Ian Pratt）和他的博士生凯尔·弗雷泽（Keir Fraser）等人共同研发了 Xen 虚拟化，这是一个基于 X86 处理器的开源虚拟机管理程序，可在 Xen 上运行经过修改的 Linux 操作系统。

2006 年，以色列 Qumranet 公司（后来被 Red Hat 公司收购）的阿维·齐维迪（Avi Kivity）开发了基于 Linux 内核的虚拟机，允许内核充当虚拟机管理程序，这就是著名的 KVM（Kernel-based Virtual Machine，基于内核的虚拟机）。2007 年发布的 Linux 内核 2.6.20 版本集成了 KVM。KVM 依赖 CPU 硬件虚拟化的支持，Intel VT 或 AMD-V 是内置在处理器中的硬件辅助虚拟化技术。KVM 支持多种客户操作系统，包括 Linux、Windows 和 Mac OS 等。由于 Xen 没有集成到 Linux 内核，因此造成其后期的没落。

2008 年，Linux 内核集成了谷歌工程师贡献的控制组 cgroups（control groups）。Linux Containers（LXC）第一个版本发布，用来隔离进程，这为后来的 Docker 容器奠定了基础。

2013 年，Docker 的创始人所罗门·海克斯（Solomon Hykes）发布了 Docker 容器，解决了应用程序的打包、分发与部署问题，迅速掀起了容器热潮，对 IT 界产生了广泛而深刻的影响。

2014 年，谷歌推出了 Kubernetes，这是一个开源容器编排系统，使容器化应用程序具备自动化部署、自我伸缩和自我修复等功能。

目前，Hypervisor 技术在云计算、服务器虚拟化和开发测试等场景中得到广泛应用。服务器虚拟化使数据中心或服务器集群的服务器数量急剧减少，原先由大量服务器部署的 Web 服务、电子邮件服务和文件共享等网络服务，以虚拟机方式在少量服务器上运行。换句话说，少量服务器就可以完成以前相同的工作，这带来的好处是显而易见的，包括提高服务器的利用率、节省空间和电力、降低企业的成本、快速部署应用及支持应用的弹性伸缩等。目前，虚拟化已成为云计算与数据中心的核心技术。

除了在服务器上使用虚拟化，还有一种操作系统级虚拟化，它与服务器虚拟化稍有不同。操作系统级虚拟化会（在很大程度上）屏蔽掉操作系统的差异，使应用程序与底层的操作系统解耦合，能够在不同的操作系统上运行。这就是目前流行的容器技术，如 Docker。相关内容及虚拟机与容器的区别将在本章后续内容中详细介绍。

狭义地讲，虚拟化指通过软件在一台宿主机上同时运行多个独立的操作系统实例，例如在 Linux 服务器上同时运行多个 Linux 和 Windows 操作系统实例。在不同的语境下，虚拟化的含义有细微差别，与服务器上使用的虚拟化的含义不一样。

广义地讲，虚拟化既指将一个物理资源划分成多个独立的逻辑资源，也指将多个物理资源整合成单一的、可分割的逻辑资源，屏蔽掉硬件的特性与差异性，使逻辑资源可以跨越物理资源甚至跨越地域。无论哪种解释，虚拟化的基本含义是指通过一个抽象层对底层硬件进行抽象、隐藏或隔离，使上层的逻辑资源与底层的物理设备解耦合，用户以软件或编程方式控制和管理上层的逻辑资源，而无需关注底层的物理设备，物理设备的增减、调换、分拆和合并对逻辑资源完全透明。

虚拟化思想在计算、存储和网络等领域有着广泛的应用。

计算机程序在运行时，每个进程都有一个独立且超大的虚拟地址空间，实际上计算机内的所有进程共享同一个物理内存，操作系统负责将进程访问的虚拟地址映射到内存的物理地址，这是内存虚拟化的例子。

独立磁盘冗余阵列（Redundant Array of Independent Disks，RAID）是存储虚拟化的一个例子，它将大量独立的硬盘组合成一个大容量硬盘，用一个逻辑实体代表多个复杂的硬盘，上层文件系统使用这个单一的大容量硬盘，它比单个硬盘有更高的性能和可靠性。RAID 分为不同的等级，如 RAID 0、RAID 1、RAID 5、RAID 6 和 RAID 10 等，不同的等级在故障容忍性、读写性能和成本（数据冗余）上做了不同的权衡。以 RAID 5 为例，它需要至少 3 个硬盘，通过数据条带化和分布式奇偶校验来提供数据冗余。这意味着数据和奇偶校验信息被分布到不同的硬盘上，当其中一个硬盘出现故障时，可以使用剩余的数据和奇偶校验信息重建丢失的数据，这意味着 RAID 5 能容忍单个硬盘发生故障而不丢失数据。RAID 5 提供了较好的性能和容量利用率，兼顾两者取得较好的平衡。与 RAID 相关的是一堆磁盘（Just a Bunch Of Disks，JBOD），它把多个硬盘串联到一起，形成一个大硬盘。在 JBOD 中，每个硬盘独立工作，没有像 RAID 那样做数据条带化或冗余。这意味着如果一个硬盘发生故障，只有该硬盘上的数据丢失，而其他硬盘上的数据仍然可用。相对于 RAID，JBOD 的管理相对简单，通常只涉及硬盘的添加和删除，它不涉及像 RAID 那样复杂的配置和管理。总之，RAID 和 JBOD 是两种不同的存储策略，具体选择取决于对性能、冗余和故障容忍性的需求。RAID 通常用于需要更高性能和容忍硬盘故障的场景，JBOD 则更适用于大容量数据存储的需求，但对冗余和故障容忍性要求较低。

虚拟局域网（Virtual Local Area Network，VLAN）可能是最早的网络虚拟化案例，它在一个物理网络上创建出多个虚拟网络。用户无需触碰任何的物理设备（如线缆、交换机和路由器等）即可快速搭建虚拟网络，这些虚拟网络具有物理局域网相同的互联功能。虚拟网络之间在逻辑上相互隔离，但实际上共享物理网络的数据交换能力。用现代的术语来表述，整个底层的物理网络连线作为整合层，上层的虚拟网络作为覆盖层位于整合层之上。相对于 VLAN，虚拟可扩展局域网（Virtual eXtensible Local Area Network，VxLAN）是更具扩展性的网络虚拟化，其"虚拟"的含义指在物理网络之上实现（虚拟的）覆盖网。网络虚拟化有广泛的应用场景。企业使用网络虚拟化，以简单且高效的方式将物理网络划分成多个虚拟网络，供不同的部门使用（如财务部门、研发部门和管理部门等）。ISP 使用网络虚拟化来提供各种业务（如宽带上网、视频流和企业 VPN 等），每个业务由一个隔离的虚拟网络提供，而这些虚拟网络都共享同一个物理网络，这样的好处是无须为这些业务部署专门的物理网络，显著降低了基础设施部署、管理和维护成本。

5.3　SDN 与 NFV

5.3.1　SDN

上一节讨论了虚拟化，本节将继续讨论网络领域的虚拟化。讨论网络绕不开 SDN 这个话题，这是源自网络领域的技术浪潮。回顾历史，网络的功能主要由硬件定义。在软件定义网络范畴内，很多功能都从硬件转移到软件，将以前由硬件提供的功能用软件重写，这通常意味着"虚拟化"。

如果不谈历史，那么对 SDN 的讨论是不完整的。下面简要介绍 SDN 的演变历程。

先从背景谈起。网络是互联网通信的基础设施，长期以来网络的核心设备（路由器和交换机等）由少数制造商控制，如思科（Cisco）、华为和瞻博网络（Juniper Networks）等。尽管网络设备实现了标准的网络协议，支持互联与互通，但是它们通常由专有技术构建硬件、网络操作系统和功能特性，网络操作系统与硬件绑定在一起，缺乏众所周知的开放接口。由于网络设备是一个庞大的商业市场，制造商采用专有技术制造和销售网络设备，可锁定运营商（如云计算服务提供商和电信运营商等），从而通过销售硬件设备、技术支持与系统升级等方式不断获取商业利润。

对运营商而言，网络设备是一个黑盒子，无法根据应用场景来定制或扩展网络设备的功能。例如，向网络设备动态地添加一条路由规则，以加快特定类型流量的转发速度，传统的网络设备很难支持。如果网络设备发生故障，那么运营商通常将束手无策，因为其无法了解"黑盒子"内部到底发生了什么事情。专有网络设备及其管理工具带来了复杂性，也增加了运营商的管理负担。

回顾服务器市场，已经形成了由商品化裸机（Bare Metal，包含了 X86 处理器、内存和硬盘等硬件）、开源的 Linux 操作系统和各种应用软件等形成的开放生态系统。"商品化服务器＋开源软件＋开放统一"的行业标准，有助于降低企业的成本、促进行业的协作分工及加快技术创新，避免系统垂直集成、技术独家垄断的局面发生。出于降低成本的考量，传统的网络设备不应该是唯一选择，运营商会采用开放且开源的方式构建网络设备，绕开一体化垂直集成的网络设备。这意味着专有网络设备需走向解耦合，让运营者编写软件定义或控制其网络设备，用自顶向下（top-down）的方式对网络设备进行编程，例如通过软件设置流量转发规则。相反，传统的网络设备由制造商以自底向上（bottom-up）的方式构建并控制其行为，用硬件固化了流量转发规则。

下面再从历史的角度探讨 SDN 的演变历程。

2007 年，斯坦福大学的博士生马丁·卡萨多（Martin Casado）和其导师尼克·麦基恩（Nick McKeown）提出将传统网络设备的数据转发面和路由控制面两个功能模块分离开，通过集中式的控制器对分布式网络设备进行集中管理和配置，集中式控制器与网络设备之间采用开放的标准化接口。这种设计将为网络设备的设计、管理和使用提供更多的可能性，从而推动网络的革新与发展，这就是 SDN 概念的雏形。同年，两人与加州大学伯克利分校的斯科特·申克尔（Scott Shenker）教授在硅谷一起创办了 Nicira 公司 ❶，专注于软件定义网络和网络虚拟化。

2008 年，麦基恩教授等人提出了 OpenFlow 和 OpenFlow 交换机概念，引起业内广泛关注。相对于传统的交换机，OpenFlow 交换机将控制权上交给集中控制器，以解决交换机难管理的问题，也让网络设备具备了可编程性。OpenFlow 是一种新颖的编程接口，用于控制网络交换机、路由器、Wi-Fi 接入点和蜂窝基站等网络设备，挑战了过去几十年交换机和路由器的一体化垂直集成方法。Nicira 公司推出了基于 SDN 的网络虚拟化解决方案——基于 OpenFlow 和 Open vSwitch（OVS）创建虚拟网络。OVS 是使用 C 语言实现的开源虚拟交换机。2012 年，OVS 集成到了 Linux 3.3 内核版本中。不同于硬件实现 OpenFlow 交换机，OVS 用软件实现 OpenFlow 交换机。

2011 年，麦基恩和申克尔共同创立了开放网络基金会（Open Networking Foundation，ONF），负责 OpenFlow 与 SDN 的标准化与推广，推动软件定义可编程网络的发展。目前，ONF 已成为运营商网络开源解决方案的领导者。

2012 年，谷歌全球数据中心的骨干网络使用了 OpenFlow 与 SDN 技术，极大地提高了广域链路的利用率。这标志着 OpenFlow/SDN 技术完成了从实验技术向广域网部署的重大跨越。

2014 年，麦基恩提出网络交换机应该是可编程的而不是固定的，并针对网络设备设计了领域特定语言（Domain Specific Language，DSL），称为 P4（Programming Protocol-Independent Packet Processors）编程语言。P4 是一种具有协议无关及现场可重构能力的编程语言，将网络功能和协议设计交给了广大开发者而不是传统的网络设备厂商，从而使开发者能够自顶向下地设计网络，加速网络创新，缩短协议部署周期。此后，麦基恩又联合他人成立数据平面可编程芯片公司 Barefoot Networks，推动协议独立交换架构（Protocol Independent Switching Architecture，PISA）式交换机的发展。PISA 是网络硬件领域的专有领域架构（Domain Specific Architecture，DAS）。不同领域需要不同的编程语言与处理器，CPU 上运行 Java 应用程序，GPU 上运行 PyTorch 深度学习程序。P4 编程语言（软件）和 Barefoot Tofino 可编程交换芯片（硬件）是网络领域的 DSL 和 DAS，从硬件层面推动网络设备的可编程性，推动网络设备从黑盒走向白盒（开放与开源）。

---

❶ 2012 年被 VMware 公司收购。

简要总结 SDN 的演变历程。早期的 OpenFlow 将控制面和数据面分离，用户通过集中式控制器去控制网络设备的行为；现在通过 P4 编程语言及 PISA 实现网络设备数据面的可编程性；展望未来，网卡、交换机及协议栈均可编程，整个网络成为一个可编程平台。

图 5-1 给出了 SDN 的架构示意。SDN 网络架构包括 3 层组件：应用层、控制平面层和数据平面层。应用层使用 SDN 控制功能实现各种网络应用和服务，典型的示例包括负载均衡器、防火墙和虚拟网络等。控制平面层主要由 SDN 控制器组成，负责集中管理和控制数据平面层设备的行为。数据平面层主要由转发数据的网络设备组成，比如交换机和路由器等。

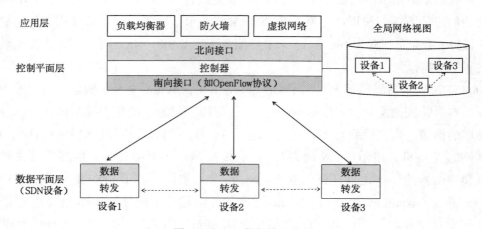

图 5-1　SDN 的架构示意图

网络设备的决策部分与操作部分分离，均移至集中式的控制器，使控制面和数据面分离，由控制器以全局统一的方式管理所有网络设备。控制器在逻辑上是集中的，在物理上并不一定只运行在一个节点上。为了保证高性能和高可用，控制器可部署在多台服务器组，形成一个控制集群，但在逻辑上是一个集中式控制器。

控制器充当应用程序和网络设备之间的中间层，提供了两个接口：北向接口和南向接口。应用程序与控制器的北向接口交互，获得完整的网络全局视图以进行内部决策，以便对网络设备进行快速配置、监控和故障排除等。控制器将应用程序发出的请求（如打开和关闭流量）转发到网络设备，并将网络设备返回的信息传递给应用程序。北向接口没有实现标准化，可以采用多种形式实现，允许各种编程语言与 SDN 控制器交互。南向接口用于控制器与网络设备的交互，传递网络流量的控制和统计信息等，实现对网络设备的控制。南向接口需要进行标准化，OpenFlow 是 SDN 使用的标准化可编程网络协议，它定义了控制器和网络设备之间的通信，工作在 TCP 协议之上。

随着网络控制面与硬件的解耦合，策略不再在硬件本身上执行。网络设备按照控制器下发的指令执行数据转发操作，通过软件可重新定义其行为，具备了可编程性。相反，传统网络设备是不可编程的，因为它们的数据面和控制面嵌入同一个设备。

相对于传统的基于硬件的网络，SDN 代表了一种全新的设计理念，它使用软件快速适应新策略，实现动态且高效的网络配置和管理。这种理念带来了明显的转变：网络架构从控制转发耦合转变为控制转发分离，控制面与数据转发面之间使用开放的可编程接口；

网络控制从分布式控制转变为集中式控制；网络设备从不可编程 / 封闭 / 硬件化转变为可编程 / 开放 / 虚拟化。

5.3.2　NVF

网络功能虚拟化（Network Function Virtualization，NFV）是一个新兴的技术领域，极大影响着网络的设计、部署和管理方式，使网络设备向虚拟化方向演变。先来了解 NFV 背后的市场驱动力，解释这个行业如何从一个以硬件为中心逐渐向虚拟化和软件定义方向转变的。

传统网络设备具有这样的特点，一体化垂直集成，在硬件之上运行紧耦合的专有操作系统，网络设备为固定的功能而服务，网络处理器高度定制（实现转发、分类和排队等功能）。电信运营商和云服务提供商在使用传统网络设备时普遍面临如下的挑战。

（1）灵活性限制：网络设备制造商提供的产品捆绑了固定功能，而运营商无法对功能集合进行裁剪或组合，定制能力不足导致网络设备的资源利用率低下。

（2）扩展性限制：网络设备在硬件和软件方面存在诸多限制。如果满足不了处理规模，那么运营商通常只能选择升级设备。

（3）可管理性限制：尽管网络设备采用了标准的监控协议，如简单网络管理协议（Simple Network Management Protocol，SNMP），用于收集网络设备的状态数据。但是仅依赖标准的监控协议可能是不够的，获取制造商设备的特殊参数需使用制造商提供的工具与接口，而不同制造商的工具与接口通常无法统一对接。

（4）互操作性差：为了市场推广，部分制造商在标准化完成之前推出了网络新功能，期望通过专有技术实现垄断，这会造成不同制造商的设备之间难以实现互操作。

（5）运营成本高：在网络中部署同一个制造商的设备，可以统一对管理人员进行培训，但是面临被制造商锁定的风险。在网络中部署不同制造商的设备，可消除被制造商锁定的风险，但是又会带来异构网络维护难和培训成本高等问题。

（6）过量配置：网络的长期流量需求很难准确预测，网络建成后过量配置导致容量远远超过所需容量，造成网络资源的浪费，投资回报率低。

NFV 是应对这些挑战的一种方法，它在通用服务器上用软件实现网络设备相同的功能（如路由、交换、防火墙和负载均衡等），将多种网络设备整合到行业标准化的通用服务器中，从而取代一体化垂直集成的网络设备，使网络功能由过去的固定化走向灵活多样化。通用服务器由各种商用现成品（Commercial-Off-The-Shelf，COTS）硬件组合而成，例如，批量制造且标准化的 X86 服务器、内存条和硬盘等。通用服务器的硬件通常不具备高吞吐量的数据包处理能力，操作系统也没有针对网络功能进行改进与深度优化，因此其网络数据包的处理能力不足。为了弥补这方面的不足，业界开发了相应的高性能软件包。例如，Intel 的 DPDK（Distributed Packet Development Kit，分布式数据包开发套件）是一个高性能的网卡驱动组件，它绕开或旁路 Linux 内核协议栈，允许用户态的程序直接和硬件进行交互，从而高速处理数据包。

NFV 的核心理念概况如下。

（1）将网络功能和硬件解耦合：传统的网络功能（如防火墙、路由器、负载均衡等）通常由专有硬件设备执行。NFV 将这些功能从硬件中解耦合，以软件形式运行在通用服务器上。

（2）虚拟化：NFV 使用虚拟化技术（如虚拟机或容器）将网络功能部署在通用服务器上。例如，软件防火墙可取代硬件防火墙设备，在功能与使用体验上两者相同，软件防火墙可能以虚拟机形式运行在商品化硬件上。容器技术的演进也正在影响着 NFV 的实现与部署方式，采用微服务与容器可进一步简化 NFV 的实现并提高部署效率。网络服务的功能由多个容器化的微服务组合而成。当网络服务过载时，通过增加微服务容器数量实现扩容；当网络服务低载时，通过释放微服务容器以减少资源占用。新业务部署通过重新组合多种微服务来实现。这样可以更灵活地配置和管理网络功能，而不需要修改硬件。

相对于传统网络，NFV 带来以下几个优势。

（1）自动化和编程性：传统的网络部署非常烦琐，搬运设备、安装与调试均需要相关人员现场操作，设计与部署通常是一次性工作。与之相反，NFV 用软件完成部署，无需去现场进行硬件升级或配置，可以通过在线方式快速部署、重新配置或修改拓扑，网络功能的生命周期变得更短、更频繁。此外，NFV 还促进了网络功能的可编程性，使网络能够更好地适应不同的应用需求。

（2）伸缩性和灵活性：受专有硬件的限制和约束，传统网络的容量难以规划，前期部署时超量配置，后期又会发现网络容量不足。与之相反，使用 NFV 能做到弹性伸缩，不断满足动态变化的网络需求，因为网络功能可以根据需要在不同的虚拟实例之间动态部署和调整，这使网络能够更好地适应流量变化和需求波动。

（3）复用性：NFV 使用与当前数据中心相同的基础架构，在通用服务器上运行虚拟化的网络功能，可以更好地利用硬件资源实现资源的共享和节约。这有助于降低网络部署和维护的成本。此外，搭建和管理测试环境变得经济且高效，易于扩展和修改，以满足测试和验证需求。

（4）开放性：NFV 的发展受到开放标准的推动，这有助于确保不同制造商的虚拟化网络功能可以互操作，并且可以在不同的硬件和软件环境中运行。

下面举一个网络解耦合的案例来进一步说明。腾讯公司利用通用服务器集群构建了强大的可扩展软件定义路由器，作为商用路由器的替代品部署在腾讯云的网关上，满足其快速增长的客户和业务需求。除了在接入模块使用商用交换机，数据转发、路由及控制模块（负责流量管理和设备配置）都在通用服务器上通过软件实现。这些组件相互独立，可以单独增加或删除服务组件的实例以实现扩展或升级，而不会对其他组件造成影响。通过软件升级，可以在软件定义的路由器上逐步部署新功能。

2013 年，欧洲电信标准化协会（European Telecommunications Standards Institute，ETSI）成立了一个互联网规范组（Internet Specification Group，ISG），为 NFV 制定了参考架构，致力推动 NFV 技术的发展。

电信运营商为移动用户、住宅用户和企业等提供网络和通信服务，其通信基础设施可分为端局（Central Office，CO）、汇接局（Tandem Office，TO）和关口局（Gateway Office，GO）。端局设备负责将本地用户接入网络；汇接局设备负责端局之间的通信；关口局位于运营商网络的边缘，主要承载不同运营商之间的通信。

端局重构为数据中心（Central Office Re-architected as a Data Center，CORD）是 ONF 社区的一个开源项目，目标是规范和简化运营商的端局，使其成为下一代数据中心。它融合了多个领域的技术，使用商用硬件、白盒交换机、开源软件及 SDN/NFV/ 云计算等技术，替代封闭式专有的软硬件系统，将电信 / 网络运营商的电话端局重构为数据中心，将边缘网络基础设施重构为数据中心的脊叶（Spine-Leaf）拓扑结构，使电信 / 网络运营商的网络业务和网络基础设施能够像数据中心内的云服务一样被使用、配置和调度，提高网络基础设施的可扩展性、灵活性及资源利用率。

CORD 使用 SDN 实现网络设备控制面和数据面分离，使网络设备走向开放且可编程；使用网络功能虚拟化，可降低 CAPEX 及 OPEX；使用云计算技术提高业务 / 网络的伸缩性，部署的敏捷性。从中我们看到，不同领域的技术在不断地交叉融合又不断对外辐射，持续地演变，如同多条支流汇入干流而后又分流。

5.4　存 储 技 术

讨论完网络虚拟化的内容，有必要了解存储领域的进展。

目前，存储介质主要分为机械硬盘（Hard Disk Drive，HDD）和固态硬盘（Solid State Disk，SSD）两种。HDD 为磁头、磁盘、马达组成的机械结构，SSD 主要以闪存为存储介质。相对于 HDD，SSD 具有更低的时延、功耗和故障率。SSD 的读写速度明显高于 HDD，非常适合低延迟和快速数据访问的场景。由于其卓越的性能，SSD 在数据中心中的重要性正在迅速增加，SSD 开始取代 HDD 成为主要的存储设备。相对于 HDD，SSD 的主要缺点是每 GB 价格仍然比 HDD 略高。因此，融合 SSD 和 HDD 的混合存储被广泛使用，其结合了 SSD 的速度和 HDD 的低成本，提供高性能、大容量且低成本的存储服务。

HDD 和 SSD 采用不同的数据存储协议和接口。HDD 使用 SAS（Serial Attached SCSI，串行连接 SCSI）或 SATA（Serial Advanced Technology Attachment，串行高级技术附件）接口和数据存储协议。SAS 硬盘的性能明显高于 SATA 硬盘，通常用于服务器的存储，而 SATA 硬盘通常用于个人计算机的存储。SSD 通常使用专门为其设计的非易失性存储器的传输规范（Non-Volatile Memory express，NVMe）接口和数据存储协议。NVMe 技术在 2011 年推出，消除了 SAS/SATA 的各种瓶颈。NVMe 能够利用 PCIe 插槽，在存储接口与 CPU 之间进行通信，从而实现更高的存储设备传输带宽。HDD 和 SSD 都属于块设备，相应的 SAS/SATA 和 NVMe 等都属于块访问协议。块设备使用基于块的线性逻辑地址，块是寻址的基本单元，每个块由连续的字节组成，以块为单位执行随机读取和写入操作。

存储结构主要分为直连式存储（Direct Attach Storage，DAS）、网络附加存储（Network Attach Storage，NAS）和存储区域网络（Storage Area Network，SAN）3 种，如图 5-2 所示。

（1）DAS：存储设备直接连接到单台计算机上。存储设备可以是 HDD、SDD，也可以是 RAID、JBOD。DAS 在可扩展性和性能方面会受到限制。

（2）NAS：计算机通过标准的以太网连接到共享的 NAS 设备上。NAS 设备通常有自己的操作系统和文件系统，并通过网络协议（如 NFS 或 SMB）对外提供文件共享服务。NAS 适合存储半结构化数据（如日志）和非结构化数据（如图片和视频等），用于办公网络、文件共享、备份和归档等场景。

（3）SAN：计算机通过专有的高速网络连接到共享的 SAN 设备，这种专有网络通常使用光纤通道（Fibre Channel，FC）交换机构建。SAN 适用于对性能有高要求，需要直接访问存储块的场景，如数据库、虚拟机和高性能计算等。

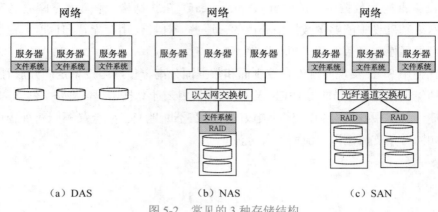

图 5-2　常见的 3 种存储结构

NAS 与 SAN 是两种不同的存储架构，它们存在着显著区别。在存储级别上，NAS 是一个文件级存储，通过网络连接提供文件共享服务；而 SAN 是一个块级存储，提供对存储块的直接访问。在连接方式上，NAS 使用标准的以太网连接到网络；而 SAN 使用专有的高速网络连接，提供了更高的性能和可靠性，但价格昂贵。在管理上，NAS 通常较为简单，可通过 Web 界面进行配置；而 SAN 的配置和管理相对复杂，需要专业的知识。

文件系统为底层的块存储设备提供了一致的访问和管理方式。文件是数据的容器，操作系统提供了 Open、Read、Write、Seek 和 Close 等 API 操作文件。文件与目录采用树状结构组织。从文件系统的角度，文件系统通常分为本地文件系统、网络文件系统和分布式文件系统。

Linux 操作系统的可扩展文件系统第 4 代（fourth extended file system，ext4）是本地文件系统的例子。

网络文件系统允许不同的计算机之间通过网络协议访问文件，它对文件访问提供了透明性，使访问远程文件看起来就像是访问本地文件。用户使用文件路径访问文件，无需关心文件实际存储在哪台计算机上，对远程文件的读 / 写请求实际上通过网络传输到远程服务器去处理。常见的网络文件系统包括网络文件系统（Network File System，NFS）和 Samba。NFS 实现了 NFS 协议，广泛应用于 Linux 系统之间的文件共享。在 NFS 中，客户端通过将远程文件系统挂载到本地文件系统来访问远程文件。Samba 实现了服务器消息块（Server Message Block，SMB）协议，主要用于 Windows 系统与 Linux 系统之间共享文件。

分布式文件系统（Distributed File System，DFS）将文件存储和访问分布在多个节点上，为用户或应用程序提供一个全局统一的文件系统视图，它通常具有如下的特点。

（1）分布性：文件数据被分布存储在多个（存储）节点上。

（2）透明性：用户和应用程序对文件系统的访问是透明的，访问分布式文件系统就像访问本地文件系统一样，不需要关心文件实际存储在哪些节点上。

（3）容错性：分布式文件系统通常具有容错机制，部分节点发生故障时能继续提供服务，主要通过数据冗余、纠删码或备份来实现。

（4）一致性：分布式文件系统通常会提供一致的文件视图，即使文件分布在多个节点上，用户在任何时间点都能看到一致的文件内容。

（5）伸缩性：相对于网络文件系统，分布式文件系统具有可扩展性，通过增加节点的方式增加文件系统的容量，提升性能。

目前常见的分布式文件系统包括 GFS、HDFS（GFS 的开源实现）及 Ceph。

Ceph 是 Cephalopods 的缩写，源自 2003 年塞奇·韦伊（Sage Weil）在加州大学圣克鲁斯分校博士期间的研究项目，使用 C++ 语言开发。2006 年，韦伊发表了 Ceph 学术论文并将其开源。由此，Ceph 开始广为人知，设计人员和公司不断加入 Ceph 的开发工作。2012 年，韦伊成立了 InkTank 公司，开始了 Ceph 的商业化。2014 年，Red Hat 收购了 InkTank 公司。由于 Ceph 在一个系统内同时支持块存储、文件存储和对象存储，因此也被称为统一的分布式存储系统。Ceph 是一个高度可扩展、弹性和容错的分布式存储系统，被许多云存储和企业内部存储使用。

除了采用文件存储数据，采用对象存储数据也是目前流行的方式，其主要特点如下。

（1）对象：数据以对象的形式存在，对象为基本存储单位。每个对象都包含数据、元数据（描述对象的信息）及一个唯一的标识符。

（2）扁平的命名空间：不同于文件系统的层次化目录结构，对象存储使用扁平的命名空间，类似于键值对，通过对象的标识符可以直接访问对象。所有的对象存储在一个或多个容器中，在 S3 中称为桶。文件系统的目录可以容纳文件，桶可以容纳对象；目录可以容纳子目录（支持嵌套），但桶不能容纳子桶。换句话说，桶可以容纳对象但不能创建"子桶"。

（3）元数据：每个对象都包含描述对象的元数据，包括对象的创建时间、大小和访问权限等信息。

（4）可伸缩性：对象存储可向系统中不断添加新的存储节点，以满足不断增长的存储需求。

（5）冗余和容错：对象存储系统通常内置了冗余和容错机制，以确保数据的可靠性。

（6）访问协议：对象存储可以通过多种协议进行访问，包括 HTTP/HTTPS、RESTful API 等。这使对象存储在分布式和云环境中广泛应用。

（7）读写操作：对象存储系统通常只支持创建、读取和删除对象，不支持修改对象的局部、追加写等操作，它面向的是一次写入、多次读取的应用场景。许多互联网应用对数据访问具有如下特征——一次写入、多次读取、没有修改、很少删除。例如，短视频上传到服务器后，会被频繁观看（读取），但修改视频甚至删除视频的情况极少发生。对象存储适合存储视频、图片、镜像文件和日志等数据，它们极少需要修改。

常见的对象存储系统包括 AWS S3、OpenStack Swift 和 Ceph 等，这些系统广泛应用于云存储、备份和归档、多媒体存储等。

OpenStack 的安装
与基本用法

5.5　OpenStack

2010 年，Rackspace（一家美国云计算公司，总部位于得克萨斯州圣安东尼奥市）和 NASA 联合宣布了一项名为 OpenStack 的开源云计划。2012 年，OpenStack 基金会成立，负责 OpenStack 项目的发展与推广。2021 年，OpenStack 基金会更名为开放基础设施基金会（Open Infrastructure Foundation，OIF）。

OpenStack 是一个免费且开源的云计算平台，使用 Python 语言实现，通常作为 IaaS 部署在私有云和公共云中。简单地讲，OpenStack 是一个让运营商通过单一用户界面管理数据中心的软件包，它允许用户部署虚拟机、配置它们、定义网络连接和存储路由规则等。由于 OpenStack 提供了与 AWS 几乎相似的云服务种类，因此它可以视为 AWS 的开源替代品。

OpenStack 采用了一种模块化架构，包含了 40 多个基本独立但相关的开源项目，每个项目都有一个代号，为特定的基础设施领域提供抽象层。图 5-3 给出了 OpenStack 内部常见的组件。

图 5-3　OpenStack 内部常见的组件

（1）Horizon 仪表板：为管理员和用户提供图形化用户界面，便于访问、配置和监控 OpenStack 云平台。

（2）Nova 计算：负责计算资源池的管理，包括虚拟机和裸机的管理。

（3）Cinder 块存储：负责块存储资源的管理，用于向 OpenStack 计算实例提供 Cinder 卷。

（4）Swift 对象存储：提供类似 AWS S3 的可扩展对象存储系统。

（5）Neutron 网络：提供网络方面的各种功能，包括防火墙、路由器、子网、VPC 和负载均衡等。

（6）Heat 编排：编排 OpenStack 云应用程序的服务。

（7）Glance 镜像：负责存储和管理虚拟机镜像。

（8）Ceilometer 测量：负责监控、遥测与计费等功能。

（9）Keystone 身份验证：负责 OpenStack 的身份验证，便于访问 OpenStack 的各个功能服务。

OpenStack 社区每 6 个月发布一个版本，版本代号按照 A ～ Z 首字母的顺序排序，通常以举办 OpenStack 峰会所在地的某个城市或地区来命名。OpenStack 的第一个版本为 Austin（奥斯汀），于 2010 年 10 月发布。这个初始版本包括管理虚拟机的 Nova 计算引擎（来自 NASA）和 Swift 对象存储系统（来自 Rackspace）。在接下来的几年里，OpenStack 项目不断发展，添加了新项目，包括 Keystone 身份服务、Glance 镜像服务和 Cinder 块存储等，这些项目协同工作，形成一个趋于完整的云计算平台。

OpenStack 将数十个项目组合起来提供一套完整的云服务，理解 OpenStack 如何工作非常难，但这并不妨碍我们从设计理念的角度去剖析 OpenStack。借用 SDN 控制面与数据面分离的设计理念，有助于理解 OpenStack。OpenStack 是云计算平台的控制面，而数据面（如虚拟机、存储和网络等）由具体的第三方组件负责，并不包含在 OpenStack 内，数据面在 OpenStack 控制面的统一指挥下协同工作。下面举几个例子进一步解释。

Nova 项目负责虚拟机的生命周期管理，但 Nova 自身并不提供虚拟化能力，而是调用第三方的 API 与第三方的 Hypervisor 进行交互，管理虚拟机的生命周期。Nova 使用 Libvirt 管理虚拟机。Libvirt 是由 Red Hat 公司使用 C 语言开发的开源工具，主要模块包括 API 库、virsh 命令行和 libvirtd 守护进程，能高效管理一个节点上的虚拟机并支持远程操作。Libvirt 能对底层不同类型的 Hypervisor 进行统一管理，可管理 KVM、Xen 和 VirtualBox 等多种类型虚拟机的生命周期。Nova 通过调用 Libvirt API 来管理虚拟机的生命周期。

Neutron 项目负责 OpenStack 的网络虚拟化，而网络虚拟化有许多解决方案。目前，Neutron 的典型解决方案是采用 OVN（Open Virtual Network，开放虚拟网络）和 OVS（Open vSwitch，开放虚拟交换机），通过在多个物理节点间创建分布式虚拟交换机，实现不同节点间虚拟机之间的互通。OVN 作为 OVS 的控制器，负责提供集群虚拟网络的控制面，运行在单台计算机上的 OVS 负责数据面。

每个项目提供了一种功能服务。宽泛地讲，每个项目由多个守护进程紧密协作对外提供服务，这些进程分布在不同的节点上，通过消息队列和数据库松散耦合在一起，消息队列用于进程间的通信，数据库用于存储服务的状态数据。图 5-4 给出了 OpenStack 组件的基本工作流程。

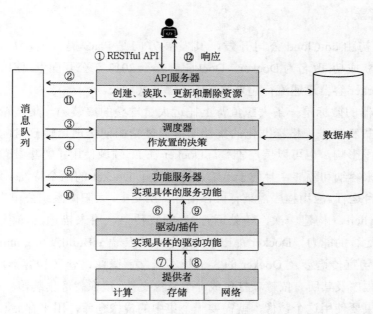

图 5-4　OpenStack 组件的基本工作流程

API 服务器负责接收来自客户端的 RESTful 请求，并将请求（如创建 KVM 虚拟机）放入消息队列。调度器从消息队列中取出消息，根据预定策略选择合适的节点来执行任务，例如，在 A 节点创建 KVM 虚拟机并将决策结果放入消息队列；功能服务器从消息队列取出任务并执行。例如，A 节点的 Nova 守护进程执行创建 KVM 虚拟机的任务，完成该任务需调用驱动，驱动又会调用提供者的接口，如调用 libvirt 库创建 KVM 虚拟机。任务的返回值会发送到消息队列。API 服务器从消息队列中接收请求的响应结果，再返回给客户端。

在整个交互过程中，消息队列将各个进程解耦合，一个进程不需要知道其他进程在哪里运行，向消息队列发送消息再接收消息即可完成交互，这种异步通信方式避免了同步通信造成的阻塞问题。数据库用来存储持久化的状态数据，各种服务器会对数据库进行一系列的 CRUD（Create-Read-Update-Delete，创建、检索、更新、删除）操作。例如，

API 服务器新建一条创建 KVM 虚拟机的记录；调度器访问计算资源数据库后做出调度决策，然后修改这条记录。例如，将虚拟机所在节点字段的值修改为 A 节点；功能服务器访问数据库的这条记录，根据其配置信息创建 KVM 虚拟机。OpenStack 的消息队列使用 RabbitMQ，数据库使用 MySQL。

5.6　Docker 容 器

Architecture is basically a container of something. I hope they will enjoy not so much the teacup, but the tea.

建筑是一个容器。我希望您享受不是茶杯，而是里面的茶。

—— 谷口吉生（Yoshio Taniguchi）

日本著名建筑师

5.6.1　背景

Docker 最初由 dotCloud 公司开发，其发展方向是 PaaS 提供商，后来因为发明的 Docker 容器大获成功，改名为 Docker。Docker 容器于 2013 年公开面世，使用 Go 语言实现。自发布后，Docker 容器迅速流行起来并经历了爆发式增长。

Docker 容器的徽标是一条大鲸鱼背上托运大量堆叠的集装箱。集装箱用来运载各种各样的货物，货物放进规格标准化的集装箱，通过轮船便捷地运输到目的地。集装箱与集装箱之间互不影响，也可以层层堆叠。Docker 在 IT 领域使用了"集装箱"的隐喻，集装箱不仅能用来容纳和隔离，且便于运输，这暗含了 Docker 的两个特性：隔离和可移植。为了能够跨平台运行，应用程序需具有可移植性。历史上，太阳微系统公司[1]曾提出 "Build once, Run anywhere（构建一次，随处运行）"的宣传语，用来描述 Java 代码编写一次并可在任何地方运行的能力。Docker 提出了更贴切的宣传语：Build, Ship, and Run Any App, Anywhere。这句宣传语涉及 Docker 的 3 个基本概念：镜像、仓库和容器。构建（Build）指将整个应用程序及其所有依赖项打包成一个镜像文件，镜像就像集装箱。构建出镜像后，其他宿主机如果要使用这个镜像，就需要一个集中的镜像仓库，用来存储和分发镜像。运输（Ship）指通过仓库在宿主机之间分发镜像。镜像是静态的定义，容器是具体生命周期的动态实体，能被创建、启动、停止和删除，运行（Run）镜像会创建一个容器并运行应用程序。

Docker 流行起来后，快速成为容器领域的垄断者。为了避免独家垄断，在谷歌的倡导下成立了 OCI（Open Container Initiative，开放容器计划）社区，目的是为容器运行时和格式制定开放的行业标准。许多公司（包括 Docker 公司）参与到 OCI 社区中。OCI 主要制定了容器运行时（runtime）和镜像（image）2 个标准，OCI runtime 规范了容器的配置、执行环境和生命周期管理等，OCI image 规范了镜像清单、镜像索引、镜像布局和运行时文件系统打包等。这些规范标准主要以 Docker 公司捐赠的技术为基础，经过进一步修改而完善。OCI 使容器技术保持开放，容器不再依赖单一供应商的专有技术。容器标准化也消除不同厂商之间的过度竞争，避免容器生态系统陷入分裂。

---

[1]　美国著名的高科技公司，发明了 Java、ZFS、NFS、Solaris 操作系统和 SPARK 处理器等。2010 年被甲骨文公司收购。

2017 年，Docker 将单体的 Docker 引擎拆解成一个模块化组件库，改名为 Moby。目前 Moby 已经发展成一个综合性的容器后端组件库，提供了构成容器化平台所有关键子系统的实现。如同搭建乐高积木一样，开发者通过组装和扩展 Moby 组件库可构建新的容器系统与工具等，无需重新发明底层的轮子。基于 Moby，Docker 公司提供了两个发行版，Docker CE（Community Edition，社区版，基于 Moby 的开源免费产品）和 Docker EE（Enterprise Edition，企业版，闭源收费的商业产品）。它们之间的上下游关系为 Moby → Docker CE → Docker EE，这与 Fedora → CentOS Stream → RHEL 的模式十分类似。

5.6.2　架构

Docker 由 3 个组件构成，包括 Docker Client、Docker Daemon 和 Docker Registry，如图 5-5 所示。

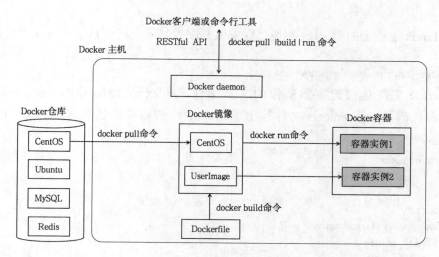

图 5-5　Docker 的组件及其关系

（1）Docker Client：使用 HTTP RESTful API 与 docker daemon 交互，执行镜像和容器管理的各种操作，如创建镜像、启动容器和停止容器等。用户一般使用 Docker 提供的命令行工具来管理镜像和容器，它使用 docker client API 开发。

（2）Docker Daemon：是驻留在主机上的守护进程，称为 dockerd。它接收 docker client 发送的命令请求，执行容器和镜像的管理操作，是整个 Docker 的核心引擎。

（3）Docker Registry：注册中心或镜像仓库。CentOS yum 或 Node 的 npm 等工具能从远程的代码仓库下载软件包并安装到本地。镜像仓库与它们的概念相似，提供集中存放镜像文件的地方，用户将本地镜像推送到镜像仓库，其他用户从镜像仓库将该镜像拉取到本地并运行，从而实现镜像的分发。注册中心分为公开和私有两种。公开指开放给用户使用，允许用户上传或下载公开的镜像，并可能提供收费服务供用户管理私有镜像。最常用的公开注册中心是官方的 Docker Hub，其拥有大量软件的高质量官方镜像。私有指由用户自行搭建，对内部使用而不对外公开。

5.6.3　案例

图 5-6 给出了 Docker 的常见操作命令。本小节通过一个极简的 Web 应用带读者快速

Docker 的安装
与基本用法

了解 Docker 容器的使用，该 Web 应用使用 Python Flask 框架开发。

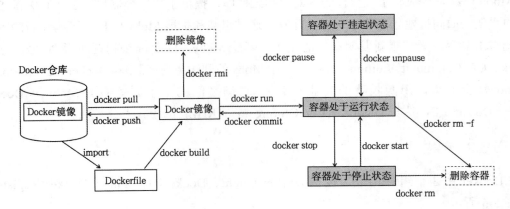

图 5-6　Docker 的常见操作命令

假设 Linux 主机上的 Docker 环境已经安装并配置好了，工作目录下有 3 个文件。

```
$ ls
Dockerfile  index.py  requirements
```

Dockerfile 文件是构建容器镜像的文本文件，index.py 是使用 Python Flask 开发的 Web 应用源代码，requirements 文件列出了 Web 应用依赖哪些包。这 3 个文件的内容分别如下所示。

```
$ cat requirements
flask

$ cat index.py
from flask import Flask, jsonify
app = Flask(__name__)
@app.route('/health')
def health():
    return jsonify(status="up")
@app.route('/')
def index():
    return 'Hello World!'
if __name__ == "__main__":
    app.run(host='0.0.0.0',port=5000,debug=True)

$ cat Dockerfile
FROM python:3-alpine3.15
WORKDIR  /app
COPY/requirements  /app
RUN pip install -r requirements
COPY/index.py /app
EXPOSE 5000                          # 指定容器打开的监听端口
ENTRYPOINT ["python", "./index.py"]  # 指定容器启动时运行的程序或命令
```

Dockerfile 文件包含一系列指令，这些指令描述了在容器中构建镜像的步骤和配置，下面将逐行解释这个 Dockerfile 文件。

第 1 行，所有 Dockerfile 文件都以 FROM 指令开头，用来指定镜像的基础层，其余文件和依赖库都作为附加层添加到基础层之上。基础镜像指定了构建应用程序所需的操作系

统和基本环境。这里使用的镜像基础层的名称为 python:3-alpine3.15，它包含了 Python 指定版本。

第 2 行，WORKDIR 用于指令指定容器中的工作目录，这里设置为 /app 目录。

第 3 行，COPY 指令将文件从 Docker 主机复制到新镜像中，这里将 requirements 文件从 Docker 主机复制到镜像的 /app 目录下。

第 4 行，RUN 指令在容器中运行命令，这里执行 pip install -r requirements 在容器中安装 Web 应用依赖的 flask 包。

第 5 行，COPY 指令将源代码 index.py 文件从 Docker 主机复制到新镜像。

第 6 行，EXPOSE 5000 指定容器运行时监听的端口。

第 7 行，ENTRYPOINT 指定容器启动时执行 python ./index.py 命令。

上述 Dockerfile 定义了 Web 应用的环境、配置和行为。接下来运行 docker build 命令，它会根据 Dockerfile 文件的指令逐条执行，最终生成一个包含应用程序和其依赖的镜像，生成的镜像的名称为 webapp:0.1。

```
$ docker build -t webapp:0.1
```

Docker 镜像由一系列的层组成，镜像中的每层都代表 Dockerfile 文件中的一条指令。关于镜像的工作原理将在下一小节讨论。由于 docker build 命令的输出内容多，因此这里省略掉以节省篇幅。

查看当前主机中的镜像，将会看到 webapp 镜像已经创建好了，结果如下。

```
$ docker images
REPOSITORY      TAG           IMAGE ID        CREATED          SIZE
webapp          0.1           5bbc52ad4b92    20 seconds ago   67.3MB
python          3-alpine3.15  c692f3b79c36    11 months ago    51.2MB
```

下面用 webapp:0.1 镜像运行一个容器，指定 Docker 主机的 80 端口映射到容器的 5000 端口。

```
$ docker run -d -p 80:5000 --name web-demo webapp:0.1
ddb897f543b8e7306474e6cae0c2e2ea48e3eb4946d441c556d5f5854ad7a6b3
```

查看容器的运行，结果如下。

```
$ docker ps -l
CONTAINER ID    IMAGE        COMMAND            CREATED          STATUS         PORTS   NAMES
ddb897f543b8    webapp:0.1   "python ./index.py"  29 seconds ago   Up 28 seconds  0.0.0.0:80-
    >5000/tcp, :::80->5000/tcp   web-demo
```

在 Docker 主机中使用 curl 命令测试 Web 应用是否能够正常访问。

```
$ curl http://127.0.0.1:80/
Hello World!
$ curl http://127.0.0.1:80/health
{
    "status": "up"
}
```

输出结果表明该 Web 应用能正常运行。

使用下面的命令停止容器。

```
$ docker kill web-demo
web-demo
```

再次查看容器进程的状态，显示容器进程已经退出了，结果如下。

```
$ docker ps -l
CONTAINER ID   IMAGE     COMMAND              CREATED        STATUS         PORTS       NAMES
ddb897f543b8   webapp:0.1  "python ./index.py"  2 minutes ago  Exited (137)  12 seconds ago  web-demo
```

这个案例虽涵盖的 Docker 命令比较少，但能让读者对 Docker 的使用有一个直观且快速的了解。关于 Docker 使用更深入的讨论，请参考本章拓展阅读中列出的参考书。

5.6.4　工作原理

下面先给出 Docker 容器的常见操作流程及 Docker 引擎内部执行的操作，以便讨论 Docker 容器的工作原理。

（1）从镜像注册中心拉取镜像。

（2）将容器镜像解包。

（3）为新容器准备系统资源（挂载点、网络命名空间等）。

（4）创建一个容器。

（5）启动创建的容器。

（6）附加（attach）到正在运行的容器。

（7）在正在运行的容器中执行命令。

（8）停止正在运行的容器。

（9）删除正在运行的容器并清理使用的资源。

（10）列出已知容器及其状态。

（11）跟踪容器的状态。

Docker 是基于 Linux 内核提供的功能特性而开发的一个容器引擎。一个 Docker 容器实际上是 Linux 操作系统上的进程，但与 Linux 操作系统上的普通进程不同，容器进程在独立的命名空间中运行。具体来讲，Docker 使用命名空间（namespace）对进程做隔离，使用控制组（cgroups）对进程使用的资源做限制，使用根文件系统（rootfs）将执行环境的文件系统挂载到容器进程的根目录下。这些 Linux 内核提供的功能组合在一起，能为进程创建一个安全、隔离且可计量的执行环境。下面简要介绍命名空间和控制组。

（1）命名空间：Linux 内核实现了命名空间隔离功能，它为进程创建各种资源视图，限制进程能"看到"哪些资源，禁止不同命名空间的进程查看彼此的资源。例如，一个 Linux 进程使用自己的命名空间并创建多个子进程，那么该进程及其子进程对其他命名空间的进程是不可见的。换句话说，进程命名空间使进程 ID 与主机上其他进程 ID 实现隔离。目前，Linux 内核支持 6 种命名空间隔离，包括用户命名空间、UNIX 时间共享（Unix Time-Sharing，UTS）命名空间、进程间通信（Inter-Process Communication，IPC）命名空间、挂载命名空间、进程 ID（Process ID，PID）命名空间和网络命名空间。

（2）控制组：命名空间提供了一定程度的资源隔离，但是并不能限制资源的使用。例如，挂载命名空间并不会限制进程可能会使用全部的磁盘空间。控制组能限制进程使用的资源量，即设置 CPU、内存和磁盘 I/O 等资源量的上限。控制组还能设置进程的优先级及计量进程使用的资源量。

下面讨论容器镜像的内部工作原理。

Docker 镜像是交付的标准,包含运行应用程序所需的可执行程序、配置文件、依赖库和环境变量等所有资源。每个镜像都有一个 JSON 格式文件,该文件详细定义了镜像,包括 ID、标签名、镜像的哈希值、环境变量和执行的命令等各种信息。Docker 引擎解析镜像的 JSON 文件,根据其配置参数创建相应的环境,创建并运行容器,从而将静态的镜像转换成动态的容器。

Linux 的文件系统由 bootfs 和 rootfs 两部分组成。bootfs 包含 bootloader(引导加载程序)和 kernel(内核),rootfs 包含 /var、/bin 和 /etc 等常见的目录和文件。不同 Linux 发行版的 bootfs 基本一样,而 rootfs 会不一样。Docker 镜像为容器提供一个文件系统,供容器内部的进程访问。这个文件系统是由多层文件系统堆叠而成的,但并不包含 bootfs,bootfs 由 Docker 主机为容器提供。换句话说,Docker 容器复用 Docker 主机操作系统的 bootfs。这使镜像只需要包含 rootfs 所需的文件和工具,从而减小镜像的大小。例如,Ubuntu 22.04 镜像的容器化版本的大小为 77.8 MB,而官方 ISO 镜像的大小为 3.6 GB,占用空间缩小了约 98%。

Docker 镜像的最底层是 rootfs,称为基础镜像。一个镜像可以堆叠在另一个镜像的上面,位于下面的镜像称为父镜像,位于上面的镜像称为子镜像。子镜像上面又可以堆叠一个新的镜像,它们之间又构成了父子关系,以此类推,如图 5-7 所示。子镜像不需要复制父镜像的全量数据,只需要存储与父镜像之间差异化的增量更新数据。例如,子镜像在父镜像文件系统的基础上增加了文件 1,那么子镜像存储文件 1 即可,不需要存储父镜像文件系统的所有数据。可简单地概括为

$$父镜像 + 子镜像(增量数量)= 合并后镜像$$

这与"旧文件 +diff 文件 = 新文件"的概念是一致的。

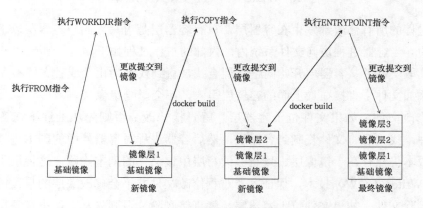

图 5-7　Docker 镜像的生成过程

最底部的镜像是基础镜像。镜像仓库(如 Docker Hub)提供了多种可供选择的基础镜像,通过 docker pull 命令(或 Dockerfile 中的 FROM 指令)可将基础镜像拉取到 Docker 主机。

docker build 逐条执行 Dockerfile 中的指令。第一条指令是 FROM,用来创建基础镜像。此后每执行一条指令会在已有镜像上创建一个新的镜像层。创建新镜像层只需提交容器镜像中发生变更的部分(相对于其父镜像的增量)。镜像层会被缓存和复用。每个镜像层拥有自己唯一的哈希标识符,其他层通过哈希标识符引用该层。这种设计的好处体现在以下 3 个方面:首先,由于镜像分层,因此,只需要从镜像仓库拉取不在本地的镜像层,拉取速度更快且减少了网络负载;其次,如果多个镜像共享(引用)同一个镜像层,那么共同

的镜像层只需要存储一份即可；最后，多个基于相同镜像运行的容器，都可以使用相同的镜像层，降低了容器运行时的存储开销。当 Dockerfile 的指令修改了、复制的文件变化了，或者构建镜像时指定的变量变化了，指令对应的镜像层缓存就会失效。某一层的镜像缓存失效之后，它之后的镜像层缓存都会失效。

当 docker build 执行完 Dockerfile 文件的最后一条指令时，就会创建出最终的整个镜像。最终生成的镜像是由多个松耦合且只读的镜像一层层堆叠起来，并将它们对外显示为一个统一的对象。

当创建并启动一个容器时，Docker 会加载整个镜像（只读）并在其上添加一个可读写层，该层称为容器层。Docker 使用联合文件系统（Union File System，UFS）将只读层及在顶部的读写层合并成一个文件系统，隐藏了多层的复杂性，向容器进程提供合并后的文件系统。如果不同的镜像层中有相同路径的文件，那么上层镜像层会覆盖下层镜像层的内容，如图 5-8 所示。

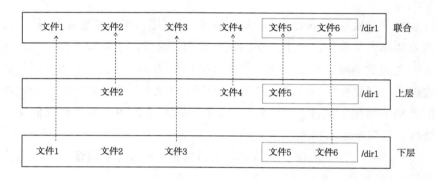

图 5-8　Docker 的 Union 文件系统示意图

容器进程的所有修改都发生在容器层，只有容器层是可写入的，容器层以下的镜像层都是只读的。当容器进程访问文件系统内，内部的工作过程如下。

（1）读取文件：从容器层开始向下逐层查找，直到找到为止（或者文件不存在）。

（2）添加文件：直接在最上面的容器层写入，不会影响镜像层。

（3）修改文件：如果文件位于容器层，就直接修改；否则先从上往下在各个镜像层中查找文件，找到后将文件复制到容器层，然后容器进程对容器层中的副本进行修改，文件的只读版本仍然存在于镜像层，只是被读写层中该文件的副本隐藏。这使用了写时复制（Copy-On-Write，COW）技术，保证容器进程修改文件并不会修改底层的只读镜像。

（4）删除文件：如果文件位于容器层，就直接删除；否则先从上往下在各层镜像中查找文件，找到后将文件标记为删除，容器中将不会再出现此文件，但这并不会删除镜像中的文件。

早在 Docker 诞生之前，Linux 操作系统就已经有了容器隔离运行的技术，如 LXC（Linux Container），通过容器隔离可实现延迟敏感型应用和 CPU 密集型应用的混合部署，不仅能避免这两种类型任务互相干扰，又能提升资源利用率。但是 LXC 并没有提供将应用程序及其依赖文件打包在一起的方法，这正是 Docker 与众不同的一点：Docker 提供了一种容器打包方法，将应用程序运行所需的所有文件打包成一个镜像，形成便于移植和复制的单个镜像文件。

容器经常被比喻为集装箱，指容器具有隔离和可移植两个特性。如同集装箱将货物封闭起来，容器将应用程序封闭隔离开来，使应用程序之间形成边界，不会相互干扰。如同集装箱能随时移动，镜像使应用程序易于分发和部署。（容器）资源隔离与（镜像）可移植性相结合，创造了一个全新的抽象，使应用程序与运行它的操作系统解耦合，两者不再绑定在一起。这种解耦合极大地简化了应用程序的开发、测试和部署，使开发环境与生产环境的部署具有一致性，显著缩短了应用的开发生命周期。例如，开发人员在开发环境中编写完应用程序后，需移植到测试环境中进行测试，符合预期后再移植到生产环境中。在容器技术诞生之前，所有这些转换非常烦琐、耗时，并困扰着开发 / 运维人员，因为不同环境之间的操作系统的内核版本、软件包、配置参数和硬件等有差别，不一致的环境经常导致应用程序部署失败，开发 / 运维人员面临各种各样的调整与修改。容器解决了环境不一致的问题，使应用程序能在不同的环境之间平滑流动、无缝迁移。容器的可移植性使本地迁移到云、云之间的迁移也变得简单，用户不再受制于单一的解决方案。

如同集装箱对运输业的影响力，容器与镜像极大地改变了软件开发与部署方式。这种转变可归结为从面向机器转向面向应用。使用容器后，开发 / 运维人员无须关注（忽略掉）底层操作系统和硬件的差异，而是更多地关注应用程序本身，底层基础设施可灵活地采用新硬件或升级操作系统，几乎不会影响容器化应用程序。每个设计良好的容器和容器镜像都对应单个应用，管理应用其实就是管理容器而不再是管理机器。容器有助于构建面向微服务的分布式应用程序，微服务把一个大型的单体应用程序拆分成众多小型独立的微服务应用，而容器是运行并部署这些小型微服务应用的最佳方式，容器的快速启动与关闭有助于实现微服务的弹性伸缩与高可用。

5.6.5　容器与虚拟机

目前，数据中心服务器普遍使用了 Hypervisor 虚拟化技术，它将一台物理服务器的资源（如 CPU、内存和存储）划分成多个虚拟环境，每个虚拟环境是一个独立的虚拟机，每个虚拟机独立运行一个操作系统。Hypervisor 能同时运行多个虚拟机，并管理虚拟机和它们的虚拟化资源。

在虚拟化中，有以下两个操作系统角色。

（1）宿主操作系统（Host OS）：运行在物理机上的操作系统，它直接控制硬件资源。

（2）客户操作系统（Guest OS）：在虚拟机中运行的操作系统，如 Windows、Linux 和 Mac OS 等。客户操作系统需与 Hypervisor 提供的硬件资源相兼容。例如，基于 RISC 架构的操作系统无法运行在 Intel X86 架构的 Hypervisor 之上，因为 Intel X86 架构处理器属于 CISC，而 RISC 架构的操作系统无法运行在 CISC 架构的处理器上。

Hypervisor 主要分为两类，分别称为 Type-1 Hypervisor 和 Type -2 Hypervisor。

（1）Type-1 Hypervisor（裸机 Hypervisor）：直接运行在硬件上，不需要宿主操作系统。由于 Type-1 Hypervisor 直接与硬件交互，因此具有灵活性强、安全性高和性能高等优点，但开发难度大。常见的 Type-1 Hypervisor 包括 Xen、VMware ESXi 和 Microsoft Hyper-V 等。

（2）Type-2 Hypervisor（主机 Hypervisor）：作为应用软件运行在宿主操作系统上，与宿主操作系统上其他的进程一起运行，通过宿主操作系统管理硬件。相对于 Type-1 Hypervisor，Type-2 Hypervisor 的开发相对简单，但性能要差一些。常见的 Type-2 Hypervisor 包括 Oracle VirtualBox 和 VMware Workstation。

虚拟机和容器是两种不同的虚拟化技术，它们均提供了应用程序隔离的运行环境，但它们之间存在一些关键区别。裸机、虚拟机与容器的区别如图5-9所示。

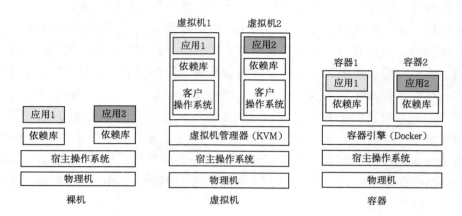

图5-9　裸机、虚拟机与容器的区别

（1）虚拟化级别：Hypervisor是硬件级别的虚拟化，也称为全虚拟化，使操作系统与物理硬件解耦合。Hypervisor在物理硬件上同时运行多个虚拟机，每个虚拟机都运行完整的客户操作系统，每个客户操作系统都以为自己是在独立的物理硬件上运行。容器是操作系统级别的虚拟化，使应用程序与操作系统解耦合。容器共享主机操作系统的内核，但在用户空间中隔离运行应用程序。

（2）资源隔离：Hypervisor提供强大的隔离，每个虚拟机都有独立的内核和资源实例，虚拟机中的应用程序不太可能影响宿主机或其他虚拟机，因此虚拟机之间的影响相对较小，隔离性强，安全性较高。容器共享主机操作系统的内核，如果容器内的应用程序导致内核崩溃，那么宿主机上的其他容器也会受影响，因此容器的隔离性相对较弱，安全性较低。

（3）性能开销：Hypervisor通常有更高的性能开销，因为每个虚拟机都运行完整的操作系统，涉及更多的虚拟硬件层次。容器共享主机内核，容器进程是主机操作系统上的特殊进程，接近本机的速度，所以容器占用的资源更少，性能开销相对较小。

（4）存储开销：虚拟机镜像包含完整且独立的操作系统，使用数吉字节的存储空间。容器镜像使用的存储空间较小，通常在几十兆到几百兆不等。

（5）部署和启动时间：启动Hypervisor的虚拟机通常需要数十秒左右的时间，因为需要启动完整的操作系统。启动容器需要花费几秒甚至更短的时间，因为容器只需加载应用程序及其依赖项，而不需要启动整个操作系统。

（6）适用场景：Hypervisor适用于运行不同操作系统的多个应用程序或虚拟机，通常用于服务器虚拟化和云计算。容器适用于部署和运行单个应用程序及其依赖项，通常用于微服务架构和容器编排工具，如Docker和Kubernetes。

每种类型的虚拟化技术都有利弊。容器在隔离性和性能之间取得了相对平衡，相对于虚拟机具有更高的性能，但比虚拟机的隔离性差。如果用户希望做到更安全的资源隔离，那么虚拟机无疑是正确的选择。如果用户只需要做到进程层面的隔离，并且希望在主机上运行大量的进程，那么容器是更好的选择。权衡取舍的原理在这里再次得到了充分体现。在实际应用中，这两种虚拟化技术经常组合使用，例如在虚拟机内运行容器。因此，它们解决了不同但相关的问题，是互补而不是取代的关系。

5.7　Kubernetes 云原生操作系统

5.7.1　背景

Kubernetes 是一个容器编排（Orchestration）系统，它以自动化方式部署、伸缩和管理容器化应用程序，确保应用程序能够高效且可靠地运行，其主要功能包括以下几个。

（1）自动部署：将容器化的应用程序部署到集群中，确保它们在不同节点上正确运行。

（2）自动伸缩：根据负载需求，自动缩放应用程序实例的数量。

（3）自我修复：监控应用程序并自动处理故障，确保高可用性。

（4）负载均衡：在集群中分发流量，确保应用程序的稳定性和性能。

（5）版本管理：管理应用程序的不同版本，支持滚动升级和回滚。

（6）资源管理：分配和管理集群中的计算、存储和网络资源

（7）可扩展性：采用插件式设计以适应不同的需求，容器运行时、存储和网络等解决方案以可插拔的组件集成到系统。

（8）可移植性：通过容器化、抽象底层基础设施、云提供商支持和标准化 API 等多个方面的设计和特性，Kubernetes 应用程序能在不同的云服务提供商、本地数据中心及不同的操作系统上运行。

Kubernetes 的创始人是谷歌的 3 名工程师：乔·贝达（Joe Beda）、布伦丹·伯恩斯（Brendan Burns）和克雷格·麦克拉基（Craig McLuckie）。他们曾参与了谷歌计算引擎（Google Computing Engine，GCE）的开发，具有丰富的云基础设施开发经验。2013 年，受 Docker 技术的影响，他们认为 Docker 容器打包、分发与部署会成为未来的主流模式，同时他们意识到还需要一个能够在一组计算机上部署和管理大量 Docker 容器的平台，它将成为云基础设施的关键组成部分。尽管 3 位创始人都没有参与谷歌 Borg 集群管理系统的研发，但 Borg 为 Kubernetes 提供了设计参考和灵感。在 2004 年左右，谷歌研发了 Borg 系统，其最初只是一个小规模项目，后来演变为一个大规模的集群管理系统，用于管理谷歌内部大量应用程序的部署。在 2013 年左右，谷歌继 Borg 之后发布了 Omega 集群管理系统。

Kubernetes 最初源自谷歌内部代号为 Project 7 的项目，Project 7 参考了《星际迷航》中的人物九之七，该名称并没有被沿用，取而代之的是 Kubernetes。虽然 Project 7 的名称并没有持续多久，但 Kubernetes 徽标有 7 条辐条，以纪念其源于 Project 7。Kubernetes 是希腊语，有"舵手"的意思，如果说 Docker 是集装箱，那么 Kubernetes 就是轮船的舵手，负责运输并管理大量的集装箱，把集装箱顺利送达各个码头。由于 Kubernetes 单词的 K 与 s 之间有 8 个字母，因此也缩写为 K8s。类似的例子包括国际化 internationalization 长单词缩写为 i18n，本地化 localization 长单词缩写为 l10n。

2014 年，谷歌发布了 Kubernetes，其使用 Go 语言实现。2015 年，谷歌与 Linux 基金会合作组建了 CNCF（Cloud Native Computing Foundation，云原生计算基金会），针对云原生技术开展标准制定、项目托管和行业合作，以推动云原生计算技术的快速发展和广泛应用。同年，谷歌将 Kubernetes 捐赠给 CNCF 管理并发布了 1.0 版本。

CNCF 自成立后备受推崇，越来越多的项目和成员加入进来。目前，CNCF 托管了大量著名的开源项目，构成了云原生计算领域庞大且不断发展的生态系统，其中最著名的是 Kubernetes，其他的包括 Prometheus（监控系统）、Envoy（服务代理）和 Helm（包管理器）等，这些项目有助于构建和管理云原生应用。

目前，Kubernetes 已经被业界广泛支持和采用，成为云原生操作系统的代名词，塑造了云计算的新格局。主流的云服务提供商均提供托管的 Kubernetes 云服务，如 Amazon Elastic Kubernetes Service（EKS）、Google Kubernetes Engine（GKE）和 Azure Kubernetes Service（AKS）等。

Kubernetes 并不是唯一的容器编排系统，但它是容器编排领域的事实标准。Docker 流行起来后，快速成为单机上管理容器的事实标准。在大规模集群上实现高效的容器管理成为下一步的目标，这催生了各种各样的编排系统，包括 Mesos 和 Docker Swarm 等。经过激烈的竞争，Kubernetes 成为最终的赢家。

5.7.2　架构

Kubernetes 集群由两部分组成：控制面和一系列的工作节点。控制面负责管理集群的状态，工作节点用于运行容器化应用程序，如图 5-10 所示。

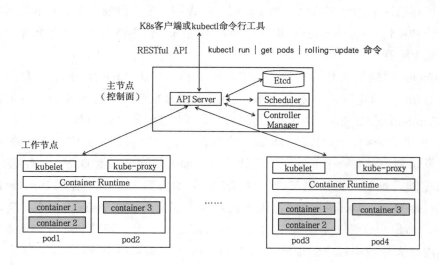

图 5-10　Kubernetes 的架构图

如同一个豌豆荚内有多个豆子，Kubernetes 使用 pod 来托管多个容器，pod 是 Kubernetes 部署的基本单位。每个 pod 具有独立的 IP 地址，为托管的多个容器提供共享存储和网络。通常，pod 内的多个容器紧密协作，例如主程序容器和辅助（sidecar，边车）容器搭配在一起，辅助容器运行日志收集程序，专门收集主程序的日志。

用户通过 kubectl 命令行工具与 Kubernetes 集群交互，执行各种管理操作。控制面由以下 4 个核心组件构成。

（1）API Server：作为 Kubernetes 服务的前端，负责处理来自客户端或者 kubectl 命令行工具的 RESTful API，允许客户端或者 CLI 工具（比如 kubectl）与控制面交互并提交管理集群的请求。

（2）Etcd：最初是由 CoreOS 发起的开源项目，后来成为 CNCF 的一个"毕业"项目。Etcd 是基于 Raft 协议开发的分布式键值存储系统，能保证分布式系统中所有节点看到的数据是一致的，广泛应用于服务发现、共享配置和分布式同步等。Kubernetes 使用 Etcd 存储集群的状态数据，例如集群状态发生了哪些更改、哪些资源可用及集群的健康状况。API Server 是唯一能够与 etcd 通信的组件。

API Server 是唯一直接与 etcd 通信的组件，负责处理所有对 etcd 的读写请求。通过这种设计，API Server 充当了集群中其他组件与 etcd 之间的中介，确保数据一致性和访问控制。其他 Kubernetes 组件，比如 controller manager 和 scheduler，都通过 API server 来间接与 etcd 交互。

（3）Controller Manager：运行一系列控制器，每个控制器负责维护集群某一方面的状态。

Kubernetes 默认内置了多种类型的控制器，如副本控制器、部署控制器和作业控制器等。副本控制器会保证指定数量的 pod 副本在集群内运行，如果副本控制器检测到某个 pod 发生故障（如 pod 所在节点宕机了），则会立即执行自动化修复流程，在正常工作节点上启动新的 pod，使集群的实际状态与用户声明的期望状态一致。部署控制器提供自动扩容、自动修复和滚动更新等功能。除了内置的控制器，Kubernetes 允许功能扩展，用户可以创建自定义的控制器，与 Kubernetes 的其他组件协作，从而满足定制化的需求。

（4）Scheduler：负责将 pod 调度到集群的工作节点。它从 API server 接收创建 pod 请求，根据 pod 申请的资源和工作节点的可用资源，综合考虑硬件、亲和性和数据局部性等多种因素，在集群中找到匹配的最佳工作节点。

工作节点上运行的组件如下。

（1）Kubelet：在每个工作节点上运行的守护进程，负责与控制面通信，接收、执行或上报 API server 下发的指令，管理当前节点内 pod 对象的生命周期，包括 pod 对象的创建、修改、监控及删除等。

（2）Kube-proxy：在每个工作节点上运行的网络代理，负责将流量路由到目的 pod，并为 pod 提供负载均衡，使流量在 pod 之间均匀分配。

（3）Container Runtime：工作节点上的容器运行时，实际管理容器和镜像。

Kubernetes 采用可插拔的架构，使 Kubernetes 与底层的容器运行时、存储和网络等解决方案解耦合，包括以下 3 种开放接口。

（1）CRI（Container Runtime Interface，容器运行时接口）：定义 Kubelet 与容器运行时之间的标准接口，使 Kubelet 能够与不同的容器运行时进行通信，而无需关心容器运行时的具体实现细节。常见的 CRI 插件包括 containerd 和 CRI-O 等。

（2）CSI（Container Storage Interface，容器存储接口）：定义 Kubernetes 与存储系统之间的接口。存储供应商开发符合 CSI 标准的插件，使其存储解决方案能无缝集成到 Kubernetes 中。CSI 插件为 pod 提供持久化存储。符合 CSI 标准接口的存储解决方案有许多，如 Rook、CubeFS 和 Longhorn 等。

（3）CNI（Container Network Interface，容器网络接口）：定义容器网络插件与容器运行时之间的标准接口，使不同的网络插件可以与不同的容器运行时协同工作。CNI 插件负责为 pod 分配网络、配置容器网络接口，并确保容器之间能够通信。CNI 插件有许多，Cilium 是目前最知名的项目之一。

Cilium 是一个开源项目，提供一个高性能且可编程的 Kubernetes 数据面，实现容器网络的虚拟化、可观察性和安全性。目前它已发展成为 Kubernetes 网络的事实解决方案，被主流云计算服务提供商采用。

Cilium 最初由托马斯·格拉夫（Thomas Graf）和丹·温德兰特（Dan Wendlandt）开发。他们在 Linux 内核网络方面具有丰富的经验，温德兰特是 Nicira Networks 的早期员工，该公司开发了 Open vSwitch 项目。后来两人共同创立了 Isovalent 公司。

Cilium 使用 Linux 内核提供的 eBPF（extended Berkeley Packet Filter，扩展的伯克利数据包过滤器）技术。BPF 指 20 世纪 90 年代的伯克利数据包过滤器技术，但现在 eBPF 可以做的事情不仅仅是网络数据包过滤。2014 年，eBPF 合并到 Linux 内核中。eBPF 与 Linux 内核的关系如同 JavaScript 与浏览器的关系，它提供了安全且高效的方式对 Linux 内核进行编程，扩展内核的功能，而无需更改内核源代码或加载内核模块。

由于 Linux 内核具有管理和控制整个系统的特权能力，因此内核是实现网络功能、可观察性和安全性的理想场所。但是内核的核心地位对稳定性和安全性要求很高，可供改动的空间很小，演化难度较大。相对于操作系统，应用层实现的功能多且创新的机会大。eBPF 从根本上改变了这个固有观点，应用程序开发人员可编写 eBPF 程序向内核添加扩展功能，内核在沙盒中运行用户的 eBPF 程序，并保证安全性和执行效率。围绕 eBPF 开展的新一轮技术创新，涵盖网络、存储、可观察性和安全等诸多领域，开发的新一代工具正在取代过去的实现方式。例如，XDP（eXpress Data Path，快速数据路径）是一个基于 eBPF 的高性能且可编程的数据包处理方法，通过绕过或旁路操作系统大部分的网络协议栈，从而高速率发送和接收网络数据包。2016 年，XDP 合并到 Linux 内核中。DPDK 是高速数据通路的传统解决方案，它使用用户态程序处理网络流，尽管旁路掉了内核协议栈，但需要使用独立的 CPU 用于网络流处理。相反，XDP 在网络数据包到达网卡驱动层就使用 eBPF 程序对其处理，它使用网卡硬件而不是 CPU 提供网络流的处理能力。Open vSwitch 以内核模块的形式实现数据包处理，程序运行出错时可能会导致整个系统崩溃，而且内核的内部 API 会随着时间发生变化，因此其实现方式不如 XDP 安全且灵活。

5.7.3　案例

Kubernetes 的安装与基本用法

本书只简单介绍 Kubernetes 使用。使用 Kubernetes 部署应用程序相对简单，简化的流程如下：首先在一个声明式配置文件（通常为 YAML 格式）中描述整个应用程序，然后使用 kubectl 命令行工具部署应用，最后使用 kubectl 命令行工具管理应用程序的整个生命周期。该流程无需过多的人工干预，一切可以被自动化的事情都被 Kubernetes 自动化。

下面通过一个短小示例展示 Kubernetes 的使用。假设需在集群内部署 nginix 应用，并保证有 3 个 nginix 实例在运行，这个场景适合使用 ReplicaSet（副本集）。副本集顾名思义，指集群运行指定数量的 pod 实例。如果一个 pod 实例发生故障，那么 Kubernetes 会自动启动一个新的 pod 实例，保证 pod 实例的实际数量与期望的 pod 实例数量一致。

编写的 YAML 格式的配置文件如下所示。

```
replicaset-definition.yml
apiVersion: apps/v1
kind: ReplicaSet
metadata:
  name: myapp-replicaset
  labels:
    app: myapp
    type: front-end
spec:
```

```
        template:
          metadata:
            name: myapp-pod
            labels:
                app: myapp
                type: front-end
          spec:
            containers:
              - name: nginx-container
                  image: nginx
      replicas:3
      selector:
        matchLabels:
          type:front-end
```

上述 YAML 文件是根据模板修改而来的，包含了大量的字段，详细描述了 nginix 应用。主要字段 image 值为 nginix，指定容器使用的镜像名；replicas 值为 3，指定 pod 副本数量为 3（期望值）。

下面使用 kubectl 命令行工具创建应用。

```
$ kubectl create -f replicaset-defintion.yaml
replicaset "myapp-replicaset" created
```

使用 kubectl 命令行工具查看副本集的 pod 数量，以验证是否有 3 个 pod。

```
$ kubectl get replicaset
NAME                DESIRED        CURRENT        READY        AGE
myapp-replicaset    3              3              3            10s
```

输出结果显示副本的数量为 3，符合预期。

5.7.4　Docker、Kubernetes 及容器生态

自 2013 年 Docker 开启容器热潮，它创造了被广泛使用的 Docker 容器工具。对许多人来说，Docker 就是容器的同义词。Docker 对 IT 界的影响广泛而深刻，它普及了容器的相关概念和技术，主要包括标准化的镜像格式、构建镜像、通过仓库共享镜像及容器的生命周期管理。容器镜像提供一种简单方法将应用程序打包、分发和部署。

随着容器使用的爆发式增长，各种各样的容器工具、标准和 API 也相继爆发。Docker 不再是唯一的容器工具，还有许多其他的容器工具作为竞争者，例如 Red Hat 开发的 Podman，提供与 Docker 相似的功能。但 Docker 简单易用、用户体验好且功能强大，使 Docker 成为最流行的容器工具。

容器生态系统由许多令人兴奋的技术、开源项目及让人困惑的专业术语组成，同时有公司之间的商业竞争及平息纷争的标准化。标准化使容器生态统一而不是分裂，有助于在不同的操作系统和平台上运行容器化应用程序，避免形成对特定公司或技术的依赖。

容器技术不断演变，诞生了大量的开源项目和技术，有些昙花一现，有些在竞争中脱颖而出，最终成为当今容器生态的主流技术。标准、开源项目与技术之间又有着千丝万缕的联系，千头万绪的容器生态对用户或初学者容易造成混乱和困扰。图 5-11 准确展示了 Kubernetes、Docker、CRI、OCI、containerd 和 runC 在容器生态系统中是如何组织到一起的，并厘清了它们之间的关系。

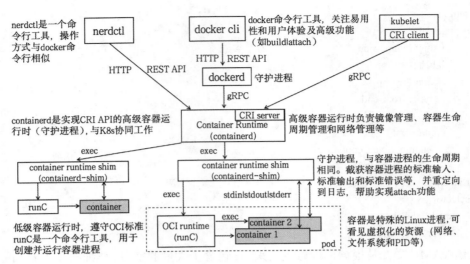

图 5-11　Kubernetes 与容器之间的关系

　　Docker 从早期的单体结构已经演变为由多个组件构成的容器工具。docker CLI 是 Docker 的命令行工具，提供了简单易用的操作，提升用户的使用体验。它与 dockerd 使用 HTTP REST API 相互通信。

　　这里简要介绍一下 Docker 镜像的构建工具。目前最传统、最直接的方式是使用 Dockerfile 构建容器镜像，但这并不是生成容器镜像的唯一方法，还有很多工具并不使用 Dockerfile 生成容器镜像。容器构建工具很难标准统一，因为各个组织和团队有其偏好性的工具，输入和构建工具是什么并不重要，关键是构建工具输出的容器镜像是标准格式，符合 OCI 标准规范，并且可发布到符合 OCI 标准的注册中心，这对于容器生态系统来说是有价值的标准化。

　　dockerd 是常驻在后台的守护进程，负责接收并处理 Docker 客户端发送的请求并管理 Docker 容器。dockerd 并不直接管理 Docker 容器，而是调用 containerd API 来管理容器。这样设计的一个好处是 dockerd 可以独立升级，避免 dockerd 升级导致所有容器随之崩溃。

　　nerdctl 是一个命令行工具，弥补了 containerd 易用性的不足，其使用方式与 Docker 命令行极其相似，让用户在单机上也能获得与 Docker 命令行相同的体验。

　　kubelet 是运行在 Kubernetes 工作节点上的守护进程，它根据 Kubernetes API 服务器的指示在本地节点放置 Pod，它自身并不运行容器，但它需要容器运行时。

　　CRI 是定义明确的 Kubernetes API，用来与容器运行时交互。CRI API 屏蔽掉了不同容器运行时的差异，只要容器运行时实现了 CRI 标准，Kubernetes 就可以使用该运行时来运行容器。containerd 符合 CRI 标准的容器运行时，Docker 将 containerd 从 Docker 中分离出来并捐赠给 CNCF。除了 containerd，Kubernetes 还可以使用专门为 Kubernetes 构建的 CRI-O 运行时。无论 containerd 还是 CRI-O，它们都实现了 CRI API 标准，均能运行 OCI 格式打包的容器镜像。

　　同 dockerd 一样，cotainerd 也是一个守护进程，kubelet 作为 containerd 的一个客户端，通过 CRI API 与其交互。cotainerd 包含了单机上容器运行时的绝大部分功能，也称为高级容器运行时，主要负责如下事情。

　　（1）管理容器的生命周期（创建容器、启动、查询状态、停止和删除容器等）。

　　（2）管理镜像（拉取、推送、解包、查询状态和删除容器镜像等）。

（3）管理存储（镜像数据的存储）。

（4）调用 runC 创建并运行容器。

（5）管理容器网络接口及网络。

除了 containerd 提供的功能，dockerd 还添加了一些额外的重要功能，如镜像构建、容器命名和卷管理等。

当 containerd 接收到启动容器请求后，并不会直接操作容器，而是启动一个称为 containerd-shim（垫片）的轻量级守护进程，让这个进程去操作容器。containerd-shim 会提供一个 API 供 containerd 使用，用来管理容器的生命周期。

每启动一个容器进程都需要有一个父进程，用来维持标准输入、标准输出和标准错误，保持打开、监控进程容器状态等。如果这个父进程是 containerd，那么 containerd 崩溃或重启会导致主机上所有的容器进程都退出。引入 cotainerd-shim 这个垫片就是为了规避这个问题，以提供 live-restore（实时恢复）的功能。这样设计的好处在于，升级或重启 containerd 不会对运行中的容器产生任何影响，这在生产环境中特别有意义。

containerd-shim 也不会直接操作容器，而是通过 runC 操作容器。runC 创建和运行容器进程后会退出，contained-shim 会成为容器进程的父进程，伴随容器进程的整个生命周期并监控其运行状态，为容器进程的标准流提供服务并等待容器进程终止。一旦容器进程终止了，containerd-shim 会向 containerd 上报容器进程终止状态，然后其自身也会退出。

runC 是使用 libcontainer 实现的轻量级命令行工具，用来运行 OCI 标准格式打包的容器镜像。Docker 将 runC 从其项目中分离出来并捐赠给 OCI，作为 OCI 容器运行时标准的参考实现。相对于 containerd 高级容器运行时，runC 是一个低级容器运行时，专注于以隔离方式运行容器进程，执行创建容器（如创建挂载点、网络命名空间等环境），启动、停止和删除容器等操作。除了 runC，谷歌的 gVisor、亚马逊的 FireCracker、微软的 runhcs 等也是流行的（低级）容器运行时，它们的实现方式和适用场景均不同。

总之，Docker 掀起了容器革命。容器标准化随之而来，Docker 逐渐拆分出 runC 和 containerd 等项目。Docker 公司将 runC 捐赠给了 OCI，将 containerd 捐赠给了 CNCF。目前，Docker 公司支持容器生态中的一些工具，但并非全部。Docker 确保了与 OCI 标准的兼容性，这也使其他符合 OCI 标准的工具和容器运行时可以与 Docker 兼容。Kubernetes 在集群上对容器化应用程序进行编排，CRI、CSI 和 CNI 是与容器运行时、存储及网络相关的标准化 API，实现标准接口的各种解决方案作为插件与 Kubernetes 一起工作。用户根据需要灵活地选择符合 CRI/CSI/CNI 标准的各种解决方案。CNCF 大量开源项目构成了如今繁荣的容器生态系统。

5.8　云　原　生

云原生（Cloud Native）概念首次出现在 2013 年，当时 Netflix 在 2013 AWS re:Invent 大会的演讲中讨论了大规模应用程序的架构。对于云原生的含义，"仁者见仁智者见智"，对不同的人，云原生意味着不同的事情，其并没有广泛认可的标准定义。当时该术语的含义可能与今天的含义有所不同。云原生是一种软件开发和部署的方法论，它充分利用云计算的优势构建、部署和管理现代化的应用程序，其理念、技术与方法主要包括以下 4 个方面。

1. 开放标准

随着 CNCF 生态系统的不断成熟，许多 CNCF"毕业"的开源项目成为云原生应用的关键组件，如 Kubernetes 容器编排、gRPC 网络通信、etcd 分布式一致性和 Prometheus 监控等。云原生意味着尽量使用这些成熟或标准化组件作为构建块开发应用程序，并遵循其最佳实践。

2. 微服务

传统的应用程序将所有功能包含在单个二进制文件中，这种单体式构建的应用程序通常并不是云原生，因为开发、测试和部署单体应用程序很困难，扩展单体应用程序也具有挑战性。云原生将应用程序拆分成小型、独立部署的服务单元，每个服务都专注于特定功能。这种架构使应用更易于维护、扩展和更新。

3. 容器化与容器编排

传统方式在虚拟机上直接运行应用程序，使用配置管理工具（如 Ansible）在集群上部署应用。云原生将应用程序及其所有依赖项打包到独立且轻量的容器中，容器能够提供更好的隔离性、可移植性和部署效率，摆脱对操作系统的依赖性。Kubernetes 已经成为云原生操作系统的事实标准，能在大规模集群上以自动化方式部署和管理应用程序，提供自动部署、自动伸缩、自我修复及负载均衡等功能，提高效率并降低错误率。

4. DevOps

云原生倡导开发人员和运维人员通过协作、自动化和文化上的变革，加速软件交付，这就是 DevOps 发挥作用的地方。DevOps 的一个关键组成部分是持续集成/持续部署，定期将代码更改、合并到代码仓库，运行自动化测试以确保代码符合预期（持续集成），使用自动化部署管道将软件自动部署到生产环境（持续交付），在不影响可用性的情况下快速发布新功能。

在云端部署应用并不意味着该应用就是云原生应用，应用程序部署在云端相对于传统的本地部署前进了一步，能从云服务提供商的基础设施中受益。容器化应用程序也不意味着是云原生，采用容器是朝云原生迈进的正确一步，但容器化应用程序不一定具备高可用和弹性伸缩，其缺乏云原生的关键特性。总之，云原生是一种设计理念，而不是一个具体的标准。如果一个应用程序具备了上述 4 个特点，那么就可以宽泛地认为它是云原生。

云原生并不是灵丹妙药，更不是软件开发的又一个"银弹"❶。系统设计是关于权衡的科学与艺术，没有唯一的正确答案。如果应用程序较小或相对简单，那么可能并不需要云原生，只需传统的单体应用和更简单的部署模型就足够了。对于大型且复杂的应用程序，云原生可以提供更广泛的优势，包括伸缩性、可用性和更短的开发周期等。是否采用云原生应基于对应用程序的仔细评估。如果实施正确，用户能从云原生技术和最佳实践中受益，那么构建的云原生应用将具备伸缩性、灵活性、健壮性、高可用、低成本、平台无关和快速发布等特性。

---

❶ "银弹"的来历与欧洲中世纪的传说有关。传说中有一种被称为"狼人"的妖怪，只有用银制成的特殊子弹才能杀死它。在软件开发中，"银弹"常用来比喻解决软件开发中根本性困难的神奇方法。弗雷德里克·布鲁克斯（Frederick Brooks）指出软件开发包括根本性困难和次要困难，并指出"没有银弹"可以解决软件开发的所有问题。

本 章 小 结

云计算操作系统管理和控制云环境中的软硬件资源，具备虚拟化、自动化、弹性伸缩等特点，能够为用户提供高效、可靠的计算服务。

SDN 与 NVF 是两种重要的网络虚拟化技术。SDN 通过将网络控制面与数据面分离，实现网络资源的灵活配置和管理。NVF 则是一种将网络功能（如防火墙、负载均衡等）虚拟化的技术，通过软件的方式实现传统硬件网络功能，提高网络资源的利用率。

Docker 容器是一种轻量级、可移植的计算环境，它将应用程序及其依赖库封装在一起，形成一个独立的运行单元，实现快速部署、弹性伸缩和隔离运行，为微服务架构提供有力支持。

Kubernetes 是一个开源的容器编排平台，用于自动化部署、扩展和管理容器化应用程序。Kubernetes 提供了一种高度可扩展的架构，支持多种容器运行时环境。通过 Kubernetes，用户可以轻松管理和调度复杂的容器集群，实现资源的高效利用和自动化运维。

OpenStack 是一个开源的云计算平台，提供了完善的 IaaS 解决方案，允许用户通过 API 和仪表板来管理和控制计算、存储和网络资源。OpenStack 提供了丰富的 API，允许开发人员和第三方系统方便地与 OpenStack 进行交互。

拓 展 阅 读

1.《Docker 实战（第 2 版）》（杰夫·尼克罗夫、斯蒂芬·库恩斯利，清华大学出版社，2021 年）。

2.《Kubernetes 源码剖析》（郑东旭，电子工业出版社，2020 年）。

3.《深入剖析 Kubernetes》（张磊，人民邮电出版社，2021 年）。

4.《KVM 实战：原理、进阶与性能调优》（任永杰、程舟，机械工业出版社，2019 年）。

5.《QEMU/KVM 源码解析与应用》（李强，机械工业出版社，2020 年）。

6.《深度探索 Linux 系统虚拟化：原理与实现》（王柏生、谢广军，机械工业出版社，2020 年）。

习 题

1. 简要解释 NFV 的概念。

2. 下面哪些选项是虚拟化带来的好处？（ ）

    A. 降低运营成本   B. 提高硬盘的空间利用率

    C. 服务器聚合   D. 高可用

3. Type-1 Hypervisor 和 Type-2 Hypervisor 的主要区别是什么？

4. 下列选项中哪些属于虚拟机的优点？（ ）哪些属于容器的优点？（ ）

    A. 节省资源   B. 更强的隔离性

C．更好的应用程序性能　　　　　D．更高的安全性

5．OpenStack 包含许多开源组件，下面组件的用途分别是什么？

（1）Cinder。

（2）Neutron。

（3）Nova。

（4）Swift。

6．下面哪个技术将网络设备的控制面与耦合？（　　　）

    A．NVF　　　　　　　　　　　　B．SDN

    C．服务器虚拟化　　　　　　　　D．Docker

7．SDN 的基本思想是控制面与数据面分离。下面的描述中，哪些属于控制面？（　　　）哪些属于数据面？（　　　）

（1）决定使用哪条路径来发送分组。

（2）将分组从设备的一个端口转发到另一个端口。

（3）建立和维护 IP 路由表。

（4）转发实际的 IP 数据包。

（5）数据转发的决策者与指挥者。

（6）数据转发的实施者与执行者。

（7）在通用服务器上用软件实现的功能。

（8）在网络设备上用硬件实现的功能。

第6章 云 安 全

本章导读

随着云计算技术的普及，云安全问题日益凸显，成为人们关注的焦点。本章旨在阐述云安全的基础知识、核心概念及有效的实践方法，帮助读者更好地理解如何在云环境中保护数据和业务。首先，介绍安全的基础知识和基本原则，为后续讨论奠定基础。接着，分析 Web 和云应用所面临的安全威胁，并阐述云安全的责任模型，明确云服务提供商的职责与义务。此外，探讨云安全的法律合规性要求，包括各类数据保护法规和行业标准。最后，介绍零信任网络架构这一新兴的网络安全架构，并分享一些实用的云安全最佳实践。

通过阅读本章，读者将全面了解云安全的相关知识，掌握保护云数据与业务的关键技术和策略。无论您是云计算的新手还是资深人士，本章都将提供有价值的见解和指导。

本章要点

- 攻击类型。
- 安全防御系统。
- 安全相关的模型。
- 安全的基本原则。
- Web 与云安全风险。
- 云安全的责任模型。
- 合规性。
- 算法歧视。
- 零信任网络架构。
- 云安全的最佳实践。

Cloud computing is a challenge to security, but one that can be overcome.
云计算对安全构成了挑战，但是可以被克服。

—— 惠特菲尔德·迪菲（Whitfield Diffie）

公钥密码学的先驱之一，

2015 年与马丁·赫尔曼（Martin Hellman）共同获得图灵奖

6.1 安全的基础知识

现代 IT 系统的设计不仅注重伸缩性、健壮性和容错性，也必须兼顾安全性。由于网络攻击（Cyber Attack）以未授权的方式威胁系统，因此安全性成为 IT 系统的重要支柱。即使系统功能强大、性能卓越，若缺乏坚实的安全防护，面对攻击可能会迅速崩溃。

安全技术可分为攻击和防御两大方向，形成一种矛与盾的对抗关系。攻击者寻找防御方的漏洞，而防御方不断消除潜在隐患，两者如同魔与道，"道高一尺，魔高一丈"。然而，安全问题不仅仅面临技术层面的挑战，还涉及人的安全意识、管理制度和法律法规等多个领域。因此，构建全面的安全体系需要综合考虑这些方面，而不仅仅是依赖技术手段。

网络安全不仅是传统 IT 系统的关切点，也是云计算领域的焦点。尽管云计算为企业提供了便利性和经济性，但很多企业在将数据迁移至云端时仍存在安全顾虑，例如敏感数据在云端的安全性、云服务提供商可能滥用数据、是否存在后门访问等。另外，云服务提供商提供的服务种类繁多，配置参数复杂，一旦错误使用可能带来安全隐患。这也增加了企业的安全顾虑。

类似于个人提升免疫力以抵御病毒入侵一样，大型云服务提供商已经采取了多重保护措施，从硬件层面到应用程序层面，确保云服务的安全性。例如，一些云服务提供商采用定制的安全芯片，对硬件和虚拟化软件进行安全验证。此外，为了向用户提供更安全的保障，云服务提供商向云租户提供各种云安全服务（Security as a Service）。总体而言，使用云计算的用户已经能够享有相当高的安全性，但在使用过程中仍需谨慎操作。

为了便于对后续内容展开讨论，本节将介绍安全相关的基础知识。

6.1.1 密码学

密码学基础

A cryptosystem should be secure even if everything about the system, except the key, is public knowledge.

即使密码系统的任何细节已为人悉知，只要密钥未泄漏，它也应是安全的。

—— 奥古斯特·柯克霍夫（Auguste Kerckhoffs）

19 世纪荷兰的密码学家

Use password like a toothbrush. Change them often and don't share them with friends.

像牙刷一样使用密码。经常更换，不要与朋友分享。

—— 克利福德·斯托尔（Clifford Stoll）

美国天文学家、作家和教师

日常生活中经常会使用到各种密码，如网站的登录密码和银行卡的密码等。准确地讲，这类密码是口令（Password）或个人识别码（Personal Identification Number，PIN）。口令通常指一串字符，用于验证用户的身份，例如登录网站时输入的密码。口令的复杂性和长度对安全性至关重要。PIN 通常是数字且相对较短，例如银行卡的 PIN 码，它主要是为了在物理设备（例如 ATM）上方便输入而设计的。

身份验证（Authentication）和授权（Authorization）是安全领域中两个不同但相关的概念。

身份验证是确认用户或系统的真实身份，确保只有授权的用户或系统才能执行某个操作或访问某个资源。用户或系统需要提供一些凭证以证明其身份。认证有许多种类，如用户名和密码、指纹、虹膜、人脸、智能卡、令牌（动态验证码）、密钥、数字证书等。身份验证最简单的方法是用户名和密码的组合，但是单独使用密码可能不够安全，因此多重身份验证（Multi-Factor Authentication，MFA）引入了其他因素。MFA 要求用户提供两个或两个以上不同类型的身份验证因素，以确认其身份。额外身份验证因素有许多来源，包括物理设备、生物特征或地理位置等。

（1）物理设备：如手机短信验证码、USB 安全令牌、智能卡等。

（2）生物特征：如指纹、虹膜扫描、人脸识别等。

（3）地理位置：如内网 / 外网，登录的 IP 等。

MFA 大大提高了系统的安全性，因为攻击者需要攻克多个难以伪造的障碍才能成功登录系统，它已经成为许多在线服务和企业网络的标准安全实践。

授权，又称访问控制（Access Control），是确定已验证实体在系统中的权限范围，以确定其能够执行哪些操作或访问哪些资源。例如，当用户登录系统时，系统可能会规定该用户只能查看文件而不能修改文件。从更广义的角度来看，访问控制涉及对主体发起的请求进行决策，决定是否允许或拒绝该请求。在这里，主体是发起请求的实体，可以是用户、应用程序、设备等；客体是请求的目标，可以是 API、文件、数据库等资源；而请求是主体对客体执行的操作，如读取、写入、删除等。

访问控制主要有两种机制：基于角色的访问控制（Role-Based Access Control，RBAC）和基于属性的访问控制（Attribute-Based Access Control，ABAC）。

（1）RBAC：访问权限根据用户的角色分配。每个角色都有特定的权限，代表一定的工作职责或访问需求，而用户被分配到一个或多个角色。通过将权限与角色关联，管理员只需管理角色而不是每个用户的权限。例如，一个系统可能的角色包括管理员、编辑、普通用户，每个角色拥有不同的操作权限。

（2）ABAC：访问权限根据用户属性、环境属性、行为属性及资源属性确定。这种机制更加灵活，可以根据多个因素做出访问决策。用户属性包括身份、职位、组织关系等；环境属性包括当前时间、地理位置等；行为属性包括读取、写入、修改和删除等；资源属性包括数据类型、敏感级别等。例如，一个系统可以设置如下规则：只允许在工作时间内、内网用户可访问某些敏感数据。

总的来说，RBAC 的授权相对静态，适用于较简单和固定的权限需求；ABAC 的授权更灵活动态，适用于细粒度和动态性的权限控制需求。在实际应用中，RBAC 和 ABAC 常常结合使用，兼顾灵活性和管理的简化，以充分发挥它们各自的优势，构建更为灵活和安全的访问控制系统。

密码学是实现只有特定的发送者和接收者能够理解消息内容的安全通信技术。这一领域涵盖了加密（Encryption）和解密（Decryption）两个主要方面。明文（Plaintext）是指能够被发送方和接收方直接阅读的消息内容。通过加密算法，明文被转换为不可读的密文（Ciphertext），这个过程称为加密。随后，发送方通过网络将密文传输给接收方，而接收方通过解密算法将密文还原为可读的明文。加密和解密的关键在于使用密钥，密钥是一种特殊的信息，它在加密和解密过程中起到关键的作用。

举一个例子。假设 Alice 和 Bob 相距遥远，他们需要通过快递发送一份机密文件（明文）。为了保护文件的安全，Alice 将机密文件放入一个带有锁的箱子，并用一把钥匙（密钥）将箱子上锁（加密）。然后，她将这个锁好的箱子交给了快递公司。Bob 在收到箱子后，利用相同的钥匙（密钥）将箱子打开，实现开锁（解密）操作，从中取出了机密文件。

这里的关键是，Alice 和 Bob 使用完全相同的钥匙进行上锁和开锁，这称为对称密钥。相应的密码技术称为对称密码学或私钥密码学。在这种密码学方法中，加密和解密使用相同的密钥，因此保密性依赖双方对密钥的安全管理。对称密钥的加密与解密如下所示。

$$密文 = encrpty(明文, 密钥)$$
$$明文 = decrpyt(密文, 密钥)$$

Alice 与 Bob 还可以使用不同的钥匙进行上锁和开锁。假设 Bob 制造了一把双面钥匙，这把钥匙由正面（公钥）和反面（私钥）两部分组成。特别的是，正面钥匙无法还原出反面钥匙（由公钥无法推导出私钥），而反面钥匙可以还原出正面钥匙（由私钥可以推导出公钥）。Bob 将正面钥匙交给了 Alice。Alice 使用 Bob 提供的正面钥匙对箱子进行加锁，通过快递发送给 Bob。Bob 收到箱子后使用反面钥匙进行解锁。即使 Eve（一个可能的破解者）获得了 Alice 的正面钥匙，她无法使用它来打开箱子，因为正面钥匙无法还原出反面钥匙。只有 Bob 持有的与正面钥匙配对的反面钥匙才能解锁箱子。在这种情况下，Alice 手中的正面钥匙是可以公开的（公钥被截获不会导致通信内容泄露），而 Bob 的反面钥匙是保密的，他不会公开给任何人。这种密码技术称为非对称密码学或公钥密码学。非对称密钥的加密与解密如下所示。

$$密文 = encrpty(明文, 公钥)$$
$$明文 = decrpyt(密文, 与公钥配对的私钥)$$

RSA 是一种非常重要的非对称密码学算法，由麻省理工学院的罗纳德·李维斯特（Ron Rivest）、阿迪·萨莫尔（Adi Shamir）和伦纳德·阿德曼（Leonard Adleman）3 位科学家于 1976 年合作发明。这一算法被认为是密码学领域的一项重要里程碑，因其在安全通信中的广泛应用而备受推崇。三人因 RSA 算法而荣获 2002 年的图灵奖。

RSA 算法的安全性基于两个数学问题的难解性，即大整数的因数分解问题和欧拉函数的求解问题。这种数学性质为公钥密码学提供了坚实的基础，确保了由私钥可以很容易计算出公钥，但在已知公钥的情况下，私钥计算的难度非常大。这个背后体现了一个普遍现象，正向过程相对简单，而逆向过程异常困难。这种不对称性类在日常生活中很常见。例如，下山相对容易，但上山艰难；将牛奶和咖啡混合在一起容易，但要将它们分离很困难；金属很容易氧化，但将金属氧化物还原成原始金属却十分困难；对于一个复杂函数，根据输入 X 计算出 Y 相对容易，但根据输出 Y 逆向计算出 X 却是一项相当困难的任务。

对称密钥的优点是加/解密速度快，适合对大数据量进行加密。然而，它也存在一些缺点，其中一个缺点是密钥的管理和分发相对困难。具体而言，通过网络传输密钥时，存在被窃听者截取的风险，从而威胁密钥的安全性。这种挑战使确保对称密钥的安全传输成为一个复杂的问题。此外，对称密钥缺乏签名功能，无法验证发送方的身份。换句话说，如果对称密钥被泄露或被窃取，那么任何持有该密钥的个体都有可能发送消息，而接收方无法验证发送方的真实身份。

非对称密钥与对称密钥相比具有一些优点。首先，非对称密钥使用一对密钥，一个是公钥，另一个是私钥。公钥用于加密，私钥用于解密。因此，不需要像对称密钥那样在通信双方之间共享同一个密钥，从而简化了密钥管理。其次，除了用于数据加密，非对称密钥还可以用于数字签名，私钥用于签署信息，而公钥用于验证签名。最后，由于公钥可以公开分享，而私钥仅由持有者保留，因此密钥分发较为安全。即使公钥被截获，攻击者也不能推导出私钥。非对称密钥也有缺点，主要是计算复杂度较高，加/解密的速度较慢。

在实际应用中，经常将对称密钥和非对称密钥结合使用，以发挥各自的优势。例如，使用非对称密钥来安全地交换对称密钥,然后使用对称密钥来加密实际的数据流。对称密钥用于加密大量数据,而非对称密钥用于在通信开始时建立安全通道或对小块数据进行安全传输。

密码学不是所有安全问题的解决方案,但是任何安全机制、技术和系统几乎都离不开密码学。安全不仅涉及密码学,还包括物理安全、网络安全、社会工程学等方面。物理安全涉及防止物理设备和资源被盗或被破坏。网络安全关注保护计算机系统和网络不受未经授权的访问和攻击。社会工程学涉及欺骗和操纵人们以获取敏感信息。

随着技术的发展,新的安全问题不断涌现。移动互联网、物联网、云计算、区块链、人工智能等新技术的应用为安全领域带来了新的挑战。隐私保护、数字身份认证、防范新型网络攻击等问题成为当前安全领域的热点。

总体而言,维护安全性需要综合考虑多个方面,并采用多层次的防御策略。密码学是其中的一个重要组成部分,但安全工作必须从系统、网络、应用程序、人员等多个角度来考虑。

6.1.2 安全的目标

信息安全主要有以下六大目标,这些目标基本构成了对信息安全的全面追求。

(1)保密性(Confidentiality):对数据的访问限制在授权的范围内,未经授权的实体无法获取数据。破坏保密性的示例包括使用窃听器截获通话内容、拦截网络数据包并破译通信内容、泄露个人隐私等。

(2)完整性(Integrity):确保数据不被篡改或损坏。破坏完整性的示例包括篡改发票的金额、篡改网页的内容、损坏文件等。

(3)可用性(Availability):确保授权的用户在需要时能使用系统和数据。破坏可用性的示例包括网络服务遭到攻击,导致合法用户无法登录系统,以及计算机病毒感染导致系统无法正常运行。

以上 3 个目标形成了一个平衡,通常被称为"安全三角"或"CIA 三要素",其强调了在设计和维护信息系统时需要综合考虑这些方面。此外,还有一些其他的安全目标,如不可抵赖性、可追溯性、可控性等,它们在不同场景中具有重要意义。

(4)不可抵赖性(Non-Repudiation):所有参与者都不可能否认或抵赖曾经完成的操作和承诺。假设 Eve 通过互联网向银行发送了一笔转账请求,银行依照 Eve 的指令完成了转账。随后 Eve 有意否认曾经提出过这个转账请求,试图抵赖她的行为。在这种情况下,不可抵赖原则是一项重要的安全目标,它确保了参与交易的一方无法否认其过去的行为或主张。

(5)可追溯性(Traceability):记录系统中的各种活动、事件、操作,以便在需要时能够迅速、准确地定位到事件的发生源头,了解事件的前因后果,用于审计与合规、调查溯源和自动响应等。

(6)可控制性(Controllability):组织对系统、数据和资源等实施有效的控制,防范潜在的安全威胁。例如,访问控制确保只有经过授权的实体才能访问特定的资源,安全配置确保操作系统和应用程序能及时更新,网络安全控制确保网络能阻断未经授权的访问和攻击。

6.1.3 攻击与防御

1. 资产、威胁、漏洞、攻击与攻击面

资产是对利益相关者有价值的事物，包括有形资产（如硬件设备、货币、黄金和房产）和无形资产（如银行账户、个人数据、服务和知识产权）。威胁可能对资产造成危害，威胁的性质包括对安全性（如保密性、完整性和可用性）的潜在破坏。漏洞指系统中已知或未知的弱点，它们几乎无处不在，涵盖硬件设备、驱动程序、操作系统、数据库到应用程序等各个方面。漏洞几乎总会被攻击者利用，例如通过猜测用户弱密码而非法进入系统。

攻击指导致实际破坏的行为，攻击者是执行攻击行为的个体。风险表示攻击者利用漏洞进行攻击，导致危害并破坏安全性。防御者需要提前采取对策来保护资产，防止或降低攻击造成的危害。软硬件供应商通常会及时发布补丁以修复已知的漏洞，但并非每个已知漏洞都会被攻击者利用。攻击者可能通过编写自己的代码、使用现有工具或购买漏洞利用代码等方式获取漏洞的利用代码。

攻击面指系统中所有潜在漏洞和攻击路径的集合。攻击面的广度和深度与系统的复杂性和功能数量直接相关。具体来说，攻击面包括了许多因素和渠道。

（1）开放的 IP 地址和端口：如果不加以适当的保护，则可能成为攻击者入侵的入口。

（2）服务：每一个服务都可能有自己的漏洞或安全隐患。

（3）数据：存储在系统中的各种数据，如敏感信息，可能成为攻击者的目标。

（4）协议：系统使用的通信协议，如果不加密或存在漏洞，则可能被攻击者利用。

（5）API：攻击者可能尝试利用 API 的漏洞或不安全配置来入侵系统。

（6）Wi-Fi：公司内部的 Wi-Fi，如果配置不当也是潜在的攻击面。

（7）打印机：看似简单的设备也可能成为攻击目标，因为它连接到网络并可能存在漏洞。

因此，对于组织来说，理解和最小化攻击面是关键的安全策略之一。这可能涉及网络安全、漏洞管理、访问控制、数据加密等多个方面的工作。

通过经典的《三只小猪》儿童故事解释安全的相关概念。《三只小猪》故事讲述了每只小猪都建造了一个房子，以应对狼的威胁。

第一只小猪很懒惰，其建造的稻草房代表脆弱的安全系统，容易受到攻击者的利用和破坏。狼（攻击者）通过强力的吹气（利用漏洞）轻松捣毁了这个稻草房，构成了风险。

第二只小猪稍微勤快一些，用木头建造了房子。木头房虽然比稻草房更坚固，但仍然容易被破坏，代表有一些安全措施但还不够完善牢固的安全系统。狼再次找到了漏洞并成功利用，构成了危害。

第三只小猪非常勤快，用砖块建造了一间几乎无懈可击的房子，代表更为强大和牢固的安全系统。但即使是最坚固的安全系统也可能存在潜在的漏洞，需要不断改进和补充安全措施。狼誓不罢休，不断寻找新的漏洞，它发现了砖块房子的烟囱与内部相连，决定通过烟囱进入房子，构成了新的风险。第三只小猪及时发现了这个潜在的漏洞，采取了安全对策，即在壁炉下放置了一壶滚烫的开水。这可以视为安全对策的实施，相当于修复系统漏洞，加强了系统的安全性。当狼通过烟囱爬进壁炉时，被滚烫的开水烫伤，最终狼狈逃脱。

该故事强调勤劳和智慧的重要性，在面对困难和威胁时，应该做出明智和长远的选择，

通过勤奋努力建立坚固的基础，而不是采取简单或容易被破坏的方式。该故事与网络安全的关系在于，小猪是要保护的资产，房子代表了安全系统或安全机制，而狼代表攻击者。每只小猪采用不同的材料建造房子，这就类似于系统中存在不同类型的漏洞。狼通过不同的手段攻击每间房子，而小猪需要采取相应的安全对策来防御这些攻击，从而降低风险。这个故事也提醒我们，在数字世界中，系统安全需要坚固的基础和多层次的安全措施，要持续加固安全防线，以应对不断演变的威胁和攻击。

2. 黑客、黑帽、白帽与灰帽

原本"黑客"（hacker）一词指的是技术精湛的计算机专家，后来演变出三种类型：黑帽、白帽和灰帽。黑帽指那些利用漏洞进行非法攻击的个体，他们以非授权的方式侵入计算机系统，通常称为破坏者或"骇客"（cracker）。相反，白帽也称为道德黑客，通过模拟恶意黑客的攻击行为，进行渗透测试，并提供系统安全改进建议。道德黑客的渗透是经过授权的、合法的行为。许多公司雇用白帽来评估和加固他们的系统安全性，有时也通过漏洞赏金计划来鼓励白帽发现系统漏洞。灰帽则处于两者之间，他们研究网络攻击技术，有时会出售相关的漏洞攻击技术，但不像黑帽那样从事非法和恶意的攻击行为。灰帽的行为界限模糊，有时可能涉及一些法律和道德层面的灰色地带。

渗透测试（Penetration Testing），简称 Pen 测试或称为 Ethical Hacking，是一种经过授权的模拟攻击，以发现系统、网络或应用程序中的安全漏洞和弱点。其目的是评估信息系统的安全性，帮助组织识别并解决潜在的安全风险。

攻击者根据测试目标使用专门的渗透测试工具，以检查系统在面对潜在威胁时的表现。例如，在已知密文的情况下，攻击者可能会使用 John The Ripper 软件尝试破解出明文。在社会工程攻击的渗透测试中，攻击者可能会使用软件克隆门禁卡，以模拟进入其无权访问的建筑物区域。在网络协议的渗透测试中，攻击者使用 Wireshark 工具捕获和分析网络数据包。

渗透测试工具集非常多。例如，Kali Linux 是一个基于 Debian 的 Linux 发行版本，预装了各种渗透测试工具；Metasploit 是用于漏洞扫描和漏洞利用的工具集；Burp Suite 是专注于 Web 应用程序的渗透测试工具集。

3. 红队、蓝队与紫队

在网络安全攻防演练中，红队扮演攻击者的角色，通常由经验丰富的安全专业人员或独立的道德黑客组成。他们在经过签约或授权后，模拟真实的攻击情境，以秘密方式测试系统的防御能力。红队的目标是利用各种方法、工具和手段，如社会工程、网络钓鱼、数据包嗅探器和协议分析器等，发现并利用目标系统的弱点和漏洞，突破防御系统，如杀毒软件、反恶意软件、防火墙和入侵检测等，从而渗透目标系统内部，危及目标的安全。演练结束后，红队客观评估目标系统的安全性，包括预防、检测和补救能力，组织的安全技能和成熟度，并提供安全改进建议。

蓝队在网络安全中扮演防御方的角色，通常由组织内部的安全专家或维护组织安全的人员组成。在实际攻击发生后，蓝队的任务是尽快识别并做出响应，迅速采取行动，阻止攻击者进一步突破安全防线，遏制攻击并尽快恢复受影响的系统和服务，保护组织的关键资产免受威胁。蓝队的任务覆盖预防、检测和补救，包括发现关键资产的威胁和潜在弱点与漏洞，根据风险评估采取有针对性的安全控制措施，利用安全工具监控网络活动，实时检测入侵行为并发出警报，收集威胁情报并采取相应措施，培训员工遵守安全规章制度，增强员工的安全意识。此外,蓝队还运用蜜罐/蜜网技术,模拟真实网络系统,充当入侵诱饵,引诱黑客攻击。通过记录黑客的入侵行为,蓝队能够分析入侵路径和系统潜在的漏洞,从中汲取经验和教训,以便更好地保护真实系统免受威胁。

在测试目标系统的防御能力和安全措施有效性方面,红队和蓝队有着共同的目标,即不断改进系统的安全性。然而,由于红队的任务是发现漏洞,他们往往不愿意分享攻击技术和系统弱点,因为这可能影响他们的表现和成就。这种不协作的态度使红队的成功在实际应用中变得无意义,由于缺乏与蓝队合作的信息共享,因此系统的整体安全性无法得到有效提升。

为了解决这个问题,紫队应运而生。紫队汇聚了红队和蓝队的专业人员,将攻击和防御的双方合并为一个整体。紫队并不一定是独立的团队,通常由安全专家或安全经理组成。紫队的主要任务不仅包括监督和优化红队、蓝队的训练,更重要的是促进两者之间的沟通与协作。通过搭建桥梁,紫队促使红队和蓝队共同分享攻防技术、系统弱点和漏洞。通过这种合作,双方可以相互学习,分享报告、见解和专业知识,创造反馈循环,总结经验教训,并监督安全改进措施的实施。这种协同努力的目标是提高整个系统的安全水平,使攻防演习能够产生最大的价值。

4. 夺旗赛

夺旗赛(Capture The Flag,CTF)是一种网络安全竞赛,用来测试参与者在信息安全领域的技能。这种比赛的灵感来自传统的野外游戏,其中两队竞相夺取对方的旗帜。在网络安全的 CTF 中,旗帜通常是虚拟的标志或标记,代表成功攻击或渗透目标系统的证据。CTF 通常由安全专业人员、学生和爱好者参与,其基本目标是在一定时间内收集尽可能多的旗帜。在保持合规性的前提下,参与者通过攻克各种安全难题来获取旗帜。比赛结束后,组织者会评估参与者收集到的旗帜数量及解决问题的时间,以判定获胜者。CTF 通常用来考核参与者全方位的知识与技能,如漏洞利用、密码学、逆向工程和网络分析等,不仅能锻炼参与者的安全技能,也是一个促进知识分享和社区合作的平台。许多安全研究人员通过参与 CTF 来不断提高他们的技能水平,并与同行建立联系。

6.1.4 常见的攻击类型

1. 恶意程序

常见的攻击类型

恶意程序(Malware)是一种广泛的软件类别,旨在损害设备、网络、服务或应用程序的正常运行。这些程序包括计算机病毒(Virus)、蠕虫(Worm)、特洛伊木马(Trojan Horse)、逻辑炸弹(Logic Bomb)、僵尸程序(Bot)、勒索软件(Ransomware)、间谍软件(Spyware)、恐吓软件(Scareware)和根工具包(Rootkit)等。它们执行各种恶意或破坏性操作,如删除文件、耗尽系统资源、窃取数据、远程控制受感染设备等。

(1)计算机病毒:类似于生物病毒,将自身附加到其他程序上并在宿主系统中传播。

(2)蠕虫:一种独立的程序,可以自我复制并传播到其他计算机,无需宿主程序。

(3)特洛伊木马:这个概念源于古希腊的特洛伊战争传说。故事中,希腊军队无法攻克特洛伊城,于是他们设计了一种计谋。希腊士兵假装撤退,留下一尊巨大的中空木马作为礼物。特洛伊守军将木马带入城内,认为这是他们的战利品。然而,夜深人静时,希腊士兵从木马中出来,打开城门,导致特洛伊城被攻陷。在计算机安全领域,特洛伊木马指恶意程序伪装成合法程序或文件,欺骗用户执行它们,以获取未授权的远程访问或操纵受感染设备。不同于病毒和蠕虫，特洛伊木马通常不会自我复制传播，其目标是悄悄进入系统，而不是通过传播来扩散。

（4）逻辑炸弹：在特定条件下触发恶意操作，例如在特定日期删除文件。

（5）僵尸程序：侵入计算机并受远程服务器控制的恶意程序。被感染的计算机通常称为僵尸计算机、傀儡机或肉鸡，它们会组成一个僵尸网络，由远程服务器控制。攻击者可以远程控制它们进行各种恶意活动，如网络攻击。

（6）勒索软件：这类恶意软件通过多种途径传播，如恶意电子邮件附件、恶意链接、被感染的网站或网络漏洞等。一旦勒索软件感染了系统，它会迅速加密用户的重要文件，如文档、图片、视频和其他关键数据等。一旦文件被加密，受害者将无法访问这些文件，除非支付攻击者要求的赎金。支付赎金通常要求使用加密货币，如比特币，以难以追踪的方式进行支付。

（7）间谍软件：一种通过网络下载和安装的恶意程序，例如通过安装免费软件或点击恶意链接等方式感染用户设备，而用户常常并不自知。一旦安装，这些程序会在后台默默运行，秘密监视、收集和汇报用户的计算机活动，而这些都是在用户未经同意的情况下进行的。间谍软件具有广泛的功能，以下是其主要功能。

1）键盘记录：记录用户在键盘上输入的所有内容，包括用户名、密码和其他敏感信息。

2）屏幕截图：定期捕捉屏幕截图，以监视用户的活动，可能包括敏感信息或私人通信。

3）网络活动监视：跟踪用户的网络浏览活动，包括访问的网站、搜索查询和下载文件。

4）个人信息收集：收集用户的个人信息，如姓名、地址、电话号码等，以便用于非法目的，如身份盗窃。

5）广告跟踪：监视用户的在线行为，收集有关用户喜好和习惯的信息，用来定制广告。

6）远程控制：允许攻击者通过远程命令控制受感染的设备，执行各种操作。

7）系统性能影响：可能导致设备性能下降，如降低系统速度、耗尽网络带宽。

（8）恐吓软件：这类恶意软件通过恐吓策略欺骗用户，使用户误以为其计算机受到了威胁（如感染了病毒），然后，诱使用户购买虚假的防病毒软件或其他安全产品来解决这些"威胁"。实际上，这些所谓的解决方案通常是无效的，甚至可能包含更多的恶意软件。以下是恐吓软件的主要特点。

1）恐吓策略：恐吓软件通过误导性的弹出窗口、警报或系统扫描结果，声称用户的计算机受到严重威胁。

2）制造紧迫感：声称用户必须立即采取行动，否则数据会丢失或者系统崩溃。

3）虚假的解决方案：恶意软件提供的解决方案通常要求用户购买某种软件或服务，而这些软件或服务实际上无效，甚至可能是恶意的。

4）社会工程学：通过操纵用户对威胁的恐惧心理，恐吓软件试图骗取用户的金钱或者个人信息。

（9）根工具包：一种极难察觉的恶意程序，它能够对系统进行长期而隐秘的攻击，为攻击者提供远程控制和数据收集的途径。由于它能够绕过传统的安全防御机制，检测和清除它变得相当困难，因此对计算机系统构成较高的威胁。它通过多种途径传播，如电子邮件、软件包、浏览器下载或系统漏洞等。以下是根工具包的主要特点。

1）隐蔽性：通常隐藏在操作系统内部，常规的安全扫描工具难以检测到。

2）权限提升：提升其在操作系统中的权限，以便能够绕过常规的安全措施。

3）持久性：在系统启动时自动加载或隐藏在系统关键组件的实现中，在系统中保持长久存在。

4）掩盖其他恶意活动：它会隐藏其他恶意软件或攻击活动。

5）用户空间和内核空间的渗透：它能渗透到用户空间或内核空间，执行各种恶意操作。

6）防御逃避：它通常设计成能够逃避安全软件的检测和清除。

防范恶意软件的常见措施包括定期备份数据、及时更新操作系统和软件、使用强密码、限制系统的特权访问、谨慎下载和安装软件、谨慎打开陌生电子邮件和链接、定期扫描和清理设备，以及使用安全软件进行实时保护。

2. 社会工程攻击

社会工程攻击（Social Engineering Attack）是一种利用心理学和欺骗技巧，通过与人类互动来获取敏感信息、未经授权的访问或执行欺诈活动的攻击方式。这种攻击侧重于利用人的天性，如好奇心、贪婪、信任或疏忽等，进行非技术手段的欺骗，而不是直接攻击系统。

社会工程攻击日益流行的一个原因是攻击更容易且成本更低，因为攻击者不需要开发或购买高级的进攻技术，而是诱骗安全意识弱的人员，从而绕过安全防御措施。例如，攻击者故意将带病毒的 U 盘丢弃，拾到者出于好奇心，将来历不明的 U 盘直接插入计算机，导致计算机被植入了恶意软件。攻击者冒充 IT 服务工程师，以升级内部系统为借口骗取员工的访问权限。攻击者冒充维修人员，尾随员工进入办公区，并趁机偷瞄用户的输入密码。

钓鱼攻击是一种常见的社会工程攻击。攻击者通过虚假的电子邮件、社交媒体消息或网站，伪装成可信实体，诱使受害者提供敏感信息，如用户名、密码或财务信息。例如，攻击者用非法的二维码替换合法的二维码，用户扫描后以为访问合法站点，实际上被重定向到恶意站点。鱼叉式钓鱼攻击或捕鲸攻击针对高价值目标（如公司高管），通过伪装成合法机构发送电子邮件，引诱受害者打开恶意附件或点击恶意链接。攻击者创建了一个伪装成知名网站的钓鱼网站，其域名与目标网站的域名极为相似，只有极小的差异，用户易忽略这种差异。通过利用用户的疏忽，他们成功引导用户访问钓鱼网站。这类攻击被称为误植域名攻击。

社会工程攻击的成功往往依赖攻击者对人类心理的洞察，受害者在不经意间可能泄露敏感信息。为了预防社会工程攻击，除了技术层面的安全防范，还要增强用户的安全意识，通过培训和教育减少受社会工程攻击的风险，例如谨慎对待未知来源的信息，特别是电子邮件、链接和附件。

3. 高级持续性威胁

高级持续性威胁（Advanced Persistent Threat，APT）指攻击者长期潜伏并持续访问组织的系统或网络，而不被发现。通常，这种攻击由具有高度技术水平的黑客组织、国家或其他实体精心策划，涉及将恶意软件植入目标系统，窃取机密信息而不引起警觉。攻击的目标通常是敏感信息、商业机密或政府机构的关键信息。

APT 攻击通常包括一系列阶段，称为攻击链，主要包括信息收集、外部渗透、命令控制、内部扩散和数据泄露。APT 攻击链的每个阶段通常使用技术手段来隐藏攻击痕迹，避免因为留下蛛丝马迹而被检测到。这也是 APT 在目标网络中长时间潜伏的原因之一。在信息收集阶段，攻击者获取目标组织的情报信息，如组织架构、人员构成、网络架构、电子邮件、安全设备和开放端口等。外部渗透阶段涉及攻击者如何进入组织内部。例如，在钓鱼攻击中，攻击者可能会制作逼真的电子邮件，诱使接收者降低警惕，最终打开附件或点击邮件正文中的 URL 链接。当目标用户使用存在漏洞的客户端程序或浏览器打开带有恶意代码的文件时，就可能下载并安装恶意软件。这类恶意软件通常是 RAT（Remote Administration Tool，远程管理工具）。

RAT 与远程控制服务器建立联系，实现远程命令与控制，从而在内网中植入持久性后门，以实现对主机的长期控制。此外，恶意软件通常设置为开机启动，并在后台悄悄关闭或修改主机防火墙设置，以免被察觉。由于同一组织内的主机通常具有相似的系统和环境，因此内网主机往往存在相同的漏洞。

RAT 具有键盘记录和屏幕录像功能，因此攻击者能够轻松非法获取用户账户、电子邮箱密码及内网服务器密码。攻陷一个内部主机后，RAT 使用端口扫描工具识别网络中未修补漏洞的主机，进一步横向移动到内网的其他主机或纵向扩散到内部服务器，展开更深层次的渗透和攻击。横向移动难以被检测，因为它看起来像是"正常"的网络流量。RAT 就这样在内网中扩散。最终，RAT 将窃取的敏感数据传送到外网，导致数据泄露，或者在特定时刻启动，造成关键基础设施（如电力、交通、能源或金融）的瘫痪。

水坑攻击是一种常见的高级持续性威胁，其概念源于自然界中捕食者的行为方式。例如，鳄鱼潜伏在水坑旁边，等待猎物前来喝水，伺机发动攻击。类似地，攻击者在受害者通常访问的网站上设置陷阱，等待他们上钩。攻击者会分析目标用户的上网行为，并在用户经常访问的合法网站中植入恶意代码，从而攻击这些用户。水坑攻击相较于钓鱼攻击更为隐蔽，因为它利用了用户对合法网站的信任，并利用这些网站的漏洞作为入口点。这种攻击方式很难被察觉，因为攻击流量看起来是正常的用户活动。

6.1.5 安全防御系统

1. 防火墙

安全防御系统

防火墙（Firewall）是位于网络边界的关键设备，有软件和硬件两种形式，负责监视和控制进出网络的流量。它根据预定义的规则允许或拒绝特定类型的流量通过。这些规则通常使用源地址、目标地址、端口号、协议类型等进行定义。下面给出防火墙的主要功能。

（1）流量过滤：根据规则检查传入和传出网络的数据包，根据预定义的规则来允许或阻止特定的数据包，防范恶意流量和攻击。

（2）状态检测：追踪连接的状态，对合法的连接允许数据通过，对未经授权的连接进行拦截。

（3）网络地址转换：将内部私有 IP 地址映射到一个公共 IP 地址，从而隐藏内部网络的拓扑结构，增强网络的安全性。

（4）隔离内外网络：隔离内部网络与外部网络，提高内部网络的安全性。

（5）代理服务：代替内部网络与外部网络进行通信，并对流量进行深度检查，如内容审查。

（6）支持 VPN：支持建立 VPN，通过加密确保远程通信的安全性。

总体而言，防火墙能够阻挡大部分外部攻击并防止暴露内部网络，是网络安全体系中的重要组成部分。

2. IDS

入侵检测系统（Intrusion Detection System，IDS）负责监控网络或主机的活动，寻找异常行为或已知的攻击模式，以识别潜在的入侵并发出警报，但不会主动阻止攻击。异常行为可能包括使用 root 账户登录服务器、修改安全组策略、检测到高风险威胁等。

IDS 会使用入侵指标（Indicator of Compromise，IoC）来判断系统或网络是否遭受入侵。IoC 指入侵的高置信度特征信息，常应用于入侵检测和数字取证等。例如文件的 MD5 哈希值变化、无法访问的网站及产生大量错误消息和失败请求等情况，都可以作为 IoC。

IDS 通常分为两类：主机入侵检测系统（Host-based IDS，HIDS）和网络入侵检测系统（Network-based IDS，NIDS）。HIDS 专注于保护单个主机或终端设备，而 NIDS 旨在保护整个网络。

入侵检测系统主要采用两种方法：签名和异常检测。

（1）签名：通过将观察到的行为特征与预先存储的入侵特征数据库进行比较，从而识别已知的攻击模式。这类似于在生活中使用标志性特征做检测。例如，在门和门框之间的隐蔽位置放置一条透明胶带，如果胶带被切断，那么就表示门曾经被打开过。为了检测手机是否曾经浸泡在液体中，手机制造商通常在手机内部安装一个浸液标签。如果手机受潮，标签就会发生颜色变化，从而提供了一个可见的指示。

（2）异常检测：通过对系统正常行为进行训练建立基准线，然后检测与正常行为明显偏差的情况，以判定是否发生入侵。例如，异常检测方法识别同一天从多个不同城市使用相同登录凭据访问服务的情况，这可能是入侵的迹象。

虽然签名方法容易检测出已知的网络攻击，但在面对新的威胁时容易漏报。相比之下，异常检测方法通常更适用于检测新的、未识别的攻击，但也可能导致误报，如将合法活动错误地报告为恶意活动，因为它有时候无法区分攻击行为和合法行为。

3. IPS

IDS 是一种检测系统，它不会采取措施来预防攻击或中止潜在威胁，而仅仅是监视系统并发送有关可疑活动的通知。安全人员需要阅读检测报告，确定是否存在真正的问题，并采取行动来防范攻击。这一过程需要时间，而且检测报告可能会出现误报，给安全人员带来不必要的干扰。

如同防盗警报器，IDS 只提供检测并发出警报而无法主动阻止攻击。最佳实践是将安全警报与主动响应相结合，以"反应式"而非"被动式"方式运作。类似地，IDS 的下一步演变是入侵防御系统（Intrusion Prevention System，IPS）。IPS 将检测系统与主动防范措施相结合。在检测到威胁后，IPS 会主动采取措施来阻止攻击，例如向防火墙发送命令切断恶意流量、重置连接或禁止账户访问。

目前，IDS 与 IPS 之间的界限已经变得模糊，因为 IDS 通常也具备一些入侵防御功能，而 IPS 可能只有有限的自动响应能力。

通常情况下，IDS/IPS 部署在网络的出入口处，检查所有的 IP 层数据包。为了更好地保护 Web 应用，经过 IDS/IPS 检查后的网络流量还要经过 Web 应用防火墙（Web Application Firewall，WAF）的过滤检查。WAF 位于 Web 应用的前端，过滤、监控和阻止进入或流出网络服务的 HTTP 流量，从而阻止常见的 Web 攻击，如 SQL 注入、跨站脚本攻击等。

4. SIEM

网络安全一直在向更全面的方向发展。IDS/IPS 的下一个演变阶段是安全信息事件管理（Security Information and Event Management，SIEM），其功能包括收集、存储、聚合分析来自多个网络安全组件（如防火墙、IDS、IPS）的日志数据和事件，识别异常和威胁，提供安全事件的警报和报告。

传统 SIEM 的异常检测基于预定义规则，但这种方法容易被针对性地规避。用户实体行为分析（User and Entity Behavior Analytics，UEBA）弥补了传统 SIEM 在安全威胁发现方面的不足。UEBA 利用机器学习，通过分析异常数据模式识别可疑活动、潜在威胁或复杂攻击。例如，正常情况下，员工上班时间（早 8 点—晚 5 点）在办公室登录服务器，如果系统发现员工在凌晨 3 点在非办公区域登录服务器，则风险级别将被提高。

IPS 侧重分析网络数据包并在认为有危险时阻止其传输。相比之下，SIEM 从多个来源，如服务器、数据库、应用程序、防火墙和 IDS/IPS 安全系统等，收集数据并将其关联起来，以构建网络安全的全貌，增强网络的可见性，减少盲点。这使 SIEM 不仅能够检测活跃的威胁，还能发现隐藏的漏洞和威胁。

SIEM 并不需要替代 IDS/IPS，而是应该与其协同使用。在两者协同工作的情况下，IDS/IPS 会跟踪活动并检测可疑事件，然后将这些事件传递到 SIEM。SIEM 对事件进行组织和关联，使安全人员能够快速分析可疑的安全事件，并确定是否存在实际威胁。这样的整合提供了对信息、设备和系统的全面保护。

5. SOAR

安全编排自动化与响应（Security Orchestration, Automation and Response，SOAR）整合多个安全工具、技术和流程，通过预定义的流程自动响应安全事件，减少手动干预，提高安全团队的效率和响应速度。SOAR 还支持安全工作流程的编排和协调。

6. XDR

扩展检测和响应（Extended Detection and Response，XDR）是一种集成的安全平台，它超越了传统的端点检测与响应，收集并整合整个 IT 环境的安全数据源，如端点、网络和终端等，利用先进的分析技术，以检测、调查和响应更广泛的威胁。

防火墙主要负责监控、控制和过滤网络流量，根据预定义的规则允许或拒绝特定类型的流量通过。IDS 是一种被动系统，对网络流量、系统日志或行为进行分析，识别与已知攻击模式或异常行为相关的模式，并发出警报，提示管理员可能存在的威胁，但不会自动采取行动来阻止攻击。IPS 是一种主动系统，不仅能检测入侵，还能根据预先设置的规则主动采取措施，如拦截流量、阻止攻击、修改流量方向，防止攻击对网络或系统造成实际伤害。

SIEM、SOAR 和 XDR 是广泛用于安全运营中心（Security Operating Center，SOC）的解决方案。这三者在功能上有一定的重叠，容易引起混淆。它们共同应对的主要挑战是如何有效收集 IT 基础设施的事件数据，并将其转换为有用的威胁情报。每种解决方案都在不断改进事件数据的收集和解释，以及缩短识别和应对威胁之间的时间。SIEM 整合不同来源的事件和日志数据到一个系统中，通过聚合分析提供全面的安全信息管理和事件响应功能。 SIEM 系统能够自动发送警报，但仍需要安全分析师分析每个警报并决定采取行动，自动化程度相对较低，而且容易造成警报疲劳。SOAR 可以专注于自动化安全团队的工作流程和响应流程，强调警报的自动化响应。通过执行预定义的响应流程，SOAR 可以减少人工干预，提高警报的响应速度。XDR 则是一种综合性解决方案，同时兼顾检测和响应，数据源更广泛、可见性更全面、分析更深入、自动化响应能力更高。

建议采用协同方式使用它们，将 SIEM、SOAR 和 XDR 三者集成起来以提供更全面、更强大、响应更及时的安全解决方案。例如，SIEM 与 SOAR 可以相互补充，SIEM 用于实时监控和分析，而 SOAR 用于自动化和协同响应。XDR 则在全局层面关联安全数据和警报，提供高级威胁检测和个性化响应能力，从而增强整个 IT 基础设施的可见性。这样的综合使用有助于提高系统对潜在威胁的识别和应对效率。

总而言之，这些安全防御系统通常作为整个安全架构的一部分，共同工作以提供更全面、多层次的保护，帮助组织预防、检测和响应各种网络威胁和攻击。选择适当的安全防御系统取决于组织的需求、网络规模和安全风险等多种因素。

6.1.6　安全的模型

1. 威胁的分类

STRIDE 是微软提出的一种威胁建模方法，用于识别不同类型的威胁，并为这些威胁建立针对性的防御策略，从而提高系统的安全性。STRIDE 代表以下 6 种威胁类型，每个字母代表一种威胁类型。

（1）Spoofing（伪造）：攻击者伪装成合法实体，以欺骗系统或用户。例如，伪造身份、伪造 IP、会话劫持和 CSRF（Cross Site Request Forger，跨站域请求伪造）攻击等。常见的防御措施包括用户身份验证、强密码保护和多因素身份验证等。

（2）Tampering（篡改）：对数据或系统进行未经授权的修改，以破坏其完整性。例如，中间人攻击、跨站脚本攻击（Cross Site Scripting，为避免与 CSS 样式混淆，简称为 XSS）、SQL 注入和点击劫持等。防御措施取决于具体场景和多种因素。要防范 SQL 注入攻击，需要在处理用户输入数据之前进行验证和清理。验证是拒绝看似可疑数据，而清理是删除或修复可疑部分。经过这些步骤后，才能将数据传递给服务器端的解释器执行。

（3）Repudiation（否认）：为了逃避责任，用户或系统否认先前的操作。身份验证、审计机制和数字签名可用来验证和追踪实体的行为。

（4）Information Disclosure（信息泄露）：未经授权的访问或泄露敏感信息，例如嗅探数据包和窃听通信内容等。防止信息泄露可采取加密、访问控制和安全配置等措施。

（5）Denial of Service（拒绝服务）：通过洪泛网络请求、资源耗尽等方式使系统无法提供正常服务，导致服务中断。有两种常见的攻击。一种攻击是分布式拒绝服务（Distributed Denial of Service，DDoS），攻击者通过在不同位置同时发送大量请求，耗尽服务器或网络资源，使合法用户无法访问服务。另一种攻击是拒绝钱包（Denial of Wallet，DoW），专门针对无服务器用户，通过充斥流量迫使网站运营者支付高额账单。防御措施包括使用防火墙阻止恶意流量、实施速率限制以应对 DDoS，以及使用资源配额降低无服务器资源消耗来对抗 DoW。

（6）Elevation of Privilege（提权）：攻击者尝试获取比其正常权限更高的权限级别。例如，使用缓冲区溢出攻击可获得系统的根权限。为了防止提权，应实施最小权限原则，确保每个用户或组件仅具有完成其任务所需的最低权限。

2. 威胁的严重性

DREAD 是微软提出的一种安全评估模型，用于衡量威胁的严重性。这个模型通常用于应用程序设计和开发阶段，帮助开发人员、测试人员和安全专家识别和评估潜在的风险。DREAD 代表以下 5 类指标，每个字母代表一类指标。

（1）Damage（危害）：攻击会造成多大程度的危害，包括数据泄露、系统崩溃、服务不可用等方面的考量。危害评估有助于确定安全问题的紧急程度和影响。

（2）Reproducibility（可重现性）：重现攻击的难度有多大。如果漏洞很容易被复制，那么它更容易被攻击者滥用。可重现性评估有助于确定风险的重要性。

（3）Exploitability（可利用性）：实施攻击的难度有多大、需要多少工作量，包括攻击者可能需要的技术水平、工具和资源等方面的考量。可利用性评估有助于确定风险的实际威胁程度。

（4）Affected Users（受影响的用户）：评估漏洞可能影响到的用户数量，包括用户群体的规模和重要性等方面的考量。受影响的用户越多，漏洞的影响就越大，其风险也就越高。

（5）Discoverability（可发现性）：发现攻击的难易程度。如果漏洞容易被发现，那么攻击者可能更容易利用它。可发现性评估有助于识别潜在的威胁。

在使用 DREAD 模型时，5 类指标都被赋予分值，最后计算出一个综合分数，计算公式如下：

$$DREAD\ Risk = (Damage + Reproducibility + Exploitability + Affected\ Users + Discoverability) / 5$$

每类指标的评级介于 0 ~ 10，DREAD 风险值介于 0 ~ 10，数值越大表示风险越严重。

举一个例子，假设一个信息泄露威胁，DREAD 的 5 项量化值分别为 3、1、2、2 和 3，那么该威胁的风险等级 = [D(3) + R(1) + E(2) + A(2) + D(3)]/5 = 2.4。

这个分数对威胁进行量化，可用于比较或优先级排序。根据威胁的分值排序，开发团队能够集中力量，更有针对性地解决最紧急、最具威胁性的安全问题。

在风险评估中，除了使用定量分析，还可以采用定性分析，将风险划分为低、中、高和严重 4 个等级。这种分级方式考虑了风险发生的概率和造成的影响两个关键因素，可用下面的公式描述：

$$风险值 = 风险发生的概率 × 造成的影响$$

具体而言，当风险发生的概率较小且造成的影响较小时，可将其归为低风险等级；若风险发生的概率较大但造成的影响较小，则划为中风险等级；对于风险发生的概率较小但可能造成较大影响的情况，可将其定为高风险等级；当风险发生的概率大且可能带来重大影响时，则判定为严重等级。

3. 攻击行为模型

在网络安全领域，米特（MITRE）公司通过提供 ATT&CK Framework 及维护 CVE 数据库，为网络安全社区的合作、研究和应对安全漏洞提供了关键支持。

MITRE 公司是一家在网络安全领域备受瞩目的高科技公司。MITRE 于 1958 年成立，最初从麻省理工学院林肯实验室独立出来，并得到政府的资助，致力于进行各种领域的高科技研发。作为一家非营利性组织，MITRE 专注于为美国政府机构提供创新的解决方案，类似于《007》系列电影中英国军情六处（Military Intelligence 6，MI6）的实验室为詹姆斯·邦德（James Bond）提供高科技产品，MITRE 公司在高科技领域以低调神秘的姿态广受关注。MITRE 的业务领域涵盖航空、国防、医疗保健、国土安全及网络安全等多个领域，跨足不同领域为美国政府提供关键的高科技解决方案。MITRE 公司的专业性和创新性使其成为解决复杂技术问题的重要力量，并在推动科技发展上发挥重要作用。

对抗战术、技术及常识（MITRE Adversarial Tactics, Techniques, and Common Knowledge, ATT&CK）是由 MITRE 提出的一种用于理解和交流攻击手法的框架。在这个框架中，战术指攻击者试图实现的具体目标，如获得初始访问、建立持久性、建立命令和控制等。技术指实现这些战术的具体手段。每种战术都包含多个可供使用的攻击技术，而每个技术都有一个用于标识的 4 位数代码，例如 T1548 技术表示滥用提升控制机制。常识部分详细描述了技术的具体实施方式。

为了更具体地说明，假设攻击者的总体目标是窃取首席执行官（Chief Executive Officer，CEO）的敏感文件。这个攻击可以分为 3 个阶段：即初始访问、发现和收集。在这 3 个阶段中，攻击者采用了不同的战术和技术。首先，在"初始访问"阶段，攻击者通过向行政助理发送鱼叉式网络钓鱼电子邮件来获取凭据。接着，在"发现"阶段，攻击者通过远程系统发现技术，寻找可以访问的远程系统，假设在行政助理访问的 Dropbox 文件夹中发现了敏感数据。最后，在"收集"阶段，攻击者将敏感数据文件从 Dropbox 下载到攻击者的计算机。通过这 3 个阶段，攻击者成功实现了总体目标，即窃取了 CEO 的敏感文件。

古人有言："未知攻，焉知防""知己知彼、百战百胜"。ATT&CK Framework 从攻击者的视角详细描述了各种攻击行为。这种标准分类的知识库不仅有助于了解对手的攻击手法，而且通过深入理解攻击战术与技术，可以反推出针对性的防御方法。ATT&CK Framework 具有广泛的用途。

（1）模拟攻击：通过基于 ATT&CK 的红蓝攻防演练，可以模拟真实的攻击情境，为渗透测试和红蓝对抗提供了通用语言，同时规范渗透测试报告中的行为描述。

（2）威胁情报：ATT&CK 框架可用来识别和描述不同的攻击行为，为安全团队提供更全面的威胁情报，有助于及时发现并应对新型威胁。

（3）评估标准：用于评估组织的防御系统和缓解措施。通过检测、分析和响应入侵等方面的成熟度评估，安全运营中心可以更好地了解其在网络安全方面的强弱，并采取相应的措施来提高整体的安全性。

4. CVE

常见漏洞披露（Common Vulnerabilities & Exposures，CVE）是一个用于标准化安全漏洞的公开列表。CVE 分配唯一的标识符（称为 CVE 编号）给每一个已知的漏洞。CVE 编号遵循格式为 CVE-{年份}-{ID}。例如，CVE-2021-44228，表示在 2021 年公开、编号为 44228 的漏洞，其也被称为 Log4Shell 漏洞。通过 CVE，不同的组织和工具能够对漏洞进行一致的命名和引用。这有助于安全专业人员更容易地跟踪、报告和解决安全漏洞。

零日漏洞（0-day vulnerability）指已经被发现但尚未得到官方修复的安全漏洞。利用零日漏洞，攻击者能够执行各种恶意操作而不被察觉。举例来说，阿里巴巴云安全团队在 2021 年 11 月发现了 Apache Log4j 日志库的一个严重漏洞（CVE-2021-44228）。利用这个漏洞，攻击者向使用 Log4j 库的系统发送恶意请求，实现远程代码执行。这个漏洞能够绕过已有的防御措施，并在短时间内迅速演变成多个变种，影响范围非常广。

CVE 漏洞编号最初由 MITRE 公司负责。随着漏洞数量的增加，该工作移交至 CVE 编号机构（CVE Numbering Authority，CNA）。这个机构主要由软件厂商、硬件设备厂商、研究机构和安全组织等组成。

除了 CVE 官方组织，很多国家机构也提供 CVE 数据库，如美国国家漏洞数据库（National

Vulnerability Database，NVD）和中国国家信息安全漏洞库（China National Vulnerability Database of Information Security，CNNVD）。NVD 不仅提供漏洞的详细描述，还包括漏洞的严重程度评级、受影响的系统信息及可能的修复措施。这些数据库可帮助用户更好地理解和应对存在的安全漏洞。

NVD 采用通用漏洞评分系统（Common Vulnerability Scoring System，CVSS）标准对漏洞进行评分。CVSS 是一种开放的评分标准，旨在评估软件中安全漏洞的严重性，包括操作系统、数据库和 Web 应用程序等范围。该评分系统捕获漏洞的关键特征，通过计算多个指标生成一个综合评价分数，该分数的范围为 0 ～ 10，用于量化漏洞的危害程度。

CVSS 的评分可转换为定性表示，其中 [0.1, 3.9] 为低风险，[4.0, 6.9] 为中风险，[7.0, 8.9] 为高风险，而 [9.0, 10.0] 为严重风险。这种定性表示有助于安全团队迅速识别网络漏洞的严重程度，从而确定解决漏洞的优先级。

CVSS 的维护工作由国际网络安全应急论坛组织（Forum of Incident Response and Security Teams，FIRST）负责，该组织是全球网络安全应急响应领域的联盟。CVSS 的标准化评分系统为安全专业人员提供了一个共同的框架，用于共享和理解漏洞的危险性，从而更有效地进行安全漏洞管理。

CVE 用于标识已经发现的漏洞，对漏洞的事后补救提供了编号。与此不同，常见缺陷枚举（Common Weakness Enumeration，CWE）则维护了一个全面的软硬件缺陷数据库，对所有已发现的缺陷进行了分类，以便进行事前预防。许多漏洞的成因可以在 CWE 中找到对应的条目。换句话说，由于软硬件系统中存在一个或多个 CWE 缺陷，这些缺陷最终导致了 CVE 漏洞的出现。

CWE 数据库由 MITRE 公司负责维护，为安全专业人员提供了一个结构化的框架，帮助他们理解和预防各种缺陷。通过将 CWE 和 CVE 结合起来，安全社区能够更全面地理解漏洞的起因，并采取措施在系统设计和开发阶段预防这些缺陷的出现，从而提高整体的安全性。

5. 防御的模型

安全包括攻击与防御两部分，两者是"矛"与"盾"的关系。STRIDE 和 ATT&CK Framework 关注网络安全中的威胁和攻击手法，可以类比为"矛"——攻击者采用的手段。与之不同，美国国家标准与技术研究院（National Institute of Standards and Technology，NIST）提出的网络安全框架（Cyber Security Framework，CSF）聚焦于组织的网络安全防御体系，可以看作"盾"——组织如何保护自己免受各种威胁的侵害。

CSF 提供了一套框架、建议和最佳实践，用于管理和改善组织的网络安全，主要由以下 5 个核心组成。

（1）Identify（识别）：明确拟保护的资产清单，如系统、设备、数据等。对漏洞和威胁进行风险评估，确定风险的优先级。

（2）Protect（保护）：制定和实施适当的措施，以减轻网络安全风险，如数据加密、身份管理、访问控制、定期备份数据和网络安全教育与培训等。

（3）Detect（检测）：持续监控以及时发现异常或攻击行为，如监视系统和网络活动、威胁情报、漏洞管理。

（4）Respond（响应）：针对网络安全事件采取适当的行动，如建立应急计划、漏洞修复、恢复业务功能、通知相关的安全人员等。

（5）Recover（恢复）：在网络安全事件后，采取措施以迅速恢复业务和服务，如持续改进、学习经验教训、修复系统、加强网络安全防御。

CSF 已成为全球范围内网络安全实践的参考标准之一，许多组织将其作为建立、评估和改进其网络安全的基础。

6.2 安全的基本原则

安全的基本原则

安全包括攻击与防御两部分，前者是"矛"，后者是"盾"。围绕防御已有许多解决具体问题的算法、机制和技术，例如 RSA 算法解决密钥分发，ABAC 解决访问控制，网络防火墙解决网络边界安全。这些具体且实用的技术与方法，属于"术"。构建安全系统除了"术"，还需要关注"道"，即一些通用的、基础性的安全原则与理念。

本节将系统介绍安全领域的基本原则，它们经过时间和实践的考验，虽然并非是所有安全问题的现成解决方案、灵丹妙药，也不是金科玉律，但遵循它们有助于设计和实现更安全的系统，减少漏洞。这些原则的第 1 ～ 8 条来自杰罗姆·萨尔策（Jerome Saltzer）和迈克尔·施罗德（Michael Schroeder）于 1975 年发表的一篇论文：《计算机系统中的信息保护》。这些原则共同构成了一个综合的安全框架，有助于提高系统的整体安全性。

1. 最小权限

通过生活中的例子来理解最小权限原则（Principle of Least Privilege，PoLP）。高铁乘客可以进出车厢但无法进入列车的驾驶室，普通员工只能查看基本信息，客户经理无法访问其他客户经理的信息。

最小权限原则指给予实体完成其工作所需的最小权限，不给予多余权限，以最大程度地减少潜在的滥用、误用或攻击的可能性。提升权限需要审核，并在操作完成后及时回收提升的权限。遵循最小权限原则，即使实体的权限被滥用，也只能造成有限的损害，并减少了攻击面。

以下通过一些例子，说明最小权限原则在不同场景中的应用。

（1）文件权限：对于一个程序，如果只需要进行追加文件的操作，那么只会被赋予追加权限，而不被赋予完整的写权限。这确保了程序只能向文件添加内容，而不能修改或删除已有的内容。

（2）Linux 系统权限：普通用户仅被授予完成其日常任务所需的最小权限，无法修改系统关键配置。相反，系统管理员拥有最高权限，可以修改系统配置、安装软件等。为了执行需要更高权限的任务，普通用户可以使用 sudo（super user do）命令来暂时提升其权限水平。

（3）数据库权限：普通用户只被授权执行查询操作，而不允许对数据库进行修改。相反，数据库管理员拥有更广泛的权限，能创建、删除、修改数据库结构和数据。这种分权方式限制了普通用户对数据库进行敏感操作。

（4）网络权限：普通用户仅具备进行正常网络通信的权限，而无法更改网络配置。网络管理员则拥有更高的权限，能监听、修改网络流量，并且有权修改网络配置。这种分权方式限制了普通用户对网络的干预，而网络管理员具备必要的控制权以执行更深入和敏感的网络管理任务。

（5）Web 服务器：程序或服务通常以最低权限或普通用户身份运行，以防止攻击者利用其权限来访问系统或数据。

2. 职责分离

美国的"三权分立"制度将权力分配给 3 个不同的机构：立法、行政和司法。国会是立法机构，负责制定法律；政府是行政机构，负责执行法律和管理国家事务；最高法院是司法机构，负责解释法律、裁决争议。这 3 个机构之间相互独立，各自拥有一定程度的权力，彼此制衡，防止某个机构过度集中权力。这种分权的设计有助于确保权力不被滥用，保护公民的权利和自由，并确保政府的稳定和健康运行。

类似地，职责分离（Separate Responsibilities）原则要求在系统中将不同的职责和权限分配给不同的实体，以确保职责和权限不会集中在单一的实体手中。执行关键任务需要多个实体的合作，而不是依赖单一实体，这有助于防止某个实体集中出现过多的职责和权限，从而减少潜在的滥用。给予每个实体执行任务所需的最小权限，使其无法越权，这有助于降低内部威胁，并降低单一实体失误或恶意行为时的影响。

尽管三权分立和职责分离原则分别应用于国家治理和信息安全，但它们都体现了一种权力分散和制衡的思想，有助于构建一种平衡的权力结构，以维护系统的稳定性、透明度和公正。在信息安全中，职责分离原则有助于构建更加安全和可信的系统。

在现实生活中，职责分离指不相容的职责应当分离，将相互矛盾或相互依赖的职责和权力分配给不同的人员，保证权力分散和监督制衡。如果职责和权力集中于一个人身上，那么就会增加发生差错、滥用权力、舞弊后再掩饰的可能性。例如，财务上的会计和出纳各司其职，前者记账、后者管钱，职责分离可防止财务欺诈，如挪用现金但不入账；电影院的售票员和检票员互相牵制，前者收钱并出票、后者检票并留存根联，核对票房实际收入与存根联账面收入是否相等，降低欺诈的可能性；公司业务的授权、签发、核准、执行、记录等环节应当分离，每个环节的职责由不同的人员负责；资产的保管和清查职责应当分离；记录总账和记录明细账的职责应当分离。

职责分离原则也意味着特权操作应由多人共同控制，避免单人完全掌控。例如，两个出纳只有同时在现场才能打开保险柜；发射导弹需要两名发射员的共同同意；系统密码分割为两部分并由不同人保管。

以下通过一些例子，说明职责分离原则在不同场景中的应用。

（1）审计日志：系统管理员不应直接管理审计日志，因为他可能先关闭审计系统再执行危险操作，或者执行完危险操作后再删除日志，事后否认做过的一切。

（2）开发环境与生产环境：开发环境用于软件开发、测试和调试，生产环境用于运行线上业务，开发人员和系统管理员在这两个环境中拥有不同的权限。开发人员通常不应该拥有对生产环境的直接访问权限，以防止误操作或滥用。

（3）支付与交易："支付"模块的管理员无权访问"交易"模块的数据。

（4）身份验证与授权：身份验证服务器验证用户身份，授权过程由另一个独立的访问控制服务器处理。

（5）防火墙与 IDS：防火墙提供第一层防御，过滤掉大多数非法流量，专注于流量的合法性和访问控制；而 IDS 提供第二层防御，专注于检测通过防火墙的流量，以识别异常行为或恶意行为。它们各自有不同的职责，为网络提供多层次的安全防护。如果将两者的功能集中到一个系统，则会带来如下问题。

1）单点故障：如果这个综合系统发生故障，则整个安全防线受到影响。

2）性能问题：防火墙和 IDS 在性能需求上可能存在冲突。防火墙需要快速处理大量的数据流，而 IDS 需要更多的资源进行深度分析。将它们集成到一个系统中可能导致性能问题。

3）管理复杂性：防火墙和 IDS 通常由不同的安全管理员和团队管理。将它们整合到一个系统中可能增加管理的复杂性，包括配置、维护和更新。

职责分离要求将防火墙和 IDS 分别部署并独立运行，这有助于应对不同类型的网络威胁，并提供更为全面的保护。即使一个系统受到攻击，另一个系统也能够继续发挥作用，提高网络的整体安全性。

3. 完全仲裁原则

完全仲裁（Complete Mediation）原则指系统对每一次访问或操作都进行仲裁（决策），而不是仅在特定时刻（如在系统初始化或用户登录时）进行一次性的授权检查。这个原则禁止以任何形式绕过权限检查，以防止未经授权的访问或恶意活动。

以下通过一些例子，说明完全仲裁原则在不同场景中的应用。

（1）防火墙：每次数据包通过防火墙时，都会进行规则检查，确保只有经过授权的流量能够通过。

（2）访问控制列表：每次访问文件时，系统会检查访问控制列表以确定是否允许该操作。

（3）Web 应用程序：HTTP 请求执行某个操作之前，使用访问控制机制实现完全仲裁，以确保 HTTP 请求不能执行越权操作。

以下是一些违反了安全仲裁原则的例子。

（1）缓存访问权限：缓存访问权限能提高性能，但也容易引发安全风险。如果缓存的信息不及时更新，可能导致权限过期、错误的权限验证、越权访问等安全问题。

（2）缓存域名解析：DNS 缓存投毒（DNS Cache Poisoning）是一种常见的攻击手段，攻击者试图向 DNS 缓存中注入虚假的 DNS 记录，使解析的域名指向恶意的 IP 地址。这会导致用户被重定向到恶意网站，并遭受恶意攻击（比如钓鱼攻击）。

4. 开放式设计

在密码学领域，柯克霍夫原则强调了一种开放设计（Principle of Open Design）原则的理念，即只要保护好密钥，加密和解密算法被泄露或公开不会对系统安全构成重大威胁。从更广义的角度来看，系统的安全性不应该依赖设计与实现细节的保密性。换句话说，即使系统的设计和实现细节是公开可见的，系统也能够抵抗各种攻击。反之，对依赖保密实现的任何安全性，人们都应持怀疑态度。

具体来说，开放式设计原则包括以下几个方面。

（1）透明度：系统的设计和实现应该是公开的，即使攻击者能够获得系统的设计文档、源代码或其他信息，系统仍然应该能够保持其安全性。

（2）开放性：系统应该开放审计，经过安全专家的把关审查和全面的安全测试，以确保系统没有漏洞或后门。系统应该开放沟通，鼓励用户和安全专家向系统提供发现的漏洞和安全问题，以便及时修复。

开放式设计的一个具体例子是开源软件。开源软件的源代码是公开的，任何人都可以查看和审查。然而，许多开源项目都非常安全，因为它们遵循了最佳的安全实践，如及时修复漏洞、开放沟通和透明度。例如，Linux 操作系统的开源性使全球的开发者能够审查和改进其代码，从而提高其安全性。即使系统的设计细节是公开的，系统仍然能够抵抗各种安全威胁。

通过保密设计和实现细节来保证安全性，类似于祖传秘方或独家配方，其很容易通过逆向工程或人员流动而泄露，几乎没有实质性的防护作用。现实生活中，人们有时候会通过隐藏来实现安全，例如在家门口外的某处藏匿备用钥匙。然而，这种隐匿方式的安全性非常低，防护效果几乎是形同虚设。

历史上，一些试图通过"独家配方"构建的安全机制最终都失败了，成为业界的笑柄或反面教材。例如，1996 年，DVD 采用了内容干扰系统（一种弱 40 位加密算法），用于防止非法复制。然而，1999 年，一位挪威的少年乔恩·约翰森（Hoh Johnson）成功破解了内容干扰系统，使人们能够自由地读取和复制 DVD 内容。在安全领域，有一个基本共识是"不要自行设计加密算法"，因为自家的加解密算法缺乏严格的安全审查，导致安全性不足。

5. 默认和发生故障时均安全原则

（1）默认设置是安全的（Secure Defaults）：在系统或应用程序初始化时，用户或管理员不需要做任何修改，默认情况下采用最安全的设置。用户必须明确修改这些设置以降低安全性。这有助于防止因为用户忽略安全设置而导致安全风险。

以下通过一些例子，说明默认安全原则在不同场景中的应用。

1）默认密码：系统在安装时生成强密码，并要求用户在首次登录时更改密码，而不是使用容易猜测或默认的密码。

2）访问控制列表：文件系统或数据库的默认权限设置应该是最小化的，只授予最基本的访问权限。

3）网络服务：系统在启动时关闭不必要的网络服务和端口，以减少攻击面。

（2）发生故障时是安全的（Fail Securely）：即使系统的某个部分出现故障或受到攻击，也不会导致系统的完全崩溃或泄露敏感信息，而是最大程度地防止进一步的损害或信息泄露。先举几个现实中的例子：电气设备发生故障时，断路器或保险丝会切断电流，将电气设备置于断电状态；电梯发生故障时应抓紧钢缆并解锁电动门，让电梯内的人出来。

以下通过一些例子，说明安全失败原则在不同场景中的应用。

1）错误消息：出现错误时，系统不应该泄露过多信息，因为详细的错误消息可能会为攻击者提供有关系统结构和漏洞的信息。同样，崩溃的程序不应当通过调用堆栈输出过多信息，以防止调用堆栈向外界暴露数据。出于安全考虑，系统应该生成一般性的错误消息，并将详细信息记录到安全日志中。

2）加密数据：一旦硬盘中的数据被加密，即使硬盘丢失了也不会导致数据泄露。

3）访问控制：用户多次尝试登录并失败，系统应该采取适当的措施，例如锁定账户，以防止暴力攻击。

4）输入验证：严格验证用户的输入，以防止恶意输入或注入攻击。如果发现有潜在的安全问题，那么系统应该拒绝服务而不是接受可能的危险输入。

5）防火墙：初始时，防火墙默认拒绝所有流量，即默认拒绝，只有在管理员设置了许可通过的流量规则后才会允许相关流量通过。当防火墙发生故障时，默认情况下应禁止任何流量的进出，防止攻击者访问系统。尽管这可能对合法流量的进出造成一定的不便，失去了可用性，但系统仍然能够维持与崩溃前相同的安全水平，保持了安全性，这是可接受的权衡。相反，如果防火墙崩溃后仍然允许流量通过，那么攻击者只需使防火墙崩溃，就可以轻松进出内网。

白名单和黑名单是针对实体的允许或拒绝清单。白名单指明确列出允许的实体清单，而黑名单指明确列出要拒绝的实体清单。还有灰名单，指暂时被拒绝或阻止的实体清单。

①白名单：初始状态下所有权限被禁止（默认禁止），只有在白名单中列出的操作才被允许执行。例如，文件默认权限是拥有者可读写，其他操作被禁止。用户可添加经过授权的新权限，不断扩大文件的权限。白名单采用基于许可的策略，类似于政府公权力的"无法授权即禁止"理念，倾向于谨慎和保守。这在安全领域很常用，因为它更安全。通过一个例子进一步解释白名单的应用。在 Linux 操作系统中，当创建一个新用户（如 Alice）时，该用户默认只拥有最基本的权限。例如，如果 Alice 尝试在 /sbin 目录下执行 shutdown 命令，她会被拒绝访问，因为 /sbin 目录包含特权命令，如关机、重启和文件系统格式化等，只有 root 用户才有权限执行这些特权命令。如果 Alice 确实需要执行 shutdown 命令，她需要经过 root 用户的批准，将其加入 /etc/sudoers 文件以获得对 shutdown 命令的授权。同样，如果 Alice 还需要使用 reboot 命令，她也需要 root 用户的批准，并在 /etc/sudoers 文件中授权她使用 reboot 命令。这里的 /etc/sudoers 文件就是一个白名单，其中列出了哪些用户可以执行哪些特权命令。只有列在白名单中的命令可以被执行，其他未被列在白名单中的命令将被禁止执行。假设 Alice 在一个 Shell 脚本中运行一系列命令，并且在其中添加了一条未经授权的命令，如 fdisk 格式化硬盘命令。当 Shell 脚本执行到未授权的 fdisk 命令时，系统会报错，拒绝执行该命令，而在 fdisk 命令之前已经执行过的命令仍然是安全的。这种方式确保只有经过授权的命令才能被执行，而未经授权的命令不会被执行。

②黑名单：初始状态下允许所有权限（默认许可），只有在黑名单中列出的操作才被禁止执行。黑名单采用基于排除的策略，类似于公民私权利的"法无禁止即可为"理念，倾向于开放。然而，这种策略并不安全，因为黑名单只能列出已知的禁止操作，无法及时应对新的威胁和漏洞，导致安全性不足。

以下一些例子违反了安全失败原则。

1）默认账户：某些系统内置了默认账户，在系统重启后用户可以使用这些默认账户登录。这种设计会导致系统在重新启动后处于不安全状态，因为任何人都可以访问这些默认账户。

2）故障情况下的访问控制：一些系统在故障情况下可能关闭或重置访问控制，以便在修复问题时简化操作。然而，这种做法是不安全的，因为攻击者可以使系统崩溃，从而绕过访问控制以获取未经授权的访问权限。

3）磁盘满情况下的日志：假设在磁盘满的情况下，系统会暂停记录日志并持续发出警报，以确保系统继续运行。尽管这种设计在表面上看起来合理，但存在一个安全漏洞：攻击者会先填满磁盘来暂停日志记录，然后执行非法操作。这些非法操作不会被日志记录下来，从而逃避了系统的安全监控。

这些例子强调在系统设计和配置中需要考虑安全失败原则，以防范潜在的安全威胁和漏洞。

6.　机制的经济性原则

In cyber security, the more complicated the system, the easier it is to hide an attack.

在网络安全领域，系统越复杂，越容易隐藏攻击。

—— 杰夫·莫斯（Jeff Moss）

世界顶级黑客大会 Balck Hat 和 DEF CON 的创办人，世界顶级黑客

系统设计应遵循 KISS，以便于实现、审查、测试和验证。为应对系统固有的复杂性，分层设计是一种可行的解决思路，每一层都应尽量保持简单。相反，复杂的设计不仅难以实现，而且容易引入安全漏洞，扩大了系统的攻击面。

以下一些例子违反了机制的经济性（Economy of Mechanism）原则。

（1）引入未使用的库或框架：在程序中引入未使用的库或框架，使系统增加了不必要的复杂性。这不仅增加了开发和维护的负担，还可能引入未知的安全风险。

（2）复杂的失败模式：复杂的失败模式可能隐藏了特殊行为，增加了行为的不确定性，导致系统难以理解和调试。

（3）多余或花哨功能：不必要或华而不实的功能会增加系统的冗余和复杂度。这些功能不仅增加了代码量，还可能引入不必要的安全风险，因为每个额外的功能都是潜在的攻击面。

不限于系统设计层面，从成本效益的角度出发，下面的例子均具有经济性。

（1）对威胁进行优先级排序，将资源和人力集中在最重要、最紧迫的安全威胁上。

（2）使用自动化工具，如漏洞扫描、SIEM 等，减少人工干预。

（3）外包安全服务可以让专业的安全团队来处理安全问题，节省了组织内部部署、管理、培训和维护的成本。

（4）采用标准化的安全措施和最佳实践，以及成熟的开源项目，从其他人的经验和知识中受益，不走弯路，降低成本，减少重复劳动，提高效率。

（5）开展员工的安全培训和教育，使他们能够识别和应对安全威胁。虽然这需要一定的投入，但它可以防止部分安全事件的发生，例如员工因不懂安全政策、操作不当而导致的安全事件。

7.　最小共用机制原则

最小化系统中各种资源的共享，如数据、代码、软硬件资源、通信路径、功能和特权等，以减少潜在攻击面和风险。

以下通过一些例子，说明最小共用机制（Least Common Mechanism）原则在不同场景中的应用。

（1）多个租户共享底层资源：对租户进行隔离，避免一个租户受到攻击时，其他租户能受到牵连。

（2）操作系统的进程：使用虚拟机或容器等隔离技术，将关键数据或核心资源隔离起来，限制其被公共访问，从而减少恶意进程对系统的威胁。

（3）共享函数：共享函数应尽可能在操作系统的用户态而不是内核态运行。

（4）独立的身份验证：管理员和普通用户应使用独立的身份验证服务，而不是共享同一个身份验证服务，以降低横向移动攻击的风险。

（5）独立的访问控制：操作系统、数据库和各项服务都有独立的访问控制，而不是依赖单一的访问控制措施。

（6）数据分离：普通数据和敏感数据应分别存储，而不是使用同一个存储池。即使攻击者获取了对普通数据的访问权限，也无法获取整个数据集。

（7）网络隔离和分段：根据安全级别将网络划分为不同的区域，例如内网和外网之间由"隔离区，非军事区"（Demilitaarized Zone，DMZ）分隔开，以减少外部威胁对内网的影响。

8. 心理可接受原则

安全措施和安全策略在实施时需要考虑用户的心理和行为习惯，尽量减少对用户正常工作流程和体验的干扰，以及用户的额外负担。确保安全措施简单易用，使用户容易接受和遵守。反之，过于复杂或难以配置的安全措施通常难以被用户接受，甚至导致用户采取规避措施。

以下通过一些例子，说明心理可接受（Psychological Acceptability）原则在不同场景中的应用。

（1）密码策略：考虑一个不人性化的密码策略，用户的密码必须是随机生成的 24 位字符。尽管提高密码的复杂度可以增加安全性，但是人们通常不乐意也无法记住过长或复杂的密码，过于严格的密码策略会影响员工的工作效率，使他们倾向于采取不安全的行为，例如将密码写在便签上并贴在计算机屏幕上，导致事与愿违、适得其反。在这种情况下，安全措施反而降低了系统的安全性。

（2）信息披露：系统应避免向用户透露不必要的信息，通过限制信息的披露，以增加攻击者的难度。例如，在用户输入错误密码时，系统应该显示"登录失败"而不是具体提示"密码错误"。如果系统提示"密码错误"，攻击者就知道用户名是有效的，"密码错误"为攻击者进一步破解密码提供了线索。

总之，在实施安全措施时，必须平衡安全性和用户体验之间的关系，以确保措施不会对用户造成过多负担，同时保护系统免受威胁。

9. 纵深防御原则

古代城堡采用纵深防御（Defense in Depth）原则，通过护城河和城墙等多重层次的保护来确保城市安全。纵深防御的核心思想是不依赖单一的防御机制，而是通过多个独立且相互补充的防御层来构建一个全面的安全体系。这样，即使攻击者攻破了其中一层防线，其他层次的措施仍然可以提供保护，攻击者仍然需要克服下一层的障碍，最后可能因为防御层级的增加而放弃进攻。

现实生活中不乏纵深防御思想的具体应用。例如，校门门卫、宿舍管理员和宿舍门，对宿舍内部形成了多层次的安全保护体系。校门门卫是学校安全的第一层防线，负责监控校门。这一层的安全措施是在校园边界实施，确保只有经合法授权的人员能够进入学校，阻止未经授权的人员进入校园。宿舍管理员是学校安全的第二层防线，负责宿舍楼的安全管理。这一层的安全措施是在校内的宿舍楼实施，确保只有学生和访客能够进入宿舍楼。宿舍门是宿舍内部的最后一道防线。这一层的安全措施是在宿舍内实施，确保只有住在宿舍的学生能够进入。

以下通过一些例子，说明纵深防御原则在不同场景中的应用。

（1）多因素身份验证：使用多个身份验证因素，如密码、手机验证码、指纹等，来增强访问的安全性。

（2）数据加密：数据在传输和存储过程中均经过加密。

（3）网络攻击：第一道防线使用网络防火墙，对 TCP/IP 分组进行过滤和检测，拦截外部的恶意攻击和威胁；第二道防线使用 WAF，对 HTTP 请求和响应进行过滤和检测，抵御针对 Web 应用的攻击。通过多个层次的保护，以防范不同类型的攻击。

（4）云主机：配置防火墙、网络访问控制列表和安全组，为云主机提供了多层次的安全保护。

10. 修补最薄弱环节原则

Cryptography won't be broken, it will be bypassed.

加密不会被攻破，而是被（攻击者）绕过。

—— 阿迪·萨莫尔（Adi Shamir）

RAS 算法发明人之一，2002 年图灵奖获得者

A list is only as strong as its weakest link.

一条锁链的强度取决于它最脆弱的那一环。

—— 唐纳德·克努特（Donald Knuth）

计算机算法宗师，《计算机程序设计艺术》系列书作者，

Tex 计算机排版系统发明人，1974 年图灵奖获得者

People often represent the weakest link in the security chain and are chronically responsible for the failure of security systems.

人通常是安全链中最薄弱的环节，并且长期对安全系统的故障负责。

—— 布鲁斯·施奈尔（Bruce Schneier）

美国密码学专家

一根环环相扣的链条会在最脆弱的环节断裂，这是广为人知的常理。在生活中，不断提高大门的安全性并不总是有效的，因为盗贼可能选择绕开大门从而进入室内，如破窗而入。在军事上，第二次世界大战前法国建造了"不可逾越的马其诺防线"，然而，德军并没有正面攻破该防线，而是绕道比利时进攻法国。同样地，系统的整体安全性取决于最脆弱或最容易攻破的组件或环节。攻击者通常会选择系统中最容易渗透的部分进行攻击，一旦成功，系统中其他环节的高强度防护措施瞬间变得微不足道或无关紧要。因此，找出安全链的弱点并修复是提高整个系统安全性的关键。

以下通过一些例子，说明修补最薄弱环节（Secure the Weakest Link）原则在不同场景中的应用。

（1）社交工程：在许多情况下，人是安全体系中最薄弱的环节，也是最大的隐患。例如，安全意识淡薄、缺乏安全专业知识、使用弱口令、在未确认对方合法身份的情况下点击了钓鱼链接或安全组件配置错误等，都可能造成安全风险。攻击者通常不会采取正面破解加密的方式，而是通过侧面手段获取口令，导致即使加密方式再强大也瞬间失效。

（2）物理安全：为了保护关键资产，除了采用安全类软件，如防火墙、IDS、IPS，还需要强化物理安全。想象一下，如果攻击者能够混入建筑物（如伪装成维修人员）并直接访问服务器，那么先进的防火墙或入侵检测系统就变得毫无价值。

（3）密码安全：弱密码是很容易被攻击者破解的薄弱环节。

（4）数据安全：虽然数据传输中采用了加密，但如果数据存储或备份没有加密，那么就会产生一个潜在的脆弱点。

（5）软件漏洞：未修复的软件漏洞是系统容易被攻击的一个薄弱环节。

（6）网络安全：未加密的网络通信和不安全的网络配置是网络安全的薄弱环节。

11. 谨慎信任原则

类似于"披着羊皮的狼"，安全领域存在着各种伪装成可信、无害实体的潜在威胁。出于安全考虑，对系统中的各种组件、用户、数据、API，应该持谨慎的态度，而不是盲目地信任其合法性和安全性，因为它们都有可能是带有恶意的或威胁性的。

以下通过一些例子，说明谨慎信任（Trust Cautiously）原则在不同场景中的应用。

（1）网络通信：不轻信从网络上接收到的数据。例如，服务器应当先验证输入数据的合法性，而不是盲目信任输入数据，以防止恶意攻击，如 SQL 注入或跨站脚本攻击。

（2）第三方组件：当系统使用第三方组件或库时，应该审查并验证这些组件的源代码，确保它们没有包含恶意代码。

（3）用户身份验证：在身份验证过程中，不仅仅依赖用户名和密码，可能需要使用多因素身份验证，以防止未经授权的访问。

（4）文件和数据来源：谨慎信任文件的来源。例如，在下载文件时，应该确保文件来自可信任的源，以防止恶意软件的传播。同样，对用户上传的文件应进行适当的检查和过滤，防止潜在的安全风险。

（5）内部员工：谨慎信任组织内部的员工，实施适当的权限管理、监控和审计措施，以防止内部威胁和滥用权限。

12. 合理安全性原则

There are no secure systems, only degrees of insecurity.

没有安全的系统，只有不同程度的不安全性。

—— 阿迪·萨莫尔（Adi Shamir）

RAS 算法发明人之一，2002 年图灵奖获得者

安全领域不存在绝对的安全，而是需要在有限的资源和成本内，通过合理的安全措施来提供足够的安全保护，实现对潜在威胁的一种合理应对。合理安全性（Reasonable Security）原则要求在安全决策中取得平衡，确保投入的资源、安全措施与实际威胁和资产价值相符，而不是保护过度、保护不足、过度烦琐。

例如，对于一辆价值 1000 元的自行车，投入 2000 元购买一把锁，这显然是不划算的。这种情况下，人们可能会选择购买一把价格适中但足够牢固的锁，以在合理范围内保护贵重资产。这体现了成本效益的考量，确保安全投入是符合实际需求的。

类似地，在企业和组织中，安全决策也需要进行成本效益分析。投入过多的安全成本可能会对业务造成负面影响，投入过少则可能导致安全漏洞。因此，安全专业人员需要综合考虑潜在威胁、资产价值及可用的资源，制定出既能提供必要保障又不会过度投入的安全策略。这个权衡过程通常需要考虑以下几个方面。

（1）资产价值：确定资产的实际价值，以便为其选择适当的安全措施。

（2）威胁分析：评估潜在的威胁和攻击，以确定需要对抗的安全风险。

（3）成本效益分析：比较不同安全措施的成本和效果，确保投入的资源得到最大化的保障。

在这个过程中，权衡是至关重要的，确保安全措施既足够保护资产又不会使成本失控。

以下通过一些例子，说明合理安全性原则在不同场景中的应用。

（1）密码复杂度和更改频率：要求员工使用强密码，并定期更改密码，但避免设置过于严格的规则，如密码过于冗长、每月更换密码。不合理的密码策略可能导致员工选择简单且容易记忆的密码，降低了密码的实际安全性，或者导致员工忘记密码。

（2）防火墙设置：配置防火墙以阻止不必要的入站和出站流量，同时允许必要的业务流量，以平衡安全和业务需求。如果封锁所有的进出流量，则会影响业务的正常运转。

（3）访问控制：限制用户只能访问工作所需的资源，以最小化潜在的攻击面。如果对所有用户实施过于严格的访问控制，则可能导致合法用户无法正常工作，降低了工作效率，增加了业务的复杂性。

这些例子说明了在安全决策中如何应用合理安全性原则，确保安全措施既足够有效，又不过度烦琐或昂贵。

13. 安全设计原则

在系统或应用程序开发的早期阶段就将安全性纳入设计，通过在系统架构和设计中嵌入安全性来降低潜在的风险和漏洞，确保每个组件或环节都得到充分的保护，从一开始就将系统或应用程序设计成具备高度安全性。

一个没有内置安全性的系统如同一座没有门锁的漂亮别墅，虽然外观吸引人，但缺乏威胁防范能力。一个在设计时未满足抗震标准的建筑，在完成后很难通过加固或改造来达到要求的抗震等级。类似地，应该从源头上采取主动措施，杜绝漏洞的发生，而不是在受到所攻击后被动地修补漏洞或局部修补。事后的"亡羊补牢"通常已经导致无法挽回的经济损失或危害，而且系统的漏洞很难在事后修复。切勿留下"早知如此，何必当初"的遗憾。

安全设计（Security by Design）原则的一个具体应用场景是将安全性嵌入整个软件开发生命周期，包括需求分析、设计、编码、测试和维护阶段。在每个迭代周期中都进行安全代码审查，以确保代码中没有潜在的漏洞或安全风险。

14. 可追溯性与责任性

可追溯性（Traceability）和责任性（Accountability）是安全体系中两个相关联的原则，旨在确保对安全事件进行追踪、记录和审查，以便在发生安全问题或违规行为时，能够识别责任人并对事件进行调查和处理。

（1）可追溯性：系统通过记录和日志，使操作、事件和数据变化都可以追踪到其发生的时间、地点、原因、执行者的身份上。假设一个管理员误操作删除了重要的生产数据库，由于系统具备可追溯性，因此管理员的操作记录被详细记录，包括时间、操作内容及执行者的身份。公司可根据日志记录进行追溯，了解删除操作的原因，并采取措施进行修复或恢复数据。

（2）责任性：在发生安全事件或违规行为之后，能够追究到相关责任人，对其行为进行评估，并采取适当的措施予以处理或纠正。假设一个公司的数据库遭受了未经授权的访问，导致客户数据泄露，安全团队会追踪访问数据库的日志，以确定是谁在何时访问了数据库。一旦确定责任人，公司可以对其进行调查并采取适当的措施，如停止其访问权限、进行安全培训、采取法律行动。

当攻击者意识到其行为会被记录并可能导致严重后果时，担心被追责通常会对他们的行为起到制约作用，从而放弃发动攻击或执行恶意操作的计划。这种担忧与俗语所说的"不怕闹得欢，就怕拉清单""要想人不知，除非己莫为"一致。

监测、日志记录和审计提供了强有力的手段来记录和追踪不当行为，并为将来的调查和追责奠定了基础。常见的安全实践包括以下几点。

（1）全面且实时监测系统和网络活动，如网络流量、文件访问、进程启动、配置更改、资源使用情况等。

（2）使用日志记录关键事件和活动，日志应包含足够的信息，以便理解事件的上下文和影响。例如，操作系统日志记录用户登录、系统启动、关闭、配置更改，应用程序日志记录用户访问的资源、权限更改、账户更改、错误和异常，网络日志记录网络流量、连接、断开。日志以追加的方式添加到日志存储库中，并且禁止对日志记录进行修改。

（3）审计系统的配置、权限和活动，以确保其符合安全策略，并追踪个体或系统的行为，以便事后的审查和调查。

总的来说，通过综合运用监测、日志记录和审计，组织能够建立起一套强大的安全追溯体系，这对于阻止潜在的恶意活动和提高整体安全性至关重要。强调后果和追责的安全模式有助于构建一个更加安全的环境，因为它降低了攻击者发动攻击的可能性。

15. 安全不是一个纯技术问题

If you think technology can solve your security problems, then you don't understand the problems and you don't understand the technology.

如果您认为技术可以解决您的安全问题，那么您就不了解问题，也不了解技术。

The mantra of any good security engineer is: "Security is a not a product, but a process." It's more than designing strong cryptography into a system; it's designing the entire system such that all security measures, including cryptography, work together.

任何优秀的安全工程师的口头禅是："安全不是结果，而是一个过程。"安全不仅仅是设计强大的密码，而是设计整个系统使所有安全措施（包括密码）协同工作。

—— 布鲁斯·施奈尔（Bruce Schneier）

美国密码学专家

安全不是一个纯技术问题原则强调技术有局限性，仅依赖技术无法解决安全问题。理解并解决安全问题需要更全面的方法，包括深刻理解潜在的威胁和漏洞、采取综合的措施、制定规范的流程和进行人员培训等方面。总而言之，处理安全问题要综合考虑技术和非技术因素，形成全面的安全解决方案。

6.3 Web 与云安全风险

Web 与云安全风险

6.3.1 云安全事件

以下是云计算领域的重大安全事件。

1. AWS S3 存储桶泄露事件

2017 年，部分 AWS S3 存储桶由于配置错误而导致敏感数据被公开访问。这是一个广泛影响云安全的事件，波及了许多组织和企业。AWS S3 存储桶默认是私有的，只有经过授权的用户才可以访问其中的内容。然而，由于配置错误，部分用户将其存储桶错误地配置为公有，使未经授权的用户也能够访问其中的数据。

总体而言，AWS S3 存储桶泄漏事件强调正确配置云服务权限的重要性。这个事件也推动了 AWS 和其他云服务提供商进一步改进其服务，以帮助用户更容易地配置和维护安全的云环境。

2. Spectre 和 Meltdown 漏洞事件

2018 年的 Spectre 和 Meltdown 漏洞事件涉及 CPU 方面的安全漏洞，这两个漏洞涉及多个 CPU 厂商，包括 Intel、AMD 和 ARM 等。攻击者可以通过精心设计的代码，绕过正常的访问权限控制，读取内核空间的敏感数据，如密码、加密密钥等。

虽然这是与硬件有关的两个漏洞，但由于云服务通常在虚拟化环境中运行，因此云计算平台也会受到这两个漏洞的影响，例如攻击者可从一个虚拟机中读取另一个虚拟机的内存数据。这两个漏洞的曝光引起了业界的广泛关注，促使硬件和软件厂商加强对处理器安全性的设计和审查。古人有言："万丈高楼平地起，勿在浮沙筑高台"，建立稳固的云服务就如同兴建一座高楼大厦，需要从坚实的根基开始。如果根基存在隐患，那么整个云服务就可能面临坍塌的风险。

3. Capital One 数据泄露事件

Capital One 银行是美国一家著名的科技银行，其核心业务运行在 AWS 上。2019 年，Capital One 银行遭遇了一起严重的数据泄露事件。攻击者是一名曾在亚马逊 AWS 工作的前工程师，他成功获取了大约 1 亿个 Capital One 客户的个人信息，包括姓名、地址、信用分数、信用额度和社会安全号码等。

攻击者利用错误配置的 Web 应用防火墙，生成了欺诈性访问令牌，然后使用这个令牌访问存储在 AWS S3 存储桶中的敏感数据，从而成功实施了伪造服务器端请求（Server-Side Request Forgery，SSRF）攻击。

SSRF 指攻击者构造恶意 URL 请求，将其提交给应用程序，而应用程序在执行 HTTP 请求时未进行足够的验证和过滤，导致攻击者能够访问内部资源、劫持服务端的请求流量或攻击内部系统。

Capital One 为解决这一问题和补救数据泄露问题花费超过 3 亿美元。此外，事件对银行的声誉造成了严重的负面影响。这起事件强调了正确配置云服务的重要性。另外，在云环境中仍然需要关注传统的安全问题，例如 Web 应用防火墙的配置。

4. SolarWinds 供应链攻击事件

2020 年，网络管理软件供应商 SolarWinds 的 Orion 软件更新包遭到黑客入侵，导致一场严重的供应链攻击事件。这次攻击的特点是隐蔽性极高，检测难度大，并且渗透范围极其广泛，影响了北美、欧洲、亚洲和中东等多个国家的政府机构和科技公司。黑客成功在 Orion 软件的更新包中植入恶意代码，使这些安装了受感染更新包的系统成为攻击目标，导致了严重的信息泄露和安全威胁。

这起事件突显了供应链攻击的严重威胁。攻击者通过软件供应链，成功地在广泛范围内渗透了目标网络，使安全防御系统难以检测和防范。虽然该事件不直接与云计算服务有关，但由于 SolarWinds 的客户中包括云服务提供商，因此这次供应链攻击对云计算生态系统造成了间接影响。

6.3.2 Web 应用程序的常见风险

开放式 Web 应用（Open Web Application Security Project，OWASP）致力于发展应用安全技术，包括安全标准、测试工具和指导手册。该组织定期发布关于 Web 应用安全的十大最严重风险，用于识别和防范 Web 应用中的主要安全风险，帮助团队集中精力解决最紧迫和最严重的 Web 应用的安全问题。以下是 Web 应用的十大安全风险，具体情况可能随时间而有所变化。

1. 失效的访问控制

失效的访问控制指攻击者能够绕过访问控制检查，未经授权地使用功能或访问敏感数据，即越权访问。

2. 加密失效

多种原因可能导致敏感数据泄露，如未加密数据、加密配置不当、使用脆弱的加密算法等。常见的敏感数据包括认证凭证、账号密码、隐私和信用卡数据等。采用加密并禁用数据缓存可降低此类风险。

3. 注入

注入攻击指将恶意数据发送到解释器，作为命令或查询的一部分执行。注入的常见类型包括 SQL 注入、NoSQL 注入和 Shell 命令注入。

4. 不安全的设计

如果应用程序的某些环节或业务逻辑存在安全漏洞，则其容易被攻击者利用。举例来说，假设电影订票应用程序存在一个漏洞，允许用户在不按时支付押金的情况下订购大量团体票。攻击者可能会利用这一漏洞，通过购买所有电影票来阻止其他合法用户购票。由于没有押金限制，攻击者可以滥用这一功能，导致其他用户无法获得票务。

5. 安全配置错误

默认账户和配置参数通常存在安全隐患，攻击者可以利用错误配置来获取敏感数据或提升权限。为防范这些风险，企业安全人员应关闭默认账户和不必要的服务，并利用自动化扫描工具及时检测漏洞。

6. 易受攻击和过时的组件

系统使用了不安全 Web 框架或组件，可能因为第三方供应链的漏洞而影响系统安全。举例来说，不安全的反序列化组件可能会绕过认证机制，访问未授权的功能或数据，从而危及系统的机密性和完整性。为了应对这类威胁，开发者应确保使用的 Web 框架或组件经过安全审查，并及时更新到最新版本，以修复已知的漏洞。

7. 身份认证与认证失败

身份认证和会话管理的漏洞通常发生在登录/退出、密码管理、超时和账户更新等场景。攻击者可能利用这些漏洞，通过泄露的账户、密码或会话 ID 来冒充用户，执行恶意操作。为应对这类威胁，可采取多重身份验证、限速访问、延迟重复的登录尝试等安全措施。

8. 软件和数据完整性故障

软件和数据完整性故障的两种常见情况包括 CI/CD 管道安全漏洞和未经验证完整性的代码更新。一种情况是攻击者可能试图在 CI/CD 流程中引入恶意代码，使恶意代码被合并进代码仓库并部署到生产环境中，这样系统就会受到损害。另一种情况是在更新应用程序时下载未经验证完整性的代码。如果应用程序依赖第三方库或组件，并且这些组件下载的途中被篡改或植入恶意代码，那么就会导致系统受到威胁。

9. 安全日志记录和监控失败

安全日志记录和监控失败可能导致系统的可见性下降，事件告警失效，以及取证困难。攻击者可能已经长时间攻击了系统，但无法被及时发现和事后追查。

10. 服务器端请求伪造

服务器端请求伪造允许攻击者通过发送特制的 HTTP 请求来访问内部资源，这可能导致敏感信息泄露、服务端请求劫持等安全问题。防范服务器端请求伪造的关键是验证和限制用户提供的输入。例如，对用户输入进行验证和过滤，确保输入的 URL 或参数值是符合预期的。使用白名单机制限制应用程序可以访问的资源和协议，避免直接使用用户提供的 URL。

6.3.3　云计算的常见风险

云安全联盟（Cloud Security Alliance，CSA）是一个非营利组织，致力于云安全研究、教育和认证。CSA 发布的云计算的顶级威胁是一个定期更新的列表，旨在提醒组织和个人注意并防范云计算环境中的潜在威胁。以下是一些常见的云计算顶级威胁，具体情况可能随时间而有所变化。

1. 数据泄露

数据泄露指未经授权的访问或披露敏感信息，这可能是配置错误、应用程序漏洞、不当的访问控制、恶意行为导致的。

防范措施包括最小权限访问、数据加密、强化应急响应系统、避免配置错误。

2. 配置错误和变更控制不足

云资源配置错误可能引发数据泄露、资源篡改和服务中断等问题，而缺乏有效的变更控制是常见原因。与传统的 IT 环境相比，云计算环境更具动态性，变更发生的速度更快，通常在几分钟或几秒钟内完成。因此，云环境更依赖自动化和灵活的变更管理方式。

防范措施包括自动化变更、持续扫描、实时修复漏洞等。

3. 缺乏云安全架构和策略

将传统 IT 直接迁移到云端可能导致安全问题，因为云环境有独特的安全需求和最佳实践。公司的架构师和工程师可能缺乏云环境的相关技能和知识，使企业的云资产和数据面临各种威胁。

防范措施包括进行重构与改造、采用云安全架构、持续监控安全态势、更新威胁模型。

4. 身份、凭据、访问和密钥管理的不足

身份和访问管理不足可能导致未经授权的数据访问，造成灾难性破坏。例如，如果将凭证和加密密钥嵌入源代码或公共代码库（如 GitHub），可能导致数据泄漏。如果加密密钥、密码和证书不支持定期自动更新，员工离职或角色变更未能立即修改访问权限，可能会导致数据泄露或资源滥用。

防范措施包括根据最小权限原则划分账户、删除未使用的凭证或访问权限、加强身份和访问控制、使用多重身份验证、采用密钥管理系统并定期更新密钥。

5. 账户劫持

账户劫持通常表示系统完全失控，危害极大。恶意攻击者可能通过网络钓鱼、入侵登录凭证、社会工程手段获取特权或敏感账户，并导致云服务中断、数据泄露、资产丢失。

防范措施包括深层防御、加强身份和访问管理控制、审计所有云服务账户等。

6. 内部威胁

众所周知，堡垒最容易从内部被攻破。内部人员（如员工、承包商或商业伙伴）由于疏忽、误操作或滥用权限可能导致敏感数据泄露或其他安全问题。例如，员工可能通过滥用内部权限以窃取公司机密信息。

防范措施包括建立安全管理制度（如禁止账户借用、禁止私自搭建后台管理入口）、开展员工安全意识培训、定期审核服务器以修复配置错误、限制对关键系统的访问、监控特权级别的访问。

7. 不安全的接口和API

对外开放的用户界面和API应强化安全性，防止无意和恶意规避安全协议的行为，否则容易被攻击和利用。例如，API密钥泄露可能导致攻击者访问受保护的服务。

防范措施包括避免重复使用API密钥、API的设计经过严格的安全测试、使用日志审计和异常检测系统。

8. 控制面薄弱

云系统架构师或工程师无法对云基础设施进行完全的控制和管理，如用户管理、访问管理、配置管理、数据迁移等，无法确认配置、数据流动及架构的脆弱点在何处，无法验证云基础设施的安全性。

防范措施包括云服务提供商提供足够的安全控制、云租户学习并掌握相应的安全控制。

9. 元结构和应用结构失效

元结构指云服务提供商提供的基础设施，如虚拟机、虚拟网络和其他云服务等。应用结构指云租户在云基础设施之上构建的应用。云服务提供商向云租户提供API，两者之间的交互存在一条分界线。API设计不周全或安全性不足会引入漏洞。例如，向云租户开放检索日志或审计访问的API，有助于云租户检测未经授权的访问，但是API又可能泄露高度敏感信息。

防范措施包括云服务提供商对API进行渗透测试、提供翔实文档指导正确实施和部署云应用。

10. 有限的云使用可见性

云服务提供商未提供监测非法行为的数据，导致安全人员无法全面了解云资源和数据使用情况。云租户可能由于监控和管理不善而无法及时发现和应对安全事件。在云计算环境中，管理和监控影子IT尤为重要。影子IT指员工私自选择并使用的服务、工具、软件、设备等，例如员工个人使用Dropbox或Google Drive、启动个人的虚拟机实例、创建个人的云数据库。影子IT没有经过组织的授权审批也不受组织的正式监管或控制，存在安全风险，增加了数据泄露或其他安全威胁的风险。

防范措施包括云服务提供商提供足够的可见性支持、云服务使用者学习并掌握相应的服务使用。

11. 滥用及违法使用云服务

攻击者成功入侵用户的云平台后，利用合法的云服务进行非法活动，而云租户可能察觉不到，但最终会因攻击者的行为付出代价。例如，攻击者在云上进行电子货币挖矿，消耗资源，而云租户毫无察觉。此外，攻击者使用云存储传播恶意软件，实施恶意行为，如钓鱼邮件、分布式拒绝服务攻击、发送垃圾邮件和暴力破解账号等。这些行为对云租户可能是潜在的风险，但他们最终需对攻击者的不法行为负责。

防范措施包括监控云基础架构和资源 API 调用、识别资源滥用行为并及时报告

6.4 云安全的责任模型

传统的 IT 基础设施由企业构建、运行和维护，由企业全权负责安全。云安全通常采用云责任共担模型（Cloud Shared Responsibility Model），指云服务提供商和云租户在确保云环境安全方面各自承担一定的责任。以下是一些关键点。

（1）物理安全：云服务提供商负责确保物理服务器和数据中心的物理安全，如防火墙、入侵检测系统等。

（2）云基础设施安全：对于云基础设施的安全，责任是共同的。云服务提供商提供安全服务、最佳实践、安全架构等，协助云租户管理云基础设施的安全性。对于 IaaS，云服务提供商负责物理服务器的安全和提供安全的虚拟机实例，而云租户负责在虚拟机上部署应用、数据库及进行操作系统层面的维护。

（3）云应用和数据安全：云租户完全负责云基础设施上的云应用和数据的安全，包括数据的加密、访问控制等。对于 SaaS，主机安全责任完全由云服务提供商承担，云租户无需负担额外责任。

（4）协同合作：云服务提供商和云租户需要协同合作，共同实现整个云环境的安全目标。云服务提供商通常会提供工具、服务、最佳实践、安全架构、模板和解决方案等，帮助云租户更好地管理并提高他们在云中的安全水平，但最终用户需要采纳建议，配置和管理这些工具、服务，以确保安全性。

总体而言，理解云责任共担模型对于企业在云环境中维护安全至关重要。企业需要清楚自己和云服务提供商在安全方面的责任划分，以采取适当的安全措施确保整体的云环境安全。

AWS 提供了数十个安全服务，涵盖权限管理、数据安全、网络安全、合规、监控和审计等领域，形成了完善的安全服务体系。为确保云基础设施安全，云租户需要正确配置和使用这些安全服务。下面简要介绍 AWS 的常见云安全服务。

（1）AWS IAM（Identity and Access Management，身份和访问管理）：提供涵盖整个 AWS 的精细访问控制，允许灵活定义对特定服务、资源类型、特定资源的权限控制，主要包括身份管理、权限管理、多因素身份验证、角色管理、安全策略和访问审计等功能。

（2）AWS KMS（Key Management Service，密钥管理服务）：用于管理加密密钥，以确保数据在存储和传输过程中的安全，涵盖的主要功能包括密钥生成与管理、数据加密和解密、密钥的访问控制、密钥轮换等。KMS 在数据安全方面具有广泛的用途。例如，使用 KMS 加密 S3 存储桶中的对象；加密数据库中的敏感数据，以确保数据在静态和动态状态下都受到保护；使用 KMS 对 Amazon SQS 中的消息进行加密，以确保消息在传输过程中得到保护；在应用程序中使用 KMS 生成和管理密钥，以确保应用程序处理的敏感信息得到加密。

（3）Amazon CloudWatch：AWS 提供的一项监控服务，用于收集和跟踪 AWS 云上资源的性能数据、日志文件和其他相关信息，涵盖的主要功能包括资源性能监控、报警和通知、日志分析、仪表板定制等。例如，CloudWatch 几乎可监控所有 AWS 云资源的性能指标，

如 EC2 实例、S3 存储桶、RDS 数据库等，以便了解它们的运行状况和使用情况；基于资源的指标设置报警，以便在达到特定条件时接收通知，帮助及时采取措施；对应用程序生成的日志进行监控和分析，支持故障排除和性能优化；创建自定义仪表板，将多个指标以可视化方式呈现，方便进行整体性能监控。

6.5　合　规　性

6.5.1　数字经济及其面临的挑战

在当今社会，信息通信技术（Information and Communication Technology，ICT）蓬勃发展，涵盖了互联网、集成电路、光纤通信、移动互联网、云计算、大数据、人工智能、5G 通信、物联网、区块链及虚拟现实/增强现实等领域。这些技术不仅在各自领域取得高速进展，而且在交叉融合的过程中产生了协同效应。这使人类正式步入数字经济时代，也称为互联网经济。

数字经济与传统的农业经济和工业经济不同，前者以数据作为关键生产要素，后者以土地、劳动力和资本作为关键生产要素。在数字经济中，现代信息网络是主要的传播和交流载体，ICT 推动了经济结构的优化和变革。数字经济的发展速度之快、辐射范围之广、影响程度之深前所未有。这一新时代的兴起正在推动着生产方式、生活方式和治理方式的深刻变化。数字经济的核心力量在于其能够重组全球要素资源，重塑全球经济结构，改变全球竞争格局。它不仅为经济带来了新的增长点，也催生了创新型产业和商业模式。数字经济的崛起正成为塑造全球未来的关键动力，引领着人类社会进入一个数字化、智能化的新时代。

在全球化与数字经济蓬勃发展的时代，数字贸易成为数字经济中不可或缺的一环。它通常指商品和服务贸易通过数字化方式进行交易，这些交易可能以纯数字形式完成，也可能涉及实物交付。典型的数字贸易案例包括电子商务平台（如亚马逊、京东、天猫）、流媒体服务（如 Netflix）、在线打车服务（如 Uber）、电子支付（如支付宝、微信、PayPal 等），以及在线图书服务（如亚马逊的 Kindle）等。这些服务已经为全球消费者带来了全新的数字化体验。

数字经济的崛起正在颠覆传统的经营模式和商业思维，并与实体经济（包括制造业、农业、服务业和能源等）深度融合。这种深度融合形成了各种形式的"数字化产业"，涵盖工业互联网、电子信息制造业、智慧城市、车联网、在线教育、在线办公和远程监控等领域。共享经济是数字经济中的一个显著趋势，包括顺风车、共享单车、共享短租和共享医疗等。以共享医疗为例，通过数字化平台，专家医生与医疗设备可以跨越空间障碍，为异地患者提供高质量的诊断和治疗，从而缓解医疗资源在地域上的不均衡问题。

如果说能源是工业经济的血液，那么数据就是数字经济的血液。数据作为新型生产要素，被列为比肩土地、劳动力、资本、技术的"第五生产要素"。大数据已经被广泛应用于各行各业，数据成为数字经济时代最重要的资产、宝贵的战略资源和提供能量的燃料，为亿万用户提供高品质的数字服务，带来巨大的经济价值和社会效益。数据广泛存在于电子商务、在线社交平台、物联网、区块链、无人驾驶、面部识别、可穿戴设备、智能家居、医疗监测、生物数据和无人机监控等应用领域。例如，使用人脸识别的智能防控系统提高了案件侦破率；健康医疗大数据推动了人工智能辅助医疗，缓解了优质医疗资源不足的困境；智慧城市缓解了交通拥堵问题，使城市生活更为美好；基于供给方与需求方的精准匹配，极大提升了社会资源的配置效率。

当今世界正深受数据驱动创新的影响，技术的不断升级和演进使人们能够享受技术发展的红利。与此同时，人们也越来越关注隐私泄露和数据滥用所带来的巨大风险。这些风险包括物联网设备未经授权的秘密记录、个人健康信息的泄露、超出用户授权的个人数据共享、信用卡欺诈、对个人隐私的无端侵犯（如骚扰电话）。

万豪（Marriott）国际酒店集团是全球最大的酒店运营公司之一。2018 年，万豪披露了一起大规模的数据泄露事件。据估计，约有 3.8 亿顾客的个人信息被泄露。泄露的数据十分广泛，包括姓名、邮寄地址、电话号码、电子邮件地址、护照号码、到达与离店信息、预订日期等，甚至包括部分加密的支付卡信息。经过调查发现，事件的起因是万豪在 2016 年收购喜达屋酒店及度假村时，未能及时发现和修复其预订系统中的安全漏洞。泄露事件始于 2014 年，但万豪直到 2018 年 9 月才发现了未经授权的访问，并在 2018 年 11 月 30 日对外正式披露。

这一事件引发了多个国家和地区的监管调查，包括欧盟的《通用数据保护条例》下的调查。英国信息专员办公室在 2019 年对万豪处以 9900 万英镑的罚款。除了监管罚款，万豪还面临大量法律诉讼和潜在的赔偿责任，其品牌声誉严重受损。这一事件提醒我们，数据隐私和安全是现代企业的重要责任，需要持续关注和改进。

隐私泄露和数据滥用已成为公众关注的焦点问题，成为刻不容缓的全球性挑战，主要表现在以下几个方面。

（1）数据泄露问题日益突显，个人信息被过度收集、泄露和滥用，对公民的合法权益造成了严重侵犯。电信诈骗与个人隐私泄露密切相关，不法分子通过电话、网络和短信等手段制造虚假信息，对受害人进行远程、非接触式诈骗，引导他们转账。在互联网服务和手机 App 中，隐私数据泄露对个人的潜在危害相对较小。另外，个人通常缺乏维权的相关意识，取证也存在困难，可能不会为了保护微小的利益而诉诸法律。但是，互联网公司掌握大量用户数据后，可能会滥用个人信息以谋取商业利益。在个人与企业之间力量失衡的情况下，法律保护个人隐私安全显得更为合理。

（2）价格欺诈问题广泛存在，表现为"大数据杀熟"现象，即同一商品或服务对不同群体的定价不同，例如对老用户、高收入或价格不敏感等用户的定价偏高。这显然是对消费者权益的严重侵犯。推荐算法本应该被合理使用，却被滥用成了"算计""看人下菜碟"。

（3）诱导行为也是当前互联网平台普遍存在的问题。一些平台有意对用户屏蔽信息，只向用户推送特定信息，以引导其进行下一步的消费或行为。例如，通信运营商基于数据分析结果，故意提供价格高的套餐，以引导价格不敏感、时间有限不愿去营业厅的用户进行高消费。这损害了用户的知情权和选择权，是对用户合法权益的侵害。

（4）窃听行为问题涉及一些手机 App 未经用户授权私自窃听通话内容，以进行精准广告推送。这种越界行为严重侵犯了用户的隐私权。

（5）数据霸权指互联网平台利用先进算法、强大算力和海量数据形成垄断地位，滥用数据优势进行排他性竞争。例如，电子商务平台利用自身的数据优势推广自家产品，与普通商家展开排他性竞争。这种不正当竞争破坏了市场公平竞争的秩序，将普通商家置于不利竞争地位。此外，互联网平台滥用垄断性地位，强制商家只能接受一家平台提供服务。如果商家在多个平台上同时出售商品，那么垄断性平台可能会滥用市场支配地位排挤商家，如下线商家的店铺、提高服务费收取标准、下调星级指数、限制交易等。这种在同类平台之间搞"选边站队"的排他性行为，严重损害了市场公平竞争的原则。

法律应不断适应数字经济的快速发展，为新兴问题提供明确的法律框架和指引。这样才能够有效规范科技工具的运用，保护人的权益和尊严，并促进数字经济中公平竞争环境的创建。如果立法滞后，则可能导致监管漏洞，无法对科技公司的无序扩张、野蛮生长进行制衡和约束。

本节的重点在于普及法律知识，引导公众了解法律，增强隐私保护意识。同时，讨论合规性对科技企业的重要性。科技企业必须严格依法经营，不能冒险挑战法律底线。违规不仅会严重损害企业声誉、破坏企业与用户之间的信任关系，还可能面临巨额罚款，甚至对企业的生存造成威胁。

古人有言："家有家规，行有行规，没有规矩，不成方圆。"合规性指遵守法律法规、监管要求、行业标准、合同要求、技术规范或管理规定等。它规范和限制技术的使用，规定企业如何合法获取和利用个人数据以创造价值。在开展网络服务或云服务时，科技企业需要遵守大量的法律、法规和标准，以确保合规性。这涉及的范围非常广泛，例如，有保护个人数据和隐私的法律，如《中华人民共和国数据安全法》（以下简称《数据安全法》）和《中华人民共和国个人信息保护法》（以下简称《个人信息保护法》）；有业界公认的最佳实践和原则，如 GAPP（Generally Accepted Privacy Principle，普遍接受的隐私原则）；还有一系列的资质认证，如 ISO 27001 认证（企业信息安全环境的成熟度）、ISO 27017 认证（云服务的安全）和 ISO 27018 认证（云环境下的个人数据保护）等；此外，特定行业还有许多相关标准，例如支付卡业务需要遵守 PCI DSS（Payment Card Industry Data Security Standard，支付卡行业数据安全标准）。

法律为社会规范划出了一条底线、红线或高压线，伦理道德在法律之上提供了软性约束。除了用法律加强治理，人的因素同样值得重视。技术是一把"双刃剑"，在造福人类的同时也存在被滥用的风险。技术与工具由人发明创造，研发人员应树立"以人为本""公平正义"的价值观，科技始终应当以人类福祉为中心，与人性的光辉相结合，充满责任感和善意，设计的算法机制或人工智能技术应保持公平公正，服务于人、为人造福而不是反客为主、让人遭殃。科技公司应尊重个人数据，恪守职业道德，遵守行业规范，其产品和服务应符合社会公德和伦理，决不能将科技用于歪门邪道甚至作恶。资本逐利本身没错，但科技公司应获取合理合法的商业利益，在此前提下推动科技普惠人类，决不能唯利是图、践踏法律和道德底线。因此，加强从业人员的道德水准及行业自律自治，同样值得重视。通过"双管齐下"的治理更好地为数字经济发展护航，保持高质量发展与高水平治理的平衡。

6.5.2 GDPR

Arguing that you don't care about the right to privacy because you have nothing to hide is no different than saying you don't care about free speech because you have nothing to say.

因为您没什么可隐瞒而不关心隐私，如同您无话可说而不关心言论自由。

——爱德华·斯诺登（Edward Snowden）

曾披露美国的全球监视计划

通用数据保护条例（General Data Protection Regulation，GDPR）是 2018 年生效的欧盟法规，以规范数字时代的个人隐私保护。

GDPR 将保护个人数据和隐私视为一项基本人权，同时鼓励个人数据在自由和合理的前提下进行流动。GDPR 一方面对从事个人数据处理的企业实施了强有力的规范，类似于"紧箍咒"；另一方面强化了个人数据权利，类似于"护身符"，两者形成了一种"双保险"模式，旨在确保个人数据的合法权益不受侵犯，同时构建企业与公民之间的信任关系。GDPR 采用了基于风险的等级制度，根据不同的风险制定了相应的权利和义务，以建立完善的个人数据保护框架。同时，该法规设计了大量的减轻条款，对例外情况进行了补充，对用户的数据权利进行了适度限制，并在对中、小企业的义务和责任方面进行了适当豁免。这样一来，在公共利益、个人权益和企业权益之间实现了平衡，并考虑到各方的利益。然而，由于引入了多种平衡机制，GDPR 显得非常复杂。此外，该法规的部分条款相对较为笼统，未能清晰划定界限，给司法解释留下了较大的空间，因而仍存在许多争议。

总体而言，GDPR 在个人信息的保护和监管方面达到了前所未有的高度，对企业收集、控制和处理个人数据产生了深远影响。该法规被认为是"个人信息保护"领域中最为严格、管辖范围最广、处罚最为严厉、处罚水平最高的一部法律。作为全球首个全面的个人数据保护法，GDPR 的颁布如同倒下的第一张多米诺骨牌，对许多国家的数据保护立法进程产生了深刻影响。美国加利福尼亚州加州消费者隐私法案（California Consumer Privacy Act，CCPA）、我国的《个人信息保护法》和《数据保护法》在制定过程中均参考了 GDPR 的经验和框架。对于科技企业而言，现在是时候将个人隐私置于首要位置，务必遵守数据合规要求。

下面给出 GDPR 的关键术语。

（1）数据主体：指产生数据的个人。

（2）个人数据：任何与已识别或可识别的自然人（数据主体）相关的信息。这些信息包括但不限于姓名、身份证号、地理位置、电子邮箱、用户 ID、网络标识符（如 IP 地址和 Cookie）、行程信息（如航班号或高铁车次等）、照片、音/视频、银行明细，以及自然人的生理、遗传、心理、经济、文化或社会身份信息等。与数据主体关联的数据也被视为个人数据。举例来说，个人收入用于统计居民收入时不算个人数据，但用于计算个人税收时就属于个人数据。特殊类别的个人数据，如种族、政治观点、宗教信仰、健康或私生活等。由于处理此类数据会增加对个人权益的风险，因此 GDPR 对其提出了更为严格的安全保护和处理要求，包括匿名化、假名化和加密等手段。

（3）数据处理：涵盖了对个人数据的各种操作，包括收集、记录、组织、建构、存储、修改、检索、咨询、使用、披露、排列、组合、限制、删除或销毁等。

（4）数据控制者：能够单独或联合决定个人数据处理目的和方式的自然人、法人、公共机构、政府机构或其他非法人组织。举例来说，谷歌、Facebook、腾讯、阿里巴巴和百度等是典型的数据控制者。

（5）数据处理者：代表数据控制者处理个人数据的自然人、法人、公共机构、政府机构或其他非法人组织。数据处理者可能是数据控制者自身，也可能是经授权的第三方数据存储机构或数据分析提供商等。数据处理者在进行数据处理活动时应该遵循数据控制者指定的范围，不得超出范围、目的或约定的时间等。如果处理行为发生变更，那么数据处理者应先获得数据控制者的授权，然后才能使用数据。

下面举两个例子，进一步解释数据控制者与数据处理者。例如，在云计算场景中，云服务提供商扮演数据处理者的角色，因为他们负责存储和处理客户的数据，但最终如何使用这些数据由云租户决定，所以云租户是数据控制者。另一个例子是酒店委托印刷公司制作会员酬谢活动的请柬。在这种情况下，酒店是数据控制者，因为他们决定了使用客户姓名和地址列表的目的和方式。印刷公司是数据处理者，因为他们按照酒店的指示来处理这些数据，即制作请柬，但印刷公司不会决定如何使用这些数据或将其用于其他目的。

数据控制者和数据处理者在数据保护、问责和透明度方面有着不同的角色和责任，但彼此之间是相辅相成的。他们通过合作确保合规性，共同努力避免因未遵守 GDPR 而面临巨额罚款。虽然双方都必须遵守 GDPR 的义务，一般来说，数据控制者承担主要责任，而数据处理者承担部分责任。

GDPR 适用地域范围原则包括属地和属人两个原则。属地原则指在欧盟境内注册成立的机构，无论是否处理欧盟境内用户的数据，都适用于 GDPR。属人原则指无论机构位于欧盟境内还是境外，只要其产品或服务的对象包括欧盟境内的用户，或者处理了欧盟境内用户的个人数据，都适用于 GDPR。举例来说，如果一个网站或手机应用可被欧盟境内的用户访问，使用的语言为英语或欧盟成员国语言，标价以欧元显示，那么该服务的目标用户即包括欧盟境内的用户，因而受到 GDPR 的适用。因此，GDPR 具备域外管辖（长臂管辖）的特点。这意味着数据主权已经跨越了物理边界，直接影响到第三方国家的权利，这也是 GDPR 在全球引起争议的原因之一。例如，下面的情形适用于 GRPR：在我国设立分支机构，向海外市场（含欧盟公民）提供产品和服务；国内的云服务提供商向欧盟的合作伙伴提供大数据分析服务，但并不直接对欧盟境内用户提供服务，云服务提供商作为数据处理者受 GRPR 监管。

GDPR 为个人有效行使权利提供了坚实的法律保障，数据主体享有下面的权利。

（1）知情权：数据控制者有责任向数据主体清晰地通告有关数据收集、处理和存储的信息。以下两个例子通过透明的方式向用户说明了这一过程：我们会储存您的购物记录，并利用您之前购买产品的详细信息，以便为您推荐您可能感兴趣的其他产品；我们将记录您在本网站上点击的文章，并运用这些信息在网站上向您展示您可能感兴趣的广告，这些广告是基于用户阅读过的文章而定制的。在发生数据泄露时，数据控制者有责任通知数据主体泄露的确切情况及可能产生的后果等相关信息。

（2）访问权：个人有权请求访问从他／她那里收集的任何个人数据。

（3）更正权：个人有权要求更改从他／她那里收集到的不准确或不完整的数据。

（4）删除权或被遗忘权：当个人依法收回同意或数据控制者不再具有合法处理数据的理由时，个人有权要求删除其数据。例如，用户有权注销或销毁其注册的账户。对于符合删除条件的个人数据，数据控制者不仅需删除其直接控制的数据，还应负责通知其他第三方停止使用或删除这些数据，包括已公开传播的数据。然而，这一权利容易被误解为"我随时可以主张删除数据，使其从世界中被遗忘"。尽管被遗忘权与个人权利直接相关，但它与言论自由、信息自由流动及公众知情权等公共利益存在尖锐冲突，容易引发争议。因此，在有关立法上对被遗忘权进行了必要的限制，规定了一些不适用该权利的例外情况。

举例来说，新闻网站披露某律师存在偷税漏税行为，律师不能以报道对其职业声誉产生负面影响为由，要求将负面报道从网络中完全删除。这是因为公众对真实信息有知情权。即便存在许多限制，实际操作中被遗忘权仍然面临着许多质疑和争议。

（5）限制处理权：个人有权要求阻止特定的数据处理行为。例如，个人阻止网站删除其个人视频，因为这些视频可能会作为法律证据。

（6）可携带权：个人享有权利要求保留并重新利用其数据，以便应用于其他服务。例如，当一家音乐网站关闭时，用户可以将其歌单导出并导入另一个音乐网站，实现数据在不同服务之间的迁移。在实际情况中，个人数据通常相互关联，可能涉及与第三方个人数据的连接。通讯录信息、电话记录、聊天记录、邮件往来信息、转账记录等都属于个人数据。然而，在数据主体行使"数据可携带权"时，可能会对第三方个人的基本权利造成侵害，因为第三方个人可能并不知晓自己的数据已被他人提交给新的数据控制者，也无法行使自己的权利。以一个简单的例子说明，电商网站可能利用个人上传的通讯录，自动将其好友拉入网站，或者向其好友发送销售广告，这明显侵犯了不知情好友的权利。为了防止对不知情的第三方个人造成侵害，GDPR 对可携带权的使用进行了限制，规定不能对他人的权利或自由产生负面影响。总的来说，可携带权体现了数据主体的数据迁移需求，在一定程度上避免了用户被锁定，但是在进行数据迁移时不能侵犯第三方的权利，以免"打开一扇门，却关闭了一扇窗"。

（7）反对权：个人有权撤回之前已做出的同意或有权反对将其数据用于某些处理活动。例如，用户可撤回以前的同意，禁止其个人数据继续用于营销目的。

（8）不受制于自动化决策：自动化决策牵涉到复杂的算法，而对用户而言，这些算法缺乏足够的透明度，使个人数据的处理难以理解。当数据主体对自动化决策感到不满意时，应提供反馈渠道，以确保数据主体能够表达异议或质疑某个决策，并要求进行人工参与的评估。例如，若用户在申请信用卡时因自动化决策（如机器学习算法）而遭到拒绝，那么用户有权要求进行人工参与的评估，以确保公正性和透明度。

为了约束企业的数据使用行为，GDPR 规定了以下几种情形是合法的。

（1）用户同意：确保数据主体的有效同意应满足以下几个要点。

1）自由给予：用户应该能够在不受负面后果影响的情况下自由选择是否同意。举例来说，网站不应该通过服务条款捆绑的方式，要求用户只有提供手机号才能下载视频。

2）知情：在做出同意决定之前，用户必须充分了解数据收集的范围和用途，以便能够做出明智的选择。

3）具体：请求同意的表述应该是具体而清晰的，避免使用模糊或宽泛的措辞。例如，"我已浏览全文并知悉双方权利义务情况，并同意此项协议"，这种一般性的陈述不合规，因为协议内容不清晰明了。

4）明确：用户同意应采用明确的肯定性操作表示，而不是默认预先勾选同意选项。例如，在订阅邮件时，用户应主动勾选"同意通过电子邮箱接收推荐的产品"复选框，以明确表示同意。

5）轻松撤回：用户应该有权随时撤回同意项，而且这一过程应是简单且易于执行的。例如，在营销电子邮件中，提供简便的退订功能，以便用户随时可以选择不再接收相关信息。

（2）履行合同：履行与用户的合同。

（3）法律义务：履行法律义务，如刑事调查或法庭传票。

（4）用户切身利益：保护用户或其他自然人的切身利益，如生死攸关的紧急情况。

（5）公共权益：为官方机构或公共利益执行任务。

（6）正当利益：在确保不侵犯用户权利和自由的前提下，企业有权在未经用户同意的情况下收集和处理数据。然而，在处理儿童个人数据时，必须事先取得其父母或监护人的同意或授权。

人们对于 GDPR 存在一个常见误解，即将用户同意视为数据收集和使用的唯一合法依据。实际上，GDPR 并非采取"一刀切"的方式，而是考虑到数据处理涉及的多种情景，并在平衡其他正当利益的基础上进行规范。除了数据主体的同意，GDPR 还规定了 5 种个人数据处理的合法依据（包括第 2 至第 6 条），它们都可以作为"用户同意"的替代方案。相反，下面这些情形可视为骗取用户同意或无效的用户同意。

（1）同意作为服务的先决条件，只有先同意才能使用服务。

分析：用户拒绝不会影响使用服务或受到损害。

（2）征求同意与隐私政策捆绑在一起，变相地剥夺用户自由选择的权利。

分析：征求同意与隐私政策分离。

（3）条款长篇累牍、晦涩难懂、含糊抽象，让用户无所适从。

分析：用通俗易懂、明确的方式解释收集哪些数据、使用数据的目的及如何处理这些数据。

（4）在页面不起眼的地方默认预先勾选"同意"选项就等于用户同意。

分析：同意请求的位置应当很显眼并且需要用户主动勾选"同意"框，否则用户会陷入"被同意"状况。用户应选择加入，指用户必须主动采取行动以表示同意。例如，页面有"电子邮件""电话"和"短信接收"3 个复选框，用户按个人意愿主动勾选相应的复选框，以表示他们同意通过电子邮件、电话或短信接收信息。如果用户什么都不勾选，则表示用户不想收到后续的消息。

（5）只提供一个同意选项，让用户"一揽子"式同意或拒绝多个请求。

分析：拆分成细粒度、单独的请求，分别征求用户同意。

（6）不提供随时撤回同意项的方式，用户同意后就无法再撤回同意。

分析：用户能随时轻松撤回同意，即自由地选择退出（opt-out）。选择退出指用户必须主动采取行动才能撤回对某事的同意或不参与某事。例如，用户单击"取消订阅"链接以不再接收通过电子邮件发送的营销广告。

（7）使用 Cookie 时不告知用户收集什么数据及收集的目的和用途。

分析：以明确、透明的方式告知使用 Cookie。

（8）用户的同意不是真实自愿的，而是因害怕拒绝同意而感到压力或受到惩罚。

分析：考虑雇主与雇员的关系，由于两者的权利不平衡，雇员因害怕失去工作而被迫同意。

（9）没有保留用户同意的证明。

分析：应留存用户同意记录，其典型内容为谁（Who，用户 ID）在何时（When，时间戳）在何处（Where，例如在网站的注册页面位置）同意什么 / 撤回什么（What，例如接收第三方优惠消息）。

"有效的用户同意"是至关重要的。因为在多数情况下，用户的同意可能并不代表其真实意愿。"无效的用户同意"可能成为企业非法处理数据的"遮羞布"，其后果十分严重。

在 2021 年的一起案例中,法国最高行政法院裁定谷歌违反了 GDPR,并对其处以 5000 万欧元的罚款。裁决的原因在于谷歌未能清楚地向安卓用户说明其个人信息的使用目的,并将用户数据用于定向广告。数据监管机构的审查发现,重要信息散布在多个文档中,如数据处理目的、数据存储期限或用于个性化广告的个人数据类别,用户需要单击多个按钮和多次链接才能获取补充信息。此外,谷歌措辞的晦涩和宽泛使用户难以理解其数据的使用方式。

通常情况下,企业不能单纯依据自身的正当利益来规避"用户同意"的要求。然而,GDPR 将"数据控制者的正当利益"与"用户同意"一并列为数据处理的合法依据,表明了个人权利并非始终占据主导地位,而是需要在用户个人权利与数据控制者的合理利益之间取得平衡。举例来说,一种适用于"数据控制者的正当利益"的情况是,当用户在购买产品时提供了电子邮箱,企业可以通过软选择加入的方式,即默认用户同意的方式,向用户的电子邮箱发送与购买商品相关的营销信息,无需事先征得明确的同意,直到用户选择退出。另一个例子是,数据控制者可在不需要用户同意的情况下向主管部门报告犯罪行为或公共安全方面的重大威胁。

1. 个人数据处理的基本原则

(1)合法、公平和透明原则:合法指企业的数据处理行为必须有合法依据,参考上面列举的 6 条合法依据。

在数据处理中,公平性要求确保行为不损害用户权益。任何具有歧视性、误导性或未事先告知用户的数据处理行为都是不被允许的。例如,当企业使用人工智能算法处理用户数据时,必须设置适当的人工干预机制或进行定期评估,以防止算法的自动化操作可能导致的歧视问题。

透明度要求数据控制者向用户清晰地说明如何收集和使用个人数据。例如,在注册页面,当用户单击"手机号"文本框旁边的按钮时,应弹出提示:"手机号将用于短信验证码方式登录,我们承诺不会将其用于其他用途,也不会提供给第三方"。这种简洁易懂的方式提高了透明度,让用户清楚了解为何需要收集手机号数据。

(2)目的限定原则:在收集个人数据时,必须基于具体、明确且合法的目的进行。如果数据的使用目的发生变化,则必须首先确认新的用途是否超出了先前确定的范围。若新的用途与先前的用途存在冲突,则必须重新获取用户同意后,才能继续处理数据。例如,一个电子商务网站为完成订单而收集了用户的姓名、地址和联系方式等数据。这些用户数据不能未经用户同意用于个性化广告推荐,因为这已经超出了最初收集数据的完成订单的目的。

(3)数据收集的最小化原则:在数据收集过程中,只获取实现数据处理目标所需的最小化数据,即足够、相关且符合处理目的的数据。此外,采用假名化或匿名化等技术可以有效防止识别特定的数据主体,这也是实现数据最小化的有效手段。

(4)准确性:个人数据必须保持准确,必要时应及时更新。确保不准确的个人资料被立即删除或更正,因为不准确的个人数据可能对数据主体的权利构成威胁。以患者的诊断数据为例,不准确的数据可能导致医生误诊,给患者造成严重的危害。

(5)存储时间限制:数据存储应遵循最小化原则,对于不再需要的数据应及时删除,存储期限不得长于实现目的所需时间。对于不需要识别个人身份的数据,应在存储前进行假名化或匿名化。在某些例外情况下,例如对公共利益或历史研究有价值的情况下,数据控制者可以延长存储期限。

（6）完整性与机密性：采取技术和管理措施来保护数据的安全，防止未经授权的访问（数据泄露）、非法处理、意外丢失或损坏等。

（7）问责制：数据控制者对 GDPR 遵守情况负有举证责任，证明其符合 GDPR 要求，常见的措施包括组织管理、流程规范、员工培训、合规审计和保护技术措施等。

2. 数据控制者和数据处理者的义务

在特定情况下，例如处理大量欧盟公民数据或敏感的个人数据，公司需指派数据保护官（Data Protection Officer，DPO）。DPO 并不一定是公司内部的员工，可以聘请外部人士担任，角色如同专业顾问。DPO 具备法律和 IT 安全两方面的专业知识，负责向企业解释 GDPR 并确保合规性，包括向企业提供 GDPR 合规方面的建议；参与企业的合规性建设与员工培训；参与数据保护影响评估；独立监督评估活动并提出意见；监督和审计企业的 GDPR 合规程度；作为沟通渠道同欧盟 GDPR 监管部门保持联系，负责数据泄露的紧急上报；负责同数据主体沟通和联系，协助实现数据主体的数据权利；客观、独立地履行其职责，不应因雇主的行政命令而影响客观事实和结论。

当企业发现数据泄露，须在 72 小时内报告监管机构并通知受影响的用户，以便他们采取行动保护自己及其个人数据。

在跨境数据传输方面，GDPR 遵循的基本原则是确保个人数据保护水平不会因为跨境传输而降低。换句话说，个人数据保护水平应随着个人数据的流动而流动，尽管欧盟境外国家的法律与 GDPR 不一致，但数据接收方应当提供"实质等同"的保护水平。GDPR 提供了丰富的跨境数据流动机制，其部分内容如下。

（1）对合法的 GDPR 跨境数据流动，成员国不得予以限制。

（2）欧盟监管机构提供了标准合同条款（Standard Clauses Contract，SCC），作为企业之间的合同模板，该条款主要适用于欧盟境内的企业（数据传输方）向欧盟境外的企业（数据接收方）跨境传输个人数据。通过合同的约束力将欧盟境内的管辖权延伸至境外，达到"境内法域外适用"的效果。SCC 引入了问责制，将欧盟境内企业明确为主要问责主体，便于欧盟境内监管机关追究责任，而欧盟境内企业也可以通过合同形式，继续追究境外企业的责任。SCC 允许多方签约和对接条款，数据跨境传输中的各方可对 SCC 进行适当扩展，将 SCC 内容纳入更为宽泛的用户协议，且各方可在 SCC 的基础上另增条款或补充额外的保障措施。

（3）有约束力的公司规则（Binding Corporate Rules，BCR）主要适用于跨国公司。跨国公司制定公司内部的数据跨境传输保护规则，如果欧盟监管机构认可 BCR 的个人数据保护水平，那么跨国公司整体可作为一个"安全港"，在跨国分公司之间进行数据跨境传输，无需另行批准。跨国公司需向主申报国家提交 BCR 申请，由公司在主申报国家的主体承担数据出境的法律责任。

（4）充分性认定机制（类似白名单）。欧盟认定部分国家具有与欧盟实质等同的个人数据保护水平，数据传输方可向这些国家的数据接收方跨境传输数据。

（5）数据控制者可成立协会并制定行为准则。该行为准则经成员国的监管机构或欧盟数据保护委员会认可后，以具有约束力的承诺方式生效。

（6）经批准的认证机制、封印或标识也可以作为数据跨境转移的合法机制，可充分发挥第三方监督与市场自律作用。

根据 GDPR 的规定，监管机构针对违规行为的严重程度可以采取相应的矫正或制裁措施。这些措施包括警告、训诫、要求数据控制者或处理者进行改正，以及要求对个人数据进行更正或删除等。对于最为严重的违规行为，GDPR 规定了两档罚金：第一档罚款的上限为 1000 万欧元或企业上一年度全球营业收入的 2%，取两者中的较高者；第二档罚款上限为 2000 万欧元或企业上一年度全球营业收入的 4%，同样取两者中的较高者。对于在海外上市的公司，特别需要注意跨境数据处理问题，以免触犯 GDPR，避免支付高额的违规罚金。

隐私和个人信息保护正不断受到技术创新的冲击和挑战。GDPR 从法律层面解决数字时代的隐私和个人信息保护。尽管 GDPR 存在一些缺陷和争议，但它是一部具有里程碑意义的法律。除了法律维度，人们仍需探索技术维度的可行性解决方案，从法律和技术两个维度实现个人信息保护，而不是仅依赖法律维度去解决。例如，区块链技术为数据保护提供了一种的新解决方案，它具有多点分布存储、去中心化等特点，无需任何第三方的介入就可以使参与者达成共识，以极低成本解决信任可靠传递的难题。

GDPR 在欧盟成员国内部建立起统一的个人信息保护和流动规则，这会增强欧盟公民的个人数据和隐私保护水平。但是，GDPR 对非欧盟国家企业的牵制作用也尤为明显，高门槛的合规要求大幅度提升了企业的运营成本，如建设或改造技术系统、培训员工、雇用专业的法律人士以及成立数据安全部门等。企业应根据自身需求做出决定，在短期内承担高合规成本以获得准入，还是直接放弃欧盟市场。

6.5.3 国内的相关法律与法规

在网络安全和隐私保护领域，我国近年来陆续颁布了多部法律，包括《中华人民共和国网络安全法》（以下简《网络安全法》）、《数据安全法》和《个人信息保护法》。2016 年发布的《网络安全法》明确了网络建设、运营、维护和使用的行为规范。2021 年颁布的《数据安全法》则规范了数据处理行为，以促进数据的合理开发和利用。同年颁布的《个人信息保护法》进一步强调了对个人隐私的明确保护。

这 3 部法律共同构建了我国当前在网络安全、数据安全和隐私保护方面的法律框架。此外，我国还相继发布了一系列行政法规和相关标准等，形成了一个相对完整的数字经济治理体系。这一体系的建立旨在确保在数字时代，网络和数据的运用不仅合乎法规要求，同时有助于推动数字经济的健康发展。通过这些法律和规定，我国在数字经济时代致力于平衡技术发展与个人隐私保护之间的关系，为数字经济提供了更为稳妥的法律基础。

1. 《网络安全法》

《网络安全法》旨在规范和加强网络空间的安全管理，保护国家的网络空间安全，为维护国家网络安全、保护个人信息、规范网络经营行为提供了法律依据，为构建安全有序的网络环境提供了制度性支持。以下是《网络安全法》的一些关键点。

（1）网络空间主权：国家在网络空间内拥有类似于传统领土主权的管辖权和管理权，对网络信息的存储、传输和处理等进行管控。国家拥有保护网络空间安全的权利和责任，通过技术和法律等手段，对网络攻击、网络窃取等威胁采取防范和应对措施，以维护网络空间的安全稳定。

（2）关键信息基础设施（Critical Information Infrastructure，CII）：关系国家安全、国计民生或公共利益，需实行重点保护，具体范围可能包括电力、交通、水利、金融、公共服务等关键行业的信息系统和网络。对于被确定为CII的网络运营者，需履行安全保护义务，一些关键点如下。

1）安全评估：每年进行网络安全评估，确保其网络和信息系统的安全性。

2）国家安全审查：接受国家安全审查，以确保使用的技术产品和服务不会危害国家安全。

3）数据本地化：在境内运营的网络运营者，其关键数据要在境内存储，不能跨境传输。如需转移出境，则需先经过安全审查，确保不会危害国家安全和公共利益。

4）应急演练和响应：定期组织网络安全应急演练，建立健全网络安全事件的报告和响应机制。

《网络安全法》的重要配套法规，如《关键信息基础设施安全保护条例》和《网络安全审查办法》等，进一步明确了关键信息基础设施的认定、责任和义务等。

（3）共同治理：网络空间安全仅依靠政府是无法实现的，应鼓励企业、网络建设者、网络运营者、网络服务提供者、企业、技术组织、大学和科研院所等利益相关者共同参与网络安全治理。

（4）实名认证：用户在注册或使用网络服务时需提供真实身份信息，如姓名、手机号和身份证号等，以确保网络服务的使用者是合法且可追溯的。2022年正式实施的《互联网用户公众账号信息服务管理规定》对账户注册与管理提供了更详细的规定。

（5）安全认证检测：网络运营者应当按照相关标准和程序进行安全认证。安全认证应基于国家规定的安全技术标准，安全认证的检测工作通常由具有资质的认证检测机构进行。安全认证检测完成后，认证检测机构需向网络运营者出具安全评估报告。

（6）个人信息保护：网络运营者收集和使用个人信息应遵循合法、正当、必要（最小化）的原则。将收集和使用数据的目的、方式、范围公开化和透明化。经用户明示同意后再收集和使用数据。不得超范围收集数据，不得超出数据的使用目的（禁止滥用数据）。相关法规，如《信息安全技术　个人信息安全规范》（GB/T 35273—2020）和《App违法违规收集使用个人信息行为认定方法》（国信办秘字〔2019〕191号）等，为监管部门提供细化且可操作的参考依据。《儿童个人信息网络保护规定》针对儿童做专门的保护。

个人有权要求网络运营者删除或更正错误的个人信息，法律规定的例外情况除外，网络运营者应当及时响应并履行义务。网络运营者应严格保密用户信息，防止个人信息泄露、毁损或丢失。任何个人和组织非法提供/获取、泄露、销售或滥用个人信息涉嫌刑事犯罪，常见的个人信息包括行踪轨迹信息、通信内容、征信信息和财产信息等。对于可能影响个人信息安全的事件，需要及时采取补救措施，并向有关部门和信息主体报告。

（7）网络安全等级保护制度：将网络系统划分成不同的安全等级，并制定相应的安全要求。根据不同的安全等级，网络运营者需采取相应的技术、管理和物理措施，保障网络的安全运行。该主题的要点如下。

1）制定内部安全管理制度和操作规程。

2）明确安全责任人。安全责任人需对出现的安全事故承担责任。

3）对敏感信息进行加密和安全存储，确保数据的完整性和机密性。

4）采取防火墙、入侵检测系统等技术手段，防范网络攻击。

5）制定网络安全事件应急预案，及时响应和处置网络安全事件。

6）网络日志存储时间至少6个月。

7）遵守特定行业的监管标准，例如《中华人民共和国电子商务法》规定交易信息保存期限不少于 3 年。

（8）网络内容审查：网络运营者有责任对其提供的服务内容或用户发布的信息进行审查，确保符合法律法规的要求，不得传播违法和有害信息。

1）审查的范围包括但不限于文字、图片和音 / 视频等。

2）网络运营者在进行内容审查时，可采用技术手段，如关键词过滤和内容识别等，阻止违法和有害信息的传播。

（9）禁止网络犯罪：任何个人和组织不得通过网络实施犯罪行为，包括但不限于网络诈骗、传授犯罪方法、制作或销售违禁物品和管制物品、发布或传输违规违法信息、传播计算机病毒、非法入侵或干扰他人网络、非法获取或窃取网络数据等。这些犯罪行为可能导致数据泄露、信息损害、财产损失等问题，对个人、企业和国家安全构成威胁。

（10）网络通信管制：在发生重大事件的情况下，政府机关有权利牺牲部分通信自由权（断网），以维护国家安全和社会公共秩序。

2. 网络安全等级保护

我国实施的网络安全等级保护制度（简称等保），旨在提高各类信息系统的安全性，特别是关键信息基础设施和网络运营者。这一制度得到了众多国家标准、规范和指南的支持和丰富，进一步完善了等保体系，主要包括《信息安全技术　网络安全等级保护安全设计技术要求》（GB/T 36958—2018）、《信息安全技术　网络安全等级保护基本要求》（GB/T 22239—2018）、《信息安全技术　网络安全等级保护定级指南》（GB/T 22240—2020）、《信息安全技术　网络安全等级保护测评要求》（GB/T 28488—2019）和《信息安全技术　网络安全等级保护安全设计技术要求》（GB/T 25070—2019）等。对于企业开展云计算业务，相关的国家标准同样至关重要，包括《信息安全技术　云计算安全参考架构》（GB/T 35279—2017）、《信息安全技术　云计算服务安全指南》（GB/T 31167—2023）、《信息安全技术　云计算服务安全能力要求》（GB/T 31168—2023）、《信息安全技术　云计算服务安全能力评估方法》（GB/T 34942—2017）以及《信息安全技术　云计算服务运行监管框架》（GB/T 37972—2019）等。这些国家标准、规范和指南在不同方面为等保提供了具体要求和指导。以下是等保的一些关键点。

（1）网络安全等级划分：等保划分为 5 个级别，等级越高安全性越强。不同等级对应不同的安全要求和措施。

1）等保一级（自主保护）：系统无需测评，用户提交相关申请资料，公安部门审核通过即可。

2）等保二级（指导保护）：信息系统遭受破坏可能严重损害公民、法人和其他组织的合法权益，或者对社会秩序和公共利益造成损害，但不涉及国家安全。该等级保护适用于绝大多数服务类网站和市级地方政府网站，是目前最广泛采用的等级保护方案。

3）等保三级（监督保护）：信息系统一旦被破坏，可能严重损害社会秩序、公共利益，甚至影响国家安全。该等级保护适用于地级市以上的国家机关、企业和事业单位的内部重要信息系统，如省级政府官网和银行官网等。关键基础设施的安全等级原则上不低于三级。

4）等保四级（强制保护）：适用于涉及国家安全、国计民生的核心系统，如中国人民银行。

5）等保五级（专控保护）：适用于国家的机密部门。

（2）企业开展等保工作的 5 个阶段：定级、备案、建设与整改、等级测评、监督审查。这 5 个阶段构成了一个循环过程，企业需不断优化和提升等级保护工作，从而不断地加强系统的安全性。

二级及二级以上系统的定级需要专家评审和主管部门审核，然后备案至公安机关。企业拿到系统备案号后进行等级测评。整个过程涉及企业、第三方测评机构和公安机关的共同参与。第三方测评机构需通过公安机关审核授权，经过资格认证后方可对外提供测评服务。公安机关负责传达测评要求，指导、监督和审查测评过程。

（3）通用要求和扩展要求：等保测评内容包括通用要求和扩展要求两个主要部分。这两部分要求旨在确保信息系统达到一定的安全等级，以应对不同级别的风险和威胁。

1）通用要求：涵盖了对所有信息系统都普遍适用的基本安全要求。例如，物理安全涵盖机房物理访问控制、电力供应和电磁防护等。通信安全包括网络架构和通信传输。网络架构的评测关注核心设备的性能和冗余设计，以满足高峰期需求。通信传输的评测关注加密措施，如使用 SSL/TLS 和 VPN 等。边界安全包括边界防护、访问控制和入侵防范。边界防护的评测关注外部和内部攻击的防护及 Wi-Fi 网络管理。访问控制的评测强调边界设备的配置，如防火墙和 ACL 规则。入侵防范评的测要求在网络边界使用安全设备，如 Web 应用防火墙、IDS/IPS 和抗 DDoS 设备，并确保这些设备具备入侵事件报警功能。环境安全包括身份鉴别、访问控制、安全审计、入侵防范和个人信息保护。身份鉴别的评测强调使用 MFA 和强密码，限制登录失败次数。访问控制的评测关注最小权限原则、默认账户修改和有效账户管理。安全审计的评测要求详细审计记录、定期备份，并使用堡垒机和日志系统。入侵防范评的测强调服务器组件和服务的最小化、漏洞扫描和及时打补丁，以及个人信息保护要求不得超范围采集、需经用户同意，并加密存储。安全管理涉及职责划分、权限分配和集中管控。安全管理的评测包括明确安全、审计和系统管理员的职责与权限，对安全设备的审计数据进行集中分析，实现对安全事件的识别、报警和集中管理。

2）扩展要求：针对特殊应用场景而设计的额外安全要求，如云计算、大数据、物联网、工业控制和移动互联等。

（4）等保测评结果：等保测评结果采用百分制，及格线为 70 分；结论评价分为优、良、中、差 4 个等级；评价标准为 90 ～ 100 分且无中、高风险为优，80 ～ 90 分且无高风险为良，70 ～ 80 分且无高风险为中，＜ 70 分或存在高风险为差。企业得分 ≥ 70 分且无高风险才算合格，合格的企业将收到法律效力的测评报告。

等保测评是企业安全的基准要求，能规避大部分安全风险，但并不代表安全无忧。增强安全意识和贯彻安全制度同样重要。测评并非终点，安全是不断进行的过程。企业需按规定定期进行测评，例如等保二级系统每两年进行一次测评，等保三级系统每年至少进行一次测评。

3. 《数据安全法》

《数据安全法》用于保护个人信息和重要数据的安全，并规范了在我国境内和跨境传输、处理、存储数据的行为。以下是一些关键点。

（1）数据分类分级管理：对数据进行分类分级管理，将其划分为国家核心数据、重要数据和一般数据，对其收集、存储、处理和传输等设定了相应的要求。《数据安全法》并未给出重要数据的界定标准，而是授权地区或行业主管部门制定重要数据保护目录，以兼顾普适性和灵活性。建议企业优先关注行业数据分级分类标准，如《基础电信企业数据分类分级方法》（YD/T 3813—2020）和《金融数据安全 数据安全分级指南》（JR/T 0197—2020）等。

（2）国家安全和公共利益：为了维护国家安全和公共利益，国家安全机关可依法调取企业及个人的数据，数据处理者应配合国家相关机构进行必要的数据处理。

（3）数据出境安全评估：涉及重要数据的跨境传输需要进行安全评估，确保数据的安全传输。对敏感数据的跨境传输事先进行审批和备案。在全球化时代，个人数据跨境流动的情况十分普遍。例如，旅游平台为用户提供购买国际机票、预订国际酒店服务，需要将境内用户的个人信息同步到境外服务器，这就涉及个人数据的跨境流动与境外存储问题。此类场景的监管要求格外严格且复杂，主要原因之一是涉及国家的数据主权。例如，未经许可开展我国人口遗传基因的国际研究合作，未经许可将我国人口遗传基因数据传输到境外，都是违法行为。数据跨境传输监管的基本原则是重要个人数据，如信用、金融和人口健康等，需境内存储，并且数据出境事先进行审批和备案，具体细则请进一步参考相关的法律条款。

（4）数据安全责任：数据处理者承担数据安全保护的主体责任，并采取必要措施保障数据的安全，例如建立数据采集、传输、存储、处理、交换和销毁等环节的管理制度［参考《信息安全技术　数据安全能力成熟度模型》（GB/T 37988—2019）］，采取技术措施保证数据安全，事发前加强风险监测并立即补救，事发后立即处置并上报主管部门。

（5）违法处罚：根据违法情节的轻重，法律明确了多种处罚措施，主要包括责令改正、警告、对直接负责的主管人员罚款、停业整顿直至吊销营业执照等。罚款最高为 1000 万元。

4.《个人信息保护法》

《个人信息保护法》的定位类似于欧盟的 GDPR，以下是一些关键点。

（1）个人信息的处理原则：遵循合法、正当、必要的原则，以及明确目的、明示同意、主体权利优先等原则。明确告知个人并取得其同意而不是误导、欺诈或胁迫获取个人同意。

（2）个人信息控制权：个人有权访问、更正、删除其个人信息，也有权撤回同意等。

（3）个人敏感信息：将生物识别、宗教信仰、特定身份、医疗健康、金融账户、行踪轨迹及不满十四周岁未成年人的个人信息等列为个人敏感信息。对敏感信息的收集和使用需更加谨慎，遵循有相关的专门规定。例如，处理不满十四周岁未成年人的个人信息，应先取得其父母或监护人的同意。

（4）公共场所采集图像：出于公共安全的需要及避免公权力的滥用，在公共场所安装图像采集或个人身份识别设备，只能用于维护公共安全的目的，不得用于其他目的（取得个人单独同意的除外），并且需设置显著的提示标志。这是因为人脸信息一旦泄露，其危害可能是永久性的，因为人脸基本上无法更换。例如，人脸信息一旦被记录和提取，使用深度学习算法将人脸信息与个人以往被记录的面部特征进行匹配，再与个人的银行账户、消费、教育、健康和轨迹等信息整合，几乎可以一览无余地呈现出个人的活动轨迹。

（5）个人信息处理者的义务：规定了个人信息处理者的义务，例如制定内部管理制度和操作规程，分类管理个人信息，对个人信息加密，设置个人信息的访问权限，安全教育和培训，安全事件应急预案，定期合规审计。

（6）个人信息跨境流动：在跨境提供个人信息前，应当事先报告并取得同意，同时要求接收方保障个人信息的安全。中华人民共和国国家互联网信息办公室（简称国家网信办）

发布的《数据出境安全评估办法》和《数据出境安全评估申报指南（第一版）》对此主题进一步做了明确规定。

（7）个人信息安全评估：涉及个人信息处理的重大信息系统，需承担更多责任，例如建立个人信息保护合规制度体系，成立监督机构，停止向非法产品提供服务等。由国家市场监督管理总局组织起草的《互联网平台分类分级指南（征求意见稿）》和《互联网平台落实主体责任指南（征求意见稿）》，将互联网平台分为超级平台、大型平台、中小平台3个级别，明确了不同的主体责任。

（8）违法处罚：根据违法情节的轻重，法律明确了多种处罚措施，包括责令整改、给予警告、没收违法所得、暂停/终止提供服务、停业整顿、吊销营业执照、罚款和记入信用档案并予以公示等。对企业的最高罚款为5000万元以下或企业上一年度营业额的5%，对直接负责人的最高罚款为100万元。构成犯罪的（例如非法获取使用个人敏感信息），依法追究刑事责任。

本小节介绍的部分法律是我国数据治理框架的重要组成，为数字经济发展奠定了必要的法律基础，建立了企业与用户之间的信任基石。目前，数字经济时代的治理仍处于探索塑造期，并不完备和成熟，数据伦理（Data Ethics）和数据治理（Data Governance）成为如今这个时代的新命题，在技术、伦理道德、治理和法律等多个层面仍需展开深入的探索与探讨。

6.5.4 合规性的最佳实践

企业的合规经营需投入人力、财力和时间，如建设安全防御系统、采购安全设备、开展安全培训等，这会增加企业的成本，使中、小企业或初创企业望而却步，一定程度上抑制了创新。法律、法规制定的新规则，不一定健全合理，因为它需要在个人权利、技术创新、商业利益和国家安全等诸多关切之间达成平衡，进行权衡和取舍。如何制定更公平合理的规则，这是立法需要解决的问题。

无论如何，合规性是企业无法绕开的一个门槛，合规的门槛会不断提高，监管的力度也会趋于严格，这是必然趋势。企业应转换思维模式并提前布局。

下面给出合规性的建议和最佳实践，以便在企业内部尽快落地实施。

1. 合规性是一个持续过程，而不是最终结果

将法律的合规性融入企业内部需要花费人力、财力和时间，整合不可能一步到位、一蹴而就。合规性是一个循序渐进、持续改进的过程，而不是一日之功、一劳永逸的结果。合规性是一个现在进行时，而不是过去完成时。

（1）埋头做事：加强企业内部IT系统建设，如网络安全架构、安全策略、实时监控、预警与应急预案等，以构建更加安全可靠的系统。对员工开展合规性培训，建立合规的自觉性并融入企业文化。杜绝决策层、管理层和执行层造成数据泄露。

（2）抬头看路：法律、法规仍在不断完善，企业需持续关注立法进展和行业动态，对标监管要求和行业的最佳实践，认清自身与业界标杆的差距，不断学习与改进，补齐自身的短板。

总体而言，企业需枕戈待旦而不是高枕无忧，紧绷合规性的"弦"，筑牢安全防线。

2. 让所有利益相关者参与进来

合规性不仅是一个技术问题，更是一个流程、管理、人员和法律问题。它需要跨部门紧密协作，例如研发、运维、产品营销、管理和法务等部门跨团队协作。在数据跨境流动

的场景下，企业还需要与合作伙伴共同承担责任，并将面临更多的监管与合规性要求。总之，仅依赖单一因素是无法独立解决合规性问题的。

3. 遵循"通过设计保护隐私"原则

"通过设计保护隐私"（Privacy by Design，PbD）原则已经存在一段时间，但直到最近才开始流行起来，现在又称"通过设计和默认保护数据"（Data Protection by Design and by Default），它基于以下 7 条基本原则。

（1）主动而不是被动，预防而非补救：强调事前预防，未雨绸缪，防患于未然，例如开发产品前就考虑如何杜绝隐私风险的发生；而不是事后救济，亡羊补牢，例如发生个人信息泄露再去补救。

（2）将隐私作为默认设置：无需用户主动设置，系统自动将用户隐私设置为高级别保护，例如数据传输默认会使用加密。

（3）将隐私嵌入设计：许多系统安全漏洞源自设计缺陷。将隐私与安全融入 IT 系统的架构、设计和开发，它是系统不可或缺的核心组件，而不是后期添加的组件。

（4）正和而非零和：采用正和而不是零和的方式保护隐私，确保隐私、安全、性能、功能和商业利益等齐头并进，同时兼顾多个目标，实现共赢，而不是将它们对立起来，做非此即彼的取舍或不必要的妥协，例如为了功能而牺牲隐私。

（5）端到端的安全：从收集、存储、处理、使用到最终的销毁，安全保护贯穿数据的整个生命周期。换句话说，数据的不同阶段有相应的安全保护。例如，收集阶段采用随机化、差分隐私和联邦学习等技术，保护个人隐私数据安全；存储和处理阶段使用数据脱敏、数据加密等技术，防止数据被滥用和数据泄露。

（6）可见性和透明度：安全系统和安全措施对监管机构保持可见和透明，经得起外部审查。

（7）尊重用户隐私：以用户为中心，坚持"隐私至上"的理念。

4. 合规性法律和最佳实践在企业内部落地

合规性的法律、法规繁多庞杂，业界的最佳安全实践也在不断演进，企业需将这些外部输入转换成内部的管理章程和技术规范，以便于可操作实施。不妨采用下面的建议。首先，对外部输入进行分解、重组、简化、归纳和去重，形成企业内部统一的"合规基准线"，做到法律规定"不重不漏"。然后，根据"合规基准线"划分多个主题，如指导原则、角色与义务、数据生命周期、个人隐私保护、员工安全意识培训、风险评估和应急响应预案等。最后，对每个主题制定企业内部的管理章程和技术规范。经过逐步转换和化繁为简，将外部输入转换成内部的管理章程和技术规范，便于遵照执行。总体而言，上述转换过程如下：

外部的法律、法规，业界最佳实践→内部的合规基准线→内部的管理章程和技术规范。

5. 业务上线前需评估

通过自查清单或合规团队评估之后，业务再上线。

6.6 算法歧视

I have a dream that my four little children will one day live in a nation where they will not be judged by the color of their skin, but by the content of their character.

我有一个梦想，我的四个孩子有一天会生活在这样一个国家，在这个国家，评判他们的标准不是他们的肤色，而是他们的品格优劣。

——马丁·路德·金（Martin Luther King）

美国黑人民权运动著名领袖，1964年诺贝尔和平奖得主

尽管社会进步伴随着不断消除歧视，但随着时代发展，歧视又呈现出新形式，披上新的外衣卷土重来，加重了不公正和不平等，从而引发新的伦理问题。AI算法歧视、大数据杀熟、信息茧房，均属于算法歧视（Algorithmic Discrimination），它可能导致严重的社会和经济问题，包括不公平的对待、降低对某些群体的机会（如就业、教育或者医疗等）、强化和放大社会偏见等。

尽管算法歧视与云安全在本质上是不同的概念，但在云计算环境中，两者可能会相互影响。以下是它们之间的一些关系。

（1）数据隐私与云安全：处理个人敏感信息的云服务可能会面临数据隐私和保护方面的挑战。如果云服务提供商不正确处理、存储或传输用户数据，则可能会导致数据泄漏，从而影响用户隐私。例如，云中存储的用户数据可能被用于训练算法，而这些算法可能存在歧视性；将敏感信息与用户身份关联，导致数据泄露。

（2）算法和AI的安全性：主流的云服务提供商提供托管的算法和人工智能模型服务。如果这些模型受到攻击或滥用，则可能导致算法和AI歧视的问题。例如，攻击者可能通过注入恶意数据来操纵云中的机器学习模型，使其产生歧视性结果。

为了解决这些问题，云服务提供商需要采取措施来确保数据的隐私和安全性，同时在算法和人工智能方面考虑公平性和透明度。此外，适当的监管和合规措施也对云安全和相关的伦理问题至关重要。

6.6.1 常见的歧视

1. AI算法歧视

当前，AI技术在数据、算力和算法3个关键要素的支持下取得了显著的进展。例如，像ChatGPT这样的大型模型在各种任务中展现出与人类水平相媲美的表现，包括问答、翻译、阅读理解、考试和编写程序等方面。AI生成内容（AI Generated Content，AIGC）的时代也正在迅速到来，AI算法能够生成各种形式的内容，包括报告、图片、音频和视频。

在数字经济时代，AI算法的应用已经成为不可或缺的一部分。例如，AI无人驾驶技术正在逐渐替代传统的司机驾驶，提供更高效、更安全的驾驶体验。这种自动化和智能化的趋势使人们对AI技术的依赖程度不断加深。

然而，AI技术的快速发展也带来了一系列社会挑战，其中之一是AI算法可能携带的歧视性风险。例如，AI绘图软件可能会生成带有性别和种族歧视的图片，部分AI算法可能会传递虚假或错误的信息；许多科技公司使用简历自动分析系统，AI算法将女性求职者的排名置于男性之后，这意味着女性先天地被AI算法贴上"缺乏竞争力"的标签，她们的简历会被系统过滤掉，陷入"隐形人"的窘境，大量优秀的女性求职者被无情地拒之门外；基于市场投放效益的考虑，AI算法可能会将科学、技术、工程和数学（Science, Technology, Engineering, and Mathematics，STEM）广告重点投放给男生，而女生几乎看不到此类广告，因为许多人有意无意中固化了这样的偏见。在STEM方面，男性比女性更感兴趣、更有优势。同样，有残疾、复读等特殊经历的人也可能遭到AI算法不同程度的排斥。

社会对 AI 算法潜在问题的担忧日益增加，其中一部分担忧源于 AI 算法的"黑箱操作"，即其决策过程缺乏足够的透明性和可解释性。由于一些复杂的深度学习模型难以解释，因此人们无法准确理解模型是如何做出特定决策的。这使社会对 AI 系统的可信度产生怀疑，从而引发了"信任危机"。

为了应对这一问题，研究人员和企业正努力发展更透明和可解释的 AI 算法，以增强社会对于这些技术的信任。

总而言之，AI 算法的歧视问题亟待有效治理，并开展相应的算法治理（Algorithmic Governance）。

2. 大数据杀熟

社会上"大数据杀熟"案例屡见不鲜。大数据杀熟指利用大数据分析技术，通过识别个人用户的消费模式、历史记录及其他个人信息，对不同群体的用户采取价格歧视。例如，同样的商品或服务，老客户的价格反而比新客户高，并没有做到"一碗水端平"；预订同一房型的客房，会员价格比非会员价格反而高；相同的车型和行驶路线，经常打车用户的支付价格反而比其他人要高，甚至支付价格会因为手机品牌不同而价格迥异；金融借贷款工具可能对借款人的借贷限额、借贷利率进行差别对待，高收入或有过借贷经历的人比其他人的贷款利率要高，而这种利率差别并不是由信誉差异导致的。

普通用户很难规避大数据杀熟。由于科技公司与用户之间的信息不对称，前者掌握的大数据占据信息优势，而后者常只能查看个人的价格，导致用户对是否被杀熟并不知情，即可能被欺骗了还不知情。另外，用户也很难提供相关的证据。

3. 信息茧房

用户画像（User Profile）指通过收集和分析用户数据，构建全面的用户模型，从而掌握用户的特征和行为。常见的用户数据如下。

（1）兴趣和偏好：网上的点击、浏览、搜索记录，社交媒体上的点赞、分享等行为。

（2）行为习惯：用户在网站或应用中的操作习惯，如常访问的页面、使用频率等。

（3）地理位置：根据登录 IP 地址判定用户的地理位置，如市区还是郊区。

（4）购买历史：购买记录可帮助企业预测用户未来的购买需求，例如根据牙膏的购买记录可预测用户下一次的购买时间。

（5）社交关系：用户在社交媒体上的社交关系，如朋友、关注者等，可帮助掌握用户的社交圈和影响力。

通过综合这些信息，企业可以更好地了解其目标用户群体，改进产品以提高用户体验，制定精准的市场营销策略，提供个性化的产品推荐。

古人有言："有一利必有一弊。"用户得到个性化商品推荐的同时，接收到的信息可能并不全面准确，例如商家可能向用户推送广告费高的商品，或者反复推送用户关注的消息。长此以往，用户不知不觉地陷入信息茧房。信息茧房指个人从网上获取信息受算法或过滤的影响，较多接触到与其现有观点和兴趣相符的信息，而较少接触到与之相悖或有挑战性的信息。这种情况可能导致个体陷入一种信息的封闭环境，只看到与自己的观点相一致的信息，而忽略了多样的观点和信息。信息封闭的后果像蚕茧一样将自身桎梏于"信息茧房"，作茧自缚，失去对多元化的接触机会和了解能力。

古人有言："兼听则明，偏信则暗。"从认知心理学的角度，人更愿意相信自己已经认同的内容，而那些不熟悉的、忽略掉的多元内容往往对我们更有帮助，因为它们可能会补上知识盲区。如果系统投其所好，例如推荐系统只推荐用户感兴趣的内容，社交媒体过滤掉反对声音，不断向用户提供同质化、片面化的信息，则必然会影响社会的开放性和多元性。因为用户长期沉浸在自己认同的"蚕茧"会削弱其独立思考和鉴别能力，导致视野狭窄和观念固化，容易盲目跟风、观点偏激、心胸狭隘、过度自信、拒绝接受他人合理观点。信息茧房与电影《楚门的世界》十分类似，主人公楚门生活在一个被设计好的世界里，他今天将会碰到什么人、明天将会遇到什么事，以及与谁做朋友等一切都是别人用剧本设计好的。任何人都不想生活在技术工具都被设计好的虚假世界中。

学术界使用"回音室"与"过滤气泡"术语，表达与信息茧房相近的概念但又有所不同。

在回音室，人们听到的回声是自己发出的声音。类似地，用户在网上接触到与自身立场相似的信息，同一信息在一个封闭的小圈子里不断得到加强，使信息同质化。但信息可能通过以讹传讹、三人成虎等形式产生，可能歪曲事实或掩盖真相，而个体被同一种声音裹挟却深信不疑。例如，假新闻聚合了相似的信息和同样的观点，使人们原本的态度不断被印证和强化，人们听到的只是封闭空间内被放大的回声，而不是多元的观点、异己的观点，因为网络空间中真实而全面的观点被过滤掉了。互联网信息良莠不齐，真假难辨，容易滋生谣言。谣言也并没有止于智者，例如谣言经群主或好友转发后被许多人当成事实或真相。

过滤气泡指推荐系统根据用户偏好，提供高度同质化的信息流，将异质信息或相反观点过滤掉了，从而形成信息上的封闭环境，用户身处在一个个"网络泡泡"中，泡内同质、泡间异质，从而筑起信息和观念的"隔离墙"。例如，不同政治立场的人搜索同一个新闻事件，搜索结果页面的新闻倾向可能完全不同。由于用户更多地暴露于与其观点一致的信息，而较少接触到多样化的观点和信息，导致许多危害，例如对立双方无法互相了解彼此的观点，都成为与世隔绝的孤立者，阻碍了多元化观点的交流，加剧群体的分化和极化。

无论是信息茧房、回音室还是过滤气泡，不能将这些隐喻简单地解读为"技术谬论""技术罪恶"或"技术为社会问题负责"，更不能夸大技术的负面影响，以引发惶恐。上述讨论是承认技术还存在问题和危害，并警醒人们不要陷入信息闭环。研究人员应探索这些问题与挑战的应对之道，不断修正和改进相关研究和技术，从而"戳破泡泡"。例如，国外新闻媒体和社交媒体平台直接向用户呈现不同派别的观点，如极左派、左派、中立、右派和极右派，让读者同时接触到同一个问题的多种观点，以缓解社交媒体平台制造的"过滤泡泡"。最后，多种因素共同促成了"过滤泡泡"，既有推荐算法的推波助澜，也有人性的内在需求，如情感认同、个人偏好和认知水平等，还与文化传统、社会矛盾、法律和政治等因素息息相关。显然，解决之道依赖多维度的全面治理，而不是仅靠改进技术。

6.6.2　歧视的产生原因与应对措施

虽然 AI 算法十分强大，但它也有一些不足与缺点，例如缺乏可解释性和透明性。AI算法经常被比喻为"黑盒子"，给定输入数据就能计算输出，很难解释清楚算法内部的推理过程，这也给"黑箱操作"留下空间。下面简要介绍 AI 算法歧视的成因与应对措施。

1. 训练数据集有偏见

训练数据集与现实的真实数据集存在偏差，例如样本分布不均，导致训练数据集信息失真、片面、错误或带有偏见。例如，GIGO（Garbage in, Garbage Out，输入是垃圾，输出也将是垃圾）或 BIBO（Bias In, Bias Out，输入是偏见，输出也将是偏见），AI 算法的输入数据集有偏见，导致训练后的 AI 算法隐藏了偏见。考虑 AI 聊天机器人，如果用户向 AI 算法"灌输"歧视残疾人、孕妇或老年人等群体的不当言论，那么 AI 聊天机器人可能会被教唆带坏，也会学着发表类似的歧视性言论。

应对措施：避免对偏见或歧视性的数据进行过度训练。确保训练数据集是多样和高质量的，代表了整个受众群体。例如，训练数据集包含大量的活跃用户和少量的非活跃用户，这可能导致训练时无意中增加了活跃用户的权重，意味着 AI 算法将优先考虑活跃用户的喜好和习惯，而忽略了非活跃用户的利益。

2. 算法模型有缺陷

首先，任何代码和参数都无法对现实世界复杂的语义实现完整、精准地描述和表达，近似描述现实世界不可避免地存在偏差。

其次，大量算法模型在泛化能力、准确度、性能、复杂度和可解释性等方面千差万别。如果研发者使用了先天有缺陷或偏见的算法模型，则会直接导致歧视性的决策结果。

最后，AI 算法设计者在设计与实现算法时，可能有意为之、无意之举或未预料地将主观认知、世俗观念和文化传统等嵌入算法。因此，算法并非完全的价值中立，它或多或少携带了价值倾向。举一个例子，假设公司采用 AI 算法评估员工的年终奖，并且无论何种原因迟到均会影响年终奖。该政策本质上是"不同情况无差别对待"，如因个人轻率和合理理由（个人生病或交通拥堵）导致迟到均会影响年终奖。然而，"同等情况同等对待，不同情况区别对待"，这样才公平。但该政策违背了公平原则，对轻率的员工更有利，对因合理原因而迟到的员工更不利，导致他们可能被 AI 算法边缘化。尽管公司主观上不歧视员工，但是由于公司评奖政策的缺陷，导致 AI 算法客观上具有歧视倾向，这是一种间接歧视。

应对措施主要包括以下几点。

（1）制定和完善相关法规和政策框架，明确在 AI 算法应用中所需遵循的准则，推动企业和研究机构更加负责任地开发和使用 AI 技术。研发团队始终秉承"以人为本"的原则，充分尊重人类的平等权利与尊严，以符合伦理道德的方式设计 AI 算法。任何群体都有权利享受 AI 算法所带来的红利，而非成为 AI 算法歧视的对象。我国相继发布了《新一代人工智能治理原则——发展负责任的人工智能》和《新一代人工智能伦理规范》，旨在将伦理道德融入人工智能全生命周期，促进公平、公正、和谐、安全，避免偏见、歧视、隐私和信息泄露等问题。这些指南值得利益相关者学习和遵守。

（2）提高 AI 算法的透明度和可解释性是解决 AI 算法"黑箱操作"问题的关键。这有助于更深刻地理解算法是如何做出决策的，从而更好地评估其公正性和影响。研发团队通常认为技术只会带来积极向善的结果，这种认知容易导致研发者陷入单一的思维模式：只关注 AI 算法的性能优化或准确性，忽略了在应用场景的实际表现。研发者应拓展或转变研发思路，设计和选择 AI 算法时应通盘考虑，不能只追求性能或准确性，应用场景也需纳入考量因素。在 AI 决策的准确性、公平性、透明性和可解释性之间做出合理的权衡取舍。例如，AI 聊天机器人应能识别歧视性的言论，并能对其进行屏蔽、抵抗或纠正。

（3）引入社会参与和反馈机制，让广泛的利益相关方参与算法设计和审查，以确保多元化的声音被充分考虑。利益相关者，如领域专家、工程师、数据科学家和客户等，应紧密沟通协作，以消除参与者之间的理解偏差。在开发算法模型和构建训练数据集时，应全面考虑各方利益，充分融合各方观点。这有助于提高 AI 算法的包容性和多元性。

（4）研发团队可能会被夸大宣传和过度营销所裹挟，从而对研发的 AI 算法盲目乐观和自信，而不是站在客观理性的立场。换句话说，研发团队应严格审视研发的 AI 算法，未雨绸缪地识别出 AI 系统在实际场景中的潜在风险，尽最大责任设计和开发出防范歧视的方法，消除 AI 算法的潜在风险和安全隐患。

（5）建立监督和审查机制，对算法在实际应用中的影响进行跟踪和评估，及时发现并纠正潜在问题。对于使用 AI 算法的系统，进行公平性和公正性审查是至关重要的。这包括确保算法对所有群体都是公正的，而不会对特定群体产生歧视。

3. AI 系统未经检验

未经严格测试和把关就部署 AI 算法，容易产生歧视性的决策结果或错误。

应对措施：先测试并验证 AI 算法的有效性和可靠性，经专家审核或行业协会审查后，再投放市场进行部署和应用。警惕 AI 算法在部署时可能出现的环境偏差，例如实验环境和现实部署环境之间的偏差。在高风险场景下，企业应拒绝部署和使用有风险的 AI 算法，而不是尝试消除 AI 算法的偏见，避免对用户造成伤害并损害企业声誉。

这些措施的实施需要来自学术界、产业界、政府和社会各个层面的合作。通过多方共同努力，可以更好地解决 AI 算法的歧视问题，确保 AI 技术能够在不损害社会利益的情况下发挥其最大的潜力。管理 AI 歧视风险的最终目标不是实现零风险，实际上也无法做到，而是在 AI 算法设计、开发和部署的生命周期内，有效识别、理解、衡量、管理和防范 AI 的潜在偏见和歧视风险，提高 AI 决策的包容性和多元性，并推动可信任 AI 的实现、落地和推广。

6.7 零信任网络架构

零信任网络架构

零信任网络（Zero Trust Network，ZTN）又称软件定义边界（Software Defined Perimeter，SDP），是一种新式的网络安全解决方案。在讨论零信任网络之前，先来了解传统的网络安全架构。

长期以来，网络安全架构通常采用网络边界模式，将整个网络划分为外网、DMZ 和内网等不同的安全区域。通过在这些网络区域的边界上部署防护设备，如防火墙、WAF、IPS 等，以实现对内网资产的有效保护。这一模式类似于通过护城河或城墙来保护城堡的概念。在这个网络"城堡"内部，人员和 API 请求均获得信任，并且认为他们不会对组织构成威胁。当人员不在组织内网时，通常会使用 VPN 来安全访问企业内部资源。

DMZ 广泛应用于军事和网络安全。在军事上，DMZ 指位于两个敌对国家之间的隔离地带，充当敌对双方之间的缓冲区。在网络安全领域，DMZ 被用于隔离内部的受信任网络和外部的不受信任网络。外部网络可以访问 DMZ，但不能直接访问内部网络，同时 DMZ 对访问内部网络有一定的限制。这种配置的好处在于，一旦 DMZ 的服务器受到攻击，其影响范围受限于 DMZ，不容易波及内部网络服务器。

为了更容易地理解网络边界，下面使用办公室与保险箱来做直观类比，如下所示。

互联网→ |防火墙 1| → DMZ → |防火墙 2|→内网

外界　→ |办公室门| → 办公室→ |保险箱 |→贵重物品

考虑一个带有保险箱的办公室。办公室的门将办公室与外界隔离开来，使办公室成为一个较安全的场所。但是，有许多人能进入到办公室，贵重物品直接放在办公室的桌子上并不安全，可以使用保险箱来进一步保护它们。保险箱的密码只向办公室内授权人员透露。传统网络安全架构采用了类似的结构。防火墙充当办公室的门，提供整体的安全防护。类似于办公室，位于防火墙 1 下 DMZ 的服务器（如 Web 服务器或文件共享服务器）相对安全。类似于保险箱高度保护的贵重物品，位于防火墙 2 下的内网服务器（如数据库服务器）受到更加严格的保护，确保只有获得授权的人员才能够访问。通过层层防御，最大程度地提高了网络的安全性。

网络边界模式将所有资产封闭在一个安全边界之内，侧重于保卫边界，将攻击者拒之门外，其安全性建立在一个前提假设之上：边界外的访问不可信，边界内的访问可信。这种基于（部分）信任理念的安全模式具有一定的局限性，它能抵抗外部攻击，但无法应对来自内部的攻击，因为许多边界内的访问并不是可信的。例如，攻击者窃取了员工的用户名和密码，那么攻击者就可以伪装成值得信赖的员工，利用公司内部网络的默认信任关系进行横向移动，而防火墙主要防御来自外网的攻击，对于来自内网的攻击几乎毫无招架之力。云租户也可能是潜在的威胁行为体，例如合法用户的账户被劫持了，攻击者可能会滥用云服务甚至发动对云平台的攻击。因此，只强调网络边界防护，它越容易成为实际上的"马其诺防线"。

现在，网络边界已经发生了很大变化，没有单一的、易于识别的边界了。例如，办公地点可能是办公室、公共场所或者家庭，办公设备可能是移动设备、BYOD 或企业自有设备，应用可能是企业内部应用或 SaaS 应用（资源位于机构控制范围之外），资源位置可能位于企业本地、云端或混合云等。网络安全不再局限于单个位置、一组设备或用户或固定的资源，因此保持网络边界封闭非常困难或不可能做到，因为有太多变量不在控制范围内。即使尽最大努力创建安全的网络环境，也无法避免来自网络内部用户造成的潜在危害，无论其是有意还是无意的。因此，使用网络边界模式在多个位置建造防御墙，不再有效。

面对动态变化的网络边界，人们需要新式的网络安全模型。

早在 1994 年，斯蒂芬·保罗·马什（Stephen Paul Marsh）在题目为《将信任形式化为计算概念》的博士论文中，用数学结构对信任进行了描述。最初它并没有受到广泛关注，主要是因为当时的网络和安全与现在相比处于相对原始阶段。然而，随着技术的进步和计算机网络变得复杂，定义网络边界具有挑战性。2010 年，弗雷斯特研究公司的分析师约翰·金德维格（John Kindervag）创造了"零信任"一词。

2014 年，谷歌发表了 BeyondCorp 系列论文，提出构建零信任网络。2017 年，谷歌基于零信任模型构建的 BeyondCorp 项目完工，取代谷歌内网以往基于网络边界的安全架构，将访问控制从网络设备转移到个人设备和用户，谷歌员工可以在任何位置安全地工作，而无需使用传统的 VPN。目前，BeyondCorp 已经应用到谷歌的 GCP 中，主流的云服务供应商及网络安全提供商都提供了零信任网络架构解决方案。

零信任网络假设网络始终存在外部和内部威胁，不相信任何的用户、设备和网络，任何访问请求均需要经过验证后才能授予相应的访问权限，即使用户或设备已经在网络边界内。例如，内网用户的请求并不会被直接授予相应的访问权限，内网只是衡量实体信任度的属性之一，还需要衡量其他属性，如设备的健康程度（内核和驱动程序是否被篡改）、设备的风险等级（是否被恶意软件破坏，是否更新了安全补丁）、用户的身份认证强度（是否使用多重身份验证登录）、用户账户的风险等级、登录的来源 IP 是否可疑（匿名 IP 或不常用 IP）等，综合考虑多种属性后再实施访问控制，如允许 / 拒绝访问、要求采用 MFA 登录、强制重置密码、限制访问（例如允许读但禁止下载）等。总而言之，在零信任网络中，网络位置变得不再重要，完全通过软件来定义安全边界，"数据在哪里，安全就到哪里"。

零信任网络架构是构建现代网络安全的设计方法，不是一个标准统一的解决方案、现成的工具或产品，它主要包括以下 4 个指导原则。

（1）永不相信，永远验证：不信任内部或外部网络，将每个访问请求都视为潜在的威胁，需要验证和授权。不仅在登录时进行身份验证，而且在使用资源的整个过程中持续验证，以确保用户在访问资源时具有合适的权限。这种常态化的验证机制有助于提高系统的安全性，防范未经授权的访问。

（2）持续监控：对网络流量、用户行为和设备活动等进行全面和实时的监控，及时检测异常活动和潜在的安全威胁，从而加快响应速度，减小攻击造成的影响。

（3）最小权限：授予用户、设备和应用程序执行工作所需的最小权限。权限应根据实际需要进行精确授予，将访问权限限制在工作所需的范围内，而不是一次性授予广泛的权限，减少了潜在攻击面。即使某个账户或设备被威胁，攻击者也只能获取有限的权限。

（4）微分段：零信任模式将网络划分为更小、更易管理、独立的信任区域，称为微分段或微边界。每个区域有独立的安全策略和控制。这样即使攻击者获得了某一部分的访问权限，也难以横向移动到其他区域，从而限制造成的破坏范围。例如，企业将应用划分成关键应用、高影响力应用或低影响力应用，这 3 类应用分别位于独立的区域，每个区域采用独立的访问策略，而不是使用一个安全区域同时保护 3 类应用。

尽管零信任的安全优势十分明显，但在企业实施新的网络安全模式时，可能会面临一些重大挑战。零信任网络架构并非采用"推倒重来"的方式，而是在现有安全技术的基础上进行增强。实际上，许多构建零信任网络架构所需的技术和工具已经被广泛采用，并成为零信任框架的基石。

以 AWS 为例，该平台提供了多重身份验证，用于强化身份验证的安全性。IAM 服务则用于管理身份，并实现对资源的细粒度访问控制。数据的传输和存储通过 KMS 服务得到加密保护。网络微分段的安全性由 VPC、API 网关、网络 ACL 和安全组等提供。此外，CloudWatch 服务不仅监控系统的性能，还提供了重要的日志和审计功能。

总体而言，零信任网络架构并非一蹴而就的替代方案，而是建立在现有安全基础之上的演进。企业在采用零信任模式时，可以充分利用已有的技术和工具，逐步引入零信任的理念，以更好地适应当今复杂多变的网络安全挑战。

6.8 云安全的最佳实践

由于安全需求的多样性，不存在适用于所有情况的"一劳永逸"或"一刀切"的安全解决方案。除了注重设计上的安全性，遵循广泛认可的安全最佳实践也是至关重要的。这有助于建立强固的安全堡垒，减少遭受攻击的可能性，同时避免犯下一些低级错误。

下面列出常见的最佳（云）安全实践清单，具体的实施可能因组织的需求、使用的云服务提供商和应用程序而有所不同。另外，云安全是一个持续演进的领域，其最佳实践也在不断更新，应定期审查并更新安全控制措施，以适应威胁形势的变化和技术发展。

1. 身份与访问管理

（1）不使用注册时创建的 root 账户访问云服务或执行日常管理。

（2）为不同的负载创建不同的角色账户。例如，为生产环境和开发环境分别设置两个账户，这样能显著减少潜在的攻击面，并提供更细粒度的审计能力，以跟踪和监控用户的操作。

（3）使用多重身份验证以增强身份验证的安全性。

（4）使用集中式的身份管理（或者单点登录），避免每个服务均构建身份管理组件。

（5）使用访问控制来管理访问资源，如 RBAC、ABAC 等。

（6）优先使用临时性访问凭证而不是永久性凭证。临时性访问凭证限制了对特定资源的访问时间和权限。例如，使用临时性访问凭证的 API 请求只能在特定时间段内对资源进行访问。创建一次性的临时账户，使用完毕后即可取消权限或删除该账户，确保了临时性访问的安全性。

（7）优先使用临时性提升权限而不是永久性提升权限。用户或 API 请求在默认情况下不具备特权，需要经过审批才能获得。审批通过后，特权访问只能在特定时间段内持续有效，任务完成后会及时撤销特权。再次获取特权需要进行另一轮审批。临时性提升权限有助于限制特权的持续时间，并确保特权只在必要时段内被授予，从而提高了安全性和可控性。

（8）遵循最小权限原则，每个用户仅具有执行其工作职能所需的访问权限。

（9）使用细粒度的权限控制，用户或 API 请求只能访问他们绝对需要的资源。

（10）删除 / 禁用闲置或过期的账户，例如在项目结束或人员离开时撤销访问权限。

2. 增强可观察性和可追溯性

（1）通过实时监测提高系统的能见度和可观察性。

（2）使用日志记录对云资源的访问和操作，实现对每个操作的详细追踪。这类似于飞机的黑匣子，可以在发生安全事件时通过日志审计迅速追溯事件的原因和过程。

（3）通过实时分析快速发现安全威胁。

（4）定期进行合规审计，发现潜在的风险或违规问题，以确保云环境符合监管标准。这相当于对云环境进行定期的安全健康检查，确保其遵循各项规定。

（5）使用自动化流程快速响应安全事件或异常情况。

3. 基础设施安全

（1）定期检查并修复云环境中的漏洞，及时更新应用和下载补丁，以防范零日漏洞攻击。

（2）提供安全隔离，建立多重防御并减少攻击面。例如，使用 VPC、子网、网络访问控制列表、安全组、防火墙和堡垒机等组件，限制不必要的流量，阻止未经授权的访问。

（3）系统采用安全架构，如零信任网络架构。

（4）统一管理所有的云资源和资产，建立云环境的全局视图并确保其可见性，避免影子 IT 资源和账户出现在安全策略的视野和控制之外。

（5）将所有的安全职责集中到一个安全团队而不是由多个安全团队分担。多个安全团队分散维护安全容易导致孤岛和盲点，难以对全链路进行跟踪和定位攻击。

4.　数据保护

（1）管理安全凭证与加密数据本身同样重要，应安全存放并定期轮换。严格保密各种安全凭证，如密码、证书、API 密钥、令牌或加密密钥等。安全凭证应保存在高度安全、高可用的存储库中，并禁止任何形式的公开，例如在源代码中硬编码、用户可访问的存储区、个人计算机等。

（2）数据存储和数据传输均加密。

（3）定期备份关键数据，并测试灾难恢复系统，以确保在发生数据丢失或服务中断时能够迅速还原。

5.　事件响应

制定安全事件的应急预案，在安全事件发生后做出事件响应，并组织定期的攻防演练，检验安全防护手段是否有效。例如，实施例行的、受控的渗透测试或漏洞扫描，及时发现并修复潜在的漏洞。检验各种安全控制机制（如防御型、检测型和修复型等）能正常工作。

6.　员工培训和安全意识

对员工进行关于云安全的最佳实践和常见威胁的培训，增强安全意识，普及基本的安全知识，并强调社会工程学和钓鱼攻击等风险。例如，不单击未知的电子邮件和链接、使用强密码、更新杀毒软件、及时修复操作系统的漏洞、不要对所有工具使用一个密码（禁止使用共享密码）。

本 章 小 结

云安全是确保云环境中数据和应用安全的关键领域。与传统 IT 环境下的安全相比，云安全涵盖的主题更为广泛。首先，本章简明扼要地介绍了安全领域的基本知识，并汇总和解释各种行之有效的安全原则，使读者对安全有更为全面和深入的理解。这些内容是必须掌握的安全通识。其次，重点介绍 Web 应用和云计算的常见安全风险，让读者充分认识云安全的严峻性和危害性。最后，讨论云安全的责任模型、合规性问题、算法歧视、零信任网络架构及云安全的最佳实践。这些主题提供了全面的视角，有助于读者进一步认识云安全的重要性。

云安全需要综合考虑技术、管理和法律等多个方面，通过遵循基本的安全原则，满足合规性要求，识别和应对风险，解决算法歧视问题，采用零信任架构，以及实施最佳实践，企业可以为其云环境中的数据和应用提供全方位、多维度的保护。

拓 展 阅 读

1．《图解密码技术（第 3 版）》（结城浩，人民邮电出版社，2016 年）。

2．《AWS Security》（Shields Dylan，Manning Publications，2022 年）。

3．《云原生安全:攻防实践与体系构建》（刘文懋、江国龙、浦明等，机械工业出版社，2021 年）。

4．《API 安全实战》（尼尔·马登，机械工业出版社，2022 年）。

习 题

1. 数据主体在注册服务的用户时，下面哪个选项符合 GDPR 的知情权原则？（　　）

    A. 将多条隐私政策捆绑在一个复选框中，这样便于用户一次性勾选。

    B. 选择退出：默认情况下，服务会自动勾选同意隐私政策。如果用户不同意某条隐私政策，再取消勾选。

    C. 用户必须同意所列的隐私政策，否则用户不能使用本服务。

    D. 选择加入：逐条列出隐私政策，并逐条征求用户的同意。复选框默认没有勾选，由用户主动勾选同意。

2. 分析下面安全实践使用的安全原则。

（1）公司采用"最低权限作为默认值"的安全策略。新员工登录系统后只能查看不能修改源代码。只有经过权限审批流程后，员工才能拥有修改权限。

（2）云租户设置多个独立账户，如管理账户、存档账户、运维账户和生产性应用账户等，而不是使用一个账户来统一管理所有的云应用。

（3）AWS 用户不使用 root 账户执行日常操作，而是使用 AWS IAM 用户身份执行日常操作。

（4）开发人员使用 API 远程访问 AWS 账户下的资源，AWS 为 API 分配临时性的访问密钥。这些临时性的访问密钥在一段时间后会自动失效。

（5）使用防火墙、WAF 和 SIEM 等多种技术提高系统整体的安全性。

（6）系统采用多因素身份认证，用户登录系统需输入用户名、密码和手机验证码。

（7）电子商务网站的系统管理员不能注册成为网站的购物用户，因为他可以修改商品订单。

（8）不允许通过在 URL 中隐藏特殊功能来增强网站的安全性。

（9）网上银行的敏感业务采用超时机制。如果用户在一段时间内（例如 15 分钟）没有进行任何操作，下一次请求时需要用户重新登录。

（10）公司的办公自动化（Office Automation，OA）系统采用基于角色的权限控制。例如，开发部门只能访问产品的源代码，无权访问财务部门的工资信息，也无权访问人力资源部门的人事信息。

（11）在 Windows 上，无论是以管理员还是普通账户身份登录，应用程序始终在普通账户身份下运行。如果应用程序需要管理员级别的权限，例如更改系统配置，Windows 操作系统会弹出一个对话框，询问用户是否允许该应用程序对计算机进行更改。应用程序只有经过用户授权后才能获取所需的操作权限。

（12）为了防范注入攻击，应对用户输入的字符串进行严格检查。只允许数字和字母的出现，而一旦检测到其他字符，则立即报错。

（13）公司的业务采用零信任网络架构，提升了整体安全性。同时，公司注重人员的安全培训和教育，而不仅依赖零信任网络架构。

（14）申请的申请与审批不能是同一个人。

（15）服务器、数据库和应用程序的管理由不同的员工或团队负责。

（16）零信任网络架构的原则之一是"永不信任，永远验证"。

（17）乘客只能从公交车的前门上车并购买车票，禁止从公交车的后门上车。

（18）乘飞机时的安检包括多个环节，如身份验证和登机牌检查、随身行李箱的 X 射线扫描、随身行李箱的人工检查、乘客脱鞋解腰带安检、金属探测器检查等。

（19）数字版权管理（Digital Rights Management，DRM）是一种早期用于保护数字内容（如音乐、视频、电子书等）免受未经授权的复制和分发的技术。唱片公司曾经采用 DRM 技术来限制消费者对购买的音乐的使用方式，包括限制复制、转移和播放等。DRM 的初衷是保护版权所有者的权益。然而，部分用户认为 DRM 的限制过于严格，影响了其购买意愿。后来，唱片公司意识到 DRM 对用户体验和销售会产生负面影响，开始逐渐取消 DRM，允许用户在不同设备之间自由传输、备份和播放所购买的音乐。这为消费者提供了更多灵活性和便利性，也提高了人们数字音乐的购买吸引力。

（20）通常列车会安装自动安全装置（Automatic Security Device，ASD），驾驶员在一定时间间隔内需触发 ASD，例如在 30 秒内手动按 ASD 控制键一次，以证明他们仍然具备对列车的控制能力。如果 ASD 在规定时间内没有接收到驾驶员的输入，它将自动触发列车的紧急制动。这是为了防止潜在事故的发生，特别是当驾驶员失去对列车的控制时，如驾驶员昏睡、离岗、突发疾病等。

（21）每位乘客均需通过闸机验票后才能乘坐高铁。

（22）在手机 App 安装的过程中，用户通常会看到权限请求的弹窗，其中包含应用程序所需的各种权限，如读取手机的存储卡、读取手机号、读取短信、访问用户的位置信息等，用户可以选择允许或拒绝这些权限。

（23）Diffie-Hellman 密钥交换协议在安全传输层协议（Transport Layer Security，TLS）中存在一个漏洞，即 Logjam 攻击。通过将 TLS 连接降级到使用较短密钥长度的加密算法，然后通过事先计算的数据和大量计算能力来破解密钥。一旦攻击者成功破解密钥，他们就能够读取和修改 TLS 连接上传输的数据。为了防范 Logjam 攻击，服务器一旦检测到客户端和它之间的连接使用了弱加密算法，就会选择中断握手过程，从而终止这个有风险的 TLS 连接。

（24）云租户为不同的云应用创建独立的 VPC，而不是将多种云应用部署在同一个 VPC 上。

（25）全自动区分计算机和人类的图灵测试（Completely Automated Public Turing Test to tell Computers and Humans Apart，CAPTCHA）是一种广泛用于 Web 应用程序中的安全验证机制，用来识别用户是人类还是机器人。这种验证方法采用挑战 – 响应（challenge-response）模型，通过向用户提出一些问题或任务，例如识别扭曲的数字或文字、滑动验证码、趣味答题等，从而确定其是否是真正的人类用户。然而，CAPTCHA 测试的用户体验差且存在安全性漏洞。谷歌推出了 reCAPTCHA，它是一种更先进的 CAPTCHA 实现，提高用户体验，同时增加对机器人的防御性。不同于 CAPTCHA，reCAPTCHA 显示包含特定对象的图像网格，用户需要单击包含指定对象的图像，而机器人很难通过这样的测试。此外，当用户鼠标光标接近"我不是机器人"的复选框时，其移动轨迹是随机的，而机器人很难模拟出这样的随机性。

（26）系统采用如下的授权策略：默认拒绝所有请求，除非存在一条规则显示允许请求通行。对相互冲突的两条规则，如果一条规则允许通行而另一条规则拒绝通行，那么拒绝请求的规则具有更高的优先级，最终导致请求被拒绝。

（27）一家初创公司通过云计算平台运营保险相关业务，并接受审计局的审查。为了保护客户个人隐私，该公司为两名审计员设立了两个暂时性的账户，并授予了这些账户读取金融交易记录的权限。这一措施旨在允许审计员对业务合规性进行审查，同时确保对客户敏感信息的妥善处理。

（28）普通用户只能进行正常的网络通信，无法修改网络配置。网络管理员可以监听和修改网络流量，修改网络配置。

（29）DevOpsSec 是一种安全实践，将安全性融入 DevOps，使安全措施成为团队文化的一部分，从而加强整体系统的安全性。在开发、部署和运维过程的整个周期中，DevOpsSec 将安全性视为一个持续性和全面性的考量，而不是作为一个独立的、后期添加的环节。

3．下面关于零信任网络，哪些说法是错误的？

（1）零信任网络是一个具体的产品，企业购买符合零信任规范的产品后可提高其安全性。

（2）零信任网络意味着访问资源时，第一次与后续的访问请求均需要验证。

（3）零信任网络要求持续监控系统，以自动化方式检测异常并做出响应。

（4）在零信任网络中，位于企业网络内部的设备属于可信任的范畴。

（5）使用零信任网络，员工远程办公无需使用传统的 VPN 工具访问内网，并且不会降低系统安全性。

（6）传统的安全模式假设内网是可信任的，外网是不可信任的，而零信任体现了去边界化，并不严格区分内网和外网。

（7）云计算和移动计算等使企业传统内网和外围之间的边界模糊化。

（8）零信任网络架构只能有效防御网络外部的威胁。

4．无论是个人还是公司，其行为均应在法律划定的边界内，杜绝违法违规行为的发生，避免触犯法律、法规。根据 GDPR、我国相关的安全法规和算法歧视，下面这些情形哪些是合规的？指出不合规的原因。

（1）公司采用最先进的安全技术可确保万无一失的安全，无需关注安全方面的法律、法规。

（2）公司定期对员工进行安全意识培训，定期组织部分员工的安全技能培训。

（3）一个电子商务网站使用加密技术来保护用户的支付信息，同时对其数据库进行安全管理以防止数据泄露。

（4）公司有权将掌握的境内数据输出境外，以便开展跨境业务，其他机构无权干涉。

（5）公司开发了一款在线游戏，用于收集用户的通讯录、位置和日历等信息。

（6）公司合法收集了用户信息，将用户的个人数据与第三方共享，这些数据共享未经用户的同意。

（7）公司要求入职员工填写个人信息，其中包括宗教信仰、婚姻状况、家庭成员等信息。

（8）在线培训机构面向中小学生提供课外辅导，学生注册时需提供姓名、身份证号和个人照片信息。

（9）公司开发了一个在线视频服务，要求用户提供姓名、身份证号和手机号等个人信息。

（10）一个移动应用收集了用户的个人数据，但隐私政策描述不清楚数据的用途。用户不清楚自己的数据被用于何种用途。

（11）小区物业公司规定业主以人脸识别方式作为进入小区的唯一方式。

（12）公司在没有取得员工明确同意的情况下，使用指纹打卡考勤系统，并通过 GPS 定位追踪销售人员的行程轨迹。值得注意的是，公司在劳动合同和员工手册中并未提供关于如何使用员工指纹数据的明确说明。此外，公司仍然保留已离职员工的指纹数据。

（13）黑客攻击了酒店预订系统并盗取了客户身份信息，酒店发现后立即采取阻断措施，通知监管部门，并对数据泄露的情况进行充分记录。

（14）公司收集员工的银行卡信息，以履行劳动合同中关于薪酬支付的约定

（15）某社交平台在用户同意的情况下收集了大量个人数据，如个人照片和视频。该社交平台以防止数据泄露为由，不提供用户删除、导出其个人数据的功能与权限。

（16）用户注册时，网站事先默认勾选同意用户协议和隐私政策，无需用户主动勾选。

（17）购物网站推出了一项服务，用户提供身份证号可兑换积分并享受优惠折扣。

（18）用户注册时，注册页面弹出一个单独窗口，询问用户是否同意提供手机号。

（19）网站上线运行后，未留存用户登录的网络日志。

（20）网站上线运行后，记录用户的登录行为并监测网络运行状态，相关日志保存期为 3 个月。

（21）网站上线运行后，未进行网络安全等级保护，存在高危漏洞，容易被黑客入侵。

（22）外卖平台采用机器学习算法对骑手进行全面评估，根据评分的高低给予相应的轮班选择优先权。举例来说，平台提供了 3 个预定工作时间：11:00、15:00 和 17:00。只有那些评分排名前 15% 的骑手有资格在 11:00 预定工作时间，而排名靠后的骑手需要在 15:00 或 17:00 再次尝试预定。这一措施旨在激励骑手提高工作积极性，因为他们的评分直接关系到他们在平台上选择工作时间的灵活性。

（23）高科技公司使用人工智能技术筛选求职者的简历，综合考虑性别、年龄、专业技能、工作经验和毕业学校等因素。女性、年龄超过 35 者或非名校毕业的求职者的评分普遍偏低，只有评分高的求职者才有面试资格。对于无面试资格的求职者，公司也未提供申诉渠道，求职者无法针对评分结果提出意见或质疑智能简历筛选平台的决定。

（24）管理公司在停车场采用了一套由多个隐蔽式摄像头组成的视频监控系统，旨在确保停车场的安全。另外，该公司还借助云端深度学习技术开发了一款应用，该应用能够自动识别车牌号、豪车类型，并抓拍车主的面部图像。该公司已经收集了大量关于豪车类型、出厂年份、车牌号和车主面部图像的信息，但明确表示并未以此获利，未将相关数据出售。

（25）外卖平台提供"号码保护"功能，向商家和骑手隐藏用户的真实手机号，从而保护个人隐私

（26）公司开发了一个云办公自动化系统，员工请病假需提交挂号单、就医症状和病情诊断等信息。

（27）网络平台在用户计算机中放置用于广告目的的 Cookies，同时在网络平台的用户须知中提供了一条简短提示："本网站会使用 Cookie 以便于您的访问"。

（28）公司在产品开发中积极应用差分隐私和联邦学习等先进技术，从而更全面地保护个人隐私。公司已成功通过 GDPR 的相关认证，进一步表明其对隐私保护的承诺。此外，公司通过动画在产品中清晰地展示数据的收集范围和使用目的，以确保用户能够简明易懂地了解其个人信息的处理方式。

（29）公司研发了一项网络爬虫技术，通过遵守外卖平台的 robots.txt 协议，从餐饮商

家的页面上抓取了包括月销量和评价星级在内的美食信息。随后，公司将这些美食信息整合到其位置服务中，以为用户提供搜索附近美食的功能。这一举措旨在丰富公司的位置服务，使用户能够更方便地浏览并选择附近餐饮商家。

（30）平台计划通过向用户的电子邮箱发送广告推送。为了获得用户的明示同意，平台采取发送一封确认邮件的方式。用户在注册时提供的电子邮箱会收到这封确认邮件，需要登录邮箱并单击邮件中的链接，以激活广告推送功能。

（31）网站向用户推送多种类型的营销广告，如旅游、招聘和书籍等。每类营销广告提供一个复选框，允许用户勾选感兴趣主题的营销广告。

（32）一家在线家具店在结账过程中向用户提出一个选项：同意将其住址信息与其他家居用品商店共享，否则将无法购买家具。

（33）一家在线家具店提供了一个选择给用户，即同意将个人信息与指定的家居用品商共享，用户可以自由选择加入或退出这个共享计划。

（34）在线家具店要求用户同意将其住址信息、联系电话等数据传递给第三方快递公司。这一步骤旨在确保订单能够顺利交付，为用户提供及时而有效的配送服务。

（35）顾客将其个人信息表放入商场的抽奖箱，商场又将这些个人信息表用于后续的营销。

（36）卫生健康部门组织饮食习惯在线调查，并将用户提交的在线调查数据传递给第三方的餐饮公司。

（37）某健身房网站通过电子邮件向注册会员发送关于健康饮食的信息，但该网站并未提供会员取消订阅这些邮件的选项。

（38）电子商务网站采用了一种双重确认方式，以确保用户的电子邮箱被成功添加到电子邮件列表中，从而接收个性化的营销广告。首先，用户需要主动选择订阅他们感兴趣的广告类型。接着，用户会收到一封确认电子邮件，其中包含一个链接，用户需要该击该链接以验证他们的订阅选择。

（39）网站在提供服务时，向用户征求多个请求的同意，例如通过用户的电子邮箱接收发货通知和推荐商品信息，然而，该网站仅提供了一个同意复选框。

第7章 数据中心

本章导读

本章将深入探讨数据中心的基本概念、关键设施和先进技术，以帮助读者更好地理解这一关键基础设施的重要性。首先，介绍数据中心的基本概念，包括其定义、作用和关键组成部分。接着，探讨数据中心的量化分析，包括 PUE 和成本分析。本章还将介绍仓储级计算机的概念，其特别适用于大型数据中心。供电设施是数据中心运行的基石，本章将讨论供电系统的设计、冗余和效率，以确保数据中心的稳定运行。制冷设施和方案也是数据中心不可或缺的一部分，本章将探讨各种制冷技术和策略，以保持设备在最佳温度范围内运行。数据中心的网络架构对于信息传输和处理至关重要。本章将介绍传统的三层网络架构和现代的脊叶网络架构。此外，还将探讨机架服务器和刀片服务器的特点。最后，数据中心的管理是确保其高效运行的关键。通过阅读本章，读者将获得对数据中心的基本概念、关键设施和管理的全面了解，为设计和运营高效、可靠的数据中心奠定坚实基础。

本章要点

- IDC。
- PUE。
- 成本分析。
- 供电设施架构与效率。
- 制冷设施架构。
- 网络架构。
- 数据中心的管理。

In pioneer days they used oxen for heavy pulling, and when one ox couldn't budge a log, they didn't try to grow a larger ox. We shouldn't be trying for bigger computers, but for more systems of computers.

古时候，人们用牛来拉重物。当一头牛拉不动一根圆木时，他们没想过要去培育一头更强壮的牛。同理，我们也不要想方设法地去建造更大的计算机，而是千方百计地利用更多的计算机解决问题。

—— 格蕾斯·霍普（Grace Hopper）

美国著名的女计算机科学家，

1980 年 IEEE 计算机先驱奖获得者，COBOL 语言之母

数据中心简介

7.1 概　述

7.1.1 传统数据中心

在传统模式下，企业在专用机房中安装计算、存储和网络等设备。为了确保这些设备的稳定运行，机房需要配备电力供应和空调制冷等支持性基础设施。与此相比，数据中心（Data Center，DC）是一个更大规模的设施，专门用于集中管理和维护大规模计算、存储和网络设备。它的建筑形态可能是园区的楼房或大型的平层仓库，占地面积可能相当于数个足球场。

数据中心的设计核心在于实现扩展性、高可用性、灾难恢复及能源效率。它们一般采用模块化方案，以便能够迅速适应规模扩大和技术升级的需要。至于数据中心的大小，则因应用场景而异，其服务器数量可以从数千台到数百万台不等。

数据中心作为 IT 的关键基础设施，已经广泛应用于云计算、互联网、金融、政府和电力等领域。对外提供互联网服务的数据中心，通常称为互联网数据中心（Internet Data Center，IDC），可提供网站托管、云计算、在线游戏、电子商务等服务。

数据中心通常包括以下几个关键区域。

（1）主机房：用于容纳服务器、存储设备和网络设备的核心区域。

（2）辅助区：包括电源设备、冷却设备、安全监控设备等，为主机房提供必要的支持。

（3）行政管理区：包括办公室、会议室等，用于数据中心的日常管理和维护工作。

数据中心在设计和建设过程中需要遵循一系列行业标准。在我国，《数据中心设计规范》（GB 50174—2017）是关键的参考标准，其详细规定了数据中心的设计原则，术语定义，以及主机房、辅助区、支持区、行政管理区等方面的具体要求。其中包括环境温度、湿度、噪声、空气质量、安全要求、接地要求等方面的规范。在美国，TIA-942（《数据中心电信基础设施标准》）和 Uptime Institute 的标准也是数据中心设计和建设的关键参考。TIA-942 是由美国通信行业协会（Telecommunication Industry Association，TIA）制定的标准，包括了数据中心的布局、设计、建设、运营等方面的详细要求。另外，Uptime Institute 的标准侧重于数据中心的可靠性、可用性、可维护性和能效等方面，提供了全面的指导。这些标准为数据中心的布局、设计、建设、运营等各个方面提供了详细的规范和指导，以确保数据中心能够高效、稳定、安全地运行。

图 7-1 给出了传统数据中心的组成。这里简要介绍供电和冷却两部分。在讨论供电基础设施之前，先了解两种电气设备。

（1）不间断电源（Uninterrupted Power Supply，UPS）：UPS 的主要功能是在输入电源发生中断或异常时，提供连续的输出电力，以确保负载设备能够正常运行。UPS 系统通常包括 3 个组成部分：整流器、电池组和逆变器。整流器负责将输入的交流电转换为直流电。电池组负责存储直流电，并在需要时将其转换为交流电。当输入电源发生中断或异常时，电池组会向逆变器提供直流电，以维持负载设备的正常运行。逆变器负责将直流电转换为交流电，为负载设备提供稳定的电力。在市电正常时，逆变器处于关闭状态，负载设备直接接受市电供电；当市电发生中断或异常时，逆变器会立即启动，将电池组的直流电转换为交流电，以维持负载设备的正常运行。

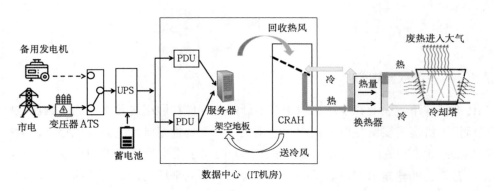

图 7-1　传统数据中心的示意图

除了在输入电源发生中断时提供输出电力，UPS 还具有消除输入电力中质量问题的功能，如电压浪涌（电压在短时间内大幅度超过正常值）、电压跌落、持续低压、持续高压、频率漂移和电线噪声等。通过净化和稳定输出电力，UPS 能防止负载设备受到电力的干扰和破坏，从而确保负载设备的安全运行。

UPS 的不间断供电时间是有限的，这个时间取决于蓄电池储存能量的大小。在电网停电的情况下，用户需要在 UPS 蓄电池供电的宝贵时间内，选择恢复供电（例如启动发电机发电）或关闭用电设备。

（2）配电单元（Power Distribution Unit，PDU）：PDU 是一种用于分配和管理电力供应的设备，它将一个输入电源（如 UPS 或电网等）分配到多个负载设备，确保设备获得稳定的电力供应。此外，PDU 可以实时显示每个插座的电压、电流和功耗等计量指标，帮助用户了解设备用电情况，便于进行电力管理和采取节能措施。最后，PDU 支持多种方式的远程访问、配置与控制，例如通过 Web 浏览器或命令行接口等。

为确保数据中心设备持续稳定运行，数据中心采用冗余供电系统。图 7-1 中的数据中心采用市电供电，同时使用发电机作为市电的备用电源。当市电电压不足或电力中断等时，自动转换开关会感知到掉电，自动启动备用发电机以提供电力，并将其电力连接到下一级的 UPS。由于备用发电机从启动到稳定输出电力需要一段时间，因此，在此期间，数据中心会借助 UPS 作为备用电源，以填补电力差距，保证设备的持续供电。UPS 系统提供的电力并不会直接送达服务器，而是首先传输到 PDU。PDU 能监控、管理和分配每个机架的电力消耗。为了进一步提高用电的可靠性，服务器通常会配备双电源，这两个电源会分别连接到两个独立的 PDU。这样，即使一个 PDU 出现问题，另一个 PDU 仍然可以正常供电，确保服务器可以持续运行。这种设计体现了数据中心供电系统的冗余性和高可用性原则。一旦市电恢复供电，自动转换开关将重新切换至市电供电模式，并关闭备用发电机。同时，UPS 会重新充电以存储电能。

在整个电力供电链路中，备用发电机、UPS、变压器等设备通过冗余配置来确保高可靠性。这种冗余配置通常采用"$N+x$"的形式，其中 N 代表满足基本需求的设备数量，而 x 表示额外的冗余设备数量，其取值范围为 $1 \sim N$。这种设计意味着系统中存在足够的冗余设备，以应对单个设备故障或其他问题，从而保障整个供电链路的持续稳定运行。

数据中心除了需要满足 IT 设备的电力需求，还需要高效管理 IT 设备产生的热量。在数据中心运行过程中，IT 设备会产生大量热量。为了确保 IT 设备能够持续正常工作，通常需要维持恒定的温度和湿度。如果温度过低，则可能会导致 IT 设备出现冷凝和静电现象，而过高的温度会增加 IT 设备损坏的风险。这可以概括为"电力进入数据中心，热量被移出数据中心"。

在图 7-1 中，数据中心使用计算机房空气处理器（Computer Room Air Handler，CRAH）来降低服务器的温度。CRAH 由风扇、过滤器和温度调节装置等组成，它从机房内吸入空气，经过过滤和温度调节后，再将冷却后的空气送回机房，以降低服务器的温度。需要注意的是，CRAH 本身并不包含制冷设备，而是依赖冷却塔来提供冷量。

冷却塔是一种大型的制冷设备，其工作原理是通过蒸发将水中的热量转移到大气中。当循环（热）水与大气的（冷）空气接触时，一部分水吸收周围环境的热量而蒸发，导致水温下降，从而实现循环水的冷却效果。这个过程类似于人出汗时吹风降温的原理，出汗时汗液蒸发需要吸收热量，从而降低皮肤表面的温度。冷却塔通常包括一个喷淋系统和一个风机系统，共同促进水的蒸发和热量交换。喷淋系统通过喷洒循环水来使其充分接触到冷却塔的表面，这样可以增大水表面积，促进蒸发。风机系统则有助于加速空气流动，使大气中的空气与水接触得更充分。这种流动促进了水分蒸发，将热量从水中带入大气中，实现了冷却效果。

冷却塔和 CRAH 通过管道相连。热水从 CRAH 被泵送到冷却塔，经过冷却后成为冷水，并被送回 CRAH 用来降温机房。但是，直接将冷却塔的出水与机房的热负荷对接往往不现实，因为两者的温度差较小，冷却效率低。为了进一步提高冷却效果，CRAH 和冷却塔之间通过换热器间接连接。换热器可提高冷却塔的进水温度，使冷却塔能够更有效地吸收热量，从而提供较大的温度差并提高冷却效率。换热器有许多类型，它们的工作原理基本相似，但在结构和应用方面可能存在差异。以板式换热器为例，它由一系列平行排列的金属板片组成，这些板片之间形成夹层通道。热源流体和冷却流体在板片之间的通道流动，这两种流体不直接接触，而是通过金属板进行热传导。金属板片吸收热源流体一侧的热量，并传递给另一侧的冷却流体。此外，通过调整冷热两侧的流量和换热面积，可以优化整个冷却系统的性能。

总体而言，冷却塔的主要任务是通过水的蒸发将热量转移到大气，实现水的冷却，而 CRAH 通过这个冷却过程中的冷水循环，调节机房内部的空气温度。冷却塔和 CRAH 的协同工作，使整个冷却系统运行得更高效，更好地移除机房产生的热量。

在早期的数据中心设计中，普遍采用高架地板的方式来送冷风。在这种设计中，计算、存储、网络等 IT 设备被放置在提高的地板上，地板下方形成了一个静压空腔，用于分发冷空气。冷空气通过这个空腔，可以被有效传送到设备的进气口。为了提高空气传递的效率，通常会使用具有孔洞的穿孔地砖来构建地板，这些地砖可以让空气穿过并流向设备。另外，高架地板还提供了通道，方便布置数据线缆、电源线缆和管道等。

虽然高架地板在早期数据中心设计中占据了主导地位，但随着技术和数据中心需求的不断变化，新的设计和布局方式正在逐渐出现。例如，冷热通道隔离和直接液冷等技术和方法，能更好地满足现代数据中心对高密度和高效能的需求。这些创新的方法正在成为推动数据中心设计发展的动力，以适应不断进化的技术和性能标准。

7.1.2 数据中心的选址

在规划数据中心的过程中，选址是最重要的考虑因素之一，因为它直接影响数据中心的未来发展。选址通常需要考虑多方面的因素，并做出权衡。以下是数据中心一些主要的选址标准。

（1）网络延迟：数据中心与服务用户之间的距离越近，网络延迟越小，用户体验感越好。同时，需要考虑数据中心之间的距离，以确保它们之间的快速连接。

（2）长期运营成本：建设成本是一次性的，但运营成本是长期性的。当地的电力价格、用地政策、税收优惠政策等因素都将直接影响数据中心的长期运营成本。

（3）用地面积：这关系到数据中心园区后期的升级改造与扩容。

（4）自然冷却条件：一些早期的数据中心建在河流或湖泊附近，因为冷却设备需要大量的水源。而现在，有些数据中心建在气候寒冷的高原地区，因为那里的空气清新、四季温差不大、平均气温低，适合用大自然的冷风来冷却。

（5）当地的基础设施是否完善：交通便利、网络发达、经济繁荣的地区在这方面具有优势。

（6）避开自然灾害：选址应远离地震带、台风、洪水等自然灾害频发的地区。

（7）可再生能源：使用可再生能源（如风力、水力、太阳能等）以减少二氧化碳的排放，实现绿色节能。例如，谷歌已经在数据中心使用可再生能源，并积累了丰富的经验，处于世界领先水平。

（8）隐蔽性：大部分的数据中心都位于不为人知的郊区，这主要是从安全性的角度考虑。

7.1.3 标准化与模块化

1. 标准化

在早期，数据中心的服务器通常由计算机制造商（如戴尔、惠普、IBM，我国的浪潮、曙光、华为、联想等）按照行业标准设计并制造，互联网公司采购服务器并进行安装。开放计算项目（Open Compute Project，OCP）是 Facebook 于 2011 年发起的开源硬件项目，旨在推动数据中心硬件的开源化。通过制定行业规范和标准，OCP 打破专有系统的设计和行业壁垒，降低硬件采购和部署成本，提高数据中心的效率和可持续性。这个项目吸引了众多互联网公司、服务器制造商和系统集成商等的积极参与。通过共享设计、资源和经验，OCP 推动数据中心行业的开放和开源，形成了一个协同合作的生态圈。这对数据中心的发展产生了深远影响，数据中心基础设施的组件正朝着标准化、模块化、微型化、定制化和工业化的方向演变，摆脱了以往的专有化趋势。

类似于全球范围内的 OCP，ODCC（Open Data Center Committee，开放数据中心委员会，又称天蝎）是由我国的 BAT（百度、阿里巴巴、腾讯）等公司发起的联盟，旨在推动数据中心技术的开放性和标准化。不同于 OCP 的全球化标准和规范，ODCC 主要关注国内数据中心行业的发展，制定适应国内数据中心特点和需求的标准和规范，例如在能效、节能等方面的特殊考虑。

2. 模块化

传统数据中心设计存在复杂性高、土建工程量大、建设周期长、子系统安装调试困难、扩容能力差等问题，大部分基础设施需要在施工现场进行一次性组装、安装和集成，难以满足新时代业务的迅速发展需求。

类似于制造大型飞机，大部分零部件由供应商提供，而飞机制造商主要负责组装和集成。现代数据中心采用模块化设计，通过在出厂前完成模块的预集成与预调试，实现了与基建工程的同步进行。预制化模块是预先设计、组装和集成的数据中心物理基础设施系统，如电源、制冷、服务器和交换机等。这些模块作为标准化的"即插即用"组件被制造，并运输到数据中心现场。这种方法带来了多重好处。首先，预制化模块通过标准化设计降低了建设成本，因为它们在制造阶段就能够实现规模效应。其次，这些模块的运输和现场部署过程相对简单，只需进行简单的吊装和拼接等操作，使数据中心可以更快地投入运行，显著缩短了建设时间。通常情况下，仅需数月即可完成整个数据中心的建设和交付，相对于传统方法，这是一个显著的时间节约。最后，这种模块化设计具备灵活的扩展能力，满足了不断变化的业务需求，为数据中心的建设和运营带来了更大的灵活性。

7.2 量 化 分 析

7.2.1 PUE

数据中心运行着各种电气设备，包括但不限于服务器、存储设备、网络设备、冷却系统等。这些电气设备以特定的功率（power）运行。类似于速度，功率是一个瞬时值，表示单位时间内消耗的能量（energy）。功率的计量单位是瓦特（Watt）或千瓦（kW），能量的计量单位是焦耳（J），它们之间的关系是 1 瓦特 =1 焦耳 / 秒。电气设备在运行一段时间后会消耗一定的能量，即电能。电能是一个累计值，等于功耗乘以运行时间，常用的计量单位为千瓦时（kW•h）。例如，如果一个机架的功耗为 20 千瓦，持续运行了 3 小时，那么该机架消耗的电能 =20 千瓦 ×3 小时 =60 千瓦时，通常简写为 60kW•h。有时候人们并不关心绝对能耗，而是关注相对能耗。举一个例子，假设同一个程序在 A 处理器和 B 处理器上运行，A 处理器的功耗比 B 处理器高 20%，而 A 处理器的运行时间是 B 处理器的 80%。如果将 B 处理器的能耗作为基准 1，即 B 处理器的功耗为 1 个单位，运行时间为 1 个单位，那么 A 处理器的能耗为 1.2×0.8=0.96。

散热设计功耗（Thermal Design Power，TDP）指处理器在长时间满负载运行条件下产生的最大热量。它用于指导散热系统（如服务器的风扇）的设计，告诉散热系统需要处理的最大热量。如果散热系统不能提供足够的制冷功率，那么处理器的温度会超出限定的最大值，导致处理器损毁。服务器处理器的 TDP 值大约为 150 ～ 400 瓦特，实际 TDP 值可能会根据具体型号和制造工艺有所不同。TDP 并不是 CPU 的峰值功耗，两者是不同的概念。处理器的实际功耗会随着负载的动态变化而变化，而峰值功耗是指处理器在满负载下运行条件的功耗，这个值通常会比 TDP 高。

处理器的实际功耗与其负载有关，即使在空闲时也会消耗一定的功耗。当负载率增加时，功耗也会增大。当负载率达到 100% 时，处理器将达到峰值功耗。为了节省功耗，现代处理器采用了动态电压—频率调整技术（Dynamic Voltage-Frequency Scaling，DVFS）。在低负载时，处理器会切换到低电压或低主频状态；而在高负载时，会切换到高电压或高主频状态。通过这种方式，处理器能够在保证性能的同时，实现功耗的优化。

为了评估和比较数据中心的能源效率，美国绿色网格组织提出了一个衡量指标：数据中心能源利用率（Power Usage Effectiveness，PUE）。PUE 表示数据中心总耗电量与实际用于 IT 设备的耗电量之比。通过这个指标可直观地了解数据中心的能源利用效率，其计算公式如下：

$$PUE = \frac{数据中心总耗电量}{IT设备的耗电量}$$

其中，数据中心总耗电量等于 IT 设备、供配电设备、制冷设备、照明等的耗电量之和；IT 设备的耗电量等于服务器、存储设备和网络设备等的耗电量之和。

　　PUE 值是一个大于 1 的比值。当 PUE 值越接近 1 时，意味着数据中心用于 IT 设备以外的能耗越少，节能效果越好；当 PUE 值等于 1 时，意味着数据中心的能耗全部用于 IT 设备，这是一种理想状态。

　　举一个例子，假设一个数据中心的 IT 设备能耗为 20000kW·h，制冷设备能耗为 10000kW·h，电力传输损失 4500kW·h，照明能耗为 500kW·h，基础设施的其他能耗忽略不计。PUE 的计算如下：

　　数据中心总耗电量 = 20000 + 10000 + 4500 + 500 = 35000kW·h

　　IT 设备耗电量 = 20000kW·h

$$PUE = \frac{数据中心总耗电量}{IT设备的耗电量} = \frac{35000kW·h}{20000kW·h} = 1.75$$

PUE=1.75，意味着 1kW·h 用于 IT 设备，就有额外 0.75kW·h 用于制令、照明等非 IT 设备。

　　计算 PUE 的一种简单方法是测量功率而非一段时间内的电量消耗。值得注意的是，瞬时测得的 PUE 通常不等同于年度、月、周或日测得的 PUE。考虑汽车的油耗，它是一个不断变化的值，受多种行驶条件的影响，如上坡、下坡、加速、停车等。同样，PUE 的瞬时测量值也会受到许多因素的影响而不断波动，如 IT 负载、室外条件和制冷模式的不断变化等。因此，PUE 单次测量只是一个快照，无法全面反映数据中心的整体效率。

　　据统计，2021 年全国数据中心的年耗电量已达 2166 亿千瓦时，相当于同期三峡电站累计发电量（1036 亿千瓦时）的两倍。2022 年，全国数据中心的年耗电量升至 2700 亿千瓦时，占全社会用电总量的 3%。数据中心作为数字经济的关键支撑，其用电规模将随着数字经济的蓬勃发展而不断增加。然而，巨大的电力需求导致了严重的环境问题。大规模耗电的数据中心会排放大量的污染物，如烟尘、二氧化硫、碳化物和二氧化碳等。这些污染物对环境和气候产生了不可忽视的影响。因此，在建设和运营数据中心时，需要关注能源利用效率和环境友好性，尽量减少对环境产生的负面影响。

　　随着全球能源消耗的增加及对环境问题的日益关注，许多国家已经达成共识，减少温室气体排放，特别是碳排放。目前，国际上已经引入市场机制来应对二氧化碳排放问题，其核心思想是将二氧化碳排放权作为商品，使其能够像其他商品一样进行买卖和交易，即碳交易。举例来说，假设 A 公司和 B 公司分别被分配了 40 个单位和 60 个单位的碳排放配额。实际情况中，A 公司采用了先进的节能技术，只排放了 30 个单位，因此有 10 个单位的富余配额；而 B 公司由于扩大生产规模，排放了 70 个单位，超出了 10 个单位的配额。因此，B 公司可以从 A 公司购买 10 个单位的排放配额，以抵消超出的部分，从而避免受到惩罚。

A 公司则通过出售多余的排放配额获得了收益。从国家层面来看，通过市场机制促使碳配额在企业之间自由流通和交易，而 A 公司和 B 公司的碳配额总和仍然是 100。

目前，我国已经启动了碳市场的交易，相关的法律、法规也在不断完善中。为了阻止全球温度的进一步上升，人们正在大力推广碳中和的理念。这个理念的关键在于，在允许一定量的碳排放的同时，通过植树造林和碳捕捉等方式，回收等量的碳，使总的碳排放量与回收量相等，从而实现"零排放"的目标。

国家对数据中心绿色节能低碳的要求越来越明确。例如，北京、上海和深圳等城市已经实施了政策，限制建设 PUE 值高的数据中心，以促使行业向更环保的方向发展。因此，数据中心的减排任务非常艰巨。在绿色节能的大环境下，数据中心需要一方面大幅提升可再生能源（如水力发电、风力发电或太阳能发电等）的使用比例，另一方面要努力降低 PUE 值。

7.2.2 CAPEX、OPEX 与 ROI

It is not about bits, bytes and protocols, but profits, losses and margins.
这无关比特、字节和协议，而关乎利润、损失和利润率。

—— 郭士纳（Gerstner）

IBM 前 CEO

教科书通常会忽略成本问题，主要有两个原因。一方面，成本是不断变化的，这使书中的内容容易过时。另一方面，对成本分析的重要性缺乏充分理解。然而，在实际的 IT 系统设计、建设和运营过程中，成本分析是必不可少的，它贯穿于 IT 系统的整个生命周期。对于云服务用户来说，精确计算、严格控制成本及减少不必要的云服务支出非常重要。对于大型互联网公司来说，建设云计算数据中心的成本非常高昂，建设一个大型数据中心可能需要投资数十亿元。因此，在这些情况下，成本分析是至关重要的。

数据中心的总拥有成本（TCO）分为 CAPEX 和 OPEX 两部分。CAPEX 包含最初的建设投资，以及在一段时间后的再投资，主要是一次性的支出。OPEX 则包括了每年运营所需的实际花费，如电费、折旧、房租、设备租赁和员工工资等。

举一个例子，假设 CAPEX 为 500 万元，每年的 OPEX 为 100 万元，那么 TCO 可以用下面的关系式表示：

$$TCO=CAPEX+OPEX=500+100X$$

其中，X 表示年限，取值为 $1 \sim N$。

假设数据中心每年的收入为 350 万元，总收入（Total Revenue，TR）表示前 X 年的累计收入。TR 用下面的关系式表示：

$$TR=350X$$

其中，X 表示年限，取值为 $1 \sim N$。

进一步，可以计算出需要多长时间才能使投资和收益平衡，也就是达到投资回收期。当总拥有成本等于总收入时，即 $500 + 100X = 350X$，解得 $X=2$。也就是说，需要 2 年的时间才能实现投资和收益的平衡。

投资回报期用来衡量多长时间能收回投资成本，而投资回报率（Return on Investment，ROI）用来衡量投资的盈利能力，其计算公式如下：

$$ROI = \frac{净收益}{总成本} \times 100\% = \frac{总收益 - 总拥有成本}{总拥有成本} \times 100\% = \frac{TR - TCO}{TCO} \times 100\%$$

根据上面的计算公式，可计算 3 年的 ROI。

$$第\ 1\ 年的ROI = \frac{350 - 600}{600} \times 100\% \approx -42\%$$

$$第\ 2\ 年的ROI = \frac{700 - 700}{700} \times 100\% = 0\%$$

$$第\ 3\ 年的ROI = \frac{1050 - 800}{800} \times 100\% \approx 31\%$$

第 1 年的 ROI 为负，处于亏损状态；第 2 年的 ROI 为 0，处于收支平衡状态；第 3 年的 ROI 变为正，处于盈利状态。

总收益除了指总收入，也可以指节省的成本。举一个例子，假设某企业使用本地数据中心，年运营成本为 50000 元。相同的基础架构迁移到云端，需花费一次性成本 60000 元，云端的运营降低到 30000 元，这意味着每年可节省 20000 元的费用。相对于本地部署模式，采用云计算的 ROI 与投资回收期的计算过程如下：

$$第\ 1\ 年的ROI = \frac{20000 \times 1 - 60000}{60000} \times 100\% \approx -67\%$$

$$第\ 2\ 年的ROI = \frac{20000 \times 2 - 60000}{60000} \times 100\% \approx -33\%$$

$$第\ 3\ 年的ROI = \frac{20000 \times 3 - 60000}{60000} \times 100\% \approx 0\%$$

$$第\ 4\ 年的ROI = \frac{20000 \times 4 - 60000}{60000} \times 100\% \approx 33\%$$

$$投资回收期 = \frac{总成本}{每年节省的费用} = \frac{60000}{20000} = 3年$$

这表明，采用云计算的初始 60000 元投资将在 3 年内通过每年节省的运营费用得到补偿。

7.3　仓储级计算机

仓储级计算机

7.3.1　概念

仓储级计算机（Warehouse-Scale Computer，WSC）是随着互联网应用的发展而兴起的大型计算系统。这种系统的设计充分考虑性能、能耗、容错性等因素，通过大规模且高度优化的服务器集群来提供大型的互联网服务，如搜索引擎、大数据分析、机器学习和云服务等。仓储级计算机在数据中心基础设施上做了优化与扩展，以满足大规模计算需求，因此可视为数据中心的高级形态。

图 7-2 展示了谷歌于 2016 年在荷兰埃姆斯哈芬建造的数据中心。该数据中心使用当地风力涡轮机和太阳能光伏板所产的电力，以便全天使用可再生的、无碳的能源。

图 7-2 谷歌数据中心的外观（位于荷兰的埃姆斯哈芬）

图 7-3 展示了该数据中心内部的服务器集群，整齐排列的机架上安装了大量服务器。机架有时候也称为机柜。每个机架的顶部都安装了架顶式（Top of Rack，ToR）交换机，机架内的服务器通过线缆连接到 ToR 交换机。这些 ToR 交换机使用多个高带宽的链路连接到高速的集群交换机，从而构成数据中心内部的网络架构。谷歌的服务器大量采用定制化设计，减少不必要的冗余部件，以实现高效、节能和成本效益。谷歌的数据中心和服务器设计一直以优化性能和降低运营成本为目标。以下是一些关键点，说明谷歌在服务器设计上的策略。

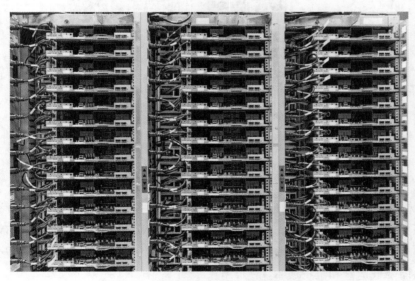

图 7-3 谷歌数据中心排列整齐的机架

（1）精简设计：去掉传统服务器中许多不必要的部件，以减少成本和能耗。例如，谷歌的服务器可能不会配备多余的图形卡、声卡或 USB 端口。通过这种精简设计，谷歌能够打造出更加专注于其数据中心需求的服务器。

（2）优化能效：使用更高效的电源供应和散热方案，如液冷和风冷相结合的混合冷却技术，确保服务器在高性能运行时保持低温。

（3）高密度设计：在有限的物理空间内容纳更多的计算资源，如通过优化电源和网络布线，提高空间利用效率。

（4）分布式系统架构：谷歌依靠分布式系统架构来实现高可用性和容错能力，而不是在硬件层面添加冗余部件。通过软件和算法来实现数据的自动备份、负载均衡和故障转移，从而减少对硬件冗余的依赖。

（5）模块化设计：谷歌的服务器采用模块化设计，便于快速更换和升级个别模块，而不需要更换整个服务器。这种设计简化了维护工作，并减少了停机时间。

（6）持续改进：谷歌定期评估其服务器设计和数据中心架构，根据最新的技术发展和自身需求进行更新和优化。持续的改进确保谷歌的基础设施始终处于最优状态。

（7）开源和社区贡献：谷歌积极参与和贡献开源硬件和软件项目，如开放计算项目（Open Compute Project，OCP），分享其设计理念和最佳实践。通过与全球社区合作，谷歌也能够获取更多创新思路，进一步优化其服务器设计。

图 7-4 展示了谷歌的张量处理器（Tensor Processing Unit，TPU），这是谷歌开发的一种专用芯片，专门用于加速深度神经网络的推理和训练过程。谷歌云平台的 AI 模型训练与推理广泛采用了 TPU。例如，Midjourney 是一家文本转图像的人工智能初创公司，其图像生成模型的第四个版本就采用 TPUv4 来训练。

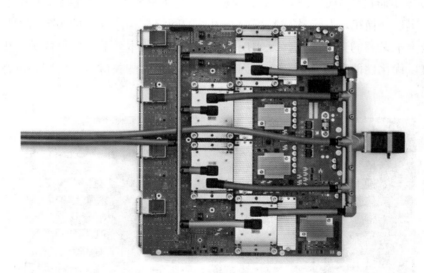

图 7-4　谷歌的 TPUv4（第 4 版）

图 7-3 机架采用集中式资源管理，它将服务器中的各个组件集中到一个资源池中，使机架内的服务器共享这个资源池。与分散式资源管理相比，集中式资源管理具有以下优势。

（1）集中供电和散热：通过集中供电和散热，能够更高效地控制能耗，减少冗余部件的使用，从而降低运营和维护成本。

（2）提高计算密度：电源、风扇、内存和存储等各部件以资源池的形式集中供应，有助于提高服务器的 CPU 密度，即在相同的空间内提高更多的计算能力。

（3）提高灵活性：由于内存和存储等以资源池化方式提供，因此服务器之间可以更灵活地分配这些资源。相比之下，传统服务器需要按照最大容量配置内存和存储，而集中式资源池允许根据实际需求动态调整分配。

（4）易升级：电源和风扇的寿命较长，通常不需要升级。相比之下，传统服务器中的

CPU 升级通常需要更换整个服务器，而集中式资源管理中的服务器可以独立升级。这样的模块化设计使升级更加经济高效。

此外，高、中和低性能的服务器可以混合在同一资源池中，以满足不同类型负载的需求。系统集成商可以对机架进行预配置和测试，直接以整机架的形式销售，省去了云计算供应商独立购买、安装、配置和调试部件的环节。在使用过程中，如果整个机架出现故障，通常可以直接以整个机架的方式进行替换，简化了维护和故障处理流程。

7.3.2 机架规格

服务器和机架的关系类似于五斗柜的抽屉和柜子的关系。具体来说，服务器就像抽屉一样，是独立的计算设备，可以单独插入或移出机架。服务器的前面板用螺栓固定或夹子夹在机架上，从而安装到机架上。机架就像柜子一样，是一个框架结构，用于容纳多个模块化的服务器。这种设计使得数据中心能够更有效地管理和组织大量的计算资源，同时也简化了维护和扩展的过程。一个机架实际部署的服务器数量取决于多种因素，需要综合考虑服务器的功耗、供电能力、散热需求、制冷能力、承重和管理维护等因素。

EIA/ECA Standard-310-E（美国电子工业联盟 / 电子和计算机行业协会标准 -310-E）是一个关于机架尺寸和布局的国际标准，主要针对数据中心、服务器和网络设备等电子设备的安装和布置。该标准旨在统一电子设备的尺寸和规格，便于设备之间的互操作性和协同工作，提高数据中心和设备的利用率。遵循该标准可以简化数据中心的设计和施工，降低设备的安装、维护和运营成本。以下是 EIA/ECA Standard-310-E 机架规范的主要内容。

1. 服务器机架尺寸由三个基本尺寸决定

（1）高度：由于服务器在机架内以堆叠方式部署，因此机架高度是决定机架内可容纳多少台服务器的最重要因素。服务器通常按照标准的高度单位 U（U 是 Unit 的缩写，1U=1.75 英寸 =44.45 毫米）来设计，以便能够方便地插入和堆叠到机架中。服务器常见的高度为 1U、2U 或者 4U。讨论机架高度时通常以 U 为单位，描述机架可以容纳的服务器数量。例如，常见的 42U 机架最多可以容纳 42 个 1U 服务器，或者 21 个 2U 服务器。如果用户需要容纳更多服务器，也可以选择更高的机架（比如 48U）。需要注意的是，42U 机架用于安装服务器的可用高度为 42×44.45=1866.9 毫米，而机架的外观高度会超过 1866.9 毫米，因为机架的底部有支脚、顶部有线缆的空间，这类似于抽屉的总高度会小于五斗柜的外观高度。

（2）深度：深度指机架前后之间的距离，这会影响每台服务器的大小。常见的深度范围在 24 ～ 48 英寸之间。

（3）宽度：机架的宽度通常不如机架高度和深度重要，因为服务器通常采用 19 英寸（约为 48 厘米）的标准宽度。从技术上讲，19 英寸指插入机架的服务器前面板的宽度（类似抽屉的外观宽度），而服务器的实际机箱宽度（类似抽屉两侧挡板的宽度）需要小于 17.75 英寸才能插入机架。机架的实际宽度要比 19 英寸的安装宽度大，这类似于柜子的宽度比抽屉的宽度要大。例如，19 英寸机架的外观宽度可能是 24 英寸（约为 600 毫米），多出来的 5 英寸边缘空间用来管理电缆或者安装电源等。目前，许多制造商都坚持使用 19 英寸的服务器机架宽度，以避免兼容性问题。虽然大部分服务器机架的宽度固定为 19 英寸，但服务器的高度和深度可能会有很大差异，具体尺寸主要取决于用户的实际需求。

2. 机架布局

标准规定了设备在机架上的布局方式，包括设备的排列、间距、通风等，以保证设备正常工作并方便维护。

3. 设备尺寸和兼容性

标准规定了服务器、存储设备、网络设备等在机架上的尺寸和兼容性要求，以确保不同厂商的设备都能够顺利安装到机架上

4. 电源和制冷系统

标准规定了电源和制冷系统在数据中心中的安装位置和布局要求，以及与机架设备的连接方式。

5. 机架配件

标准规定了机架配件的尺寸和兼容性要求，包括托盘、插件和支架等。

7.4　供 电 设 施

供电设施

本节将介绍数据中心的各种供电方案，主要包括交流电 +UPS、高压直流和市电 + 锂电池。

1. 交流电 +UPS 供电

图 7-5 展示了一种常见的数据中心供电方案。该方案以交流电作为主要电源，同时利用 UPS 设备为关键设备提供电力保护。在市电正常运作时，UPS 设备能够为设备提供稳定的电压；一旦市电发生故障，UPS 设备会立即切换到备用电源，以保证设备的持续运行。电力的传输过程如下：首先，市电经过变压器后输入 UPS，然后在 UPS 内部整流器的作用下，将交流电转换为直流电，并为 UPS 的电池组充电；接着，直流电经过逆变器转换再次变为交流电；然后，交流电通过 PDU 内部的变压器降压并分配给机架使用；最后，交流电经过服务器的电源转换为直流电，为服务器的主板、风扇、处理器、内存和硬盘等设备供电。

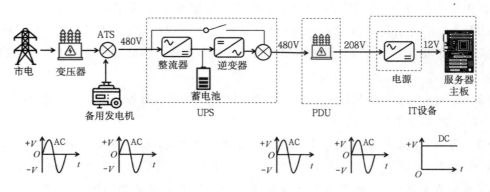

图 7-5　交流电 +UPS 供电方案

数据中心的供电系统涉及交流电和直流电之间的各种转换。例如，将高压交流电转换为低压交流电，将交流电转换为直流电，以及将高压直流电转换为低压直流电等。在这些转换过程中，能量损耗是必然发生的。例如，使用变压器进行电压变换时，变压器的线圈在交流电作用下会产生磁场，而磁场的变化又会产生涡流，从而使线圈产生热量，造成能

量损失。使用整流器将交流电转换为直流电时，电路元件的电阻及整流器件的工作原理会导致一部分电能转化为热能，从而产生能量损失。最后，电流在线路中传输时，线路的电阻也会引起损失。

因此，计算供电系统的整体转换效率非常有必要。举一个例子，假设一个供电系统包括两个转换阶段，第一阶段将高压交流电转换为低压交流电，转换效率为97%；第二阶段将低压交流电转换为直流电，转换效率为98%。如果高压交流电的输入功耗为100kW，经过第一阶段97%的转换效率，输出功率为100kW×97%=97kW；再经过第二阶段98%的转换效率，输出功率为97kW×98%=95.06kW。对整体而言，转换效率为95.06kW/100kW×100%=95.06%。进一步，如果将输入功耗定义为1个单位，那么输出功耗为1×97%×98%=0.9506个单位，整体转换效率为97%×98%=95.06%。

2. 高压直流供电

通信行业中的许多设备，如移动通信基站、交换机等，通常采用48V直流供电。近年来，数据中心开始采用高压直流（High Voltage Direct Current，HVDC）供电方案，如图7-6所示，该方案逐渐取代传统成熟的交流电+UPS供电方案。这一趋势的背后有多个原因，以下是对这些原因的简要分析。

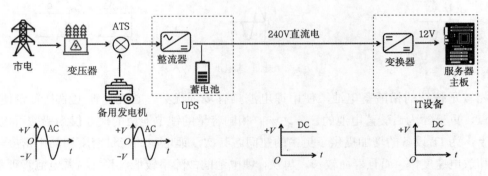

图 7-6 高压直流 +UPS 供电方案

（1）传统 UPS 的可靠性并不理想。尽管 UPS 技术已经相当成熟，但其内部结构复杂，可靠性并不高。UPS 的输入和输出都是交流电，需要保持同频率、同相位和同电位的交流并联，这增加了并机的复杂性和控制难度。如果并机失败，那么整个系统可能无法正常工作。另外，UPS 的电池组位于输入端，如果 UPS 本身发生故障，后备电池组无法直接为负载供电，导致单点故障。为了提高可用性，实际中通常采用冗余配置，如 $N+X$ 并联或 $2N$ 冗余方案，但这带来了高成本和效率下降的问题。相比之下，HVDC 的蓄电池位于输出端，即使 HVDC 本身发生故障，电池组仍能为负载提供可靠供电。

（2）相较于交流电 + UPS 供电，HVDC 具有更高的效率。在交流电 + UPS 供电中，交流电需要经过多次交—直流转换才能到达服务器主板，而每个转换阶段都会产生电量损耗和热量，从而导致电力效率下降。然而，HVDC 的直流供电系统可以减少能量转换的次数，降低损耗，从而提高供电效率。

（3）HVDC 供电方案能够更好地适应新能源的接入，如太阳能、风能等，有利于实现数据中心的绿色、可持续发展。

（4）HVDC 相对于 UPS 有更好的可维护性。UPS 设备需要定期维护和更换零部件，通常需要停电才能进行维护，这会影响数据中心的运行。相比之下，HVDC 采用模块化设计，支持在线热插拔，简化了维护流程，提高了系统的可维护性。

综上所述，HVDC 供电方案具有高效节能、简化系统、便于扩展、高可靠性和适应新能源等优势，逐渐成为数据中心供电方案的新趋势。在我国，240V 高压直流供电技术已经得到广泛应用，国内三大电信运营商（移动、联通和电信）及大型互联网公司（腾讯、阿里巴巴、百度和京东等）都在采用该技术。这充分表明，HVDC 技术在国内数据中心领域已经获得了广泛的认可和实际应用。

3. 市电 + 锂电池供电

新的供电技术正在不断发展，图 7-7 展示了市电 + 锂电池供电方案。该方案用市电替代 UPS 供电，避免了交—直流电的转换，从而减少了能量损耗。此外，该方案将整流器和电池整合到机架内，使用锂电池作为机架的集中备用电源。

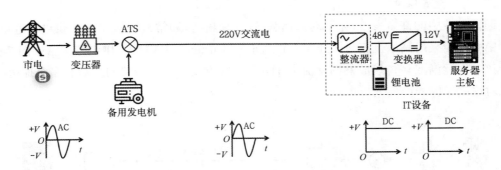

图 7-7　市电 + 锂电池供电方案

相较于传统的铅酸蓄电池，使用锂电池具有多项优势。首先，锂电池具有轻便小巧的特点，重量约为铅酸蓄电池的三分之一，相同容量的锂电池柜的尺寸仅为铅酸蓄电池柜的一半，为 IT 设备的增加提供了更多的空间。其次，锂电池的能量密度和功率密度较高，充电和放电速度快，而且寿命较长。再次，锂电池的故障率较低，并且内置电池管理系统，可以在线监测电池状态，无需逐一检查电池，节省了烦琐的操作。最后，锂电池更环保，其是绿色环保电池。

采用锂电池作为机架的集中备用电源具有多方面的优势。首先，它将整流器、控制器、电池、PDU 等组件集成在机架的侧面或背面，无需使用大型的 UPS 和 PDU，从而节省了空间和成本，提高了空间的计算密度。其次，模块化设计使安装和维护更为简便，同时能够适应不同功耗密度机架的供电需求，无需升级供配电设施。最后，交流电直接输送到机架，减少了交—直流转换的步骤，提高了功耗密度。

目前，包括谷歌、Facebook 和微软在内的大型互联网公司已经采用了这种供电方案，取代了传统的铅酸蓄电池。我国的大型互联网公司也纷纷推出了自己的市电 + 锂电池供电系统，采用模块化设计，将电源供应单元（Power Supply Unit，PSU）和电池备份单元（Battery Backup Unit，BBU）插入机架的插槽，为服务器和交换机提供集中供电。BBU 使用 48V 的锂电池，具有自动充放电功能。在市电正常供电时，锂电池处于充电状态；当市电发生故障时，锂电池立即接管供电。

总体而言，市电 + 锂电池供电方案以其灵活性、高效性和节能性，展现出了广泛的应用前景。

图 7-8 展示的是另一种市电 + 锂电池供电方案，该方案拥有 4 个独立的交流电输入源。

这些输入源来自两个独立的市电及两套独立的发电机。每个输入源都有能力为 IT 设备提供充足的电力。只有当两个市电都出现供电中断时，机架内部的锂电池组才会开始工作，为机架的服务器和交换机供电。同时，系统将启动其中一组发电机以产生电力，确保数据中心的电力供应不受影响。这种设计确保了在各种情况下都能维持数据中心的稳定供电。

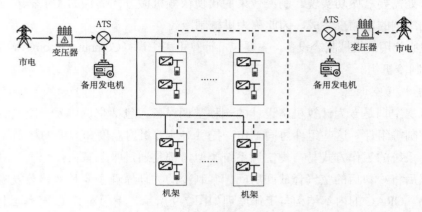

图 7-8　市电 + 锂电池供电方案（改进）

制冷设施

7.5　制冷设施

数据中心的环境条件对保证 IT 设备稳定运行至关重要。为了确保设备的可靠性和延长使用寿命，数据中心通常需要维持在一个严格的温、湿度范围内，并保持空气的洁净度。

（1）温度控制：数据中心的温度不能过低也不能过高。温度过低会导致过度冷却，不仅增加冷却设备的能耗，还容易引发凝露问题，从而导致元器件腐蚀或短路。相反，温度过高会使电子设备过热，增加运行故障的风险。通常推荐的进风温度范围是 18 ～ 27℃。

（2）湿度控制：湿度的控制同样重要。湿度过低可能导致静电的产生，而湿度过高可能导致凝露，这些现象都会对元器件造成损害。湿度控制系统包括加湿器、除湿器及监测湿度的传感器。通常推荐的湿度范围是 40% ～ 60%。

（3）清洁度维护：数据中心通过空气过滤和清洁系统来维持高洁净度。

随着材料科学的不断发展和生产制造工艺的进步，电子设备对工作环境的要求变得更加宽松，能在更宽的温度和湿度范围内保持稳定运行。但是，即便如此，良好的环境控制仍然是确保数据中心高效运行和减少故障的关键因素。

本节将重点讨论数据中心的制冷设施，主要包括传统的机械制冷、自然冷却和液冷 3 种解决方案。

7.5.1　机械制冷

机械制冷是一种热交换系统，利用热力学原理实现热量转移。它通过封闭循环系统中的一系列步骤将热量转移，从而实现制冷效果。这种制冷循环包括 4 个主要组件：压缩机、蒸发器、冷凝器和膨胀阀。制冷剂在这些组件之间不断循环，经历相变和热交换过程，实现热量的吸收和释放。在一个循环中，制冷剂首先进入蒸发器，吸收热量并蒸发成气态，从而降低周围环境的温度。然后，气态制冷剂被压缩机压缩，这需要输入能量。压缩的目的是增加制冷剂的压力和温度，以便在后续步骤中能够释放热量。接着，被压缩后的制冷剂流向冷凝器，在那里它释放热量并凝结成液态。这个过程使制冷剂的温度升高，将热量传递给外部环境。最后，液态制冷剂通过膨胀阀，降低压力和温度，再次进入蒸发器。这个过程形成一个循环。整个循环过程遵循热力学第一定律，即能量守恒定律，热量从一处转移到另一处需要靠做功实现。制冷效果的实现依赖机械方式提供的能量输入，主要通过压缩机对制冷剂的压缩来完成，因此称为机械制冷。

数据中心使用的机械制冷设备，主要包括计算机房空调（Computer Room Air Conditioner, CRAC）和制冷机组。

1. 计算机房空调

计算机房空调是专为计算机房设计的一种空调设备，包括空调单元、空气过滤器、风扇、湿度控制等组件。这些组件协同工作，提供对计算机房温度和湿度的精确控制。

CRAC 系统的工作方式与常规空调系统类似，都是通过吸入室内热空气，对其进行冷却处理，然后将冷却后的空气释放回房间。其制冷的物理原理主要是液体蒸发吸热和热气流冷凝排热。CRAC 的内部结构与工作原理如图 7-9 所示，下面对其工作流程进行说明。

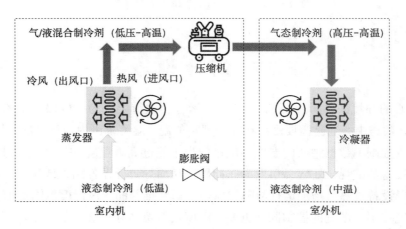

图 7-9　CRAC 的内部结构与工作原理

（1）蒸发过程：压缩机将制冷剂推入螺旋管。这里的螺旋管充当蒸发器，当风扇吹过螺旋管时，制冷剂吸收室内空气的热量，导致制冷剂发生相变，即从液态变成气态。这一过程使室内空气温度下降，实现了制冷效果。

（2）冷凝过程：气态的冷却剂被传送到外部冷凝器，在这里发生冷凝。外部冷凝器通常位于建筑物外部，使气态的冷却剂能够释放热量到外部环境。在这个过程中，气体重新变成液态，准备好再次循环。这确保了系统能够周期性地调节温度，维持房间内的理想工作条件。

（3）整体循环：压缩机是这个系统的核心部件之一，推动冷却液在整个系统中流动。它提高了制冷剂的压力和温度，将其送入蒸发器。整个系统中，冷却剂在蒸发器和冷凝器之间不断蒸发和冷凝，通过这一连续的循环过程，CRAC 系统有效地从机房中移除热量，保持室内温度在一个合适的水平。

2. 制冷机组

制冷机组是一种关键的大型制冷系统，广泛应用于商业建筑、医院、工业生产场所和数据中心等。其主要作用是通过循环水将内部环境的热量转移到外部环境中，从而保持整个建筑或设施的温度在适宜的范围内。制冷机组主要由蒸发器、压缩机、冷凝器和膨胀阀等关键部件组成，它们通过制冷循环协同工作，有效吸收和排放热量。

CRAC 和制冷机组都具备制冷功能，但它们的应用重点有所不同。CRAC 主要专注于提供精确的环境控制，以满足数据中心内部设备对温度和湿度稳定性的严格要求。制冷机组更注重处理大规模热量，确保建筑物或内部设备的整体温度控制。

在数据中心中，制冷机组通常作为冷却系统的一部分，为 CRAC 系统提供冷却水，以帮助维持数据中心内温度的稳定。这样，CRAC 和制冷机组相互配合，共同确保数据中心内部设备在适宜的温度环境中运行。

3. 冷通道封闭与热通道封闭

早期的数据中心通常采用高架地板送风系统，通过地板下方空腔输送冷却空气，并确保冷却空气靠近设备进气口。然而，随着技术和业务需求的发展，高架地板送风系统的一些缺点变得明显，主要包括以下几个方面。首先，随着 IT 设备不断增加功耗，对冷却空气量的需求迅速增长，这可能超出了高架地板系统的散热能力，导致部分区域可能无法获得足够的冷空气，从而影响设备的散热效果。其次，高架地板送风系统容易面临冷空气分布不均匀的问题。一些区域可能会接收到过量的冷空气，而其他区域可能接收到的冷空气不足，这主要是因为冷热气流混合在一起，从而降低了整体的制冷效果。再次，高架地板在气流组织方面存在一些问题。地板下方的走线布局导致送风不畅，甚至可能出现气流短路的情况，即冷空气未能有效到达设备的进气口，而是在走线等障碍物处失去了一些效率。最后，清理风道或更换设备可能需要停机，使维护和管理工作变得复杂。

为了解决这些问题，需要重新设计冷空气分配系统，以确保更大的风量输送和更有效的气流组织，从而满足高密度配置数据中心的冷却需求。

冷通道封闭（Cold Aisle Containment，CAC）和热通道封闭（Hot Aisle Containment，HAC）是用于数据中心设计的两种常见气流组织策略，分别如图 7-10 和图 7-11 所示。它们通过物理手段隔离冷热气流。CAC 创建一个隔离的冷气区域，具体实现方式是在冷通道两侧和顶部安装门帘与隔板，限制冷空气流失并防止热空气反向流入。冷空气被引导至服务器的吸风端，服务器吸入冷空气进行冷却后，将热空气排出到数据中心的热通道中。相对于 CAC，HAC 的重点是管理和封闭热通道，将设备产生的热量集中在一个特定区域，便于高效地移除热量。这通常需要在热通道上方安装回风系统，将收集的热空气有效地导向到制冷系统。

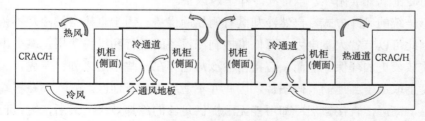

图 7-10　冷通道封闭的示意图

随着机架功率密度的提高，房间级制冷系统的缺点变得明显，包括送风距离过长、冷热风混合等。为了克服这些缺点，紧靠热源的行级制冷结构应运而生。这种结构（图 7-11）将空调单元置于机架行列内，冷风由机架前部进入，热风通过机架后部的热通道排出。不同于传统机房空调的上下循环气流，行级空调采用水平循环气流，从机架的后部吸入热风，经过内部的换热后从前部吹出冷风。机架的服务器再吸入冷风，对服务器内部散热降温后，向机架后部排出热风。相较于传统的房间级制冷，行级制冷缩短了送风和回风的路径，使制冷设备更靠近热源。路径缩短减少了风阻，不仅大幅降低了风机的功耗，而且减少了冷热风混合的概率。

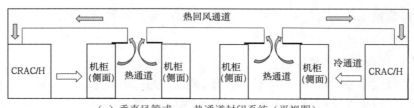

（a）垂直风管式——热通道封闭系统（平视图）

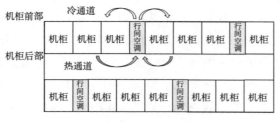

（b）行级制冷——热通道封闭系统（俯视图）

（c）行间空调（后进热风，前出冷风）

图 7-11　热通道封闭与行级制冷的示意图

7.5.2　自然冷却

1．直接自然冷却

直接自然冷却利用自然界的冷源（如冷空气、湖水、海水等）冷却数据中心。根据使用的自然冷源类型，自然冷却主要分为两类：风侧自然冷却和水侧自然冷却。

（1）风侧自然冷却：利用室外凉爽空气来为数据中心降温散热，如图 7-12（a）所示，其工作原理与家庭开窗通风降温类似。风侧自然冷却的主要工作流程如下：首先，使用大型的通风口将外部空气引入数据中心；然后，引入的空气通过一个或多个过滤系统，以确保其温度、湿度和清洁度满足数据中心内部设备的要求；接着，过滤后的空气在数据中心内部循环，直接与产生热量的设备接触，吸收热量后变成热空气；最后，热空气被排出数据中心，而冷空气继续循环，以持续冷却室内设备。

相比于传统的风冷方式，自然冷却具有明显的优势。由于直接自然冷却不依赖机械制冷设备，因此可以节省大量电力，降低机械制冷设备的运行和维护费用，减少电费成本及温室气体排放，更加环保。然而，直接自然冷却也存在一些不足之处。首先，其冷却效果在很大程度上取决于当地的气候条件，因此并不适用于所有地区。其次，在极端天气条件下，如高温、高湿，直接自然冷却可能无法提供足够的冷却效果。最后，直接自然冷却需要额外的设备，如湿度控制设备和空气过滤设备等，以确保空气质量达到数据中心的要求。

风侧自然冷却特别适合气候条件适中的地区，这些地区有足够的风力来达到冷却效果。在室外气候条件允许的情况下，这种冷却方式能够有效降低数据中心的温度，从而减少对机械冷却系统的依赖，降低能耗，并提高数据中心的整体能效。例如，阿里巴巴在河北省张北县建设的绿色数据中心，采用了非常环保和高效的冷却方式。由于张北县具有强劲的风力和优质的空气质量，且年平均气温只有 3.2℃，因此阿里巴巴利用这些自然条件为数据中心的服务器降温。大部分时间，数据中心都可以依靠自然冷风来冷却，只有在少数情况下才需要启动传统的机械制冷系统。同样，腾讯、华为和苹果公司也是基于该地区的自然环境和气候条件在贵州省贵安新区设计和建设数据中心的。贵安新区的年平均气温为 15.3℃。腾讯甚至选择在山洞中建设数据中心，这使系统大部分时间无需使用传统的机械制冷系统，因为山洞本身的自然条件就能保持数据的冷却。

（2）水侧自然冷却：将自然水源（如湖水或海水）引入数据中心进行散热。水侧自然冷却对地理环境的要求高，因为数据中心必须靠近湖水或海水。

举一个例子，阿里巴巴千岛湖数据中心采用了多项创新环保技术，以降低能耗和环境影响。以下是关于该数据中心的技术特征。

1）湖水冷却系统：利用千岛湖的恒温湖水作为冷却介质，通过水冷系统降低服务器温度。相对于传统的空气冷却，水具有更优异的热传导性能，提高了散热效率，降低了能源消耗。

2）水力发电：通过将水流动能转换为电能，使数据中心更独立于传统电力供应网络。这种设计降低了数据中心对传统能源的依赖，同时减少了环境影响。

3）光伏太阳能：利用光伏太阳能发电系统，将太阳能转换为电能。这种清洁能源的应用减少了数据中心对化石燃料的依赖，降低了碳排放，增强了数据中心的可持续性。

4）能源效率优化：应用各种技术和管理策略，如智能化的能源管理系统、高效的服务器硬件设计和制冷技术，最大程度减少能源浪费。

5）环保认证：取得多种环保认证，如 LEED（Leadership in Energy and Environmental Design），以证明其在设计和运行中考虑了环境可持续性。

这些技术的综合应用使阿里巴巴千岛湖数据中心实现绿色环保、可持续地运营，同时降低能源成本和对传统能源的依赖。这个绿色数据中心的建设是数字化发展与环保可持续发展相结合的典范。

总的来说，直接自然冷却是一种有效且环保的节能方法。然而，在设计和实施过程中，需要细致地考虑地理环境和数据中心的需求，以确保其实际效果和稳定性。

2. 间接蒸发冷却

直接自然冷却依赖过滤设备对室外空气进行预处理，而间接自然冷却采用空气—空气换热器实现室外冷空气和室内热空气之间的非接触式换热，如图 7-12（b）所示。这一过程使用风机将室外冷风引到一组板片或盘管中，用室外冷风来冷却通过板片或者盘管的室内热空气。热量通过板片或盘管从热空气一侧传递到冷空气一侧，实现冷却效果。这有效隔离了室外湿度对室内环境的影响，同时避免了室外污染物进入室内。

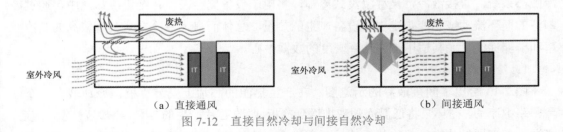

（a）直接通风　　　　　　　　　　　　（b）间接通风

图 7-12　直接自然冷却与间接自然冷却

将间接自然冷却和蒸发冷却相结合，就产生了间接蒸发冷却。这种方法通过向板片或盘管的外表面喷水，利用水的蒸发吸收空气中的热量，从而进一步降低室外空气的温度，再用冷却后的空气降低室内热空气的温度。这种灵活性使间接蒸发冷却系统在不同的气候条件下都能适用。

通常，数据中心会结合间接蒸发冷却和机械制冷来保证全年稳定的冷却效果。当环境温度较低时，系统会利用自然冷风进行间接冷却，此时无需启动机械制冷设备。这种模式被称为节能冷却模式，能够有效降低能耗，提高能源利用效率，因为机械制冷设备可以被完全关闭或低负载运行。虽然节能冷却模式可以显著减少机械制冷设备的能耗，但并不代表完全不消耗，因为运行风扇、泵和其他系统组件仍然需要消耗电力。然而，与全程机械冷却相比，节能冷却模式仍然可以显著降低能源成本。如果自然冷风无法满足冷却需求，或者天气条件恶化，那么节能冷却模式会转变为主要工作模式，而机械制冷作为辅助手段，共同确保数据中心的制冷需求。如果室外环境湿润，自然冷风的间接冷却效果可能会减弱，此时系统可能会选择完全依赖机械制冷模式。在干燥的季节，系统会利用蒸发冷却来进一步提升间接冷却的效果。蒸发冷却通过增加室外空气的湿度来帮助降低温度，在相对干燥的环境中效果更佳。在夏季高温天气，由于自然冷风和间接蒸发冷却可能无法提供足够的降温效果，因此系统会完全依赖机械制冷。

增加节能冷却模式可用时间的方法主要有两种：将数据中心搬到较为寒冷的地区和提高服务器的设计进风温度。第一种方法对于已有数据中心来说显然是不现实的。第二种方法则具有可行性，无论是新建数据中心还是已有数据中心都适用。通常，数据中心的机房温度维持在 22℃ 左右，而空调装置的出口温度为 15 ～ 16℃。2015 年，美国采暖、制冷与空调工程师学会（American Society of Heating, Refrigerating and Air-Conditioning Engineer, ASHRAE）建议机架入口温度范围为 18 ～ 27℃，湿度为 8% ～ 60%。在不影响 IT 设备持续稳定运行的情况下，适当提高数据中心环境温度有助于减少能耗。例如，如果服务器的送风温度为 27℃，那么在大多数地区，数据中心可以全年长时间使用自然冷却，从而实现显著的能源节约。

总体而言，间接蒸发冷却系统利用自然界的低温空气、水等介质对 IT 设备进行制冷，减少机械制冷设备的开启时间，达到节能的目的，为数据中心提供了一种更为环保和经济的空调解决方案。

7.5.3　液冷

液冷方式具有较高的制冷效率和节能性能，尤其适用于高功率密度的数据中心，可分为两种形式：间接液冷和直接液冷。间接液冷，也称为冷板式液冷，服务器的大功耗部件（如 CPU、加速卡等）采用液冷冷板散热，其他少量发热器件（如硬盘、接口卡等）仍采用风冷散热系统。直接液冷，又称浸没式冷却，将电子设备完全浸没在绝缘冷却液中，通过冷却液的循环流动或相变带走电子设备产生的热量。总体而言，液冷方式具有较高的制冷效率和节能性能，尤其适用于高功率密度的数据中心。

1. 冷板式液冷

图 7-13 给出了间接液冷的示意图。在产生热源的芯片上安装冷板，冷却液在一个闭环回路中流动。循环泵将低温冷却液推送到冷板，吸收芯片产生的热量，冷却液升温。随后，高温冷却液通过热交换器将热量传导至空气中，冷却液降温后重新进入泵进行循环，不断

吸收和散发热量，持续为芯片降温。

举例来说，百度在其 GPU 服务器中使用了水冷板，这种冷板直接贴合在 GPU 芯片上，以实现高效的散热降温。同时，服务器风扇提供辅助冷量，可以进一步提升散热效率。与完全依赖风冷的方案相比，结合水冷和风冷技术的方案可以减少大量服务器风扇的使用，降低噪音，减少能耗。然而，这种混合方案也存在一些不足。首先，服务器主板上需要安装冷板，这会占用一定的空间，从而限制了计算密度的提升。其次，需要关注水的泄漏和冷凝等问题。最后，仍然需要使用制冷设备和水泵等，这会增加额外的能耗。

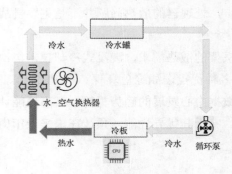

图 7-13 间接液冷示意图

2. 浸没式冷却

浸没式冷却技术将服务器完全浸入绝缘性冷却液中运行，如图 7-14 所示。这种技术利用冷却液吸收设备产生的热量，并通过循环将热量传递到热交换器的水中。然后，通过另一个回路将热量传递到户外冷却塔的水中，最终将热量从设备传递到室外。理想的冷却液需要具备高热传导性、低成本、无毒、环保、绝缘性、不可燃和无腐蚀等特性，目前主要使用的冷却液是碳氟化合物。

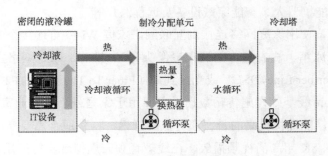

图 7-14 浸没式冷却示意图

阿里巴巴已经成功将完全浸没式冷却技术应用于其数据中心，将 PUE 值从传统风冷的 1.5 降低到浸没式冷却的 1.07，并展示了这项技术的多重优势。

（1）节能：浸没式冷却不需要额外的风扇或 CRAC，因此降低了能源消耗。它能够充分接触器件，消除了散热死角，流体流向更易控制，冷却效率远高于传统风冷系统。同时，其散热设备的能耗比风冷系统更低。

（2）降噪：传统的风冷系统需要大量高转速风扇来冷却服务器，成为数据中心噪音的主要来源，而浸没式冷却不需要风扇，大大减少了噪声污染。

（3）节省空间：浸没式冷却省去了许多辅助制冷设备，如服务器风扇、机架风扇器等，以及一些特殊设施，如湿度控制、高天花板和热通道等。服务器不再需要风扇，节省了空间，同时硬件板卡布局更为紧凑，从而支持更高密度的计算。

（4）废热回收再利用：浸没式冷却系统产生的废热可以用于供暖或热水等用途，实现了废热的回收再利用，提高能源利用效率。

浸没式冷却技术并非创新概念，早在20世纪60年代的航天和军工领域中就已经被应用。在计算机领域，早期也有使用浸没式冷却的例子。1985年，克雷公司设计的Cray-2超级计算机就采用了先进的喷淋循环液冷系统，以有效散热高密度的电子器件。该计算机的总功耗为195kW，运行的是当时流行的UNIX操作系统和Fortran编译器。然而，随着半导体制造工艺的不断进步，处理器的散热问题并不是主要挑战，因此浸没式冷却技术逐渐失去了应用场景。

为了满足高密度功耗机架的散热需求，浸没式冷却技术再次受到关注。作为一种高效节能的新兴技术，它具有多种优点，如绿色环保、低PUE值、支持高密度计算和占地面积小等。这些特性与未来数据中心发展的趋势相符。在高性能计算领域，许多超级计算机也采用了浸没式冷却技术。鉴于其优异性能，预计在未来十年内，浸没式冷却技术有望成为数据中心主流冷却技术之一。

7.6　网络架构

网络架构

7.6.1　概述

我们身处一个网络世界，在不同的应用场景下，会选择不同类型的网络连接。

在移动领域，智能手机通过4G/5G移动网络接入互联网。目前，5G移动宽带能够提供高带宽、低延迟的互联网访问，为一系列新兴网络应用提供了强有力的支持，包括车联网、虚拟现实、智能机器人、智能穿戴设备及远程医疗等。

在住宅环境中，使用家庭网络连接到互联网。家庭Wi-Fi可连接个人计算机、平板电脑及电器设备（如冰箱、洗衣机、空调和摄像头等）。目前，家庭网络主要使用数字用户线路（Digital Subscriber Line，DSL）或光纤到户（Fiber To The Home，FTTH）接入互联网。DSL利用现有的电话线基础设施传输数据，主要用于家庭或小型企业宽带的接入。FHHT使用光纤传输数据，能提供更高的带宽和更低的延迟，特别适合需要高速网络的家庭或企业。例如，对于4K/8K超高清视频播放、在线教育和云虚拟现实等应用，FTTH能提供更流畅的网络体验。

在企业环境中，通常使用以太网（Ethernet）将各种计算机或服务器互相连接，并接入互联网。数据中心中有大量的服务器，它们也是通过以太网互相连接，并通过ISP接入互联网。在我国，典型的ISP包括移动、联通和电信等电信运营商。不同国家和地区之间的ISP也会互相连接，共同形成了全球范围内的互联网基础设施。

网络设计遵循端到端原则，其核心思想是将网络的功能划分为两个主要部分：核心网络和端设备。核心网络由路由器、交换机等基础设施组成，追求简单、高效和稳定，仅负责基本的数据传输和转发功能。端设备包括个人计算机、智能手机、服务器等，是数据的发送和接收实体，运行各种网络应用程序和服务，负责解释、处理和应用数据。在端到端设计中，端设备拥有更多的智能和决策能力，能处理复杂的数据应用逻辑。核心网络保持简单和灵活，专注于传输数据，而不涉及数据的解释和特定应用的逻辑。这种设计原则的优势在于，当新的应用或服务出现时，不需要对核心网络进行大规模的改造或升级，只需在端设备上进行部署和配置，使网络能够适应新的技术发展和用户需求变化。

7.6.2 传统数据中心的三层网络架构

数据中心传统的网络采用三层结构，包括接入层、聚合层和核心层，如图 7-15 所示。最上层是边界路由器，用来连接数据中心网络和互联网。这种从 21 世纪初开始兴起的三层结构在数据中心、企业网络和校园网络中得到了广泛应用。下面介绍传统数据中心的三层网络架构的工作原理。

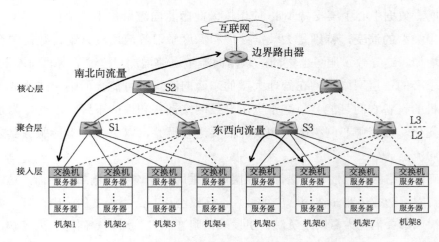

图 7-15 传统数据中心网络的三层结构

（1）接入层：网络的入口，负责将终端设备（如服务器）接入网络。通常，接入层使用高密度端口交换机，只提供数据链路层（L2）的转发功能。接入交换机通常位于机架顶部，也被称为 ToR 交换机，用来将机架内的服务器连接到网络中。

（2）聚合层：又称分布层，是核心层和接入层之间的连接桥梁。它向上连接到核心层，具备路由（L3）功能；向下连接到接入层交换机，实现接入层的互连，聚合来自接入层交换机的流量，并将流量转发到核心层。因此，聚合层交换机扮演着"双重角色"，接入层与聚合层通过交换机转发，聚合层与核心层之间则是路由。通常，聚合层是一个具有高带宽端口的交换机，支持 L2 转发和 L3 路由功能。聚合层还可以部署基于策略的网络连接服务，如防火墙和 VLAN 等。

（3）核心层：网络的核心，提供聚合层之间的互连，并负责连接到互联网。

为了确保网络的高可靠性，数据中心网络采用冗余设备和链路（图中虚线表示），并通过冗余配置（如 1+1）进行部署，以防止任何单一设备故障导致整个网络服务中断。例如，在聚合层部署备用交换机，防止聚合层主交换机故障导致网络服务中断。这样，两台聚合层交换机以主备方式运行，一旦主交换机发生故障，备用交换机能够立即接管网络流量。每层中的交换设备通过互连路径实现冗余，但这可能会引入环路问题。

在三层网络架构中，聚合层交换机的带宽容量可能成为网络性能的瓶颈。考虑如下情景：有 80 台服务器需要同时传输 80 条数据流，其中 40 条数据流位于 1 号和 5 号机架之间，而另外的 40 条数据流位于 2 号和 6 号机架之间。这 80 条数据流都需要通过 S1—S2—

S3 路径传输。假设 S1—S2 和 S2—S3 之间的带宽都是 100Gbps，每条数据流的平均带宽为 100Gbps/80 = 1.25Gbps。服务器与 ToR 交换机之间的链路带宽为 10Gbps，这意味着每条数据流只占用了服务器带宽的 1.25/10 × 100% = 12.5%。显然，聚合层交换机的带宽容量不足，仅提供有限的带宽给数据流，从而成为整个网络的性能瓶颈。

数据中心的流量按方向分为两类：南北向流量和东西向流量。南北向流量指数据中心内外之间的流量，其中南向流量指数据中心内部设备（如服务器）与外部客户端之间的流量，而北向流量指外部客户端与数据中心内部设备之间的流量。简而言之，南向是流出数据中心的方向，而北向是流入数据中心的方向。东西向流量指在数据中心内部设备之间传输的流量。

在早期，数据中心主要支持 Web 应用，因此南北向流量占主导地位。然而，随着数据中心应用类型的演变，特别是大数据处理和深度学习等应用的兴起，数据中心内部计算量显著增加。这导致了服务器之间的东西向流量迅速增加，超过了南北向流量的规模。传统数据中心的三层网络架构在处理大量的东西向流量时可能会面临一些挑战。连接到同一交换机的设备之间可能会争夺带宽，导致网络拥塞和性能下降。因此，为了更好地适应这种变化，数据中心网络架构和设计需要进行调整，以更好地支持服务器之间的大规模东西向流量。

为了确保网络的可靠性和容错性，三层网络采用冗余设备和链路。然而，这种冗余性可能会导致网络形成环路。在同一广播域内，环路会引起广播报文的无限循环，导致广播风暴。广播风暴会消耗大量网络资源，引发端口阻塞和设备瘫痪等问题。为了解决这个问题，可以在接入层和聚合层之间使用生成树协议（Spanning Tree Protocol，STP）来防止形成环路。STP 算法确保网络中只有一条活动路径，避免环路的形成，并有效防止广播风暴的产生。这种自动控制功能可以同时保证可靠性和防止形成环路，但代价是冗余设备和链路变成了备用设备和备份链路。备用设备和备份链路在正常情况下被阻塞，不参与数据报文的转发。只有当前转发的设备、端口或链路发生故障导致网络不通时，STP 算法会自动激活备用设备和备份链路，使网络自动恢复正常。

传统数据中心的三层网络架构在实际应用中存在如下缺点。

（1）带宽浪费：为了防止出现环路，通常会在聚合层和接入层之间使用 STP 协议，选择一条实际承载流量的链路，而其他链路会被阻塞。这就会导致带宽的浪费，因为被阻塞的链路无法使用，无法充分利用网络资源。

（2）故障范围大：当网络拓扑发生变化时，如链路故障或设备故障，STP 算法需要重新计算并收敛，以选择新的最佳路径。这个过程需要一定的时间，这期间整个网络可能会出现中断或延迟，导致冗余转发和连接的丢失。

（3）性能瓶颈：当存在大量的东西向流量时，聚合层交换机和核心层交换机可能会成为性能瓶颈。这些交换机需要处理大量的流量并进行路由转发和处理。如果它们的性能无法满足需求，那么网络的整体性能将会受到限制。

（4）水平伸缩性差：传统数据中心的三层网络结构的水平伸缩性较差。为了支持更多的设备和用户，需要更强大的聚合层和核心层设备，这些设备通常具有高性能和高端口密度，因此其成本也高。

7.6.3　现代数据中心的脊叶网络架构

脊叶结构，又称 Clos 结构，是一种现代数据中心广泛采用的网络架构，如图 7-16 所示。该结构最初由贝尔实验室工程师查尔斯·克洛斯在 20 世纪 50 年代提出。脊叶结构最初是为了增加公共电话交换网络的容量而设计的，其基本思想是利用多个小规模的基本单元来构建大规模且无阻塞的多级交换网络，目的在输入 / 输出增长的情况下尽可能减少中间的交叉点数量。目前，脊叶结构已经被广泛应用于交换机设计及数据中心的网络架构。

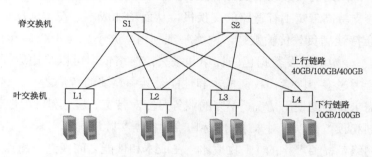

图 7-16　现代数据中心网络的脊叶结构

脊叶网络由两个层级构成：脊柱层和叶子层。每个脊交换机与所有叶交换机相连，脊交换机之间不直接连接，从而形成了一个全连接的拓扑，使任何两个叶交换机之间都存在多条通信路径。为了充分利用多条通信路径，通常采用等价多路径（Equal Cost Multi Path，ECMP）路由协议动态地分配流量，确保网络的负载均衡，并防止产生环路。这种结构极大地增强了网络的可扩展性和冗余性。叶交换机与服务器相连接，它们构成了网络的边缘部分。每个叶交换机下方是一个独立的 L2 广播域，上方则是 L3 路由域。

脊交换机、叶交换机的数量，交换机的端口数及服务器的数量，它们之间满足下面的关系。

脊交换机的数量 = 叶交换机的上行链路端口数

叶交换机的数量 = 脊交换机的下行链路端口数

服务器的数量 = 叶交换机的下行链路端口数 × 叶交换机的数量

举一个例子，假设选用 24 端口的 10Gbps 交换机作为叶交换机，其中 20 个 10Gbps 端口用于与服务器建立下行链路连接，而剩下的 4 个 10Gbps 端口用于上行链路连接到脊交换机，那么需要 4 台脊交换机。如果每台脊交换机配备 64 个 10Gbps 端口，那么整个脊叶网络最多可容纳 64 台叶交换机和 1280 台（即 64×20）服务器。

在网络中，由于受网络结构和交换机转发能力等因素的影响，交换机的部分端口可能会发生拥塞，导致数据包丢失，无法实现无阻塞交换，这种现象称为带宽收敛。带宽收敛程度通常用输入带宽与输出带宽的比值来衡量。举一个例子，如果交换机每秒接收的流量为 40Gbps，但转发出去的流量为 20Gbps，那么带宽收敛比为 40:20，即 2:1。这意味着输出带宽仅为输入带宽的一半，表明网络中存在明显的带宽收敛现象。

在脊叶结构中，叶交换机的收敛比指交换机的下行链路（从叶交换机到服务器）带宽与上行链路（从叶交换机到脊交换机）带宽的比值。举一个例子，假设 48 台服务器分别通过 10Gbps 链路接入叶交换机，所需的下行链路总带宽为 480Gbps。同时，叶交换机使用 4 条 40Gbps 上行链路连接到脊交换机，上行链路总带宽就是 160Gbps，那么收敛比是 480:160，即 3:1。这意味着叶交换机的下行链路带宽是上行链路带宽的 3 倍。这种情况可能导致上行链路成为瓶颈，尤其是当服务器向外部传输大量数据时。如果上行链路的带宽无法满足服务器的需求，那么可能会导致性能下降和网络拥塞。

为了解决叶交换机的收敛比问题，可以考虑一些优化方法。例如，将叶交换机和脊交换机的链路从 40Gbps 升级为 100Gbps 或 400Gbps，可以显著提高上行链路的传输能力，缩小叶交换机下行链路与上行链路之间的带宽差距，降低收敛比；实施流量负载均衡策略，确保流量在网络中均匀分布，避免某些链路因为过载而产生瓶颈。

理想情况下，网络的收敛比为 1:1，即上行链路与下行链路带宽相等。然而，实现 1:1 收敛比需要依赖支持高带宽上行链路的交换机，从而增加成本。在实际场景中，数据中心的服务器并不会持续满负载传输数据，网络带宽利用率并不总是 100%。因此，即便收敛比不是 1:1，也不一定会引发数据包的拥堵和丢失，网络依旧可以平稳运行。设计脊叶网络时，需要综合考虑多个因素，权衡成本和性能是其中重要的考量之一。这些因素主要包括业务的实际需求和预期使用情况，不同的业务可能对带宽、延迟和可用性有不同的要求；合理的容量规划和预留，以应对未来增长和扩展；根据实际情况和需求确定最佳的收敛比，并不是所有的网络都需要严格的 1:1 收敛比，在成本和性能之间找到平衡点是关键。

相对于传统数据中心的三层网络架构，现代数据中心的脊叶网络架构具有如下优势。

（1）水平伸缩：横向添加一台脊交换机可增加每个叶交换机的上行链路带宽。如果叶交换机的端口数量成为瓶颈，则可添加一台新的叶交换机，然后将其连接到每台脊交换机并做相应的配置即可。这种模块化的设计使数据中心网络的扩展变得相对简单，不需要对现有的网络拓扑进行大规模的更改。

（2）低延迟：任意跨叶交换机的两台服务器之间传输数据，都会经过相同数量的设备。首先，数据从源服务器经过所连接的叶交换机，然后通过中间的脊交换机，最后到达目标叶交换机并转发到目的服务器，从而完成数据传输。这种扁平化设计确保了数据传输延迟的一致性和可预见性，因为每个数据包的路径跳数是一样的。

（3）可用性高：传统数据中心的三层网络架构采用 STP 协议，当一台设备故障时就会重新收敛，影响网络性能甚至发生故障。在脊叶结构中，每台叶交换机都连接到所有的脊交换机，如果某台脊交换机发生故障，网络的连通性不受影响，网络流量可继续在其他正常路径上通过，带宽也只减少一条路径的带宽，性能影响微乎其微。

总体而言，脊叶结构是一种灵活、高性能且易于扩展的数据中心网络拓扑，满足现代大规模数据中心的要求，尤其在云计算、大数据和虚拟化等应用场景。

7.7 服　务　器

服务器

7.7.1　服务器产业链

电子产品行业普遍采用分工合作的模式。通过细化竞争领域，制造商专注在产业链的一个或数个环节，找到自身定位和发展空间，做自己最擅长的事情。目前，服务器已经形成了一个完整的产业链生态系统，具体如下。

1. 上游（硬件制造商）

（1）处理器和芯片制造商：Intel 和 AMD 生产服务器所需的 CPU。

（2）存储设备制造商：美国的希捷（Seagate）和西部数据（Western Digital）生产机

械式硬盘和固态硬盘等存储设备。

（3）内存制造商：韩国三星（SAMSUNG）、韩国海力士（SK Hynix）和美国美光科技（Micron Technology）生产服务器所需的 RAM 和其他内存组件。

2. 中游（服务器设计和制造商）

（1）原始设计制造商（Original Design Manufacturer，ODM）：根据客户（如互联网公司或系统集成商）需求设计和制造定制化的服务器硬件。ODM 拥有核心技术和设计方面的知识产权（Intellectual Property，IP），因此技术附加值高，客户负责销售和品牌推广。这种生产模式也称为贴牌生产。举例来说，我国台湾的鸿海科技和仁宝电脑是全球领先的服务器 ODM。

（2）原始设备制造商（Original Equipment Manufacturer，OEM）：OEM 生产模式又称为代工生产。在这种分工合作模式中，品牌商负责产品设计，而 OEM 采购或自制零部件，进行产品的组装和测试，确保产品符合品牌商的标准和质量要求。OEM 生产模式的优势在于，OEM 通常具备大规模生产能力，拥有经验丰富的生产团队，可以降低生产成本，提高生产效率和质量。在服务器行业，戴尔（Dell）和惠普（Herolett-Packord，HP）是全球知名的服务器 OEM。他们从 ODM 购买服务器的硬件，然后根据客户需求进行定制、组装和测试，最后贴上自己的品牌商标进行销售，并提供售后服务。通过与 ODM 的合作及建立的庞大且高效的全球供应链，这些大型 OEM 公司能够更灵活地满足客户需求，提供定制化产品，从而在市场上获得竞争优势。在手机领域，苹果是品牌商，负责产品设计、市场销售和售后服务，而将生产、组装、测试等任务委托给 OEM，如富士康。总之，OEM 生产模式是一种高效的分工合作模式，通过将设计和生产任务分开，品牌商和 OEM 可以各自专注于自己的核心优势，实现资源优化配置，提高产品质量和生产效率。

3. 下游系统集成商

系统集成商将服务器硬件与软件系统进行集成，向最终客户提供完整的服务器解决方案、技术支持和售后服务。举例来说，浪潮、戴尔和惠普等都是系统集成商。

4. 用户

用户来自各个行业，如互联网公司、金融企业、政府机构、传统制造业、医疗教育等，其根据自身业务需求从系统集成商购买服务器，以支持其网站、应用、数据和人工智能等业务。互联网公司从系统集成商那里购买服务器，用于搭建自己的数据中心或云服务平台。

在这个产业链中，ODM 和 OEM 发挥着关键作用。ODM 通过其设计和制造能力为客户提供定制化的服务器解决方案，而 OEM 通过其品牌销售服务器来满足市场需求。这种分工合作使整个服务器产业链更加高效和灵活。

大部分厂商专注于产业链的一个或数个环节，而原始品牌制造商（Original Brand Manufacturer，OBM）在产业链中扮演着多元化的角色，他们负责产品的设计、生产制造、测试/组装、销售以及售后服务与维修等环节。换句话说，他们参与了产品的整个生命周期，包括设计、生产、销售和售后等环节。以华为为例，作为一家 OBM，华为不仅在通信领域取得了世界领先的地位，而且致力于构建完整的 IT 软硬件基础设施产业链，涵盖处理器芯片、服务器、存储、操作系统、中间件、虚拟化、数据库和行业应用等领域。

随着云计算的普及，云计算供应商和互联网公司都在积极建设数据中心以扩展业务。数据中心对服务器的需求量巨大，成为全球服务器产量增长的重要驱动力。目前，这些公司正积极参与制定服务器行业的标准和规范，以增强在服务器设计方面的主导权和话语权，从而间接削弱服务器品牌商的主导地位。同时，这些公司开始减少从品牌商购买通用型服务器，而是选择直接与 ODM 建立合作关系，像 DIY 一样设计、制造并部署定制化服务器，以满足自身业务需求、降低采购和运营成本，以及提高服务器的交付和部署效率。例如，Facebook 主导的开放计算项目制定了一套统一的行业标准和规范，统一了他们对服务器需求的定制化方案，实现了服务器组件的模块化和标准化。通过开源数据中心和服务器设计，他们与传统 IT 厂商共享技术，推动了数据中心硬件的开源化，打破了服务器的技术壁垒，加速了数据中心和服务器的创新。我国 BAT 成立的 ODCC 与开放计算项目的理念初衷高度一致，但由于各种原因，两者选择了各自发展，形成了目前数据中心与服务器领域两个不兼容的技术标准和联盟。ODCC 的典型案例包括百度自主研发的天蝎整机柜服务器、阿里巴巴自主研发的"神龙"架构服务器和腾讯自主研发的"星星海"服务器，这些服务器都根据各自的需求和应用场景进行了针对性的优化，并部署在各自的云平台上。

传统上，ODM 与品牌商保持着服务器产业链上下游的合作关系，为品牌商生产定制化的服务器，而品牌商专注于销售、市场推广和售后服务等方面。然而，现在 ODM 不仅为品牌商代工，还打破了原有的业务边界，直接与新兴行业的客户（如云计算供应商、互联网公司和电信运营商）合作，为他们生产 ODM Direct 服务器（白牌服务器）。这些白牌服务器不附带特定品牌标志，以满足客户的定制需求。白牌服务器的崛起不可避免地对传统品牌服务器造成冲击，因为它们可能提供更具成本效益的选择，而且在性能和质量上并不逊色。这意味着制造商之间的角色分工开始模糊了，传统的 ODM 不再仅仅是品牌商的制造伙伴，而与品牌商可能在一些市场领域直接竞争。

实际上，随着 IT 技术的变革和产业的演变，企业需要不断地调整业务边界、保持与时俱进，以适应新的市场需求和竞争格局，否则将在产业的重构与洗牌中被淘汰。在 IT 领域，企业之间合作与竞争的矛盾关系非常普遍。归根结底，这些关系受各方追求自身利益的驱动，包括市场份额、降低成本及技术创新等。

7.7.2 机架服务器与刀片服务器

服务器是一台功能完整的计算机，包含处理器、内存、硬盘 / 固态硬盘、网卡、PCIe 卡、风扇和电源等组件。为了满足长时间运行和高负载工作的需求，服务器通常采用高性能的硬件组件，如高性能的 CPU、大容量内存、固态硬盘、高速网卡等，其设计主要体现在稳定性、可靠性、高性能和可扩展性方面。为了满足不同应用场景的需求，服务器硬件的配置和设计会有所差异。服务器厂商需根据用户需求提供针对性的解决方案，以实现最佳的性能和稳定性。举例来说，数据中心服务器负责执行关键任务，如网站托管、数据存储和分析、虚拟化和云计算等；高性能计算服务器主要应用于科学研究、工程设计、大数据分析等领域；边缘计算服务器则适用于物联网、自动驾驶等场景，能实时处理和分析大量数据。除此之外，还有一些针对特定领域的专用服务器，存储服务器主要提供大容量的存储解决方案，而 GPU 服务器用于加速深度学习应用的训练和推理。

数据中心服务器主要分为塔式服务器、机架服务器和刀片服务器 3 类。塔式服务器的外观类似于家用计算机的直立式机箱，体积较大。它通常适用于中小企业、零售商、小型办公室和教育机构等场景，可满足这些场景的日常计算需求。数据中心中常见的服务器是机架服务器和刀片服务器。

1. 机架服务器

机架服务器是一种通用的服务，设计精致而紧凑，能够安装到标准 19 英寸的机架上，这使管理和维护变得更为便捷。因此，它非常适合在数据中心和大型企业环境中使用。由于机架服务器具备高性能和良好的可扩展性，因此能够满足各种业务需求，例如作为 Web 服务器、文件服务器和数据库服务器等。

以联想 ThinkSystem SR850P 机架服务器为例，如图 7-17 ~ 图 7-20 所示，这款服务器具备以下特点：高度为 2U；主板拥有 4 个处理器插槽，可以支持 4 个英特尔至强 Xeon 处理器。这 4 个处理器采用网状方式连接，每个处理器通过 3 个高速的超路径互联（Ultra Path Interconnect，UPI）链路直接与其他 3 个处理器相连。此外，该服务器支持最多 48 个双列直插式存储模块（Dual-Inline-Memory-Modules，DIMM）内存条，最多 16 个 NVMe 驱动器，并支持 100Gb 网卡。

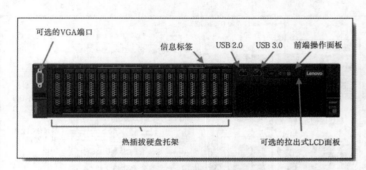

图 7-17 联想 ThinkSystem SR850P 的正面

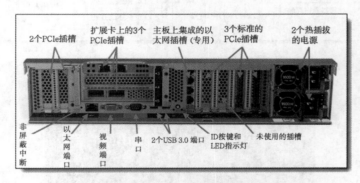

图 7-18 联想 ThinkSystem SR850P 的背面

2. 刀片服务器

刀片式服务器是一种集成了多个独立小型服务器单元的设备，这些单元的形状扁平，类似刀片。每个刀片都具备处理器、内存、硬盘和操作系统等标准配置。多个刀片服务器单元组合在一起，共享主系统背板、冗余电源、冗余风扇和网络端口等基础设施组件，构成一个完整的刀片服务器系统。图 7-21 ~ 图 7-24 给出了联想 ThinkSystem SN550 刀片服务器的相关配置与结构。

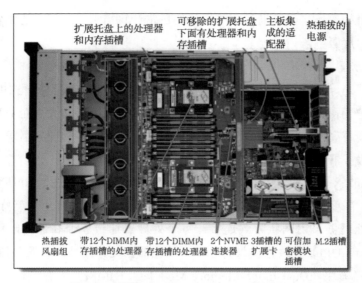

图 7-19　联想 ThinkSystem SR850P 的内部

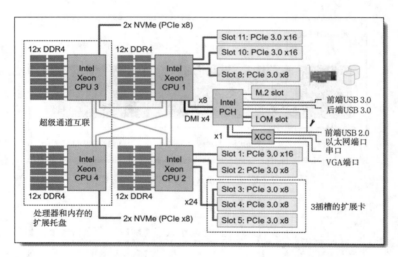

图 7-20　联想 ThinkSystem SR850P 架构

图 7-21　Lenovo ThinkSystem SN55 刀片服务器系统（容纳了 14 个刀片服务器）

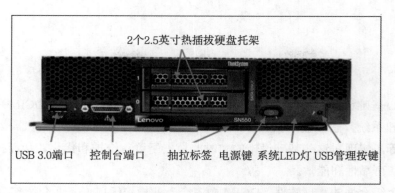

图 7-22 Lenovo ThinkSystem SN55 刀片服务器的正面

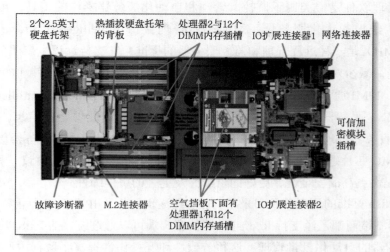

图 7-23 Lenovo ThinkSystem SN55 刀片服务器的内部

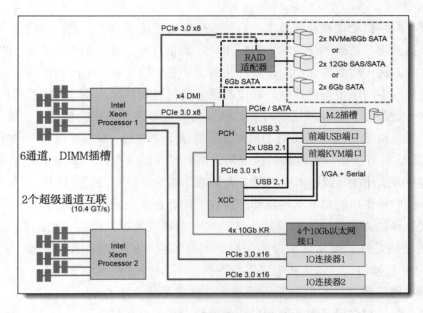

图 7-24 Lenovo ThinkSystem SN55 刀片服务器的架构图

7.8 管　理

数据中心基础设施管理（Data Center Infrastructure Management，DCIM）软件是一种综合性的管理系统，它涵盖了数据中心的所有关键基础设施，包括服务器、存储、网络、电力和冷却等，实现对这些基础设施的实时监控、配置、维护和优化，从而提高数据中心的运营效率、可靠性和能效。

作为一个综合性的管理软件，DCIM 由多个专业模块组成，下面介绍部分主要模块。

1. 服务器管理

服务器管理软件是一类用于监控、管理和自动化服务器操作的工具，可帮助管理员配置、监控、维护和优化服务器。智能平台管理接口（Intelligent Platform Management Interface，IPMII）是一种远程管理和监控服务器的标准，它支持远程重启服务器、电源控制及诊断功能，减少对物理服务器的直接访问需求，以及实时监控硬件（如温度、电压、风扇速度等）。IPMI 通常与基板管理控制器（Baseboard Management Controller，BMC）一起使用，BMC 是服务器上的一个独立硬件模块，负责处理硬件管理信息。Redfish 是基于 HTTPS 的服务器管理标准，客户端通过 RESTful API 访问和操作服务器硬件资源。支持 IPMI 的 BMC 芯片通常不需要（或者很小）修改就能支持 Redfish 协议。相对于 IMPI，Redfish 协议提供更高的安全性、更好的可读性及更强的可伸缩性。

随着 Redfish 标准的逐渐普及和采用，它已经逐步取代了 IPMI，成为业界的事实标准。大多数服务器制造商都已经支持 Redfish，这使客户端可以通过统一的 RESTful API 实现对大量异构服务器的自动化批量管理。这种一致性和互操作性提高了数据中心的管理效率，简化了服务器管理任务。

2. 网络管理

近年来，网络自动化和遥测技术一直是数据中心网络领域的热点。遥测技术涉及自动收集远程数据并将其传输到接收端。以野生动物为例，通过在它们身上安装 GPS 追踪器，人们能够实时、远程地监测它们的位置，从而了解它们的分布和生活习性等信息。数据中心需实时收集众多网络设备的数据，以便监控它们的健康状况，及时识别潜在问题，并触发警报。这一过程对于确保网络的可观测性极为关键，并为后续的自动化管理提供支持。过去几十年里，网络管理普遍使用了两种主要方法：命令行/屏幕抓取和 SNMP。在命令行/屏幕抓取这种方法中，运维人员需要熟悉网络设备的命令行，并编写脚本来执行特定的命令。这种做法往往导致脚本中充斥着大量的即席操作命令，缺乏重用性。在 SNMP 中，尽管它是一种广泛使用的标准化网络管理协议，但存在一些潜在的缺点。例如，SNMP 采用拉取方式工作，采集器需要频繁地主动轮询才能获取数据，而这会增加 CPU 开销，导致 SNMP 无法满足高精度（如采样间隔时间为毫秒级）的遥测需求。此外，SNMP 使用不可靠的 UDP 传输协议，这意味着采集的数据存在丢失风险。

为了解决网络管理面临的一系列挑战，谷歌主导成立了 OpenConfig 社区，并与多家大型互联网公司、网络设备制造商和电信运营商合作，共同推进 OpenConfig 技术的发展。OpenConfig 技术框架的两个核心组件是 YANG（Yet Another Next Generation）和 gNMI（gRPC Network Management Interface）。YANG 是一种数据建模语言，用于规范网络设备的配置和状态数据，而 gNMI 提供了一个网络管理接口，它使用 gRPC 协议来统一传输配置数据和流遥测数据。

尽管 OpenConfig 目前尚未成为广泛认可的网络管理标准，但它已经在许多大型互联网公司内部获得了广泛应用，并且主流网络设备供应商也在逐步支持这一技术。OpenConfig 的标准化过程也在同步进行中。与传统的 SNMP 相比，OpenConfig 能够更高效地收集和传输更为丰富的遥测数据，因此被看作是未来取代 SNMP 的有力竞争者。

3. 动力环境监控

动力环境监控指对数据中心的动力设备和物理环境进行持续监控，以确保数据中心的稳定运行和设备的安全。这包括监测温度、湿度、清洁度、电力供应（如电压、电流、功率等）、UPS 状态、空调系统的运行情况、漏水和烟雾等。通过实时监控这些参数，管理员可以快速响应任何异常情况，采取必要的措施来维护设备的正常运行，防止潜在的环境问题导致的设备故障，从而保障数据中心的持续运营。

资产管理指追踪、监控和管理数据中心内的所有硬件和软件资产，主要包括服务器、存储设备、网络设备、软件许可证、虚拟机等。资产管理的目标是高效利用资产，降低运营成本，并确保合规。以下是数据中心资产管理的一些关键方面。

（1）实时监控：监控服务器、存储、网络设备等的实时状态和性能，有助于发现潜在的问题，提前采取措施，防止硬件故障或性能下降。

（2）资产信息：准确记录每个资产的详细信息。对于硬件资产，可能涉及制造商、型号、序列号、购买日期、配置信息等。对于软件资产，可能涉及许可证信息、版本号、安装日期等。

（3）变更追踪：数据中心环境经常发生变化，包括硬件的添加、移除或更换位置，以及软件的更新或升级。资产管理系统需要能够追踪这些变更，确保资产信息准确无误。

（4）资产定位：实时追踪资产在数据中心的位置，便于快速定位和故障排查。

（5）维护与保养：根据设备运行情况和预定计划，定期维护和保养，确保设备处于最佳工作状态。

本 章 小 结

数据中心是现代信息社会的核心基础设施，其设计、运营和管理需满足严格的要求。本章讨论高效、低能耗和可扩展数据中心的设计与运行面临的挑战与典型解决方案。以下是数据中心关键要素的总结。

（1）数据中心选址对于其运营效率和成本控制至关重要。选址需要考虑的因素包括地理位置、电力供应的稳定性、气候条件、网络连接、自然灾害风险、法律法规要求等。选择电力成本低且自然冷却条件优越的地区，可以显著降低运营成本。

（2）模块化设计是现代数据中心建设的重要趋势。通过标准化和可重复使用的模块，数据中心可以快速部署并灵活扩展容量。模块化设计不仅缩短了建设周期，还提高了数据中心的可维护性和扩展性，已经应用于电力、制冷、网络和计算资源等多个方面。

（3）数据中心的量化分析指标主要包括 PUE、CAPEX 和 OPEX。PUE 值越接近 1，表示数据中心越节能；CAPEX 涉及数据中心的初始建设和设备购置费用；OPEX 涵盖日常运营、电力和维护费用。通过优化设计和运营，可以有效降低 PUE 值，控制 CAPEX 和 OPEX。

（4）仓储级计算机是大规模数据中心的基础，强调大规模、低成本和高效率。通过将计算、存储和网络资源整合到庞大的集群中，仓储级计算机能够实现高度的资源利用率和灵活的负载管理。

（5）稳定可靠的供电系统是数据中心正常运行的基石。数据中心通常采用冗余电力系统，以确保电力供应的连续性和可靠性。供电方案不断演变，朝着绿色环保、高效节能和模块化设计的方向发展。

（6）制冷系统对数据中心设备的稳定运行至关重要。常见的制冷技术包括机械制冷、自然冷却和液冷，通过优化制冷系统设计和提高制冷效率，可以显著降低数据中心的 PUE。

（7）数据中心的网络架构需要具备高带宽、低延迟和高可靠性。常见的网络架构包括传统的三层架构（核心层、汇聚层和接入层）和扁平化的脊叶架构。脊叶架构因其低延迟和高可扩展性，逐渐成为大规模数据中心的首选。

（8）服务器是数据中心的核心计算单元，其性能和能效直接影响数据中心的整体效能。选择高性能、低能耗的服务器，并通过虚拟化和容器技术提高资源利用率，可以在有效的物理空间内提供更高的计算能力，从而显著提升数据中心的运营效率。

（9）数据中心的设计和运营涉及多方面的综合考虑。通过科学的选址、模块化设计、量化分析以及优化供电、制冷、网络和服务器配置，可以构建高效、可靠和可持续的数据中心，以满足现代社会对海量信息处理和存储的广泛需求。

拓 展 阅 读

1.《数据中心一体化最佳实践：设计仓储级计算机（第 3 版）》（路易斯·安德烈·巴罗索、乌尔斯·霍尔兹勒、帕塔萨拉蒂·兰加纳坦，机械工业出版社，2020 年）。

2.《云原生数据中心网络》（迪内希·杜特，中国电力出版社，2021 年）。

习 题

1. 性能的综合分析。假设云平台提供实例 A 和实例 B 两种计算资源，实例 A 的配置为 20 个处理器核，价格为 17962 美元 /3 年；实例 B 的配置为 36 个处理器核，外加 16 个 GPU，价格为 184780 美元 /3 年。

（1）设实例 A 与实例 B 的处理器核完全相同，每个 GPU 使用 3 年的 TCO 是多少？

（2）假设实例 A 的性能定为基准性能 1，为了使实例 B 在仅使用其 GPU 的情况下达到与实例 A 相同的性价比，实例 B 的 GPU 相对性能应达到多少？

（3）假设实例 A 的性能为 20TFLOPs/s，实例 B 的性能为 44.8TFLOPs/s，分别计算实例 A 和实例 B 的性价比。

（4）哪种实例的性价比高？

2. 性能的综合分析。表 7-1 给出了 3 个系统的价格、性能和功耗对比。

表 7-1　3 个系统的价格、性能和功耗比较

指标	系统 1	系统 2	系统 3
价格 / 万元	2.0	3.0	4.0
性能 /（GFLOPS/s）	50	60	120
功耗 / 瓦特	2400	3900	6800

（1）哪个系统的性能最高？

（2）哪个系统的性价比最高（提示：计算性能与价格的比值）？

（3）哪个系统的功耗效率最高（提示：计算性能与功耗的比值）？

（4）哪个系统的性能 / 功耗·价格最高（提示：计算功耗效率与价格的比值）？

3．数据中心的成本分析。假设 AWS m4.2x large 实例的配置为 8 核、32GB 内存，价格为 0.43 美元 / 小时。每个实例使用 20GB 存储的价格为 1 美元 / 月，500GB 网络宽费的价格为 5 美元 / 月。假设一个小型私有云由 6 台服务器组成，每台服务器的配置为 2 个 Xeon E5-2680 2.5GHz 处理器，共有 48 个处理器核，价格为 10341 美元。

（1）m4.2x large 实例的月成本是多少？

（2）只考虑服务器的硬件采购成本，上述私有云的 CAPEX 是多少？

（3）如果一个虚拟 CPU 相当于 1GHz 的处理器，那么私有云的 6 台服务器相当于多少个虚拟 CPU？

（4）如果 AWS m4.2x large 实例相当于 8 个虚拟 CPU，那么在 AWS 中使用 m4.2x large 集群，需要多少个 m4.2x large 实例才能提供与私有云相同的计算能力？

（5）m4.2x large 集群的月成本是多少？

（6）使用 m4.2x large 集群，私有云 CAPEX 投资回收期是多长时间？

4．数据中心的成本分析。假设 WSC 有 50000 台普通服务器，每台服务器的价格为 5000 美元，平均功耗为 300W，每度电的价格为 0.07 美元。

（1）假设 WSC 总体性能等于服务器数量乘以服务器性能，高端服务器性能比普通服务器快 10%，但是价格比普通服务器贵 20%，WSC 全部采用高端服务器的 CPAEX 是多少？

（2）如果高端服务器的功耗比普通服务器多 15%，高端服务器每月用电的 OPEX 是多少？

（3）假设在 10 年内，数据中心的 CAPEX 共计 958500000 美元，OPEX 共计 147475200 美元。现在有一种新方案能使数据中心的 CPAEX 下降 20%，但是 OPEX 会增加 30%，从 TCO 角度分析，这是一种合理的权衡吗？

5．数据中心的能耗分析。假设一个数据中心在评估两种冷却方案。方案 1 使用风侧自然冷却方式，服务器每使用 1.0kW 的电力，需要额外的 0.5kW 电力用于制冷、供配电和照明等设施。方案 2 采用浸没式冷却技术，服务器每消耗 0.9kW 电力，需要消耗 0.063kW 电力用于制冷、供配电和照明等设施。

（1）方案 1 的 PUE 是多少？

（2）方案 2 的 PUE 是多少？

（3）相对于方案 1，方案 2 节省的能耗百分比是多少？

6．数据中心的能耗分析。假设一个数据中心有 10 万台服务器，每台服务器的平均功耗为 300W，每度电的价格是 0.50 元。

（1）所有服务器每年的耗电量是多少？

（2）所有服务器每年的总电费多少元？

（3）如果每台服务器的功耗降低 100W，那么每年电费成本可节省多少元？

7．数据中心的能耗分析。假设一个数据中心有 100 万台服务器，每台服务器的平均功耗为 200W，数据中心的 PUE 值是 1.5，每度电的价格是 0.06 美元。

（1）数据中心每年的电费成本是多少美元？

（2）如果将 50000 台服务器的 PUE 值从 1.5 降低到 1.25，服务器的功耗保持不变，那么每年电费成本可节省多少？

8．数据中心的能耗分析。假设一个数据中心的 IT 设备功耗为 5MW，每度电的价格是 0.50 元。

（1）如果 PUE = 2.0，那么市电功耗是多少？每年的电费是多少？

（2）如果 PUE = 1.4，那么市电功耗是多少？每年的电费是多少？

（3）相对于 PUE=2.0，将 PUE 值保持在 1.4，每年可节省多少电费成本？

9．数据中心的能耗分析。考虑一个简化模型，WSC 的总功耗 =（1 + 冷却效率）×IT 设备功耗。假设 IT 设备的输入功耗为 8MW，能耗利用率为 80%，电力费用为 0.1 美元 / 月，冷却效率为 0.8。

（1）将冷却效率提高 20%，可节省多少成本？

（2）将 IT 设备的能耗效率提高 20%，可节省多少成本？

（3）上述哪种优化方案更优？

（4）IT 设备的能耗效率提高多少百分比，才能与冷却效率提高 20% 节省的成本相等？

（5）优化 IT 设备的能耗效率与优化冷却效率，从降低成本的角度，优化哪个效率更有效？从实现难度的角度，优化哪个效率更容易？

10．数据中心的能耗分析。假设一个服务器集群，每台服务器均满负荷运转，现在采用不同的策略节省功耗。

（1）关闭 30% 的服务器，可节省多少功耗？

（2）30% 的服务器消耗的功耗为峰值功耗的 60%，可节省多少功耗？

（3）30% 的服务器消耗的功耗为峰值功耗的 60%，40% 的服务器消耗的功耗为峰值功耗的 20%，关闭 30% 的服务器，可节省多少功耗？

11．数据中心的电能转换效率。假设一个数据中心在评估 3 种供电方案，分别为 +48V 直流供电、-48V 直流供电和传统的 +12V 供电。每种供电方案需要不同的转换阶段，其转换效率见表 7-2。

表 7-2　3 种供电架构转换效率的比较

供电架构	转换阶段	转换效率 /%	系统的整体效率 /%
+48V DC（数据中心）	AC → +48V	98	
	+48V → +1.8V	94	
-48V DC（电信行业）	AC → -48V	98	
	-48V → +12V	96.5	
	+12V → +1.8V	94	
+12V DC	AC → +12V	95	
	+12V → +1.8V	94	

（1）计算每种供电方案的整体转换效率。

（2）哪种供电方案的整体转换效率最高？

（3）相对于传统的 +12V 供电，+48V 供电的能耗降低了多少？

12．数据中心的电能转换效率。假设一个数据中心采用交流电和直流电双电源。计算不同模式下的整体电能转换效率。

（1）均分模式。交流电源和直流电源各负担服务器 50% 的负载，交流电和直流电的转换效率分别为 94% 和 98%。

（2）非均分模式。当交流电源负担服务器 30% 的负载时，其转换效率为 90%。当直流电源负担服务器 70% 的负载时，其转换效率为 99%。

（3）主备模式。当交流电源负担服务器 100% 的负载时，其转换效率为 93%。当直流电源处于备用状态时，空载运行的损耗为 1%（指 1kW•h 电在空载运行的直流供电线路上损耗 0.01kW•h 电）。

13．数据中心的电能转换效率。传统数据中心使用设施级 UPS 作为电源，假设供电路径经变电站、UPS 和 PDU 到达服务器，其电能转换效率分别为 99.7%、92% 和 98%。现代数据中心使用机架级锂电池作为 UPS，假设供电路径经变电站、PUD 和机架级锂电池到达服务器，其中锂电池的电能转换效率达到 99.99%。

（1）设施级 UPS 方案的整体供电效率是多少？留下多大的改进空间？为何需要改进设施级 UPS 供电方案？

（2）采用机架级锂电池使整个供电系统的效率提高了多少？

14．数据中心的制冷与节能。下面哪些措施有助于降低数据中心的制冷能耗？

（1）在条件允许情况下，尽量使用免费的自然冷源，减少机械制冷的运行时间。

（2）通过调高 CRAC 的送风速度以提高制冷能力，从而消除机房的局部热点。

（3）通过增加 CRAC 的数量以提高制冷能力，从而消除机房的局部热点。

（4）将电力线缆和网络线缆部署在架空地板下，以节省空间。

（5）在不影响 IT 设备可靠性的情况下，适当提高数据中心服务器的送风温度。

（6）将数据中心释放的废热用于附近地区居民冬季取暖，可降低数据中心的 PUE

15．数据中心网络。回答下面两个问题。

（1）数据中心网络中有哪两类流量？解释这两类流量的含义？

（2）Web 应用、大数据和深度学习等应用场景分别属于哪种流量？

16．计算机系统的瓶颈。假设一个机架上安装了 24 台相同配置的服务器，均连接到 ToR 交换机。处理器为双核，硬盘的带宽容量为 120MB/s，网卡的带宽为 1Gbps。其中，1 台服务器作为计算服务器，运行文件过滤程序，从接收的网络流中过滤包含指定关键词的文本行；另外 23 台服务器作为数据服务器，运行文件传输程序，将本地硬盘的日志文件传输给文件过滤程序。在文件传输过程中，测量数据服务器 CPU、硬盘和网卡的性能指标，见表 7-3。不考虑内存、总线、操作系统和 ToR 交换机等其他因素的性能限制，回答下面的问题。

（1）CPU、硬盘和网卡，哪个组件是数据服务器的性能瓶颈？

（2）现将双核 CPU 升级为 64 核，文件传输程序采用多线程重新实现，从而充分利用多核的算力。重新测量数据服务器的性能指标，64 核 CPU 利用率的实测平均值和实测峰值分别为 5% 和 8%，硬盘读带宽的实测平均值和实测峰值分别为 85MB/s 和 98MB/s，网卡发送带宽的实测平均值和实测峰值分别为 920Mbps 和 980Mbps。升级 CPU 后，哪个组件是服务器的性能瓶颈？

表 7-3　CPU、硬盘和网卡的性能指标

设备	测量的平均性能	测量的最大性能	峰值性能
CPU（利用率）	98%	100%	100%
硬盘（读带宽）	40MB/s	50MB/s	120MB/s
网卡（发送带宽）	400Mbps	800Mbps	1Gbps

（3）大数据处理系统利用数据本地性优化性能，其基本思路是尽量在数据所在的服务器运行计算任务，使计算任务从本地硬盘读取数据，而不是通过网络读取远程磁盘的数据。这个优化方法基于网络带宽是系统中的稀缺资源这一前提假设。网络带宽稀缺，使用它来传输数据不仅速度慢，而且容易引发网络拥堵。相比之下，从本地硬盘读取数据的带宽要高得多，因此选择移动计算而不是移动数据。计算 24 台服务器的网络总带宽和磁盘总带宽分别是多少？描述一种基于数据本地性的分布式过滤计算方法。

（4）假设 24 台服务器的 CPU 均升级为 64 核，网卡带宽均升级为 100Gbps，硬盘配置保持不变。每个 TCP 流的发送端和接收端都需占用 2 个处理器核，23 台数据服务器同时向 1 台计算服务器传输 23 条 TCP 流。文件传输程序能使本地硬盘的带宽饱和，以接近 120MB/s 带宽持续运行。请问服务器的 CPU 能否同时处理 23 条 TCP 流？计算服务器的 100Gbps 带宽平摊到 23 台数据服务器，每台数据服务器能分摊多少网络带宽？数据服务器的哪个组件是性能瓶颈？数据本地性是否仍然有效？

（5）在数据中心集群中，计算与存储分离的架构是一种发展趋势。计算服务器通过高速网络访问存储服务器。为了确保存储节点的性能，需要精心规划存储节点的配置，以使磁盘带宽与网络带宽相匹配。假设每个存储节点的网卡带宽为 100Gbps，单块 SSD 的读取带宽为 3.5GB/s，那么存储节点至少需配置多少块 SSD？

（6）为了提高存储节点的存储容量，每个存储节点配置 16 块 SSD。100Gbps 网卡是否会成为性能瓶颈？

参考文献

[1] 吴鹤龄，崔林. 图灵和 ACM 图灵奖：1966—2015[M]. 5 版. 北京：高等教育出版社，2016.

[2] 崔林，吴鹤龄. IEEE 计算机先驱奖：1980—2014[M]. 3 版. 北京：高等教育出版社，2014.

[3] RAYMOND E S. UNIX 编程艺术 [M]. 姜宏，何源，蔡晓骏，译. 北京：电子工业出版社，2010.

[4] DAVID A P，JOHN L H. 计算机组成与设计——硬件 / 软件接口：原书第 5 版 [M]. 易江芳，刘先华，译. 北京：机械工业出版社，2020.

[5] JOHIV L H，DAVID A P. 计算机体系结构——量化研究方法：原书第 6 版 [M]. 贾洪峰，译. 北京：机械工业出版社，2019.

[6] RAIVDAL E B，DAVID R O H. 深入理解计算机系统 [M]. 3 版. 龚奕利，贺莲，译. 北京：机械工业出版社，2016.

[7] ANDREW S T，HERBERT B. 现代操作系统 [M]. 4 版. 陈向群，译. 北京：机械工业出版社，2017.

[8] SALTZER J H，KAASHOEK M F. 计算机系统设计原理 [M]. 陈文光，张广艳，译. 北京：清华大学出版社，2012.

[9] MICHAEL W，ANDREAS W. Amazon Web Services 云计算实战 [M]. 2 版. 费良宏，方凌，刘春华，译. 北京：人民邮电出版社，2023.

[10] ALEX H，JOHN S，LARRY B，et al. 云计算架构设计模式 [M]. 新青年架构小组，译. 武汉：华中科技大学出版社，2017.

[11] CORNELIA D. 云原生模式 [M]. 张若飞，宋净超，译. 北京：电子工业出版社，2020.

[12] BETSY B，NIALL R M，DAVID K R，et al. Google SRE 工作手册 [M]. 钟诚，刘征，译. 北京：中国电力出版社，2020.

[13] JEFF W，STEPHEN K. Docker 实战 [M]. 2 版. 耿苏宁，译. 北京：清华大学出版社，2021.

[14] 郑东旭. Kubernetes 源码剖析 [M]. 北京：电子工业出版社，2020.

[15] 张磊. 深入剖析 Kubernetes[M]. 北京：人民邮电出版社，2021.

[16] 任永杰，程舟. KVM 实战：原理、进阶与性能调优 [M]. 北京：机械工业出版社，2019.

[17] 李强. QEMU/KVM 源码解析与应用 [M]. 北京：机械工业出版社，2020.

[18] 王柏生，谢广军. 深度探索 Linux 系统虚拟化：原理与实现 [M]. 北京：机械工业出版社，2020.

[19] 结城浩. 图解密码技术 [M]. 3 版. 周自恒, 译. 北京: 人民邮电出版社, 2016.

[20] 刘文懋, 江国龙, 浦明, 等. 云原生安全: 攻防实践与体系构建 [M]. 北京: 机械工业出版社, 2021.

[21] NEIL M. API 安全实战 [M]. 只莹莹, 谬纶, 郝斯佳, 译. 北京: 机械工业出版社, 2022.

[22] LVIZ A B, URS H, PARTHASARATHY R. 数据中心一体化最佳实践: 设计仓储级计算机: 原书第 3 版 [M]. 徐凌杰, 译. 北京: 机械工业出版社, 2020.

[23] DINESH G D. 云原生数据中心网络 [M]. 赵化冰, 范彬, 丁亮, 译. 北京: 中国电力出版社, 2021.